U0323821

本书由大连市人民政府资助出版

海上人工岛机场规划、设计与建设

王 诺 著

国家自然科学基金面上项目(71372087)
辽宁省科学技术计划项目(2012220008) 资助出版

科学出版社

北 京

内 容 简 介

本书是我国第一部关于海上人工岛机场规划、设计与建设的技术应用型学术专著。全书共 8 章，首先分析海上人工岛机场与海洋环境的适应性、机场运行的安全性以及在我国的建设前景，然后讨论海上人工岛机场的选址与规划、工程设计、软基沉降、施工工艺与管理、环境与生态、监测与维护、问题及展望等内容，总结国内外各人工岛机场在建设过程中的环境保护、交通组织规划、地基沉降预测等经验和教训。本书研究成果可为规划和建设海上人工岛机场的前期论证、总体设计及施工管理提供新的理念和技术支撑，具有较高的学术和实用价值。

本书可供从事交通规划和管理的政府有关部门，机场管理、建设、设计、监理公司，以及从事交通规划研究的高等院校及科研机构的学者、研究人员参考使用。

图书在版编目(CIP)数据

海上人工岛机场规划、设计与建设/王诺著. —北京:科学出版社,2018.3
ISBN 978-7-03-055857-2

Ⅰ.①海… Ⅱ.①王… Ⅲ.①机场-规划②机场-设计③机场建设
Ⅳ.①V351②TU248.6

中国版本图书馆 CIP 数据核字(2017)第 305368 号

责任编辑:张艳芬 王 苏 / 责任校对:郭瑞芝
责任印制:张克忠 / 封面设计:陈 敬

科 学 出 版 社 出版
北京东黄城根北街 16 号
邮政编码:100717
http://www.sciencep.com
中国科学院印刷厂印刷
科学出版社发行 各地新华书店经销
*
2018 年 3 月第 一 版 开本:720×1000 1/16
2018 年 3 月第一次印刷 印张:34 3/4
字数:685 000
定价:298.00 元
(如有印装质量问题,我社负责调换)

前　　言

在海上建设大型人工岛民航机场,已被业界公认堪称为 20 世纪文明里程碑的一项伟大工程。日本关西国际机场、日本中部国际机场及中国香港国际机场的先后建成,彻底改变了民航机场只适合建于陆地的传统理念,为新世纪交通枢纽建设翻开了崭新的一页,也为现代科技的发展增添了新的篇章。

如同人类在科学探索中必然要面临各种挑战一样,这些被誉为 20 世纪人类伟大杰作的标志性工程,自规划之初至运营之后,各种问题和争议从未停息过,首先是对海洋环境和生态影响的忧虑;继而是对人工岛超预期沉降的困惑。当人工岛机场终于屹立于波涛之上时,人们面对的不仅仅是成功,还有更多的未知世界等待探索。

实践已经清楚地表明,就人类现有的知识而言,在建设人工岛机场方面还面临着诸多严峻的挑战。这其中包括对于人工岛地基的沉降,还没有完全掌握海洋软土基础的蠕变规律;对于海洋工程施工,还缺乏能够克服各种复杂因素,在实践中选择更为经济、有效的施工工艺和管理方法;对于海洋环境及生态,还没有认清如此大规模的海上人工建筑将对海洋生物、海岸形态以及可能存在的地质灾害等诸多方面带来怎样的潜在影响,而这些,正是本书试图回答的重点问题。

本书的构思和资料收集始于 2003 年。出于对我国建设海上人工岛机场可能性的探索和技术上的准备,作者先后实地考察了日本关西国际机场、日本中部国际机场、日本东京羽田国际机场和韩国仁川国际机场,与中国澳门国际机场和中国香港国际机场的设计、建设者们进行了多次深入的技术交流,积累了大量的第一手资料。能够紧密结合各地已建海上人工岛机场的工程实践,系统回顾这些机场在选址及建设过程中经历的经验和教训,这是本书的一大特色。

在此基础上,本书尤为注重理论和方法上的创新,其主要的开创性贡献是:①深入阐述以往所忽略的土体蠕变对机场人工岛沉降的影响,探讨土工模型试验、土体微观结构分析等方法的基本问题及深化研究思路,开拓在土体沉降预测方面的研究方向;②以海洋环境保护、人与自然和谐共生为视角提出工程设计和施工方法的新理念,揭示并构建海上机场规划、设计及建设中的生态文明愿景及其基本方略;③提出计算机数值模拟与卫星遥感分析相结合预测和监督工程建设对海洋环境的影响、卫星雷达技术与现场实测相结合跟踪机场人工岛基础沉降等现代科学技术手段的应用方法。上述成果已凝练为十几篇论文分别在 SCI、EI 检索期刊上发表,详见书后的参考文献。

　　当前,我国航空运输业的发展十分迅速,扩建、迁建机场方兴未艾,但由于土地资源日益匮乏,城市经济发展与机场建设用地之间一直存在着尖锐的矛盾。除了上海浦东国际机场、深圳宝安国际机场等利用临海特点向外海区域进行扩建外,我国部分沿海城市已开始筹划将机场迁建至海上,各项实际工程已经大规模地展开,一批刷新世界纪录的人工岛机场建设项目将在未来的几年内接连落成。因此,加紧开展海上人工岛机场建设方面的理论和工程技术研究,总结国内外的历史经验和教训,对我国沿海城市更好、更快地完成扩建或迁建新机场的规划和建设,具有重要的理论和现实意义。

　　纵观当前国内外海上人工岛机场建设的实践,归纳起来,最应该关注的关键问题主要有两个:一是如何解决对海洋环境和生态的影响;二是如何解决人工岛地基的沉降。可以说,人工岛机场可能是迄今人类在海上完成的规模最大的土木工程,如何评估其对环境及生态系统造成的影响,是 21 世纪生态文明建设的一道待解难题;人工岛机场地基沉降不止,何时结束看不到尽头,更成为我们未来不得不面对的挑战。无论从哪方面看,本书对上述问题所进行的讨论,即使已较为详尽,也不过是刚刚开始,今后还有很多工作要做。

　　需要特别说明的是,为展现工程方案的优化过程,便于读者研读和探讨,本书较多地介绍和讨论我国当前正在建设的部分人工岛机场的初期成果,各种数据已尽可能做到丰富翔实。但实际中因条件变化,各种方案随着施工的进展已多有调整,所引用的资料与工程建设的最终结果可能会有一定的出入,因而仅供相关研究者参考。作为学术上的探讨,即便早期的一些设想及方案未付诸实施,有些研究成果的作用和意义显现得还不深刻,但其思考的问题和论证过程依然有其重要的研究价值。对于书中存在的疏漏之处,衷心希望读者不吝指出,以便今后改正。作者的电子邮件地址是:Wangnuodl@126.com。

　　最后,感谢国家自然科学基金面上项目(71372087)、辽宁省科学技术计划项目(2012220008)和大连市人民政府的资助。

作　者
2018 年 3 月

目　　录

第1章 绪 论

1.1 基 本 问 题

1.1.1 机遇与挑战

世界上最早的海上人工岛机场可追溯到 1975 年建成使用的日本长崎机场。以此为开端,世界各地又相继建设了多个海上人工岛机场,如日本的关西国际机场及中部国际机场、韩国仁川国际机场、中国香港国际机场及澳门国际机场等。目前,在世界上完全离岸布置的人工岛机场中,已建成营运的有 7 座,在建的有 3座(表 1-1)。有的机场整体或部分坐落在水深较浅的浅滩上,或部分建于陆上、部分延伸到海中(如中国上海浦东国际机场、中国深圳宝安国际机场等),在地理特征上称其为连岸式半岛机场,此类机场数量较多(表 1-2)。

表 1-1 离岸式人工岛机场一览表

机场	建设时间	总投资	面积(填海面积)/km²	设计年运量/万人次	跑道数量	水深/m
日本长崎机场	1972～1975	180 亿日元	1.54(0.64)	300	1	9
日本关西国际机场	1987～2007	126.3 亿美元	10.56	3000	2	17～18
中国澳门国际机场	1992～1995	10 亿美元	1.92(1.26)	600	1	2～4
中国香港国际机场	1992～1998	1553 亿港币	12.55(9.38)	8700	2	4～5
日本中部国际机场	2000～2005	62 亿美元	5.8	2000	1	3～10
日本北九州机场	1994～2006	—	3.73	—	1	—
日本神户机场	1999～2006	30 亿美元	2.72	320	1	12
中国厦门国际机场	2010～	—	15.91(25.48)	4500(7500)	2(4)	浅水
中国大连国际机场	2012～	—	20.29	4200(7200)	2(4)	5～6
中国三亚国际机场	2016～	—	24	4000(7000)	2(4)	18～25

注:设计年运量一栏()中数据为极端运量;跑道数量一栏的()中数据为加上预留的 2 条近距跑道。

表 1-2　连岸式半岛机场一览表

机场	建设时间	总投资	面积/km²	设计年运量/万人次	跑道数量	水深/m
新加坡樟宜国际机场	1975～1981	13 亿新元	13	7000	2	浅滩
日本东京羽田国际机场	1984～1993	—	12.71	9000	3	10～20
中国珠海金湾机场	1992～1995	60 亿元	5.2	1200	1	浅水
法国尼斯国际机场	1975～1979	—	3.89	—	2	浅水
中国上海浦东国际机场	1999～	—	40	8000	5	浅滩
中国深圳宝安国际机场二期	2005～2011	60 亿元	13.23	3000	1	3～5
韩国仁川国际机场	1992～2003	60 亿美元（一期）	一期 11.72，二期 9.57	4400	3	浅滩

　　无论我们承认与否,将机场从陆地移到海岸区甚至海上,主要是对土地资源紧缺的一种无奈,人类利用海洋资源建设机场确实有效地缓解了陆地建设用地紧缺的矛盾。

　　从城市发展空间的角度来看,海洋显然是正待开垦的处女地。在海上建设人工岛机场不占用耕地,不存在城市建设中经常遇到的拆迁和征地问题,而且海洋人工岛可以远离城市居住区,对城市环境的噪声影响明显减少。建设海上人工岛机场,使得以往十分尖锐的社会问题得以回避,改善了城市居住环境,也节约了城市土地资源。

　　我国拥有 1.8 万 km 的大陆海岸线,海洋资源十分丰富。从我国的经济版图来看,经济发达地区大都集中在沿海区域,机场扩建需求迅速增加。近年来,尽管填海造地工程投资更高,但原居住者动迁补偿费用急剧攀高,使得建设成本对比发生逆转,通过填海获取建设用地的综合成本逐渐低于陆地,各方面优势尽显。

　　但是,上述观念上的“突变”,以及新一轮海上人工岛机场建设高潮的到来,却可能使海洋这一人类最后的家园为此承受巨大的代价。例如,在人工岛的建设过程中,因疏浚挖泥、抛填物料等施工所产生的悬浮泥浆会造成水域污染及生态损失;由于填海改变了自然岸线,致使近岸的海域和浅滩缩小,海水流场和海洋环境发生改变,造成沿岸栖息生物的生态环境变异,导致原有生物群落结构的破坏和物种减少、海岸带生态系统发生更迭或重构等,这一影响到底有多大,目前还不得而知。如何科学地去评价,如何采取相应的应对措施,所有这些既敏感又关键的种种疑问都亟须回答。

　　关于建设海上人工岛机场面临的问题,国外学术界已开展过一些研究,如Nijkamp等(2001)从市场效益和社会效果两个方面总结了海上人工岛机场建设得以成功的各种因素,并以中国香港国际机场、日本关西国际机场为例,认为在海上建设机场具有节约土地资源、改善陆地环境的优点,同时也存在填海建设成本过高以及影响海洋生态的弊端;Hulsewé(1999)提出了在国家领海之外海域建设机场是否与国际法相抵触等问题。在我国,这方面的研究相对较少,工程背景主要集中于我国中国交通建设股份有限公司承建澳门国际机场的施工总结上,有关机场规划、平面布置等前期问题基本没有涉及。对于日本等国家海上人工岛机场的研究,也基本停留在概况介绍上,缺少专门的深入研究。总体来说,虽然目前我国在港口建设以及填海工程的规模和强度上已远超世界沿海各国,但对于工程施工对象为机场的人工岛建设,则无论在基础理论、施工技术还是在工程实践上,都还有相当大的差距。

近年来,我国国民经济的发展和交通需求高速增长,推动着我国民航运输机场建设进入了扩建和迁建的高峰期。面对日益减少的土地资源与城市居民对居住环境要求不断提高的矛盾,在有条件的沿海地区将机场迁建到海上,是解决这一矛盾最有效的办法之一。通过几十年的港口建设,我国已具备了进军海洋工程的初步实力,但是,我国内地从未自主建设过离岸式人工岛机场,一系列重大的关键性技术问题(如护岸在消浪、抗震方面的结构设计问题,海洋深厚软土的沉降变形问题,海洋环境及生态的影响问题,海上施工的组织管理问题等)还未碰到,今后必然会面临各种各样的技术难题和挑战。

机场人工岛面临的环境千差万别,每一个具体工程都具有其自身的特点,客观上具有不可复制性。尤其是我国民航机场的运营具有从低水平、低能力迅速进入高水平、高能力的跨时代特征,许多机场已扩展到 2 条或 4 条跑道规模,所需人工岛的面积达到 $10\sim30km^2$,是日本关西国际机场和中国香港国际机场人工岛面积的数倍,其技术难度远超想象。此外,我国建设海上人工岛机场在技术理论和工程实践上的经验十分有限,仅有的经验主要来源于澳门国际机场的建设实践,该机场人工岛面积仅为 $1km^2$,设置 1 条飞机跑道,航站楼等重要设施仍在陆地,因而对于海上人工岛机场而言尚不具有代表性。20 世纪末建成的香港国际机场虽然属于海上人工岛机场,但位于两个天然岛屿之上,海洋软基特性不是十分明显,地基沉降较易控制,距岸也较近。因此,无论是海上施工工艺和工程管理,还是土体沉降监测和海洋生态环境保护,都将是我国工程界面临的新课题,加紧开展与此相关的重大关键性技术的开发及应用研究,是我国工程界当前最为迫切的重要任务。

1.1.2　建设与生存

海上人工岛机场的出现,是人类经济社会不断发展、土地资源日益贫乏、科学以及工程技术水平进入较高阶段的必然结果。

在各种类别的交通基础设施中,机场是面积最大、功能最复杂的建筑集群。

这一现代科技的产物,不但占地面积广大,建设标准较高,而且对周边空域也具有极其苛刻的要求。作为城市交通的载体和人流的汇集点,机场位置不宜距所在城市中心区太远。对于经济社会已经高度发达、城市活动空间已十分有限的今天,试图在城市市区附近再开辟出足够大的空地建设民航机场显然是极为困难的事情。即使能够承担高昂的经济代价,对城市的未来发展、人类宜居环境的需求和社会的稳定也是不相适应的。为争夺土地,民众与政府之间矛盾不断升级的案例屡见不鲜。

上述问题最突出的当属日本。据不完全统计,从 1978 年到 2004 年,日本某市共发生官民冲突 700 多起,其中大约 500 起与机场建设有关。有的机场为避免噪声扰民引发矛盾,不得已停止飞机在夜间起降,使机场的使用效率大大降低。有的机场建设与动迁户持续了长达 50 余年的对峙,多年也建不出 1 条完整的飞机跑道。经历了几乎是血腥的常年冲突,迫使政府从武力抢夺到道歉退让,期间不断反省,对居者生存权由轻视转向敬畏,对机场选址的可行性也开始从理念上进行调整。

此外,随着科技的进步、工程技术水平的提高,以及港口和海洋工程的大量实践,人工填海造地的能力和效率已经发生了翻天覆地的变化。从开采、挖掘到运输、地基处理等各个工序,已完全实现了机械化和设备大型化。如果条件适宜,甚至在几年内便可填出 1 座小型城市的陆地面积,这在以前是难以想象的。人类生产能力的大幅度提高,是今天人工岛机场从设想成为现实最根本的原因之一。虽然填海造地在工程投资上会有所增加,但动迁、征地的补偿费用大大降低,综合后总费用明显减少。经济上的巨大收益,成为推动人工岛机场建设的直接动力。

总之,越来越多的沿海城市已开始认识到建设海上人工岛机场的优势。实践表明,在海上建设人工岛机场,不仅可以节约土地资源,降低动迁成本,避免触发社会矛盾,减轻飞机起落产生的噪声和排放气体对城市环境的不利影响,而且,海上人工岛机场的跑道延长线上没有高大建筑和山丘等障碍物,有利于开阔驾驶员的视野,确保飞行安全。可以预见,随着人类科学的进步,海上施工技术水平的提高以及经济上的推动,各沿海城市更多地寻求在海上建设人工岛民航机场将成为未来的一种趋势。

1.1.3　运营与安全

可以肯定,在各种运输方式中,从事故发生的概率角度来看,民航运输的安全性是最高的,这已为各界所公认。但由于民航发生事故时人员生还率极低、一次性涉及的人数较多,对社会的震撼和影响要远高于其他交通事故,因而民航的安全问题尤为引人关注。客观上,不管如何加以防范,各种民航事故不可能完全杜绝,世界各地机毁人亡的重大、特大事故时有发生。这些事故的发生似乎在证明一个潜在的法则:只要有发生的可能,随着时间的推移,就必然会发生。

统计显示,在民航客机的飞行事故中,降落阶段出现事故占较大比例,如果机场的设计考虑周全,运行环境良好,那么很多事故还是能够避免的,即使发生,其损失也会大幅度降低。因此,完善的机场设计和优异的运行环境,对于提高机场的运营安全具有重要的意义。

必须看到,对于填海建设的机场,尤其是离岸式海上人工岛机场,与陆地机场相比不利的因素主要有两个方面:一是人工岛机场所处的自然环境要比陆地更恶劣;二是与外界的交通联系相对脆弱。离岸式海上人工岛机场坐落于孤岛之上,暴露于开敞无掩护的海洋环境中,海上的灾害性天气会对机场建筑本身构成很大威胁,接连陆岛的桥梁交通的最大弊端是抵御灾害能力较弱。如何应对海上灾害性天气并开展重大事故紧急救援,是人工岛机场在规划设计阶段所必须认真考虑的问题。

毫无疑问,增强海上人工岛机场抵御灾害能力的最有效办法是提高建设标准,同时建立更多的交通通道。如同摩天大楼需要建立多个逃生通道一样,海上人工岛机场可通过开辟水上航线,提高在紧急情况下人员疏散和救援抢险时交通的通达性。为此,离岸式海上人工岛机场一般需要建设相应的泊位,形成水路运输能力,以便在灾害发生时可以同时通过陆上桥梁和海上船舶对滞留在机场的乘客和工作人员进行疏散,并运进救援物资和抢险人员,加快救援速度,及时控制事态发展,使其损失降至最小。

自然灾害是海上人工岛机场安全的最大挑战,尤其是遇到海啸或风暴潮时,海上或临岸机场将面临巨大的考验,日本釜石市建设的防波堤便是其中典型的例子。为防御海浪,当地政府投入了 14.88 亿美元的巨资,花费近 30 年时间,于 2009 年建成纳入吉尼斯世界纪录的世界最大最深防波堤。这座防波堤长 1660m (北堤长 990m,南堤长 670m),海底至堤顶的高度达 63m,堪称雄伟。高潮时,防波堤在水下的高度达 58.5m,露出水面的高度为 4.5m。日本港湾空港技术研究所为此特地出版了《使居民免遭海啸袭击的釜石港防波堤》特辑,称赞这是"港湾工程史上前所未有的防波堤"。然而,这座号称"世界第一"的防波堤,在 2011 年的海啸中,未能挡住海水的涌入,位于海岸附近仙台机场的候机楼、跑道、航空学校、停机坪等一片汪洋,乘客及工作人员不得不爬到候机楼顶层等待救援(图 1-1)。

但是,如果为防止海水入侵建设足够高大的挡浪墙,又会成为飞机起降的障碍。2013 年 7 月 6 日,韩亚航空公司的波音 777 型客机在美国旧金山国际机场降落时机尾折断,引发飞机起火,3 人死亡,180 人受伤。事故的原因是飞机下降的高度过低,其主轮和尾翼碰到了凸起的挡浪墙上,巨大的撞击力导致机尾折断,余下的飞机主体失控冲出了跑道(图 1-2)。

(a) 海水涌入机场,毫无阻挡

(b) 机场一片汪洋

(c) 飞机四处漂泊,乘客在建筑顶层避难

(d) 航站楼成为水中孤岛

图 1-1   日本仙台机场被海水淹没(2011 年 3 月)

(a) 飞机下降角度偏小,尾翼撞击凸起的岸壁后解体

(b) 飞机正常入场角度

(c) 飞机主体冲出跑道后起火燃烧

(d) 折断的机尾

　　(e) 跑道两侧均设有挡浪墙　　　　　　　(f) 失去尾翼的飞机主体滑入土面区

图 1-2　飞机在美国旧金山国际机场滑出跑道(2013 年 7 月 6 日)

　　然而,对于某些紧急情况,人工岛四面的海水并非都是不利因素。事实上,柔性水面是飞机迫降的理想区域。当民航客机在降落阶段出现事故时遇到海面,很可能会避免灾难性的后果。例如,印度尼西亚巴厘岛机场是 1 座飞机跑道延伸到海中的连岸型机场,2013 年 4 月 13 日,1 架客机在该机场降落时因机尾发生故障无法减速,最终降落在距机场跑道端部 200～300m 的海面上。尽管机身当即断成两截,但海水形成了巨大缓冲,机上 101 名乘客和 7 名机组人员仅有 45 人受伤,无人死亡(图 1-3)。

　　(a) 机场鸟瞰图　　　　　　　(b) 跑道两侧只设有简单隔离网,未设刚性障碍

　　(c) 飞机如同船舶一样漂浮在海上　　　　(d) 机体入水后断为两截,未发生大火

（e）飞机处于漂浮状态,乘客自行疏散　　　　　（f）事故发生后机场很快恢复运行

图 1-3　飞机落海事故现场(印度尼西亚巴厘岛机场)

　　另一次事故的结局也给机场设计者以启迪。2015 年 3 月 5 日,达美航空公司1086 航班早 9 时由亚特兰大机场起飞,11 时飞临目的地纽约拉瓜迪亚机场,当时正值大雪纷飞,能见度极差。当飞机在 13 号跑道着地时,机轮失控,滑行约 20s 后斜向冲出跑道,成锐角冲向与跑道平行的挡浪墙。巨大的撞击力本足以机毁人亡,但所幸的是,由于挡浪墙内侧斜坡由散土围护,且有较大的坡角,表面又覆盖着一层积雪,所以快速滑行的飞机未受到迎面撞击,而是斜向冲上墙头,接着猛烈横扫挡浪墙上的金属围栏,在冲击的惯性力消耗殆尽后奇迹般地停下。此时,飞机头部已悬于海面上,金属围栏被毁坏约 100m,机上 127 名乘客和 5 名机组人员仅有 24 人受伤,未酿成惨剧(图 1-4)。

　　再如,2009 年 1 月 15 日,1 架编号为 N106US 的空客 A320 客机从纽约拉瓜迪亚机场起飞后不久遭遇鸟群,导致双侧引擎受损。危急之中,机长凭借多年的经验和出色的驾驶技巧,以哈德逊河面当做临时跑道紧急迫降成功,机上 115 人无一伤亡,成为世界航空史上最成功的迫降(图 1-5)。2007 年 7 月 17 日,哥伦比亚 1 架载有 54 名乘客及 5 名机组人员的客机从哥伦比亚卡里飞往北部滨海度假胜地圣塔玛塔,降落时跑道湿滑,导致飞机冲出机场,约半截机身栽进海中,但仅有 9 人受伤(图 1-6)。

（a）机场平面图及事故发生位置　　　　　　　　（b）围栏被毁坏,挡浪墙内侧是土坡

（c）飞机骑在机场边缘的挡浪墙上　　　　　（d）飞机机头已悬空在海面上

图 1-4　飞机滑出跑道事故现场（纽约拉瓜迪亚机场）

（a）飞机迫降在水面上　　　　　　　（b）机上乘客从容等待救援

图 1-5　空客 A320 飞机迫降于哈德逊河面

（a）飞机冲出跑道，栽入水中　　　　　　（b）机上人员安全撤离

图 1-6　哥伦比亚客机降落时冲出跑道

以上案例表明，海上人工岛机场的运营安全特点与陆上机场具有较大区别，如何扬长避短，是我们规划建设中需要认真思考的重要问题。

1.1.4　发展与变革

1. 我国民航业的发展

改革开放以来,我国民航运输量快速增长,近年来,年平均增速达到 10% 以上,进入快速发展阶段。从机场布局的情况看,我国沿海城市在民航运输总量中占有较大比例。虽然在我国 156 个民航机场中,沿海城市机场在数量上仅为 28 个,占全国机场总数的 18%,但乘客吞吐量和货邮吞吐量却分别达到 33% 和 51%,集中度十分明显,而且发展潜力强劲。

总体来看,与发达国家相比,我国的民航运输业才刚刚起步,民航机场的平均密度极低。大致估算发现,我国目前每万 km^2 的国土面积仅有 0.32 个机场,这其中还有三分之一(45 个左右)是军民合用机场。环顾世界,几乎所有发达国家的机场(不含私人机场)密度都超过了 2.5 个/万 km^2,美国和英国更高,分别达到 5.9 个/万 km^2 和 5.7 个/万 km^2,是我国的 10 余倍。即使是一些发展中国家,机场的密度也比我国要高,如巴西为 1.06 个/万 km^2、印度为 0.72 个/万 km^2、巴基斯坦为 0.43 个/万 km^2。相比之下,对于正处于经济高速发展的我国,加密民航网络,短期内加紧扩建、迁建和新建一批民航机场是客观使然。尽管目前我国民航运输乘客吞吐量的基数越来越大,但航空人口比例与发展国家相比仍然偏低,表明未来民航的发展还有一段很长的路要走。

从机场规模上看,自 1958 年我国建设北京首都民用机场以来,一直以 1 条跑道构型进行机场建设。直到 1980 年 1 月 1 日,首都机场建成第 2 条跑道,实施双跑道运行,成为当时我国唯一的双跑道民用机场,这一局面一直延续了 25 年,从一个侧面说明我国民航业发展十分缓慢。从已有的机场设施来看,我国现有的民航机场普遍为单条跑道设置,最大的乘客吞吐量一般约为 2000 万人次/年。在 20 世纪下半叶的几十年间,我国各主要机场的乘客吞吐量基本上都在 1000 万人次/年以下,机场扩建主要集中于航站楼和停机坪等方面,对增建新的跑道的需求还不十分迫切。根据目前的飞行规则,1 条跑道高峰时段每小时合理的起降架次容量是 38 架次左右,实际操作中,也可允许 41~42 架次的起降量。考虑将来飞行管制方面的标准、设备提高后,也存在在 41~42 架次基础上再增加若干架次(如总量 45 架次)的可能性。实际上,从机场运行的效率上看,当 1 座机场实际负荷超过设计容量的 85% 以上时,飞机航班的延误将明显增加,这是因为为了达到高密度的飞机起降量,就需要对飞机起飞和降落的顺序做出精心安排,而这种安排就意味着飞机在地面或空中需停留更长的时间。

根据以上分析,单跑道机场年起降 20 万架次左右、日均 450~550 架次,乘客吞吐量为 1800 万人次/年左右,可视为机场能承受的容量饱和值。为了解决或缓解未来出现的超负荷问题,一方面要对原有机场进行扩建,解决能力不足问题,另一方面还要做好跑道系统超负荷运行的准备,如延长机场开放时间、将小型飞机改为大型飞机、增加空域范围、增大机坪滑行道系统规模、提升管制设备性能与管制水平等。采取这些措施,机场的容量可进一步提升,但要满足接近甚至超过 2000 万人次/年吞吐量的需求,则必须通过新建第 2 条跑道来解决。

进入 21 世纪后,随着我国经济的发展,要求机场进一步提高通过能力,运输形势发生逆转。对于我国一个又一个喷薄而出,乘客吞吐量超过千万级人次/年,且对增速持续不减的机场来说,以增加第 2 条甚至第 3 条跑道为基本内容的机场扩建,以及迁建 2 条甚至更多跑道的新机场,便成为未来一个时期我国机场建设的重要任务。

机场是一种特殊的交通设施,需要占用大面积平坦的建设用地。据初步统计,目前我国沿海城市各民航机场共计占用土地约 140km²。随着城市的建设,机场周边的建筑和人口密度迅速增大,一些城市早已达到了饱和状态。从服务对象使用便捷的角度出发,在空间上距离城市主城区不宜太远,国内外大部分机场与城市主城区的距离一般在 50km 以内,极个别稍远的也不超过 100km。随着城市面积的不断扩张,早年的机场已被城市逐渐包围,飞机起降的噪声给周边地区带来严重的污染。在建设用地日益减少、城市居民对居住环境要求不断提高的背景下,寻找相对理想、符合空域条件的机场建设用地越来越困难,机场建设与民争地、与城争地的矛盾日趋严重。

如同互联网的发展一样,我国的航空人口在近一个时期很可能会有爆发性增长。从发展规律来看,这一增长与经济发展密切相关,这就意味着,航空运输的跨越式增长将首先在我国相对发达的沿海地区展开,其速度一般快于国民生产总值的增长。

根据对全国乘客吞吐量的分析,预计到 2025 年,全国乘客年吞吐量或将达到 14 亿人次左右,年乘客吞吐量超过 8000 万人次的城市/机场或将达到 3 个,乘客吞吐量为 4000~8000 万人次/年的民航机场或将达到 6 个,乘客吞吐量为 2000~4000 万人次/年的民航机场或将达到 16 个。到 2035 年,全国乘客吞吐量有可能达到 27 亿人次/年,其中,乘客吞吐量超过 1.2 亿人次/年的民航机场或将达到 4 个,乘客吞吐量为 8000~12000 万人次/年的民航机场或将达到 5 个,乘客吞吐量为 4000~8000 万人次/年的民航机场或将达到 17 个。未来一段时间,我国需要改扩建超过 100 个机场,迁建、新建近 100 个机场,民航机场的数量将迅速增加。在这一背景下,将机场选址范围扩大到海上,是未来发展的需要。

2. 我国空域管理的特点

与陆地建设离不开规划一样,空域也需要进行规划,而且,由于飞行安全和国防建设的需要,空域规划相比其他行业的规划更为复杂。从专业上讲,民航机场选址首先应满足空域条件,或者说,地面需围绕空中的航线规划予以配合,实际上又叠加了更为苛刻的硬性条件,因而选址是相当艰难的抉择,这与地面交通以最短路径或运输成本最低进行选址优化基本上不是一回事。在进行陆地机场与海上人工岛机场选址的调研中,空域规划的合理性是其重要的因素之一,而不同的空管体制,也对其有着深刻的影响。

目前,世界各国根据各自的历史延续和实际情况,采用不同的空管体制。例如,美国、俄罗斯、巴西、德国、加拿大和日本等采用的是统一管制模式,即由单一机构统筹领导全国的空管。按照组织形式,具体又分为政府统管、军方统管和企业统管三种。英国、印度等国采用的是军民航联合管制模式,即由军民航在1个机构内以合署办公的方式联合实施空管工作。法国和南非采用军民航协调管制模式,即由军民航分别建立空管体系,按照职责分工提供相应的管制服务等。

总结各国对空域的管理体制可以发现,各国采取的基本原则是:①明确空域资源的国家属性,秉持互信、互利、开放、公平与兼容的空域管理原则,建立国家空域的统一管制体系;②国家空域的管理权限由政府掌握,组建下属国家空管公司统一提供空中交通管制服务;③军方设立相关管制部门,负责航路航线以外特定空域的飞行指挥;④建立军民航空域协调使用和分析评估机制,军民航各类飞行统一采用国际民航组织标准。

在我国,实际可用空域面积为 998.50 万 km^2。其中,民航日常使用空域面积 319.53 万 km^2,占 32%;军航日常使用空域面积为 234.72 万 km^2,占 23.51%。在管理体制上,目前是国务院、中央军委空中交通管制委员会领导全国的飞行管制,空军统一组织实施全国的飞行管制,军民航按照各自职责分工提供空中交通管制服务;国家空管委办公室负责全国空域管理工作,掌握空中交通管制情况;空军负责监督全国飞行活动,中国民用航空局负责提供航路航线的空中交通管制服务。

20 世纪 50 年代末,美国率先和加拿大创立了由 5 个区域组成的防空识别区,以便"识"敌于国门之外,这样就使本土空域的管控可以相对宽松。我国的空域一直处于战略防御状态,防空识别区尚不健全,国防安全是一个刚性要求。在这种情况下,减弱军方对空域的反应能力必然存在一定的限度。

为了大力支持国家经济建设和民航事业的发展,自 20 世纪 90 年代以来,我国空军已开放了 63 个军用机场,对 93 个机场进行了迁建调整或军民合用,关闭(调整)380 个训练空域,为民航机场的建设创造了条件,军民融合成为适应当前我国国情的发展方向。

但是,在民航业快速发展的过程中,我国空管仍面临着各种矛盾,这些矛盾逐渐累积叠加形成了综合性问题,涉及政策法规、运行机制、综合保障能力等诸多方面。例如,近年来航班延误数量逐年上升,延误易发地域逐渐扩大,由过去主要集中在京、沪、穗三地,逐步向大连、青岛、厦门、成都、西安等城市扩散。据统计,近年来国内航班平均延误约 1h,部分航班甚至延误 4h 以上。全国航班延误的调研结果表明,在影响航班延误的因素中,航空公司运行管理占 42.3%,流量控制占 26.1%,恶劣天气影响占 20.9%,军事活动影响占 7%,机场保障及其他因素占 3.7%。在欧美等地,航班的正常性基本达到 80% 以上,而在我国,航班正常性持续下降,由 2005 年的 80% 左右下降到 2014 年的 68.37%;空域容量限制由 20% 上升到 30% 左右,随着流量需求的增加,这一比例还可能继续上升。

解决航班延误问题,需要各方协力、综合治理,在确保安全的前提下,努力推进空域高效灵活使用,实现空域资源利用最大化,切实解决飞行繁忙地区的飞行矛盾。上述问题的存在,无疑加大了新建机场选址的难度。海上人工岛机场的出现,客观上扩大了沿海城市空域的范围,注入了新的空域资源,对缓解我国空管矛盾具有明显的现实意义。

1.2　案 例 评 述

下面将对国内外已建或在建的海上人工岛机场进行逐一分析和评述,其顺序按照建设时间由远及近排列,从中可以看到此类工程的进展状况。

1.2.1　日本长崎机场

追溯历史,日本长崎机场(Nagasaki Airport)很可能是世界上最先建成的离岸式海上人工岛机场,因而在机场建设史上具有里程碑的意义。严格地讲,长崎机场建设用地并非完全由人工填筑而成,而是部分依托了长崎县中央部大村湾名叫其岛的自然岛屿,该岛屿面积约 0.9km²,居住有 13 户人家,计 66 人。机场建设以平整岛屿高地方式取石填海,1972 年开工,1975 年完成,用时 3 年,总投资约 180 亿日元。人工岛地面高程为 +5m,面积为 1.54km²,跑道长 2500m,由 970m 长的其岛大桥与大陆连接(图 1-7)。

该机场的建成首次向世界证明,建设海上人工岛机场在工程技术上是可行的。这一做法不仅能减轻陆域土地资源短缺的压力,减少飞机噪声和废气对城市的污染,而且周边净空条件较好,视野开阔,对飞机起飞和降落的安全十分有利。由于长崎机场属于以日本国内航线为主的二类机场,因此在国际上未产生较大的影响,但在人工岛机场建设上仍应将其载入史册。

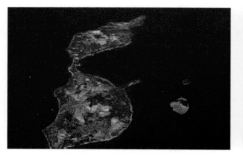

（a）机场建设前的苴岛，面积约 0.9km² 　　　　　（b）苴岛大部分岸线被保留下来

（c）机场设施接近完成　　　　　　　　（d）天然岛屿与人工填海融为一体

（e）跨海桥与机场跑道垂直布置　　　　　　　（f）航站区设有码头

图 1-7　日本长崎机场

　　关于飞机着陆人工岛的体验，有的乘客曾经在微博上这样描写其现场感受：长崎空港令人最深刻的印象是，四周都是海。小到什么地步，飞机降落，马上要碰到碧蓝的海面了，突然出现陆地，直接着陆。着陆的同时，猛然减速，等到下了飞机才发觉，如果不及时刹住飞机，就会飞到海里去了。

　　上述乘客的心理状态给我们以深层次的思考：浩瀚的大海虽然平坦广阔，但海面与陆地毕竟是截然不同的载体。人工岛实际上是固定不动的超级航空母舰，狭小的起降空间,无形中使飞机上的乘客承受巨大的心理压力,会有一种无路可逃的感觉。即使海上人工岛与陆地的机场跑道长度并无差别,这种下意识也依然存在。因此,从乘客的心理作用和飞机起降的安全因素出发,在规划和设计海上人工岛机场时,若条件允许,应尽可能增大机场的边缘面积。

1.2.2　法国尼斯国际机场

尼斯(Nice)位于地中海沿岸的法国南部,为滨海阿尔卑斯省首府,是仅次于巴黎的法国第二大旅游胜地,也是欧洲最具魅力的黄金海岸。戛纳国际电影节的举办使这座地中海城市成为全球电影人瞩目的中心。

尼斯国际机场(Nice Côte d'Azur Airport)海拔+4m,机场级别为4E,有2条沥青跑道,长度分别为2570m和2960m。在规模上,尼斯国际机场是法国第三大机场,也是地区性航空枢纽,每天有80个航班与世界45个国家通航。机场距尼斯市中心7km,距戛纳27km。

尼斯国际机场属于不断扩建形成的临海机场,逐步向海外延伸,最后在填海形成的陆域上建成。规模最大的一次扩建是1975~1979年增建第2条跑道,当时向海侧填筑了约2000万 m^3 的石料,形成建设用地3.89 km^3。在设计构思上,填海工程注重结合当地的旅游特色,临海一侧岸线构型采用流线型,护岸以天然块石砌筑(图1-8)。

（a）填海延长跑道 1000m(1961~1964 年)　　　（b）填海扩建第二条飞机跑道(1976 年)

（c）由陆地向海中逐步推进　　　　　（d）护岸由天然石块堆筑,以自然为主调

图 1-8　法国尼斯国际机场

1.2.3　新加坡樟宜国际机场

自 1955 年起，新加坡开始使用巴耶利峇机场对外通航。到 1975 年，新加坡机场的乘客吞吐量已增至 400 万人次/年，机场扩建被提到议程。当时政府面临两个选择：扩建原有的巴耶利峇机场或另选址建设新机场。考虑到已有机场位于城市未来的发展区域内，对周边影响很大，于是政府决定以更大的经济代价在新加坡最东端的临海区——樟宜建设新的机场。将新机场选址在樟宜的原因主要有两点：一是樟宜临海，可以利用填海增加建设用地，为后续扩建留有余地；二是新加坡国土狭小，向海扩展可降低飞行噪声对居民的影响。

建设樟宜国际机场（图 1-9）是新加坡历史上规模最大的工程之一。在 $13km^2$ 的机场用地中，通过填海获取 $8.7km^2$，其中包括滩涂 $2km^2$，共动用土石方 5200 万 m^3。填海工程于 1975 年 6 月开工，1977 年 5 月完成。1981 年 7 月 1 日，樟宜机场正式启用，首期工程共耗资 13 亿新元。

图 1-9　樟宜国际机场大部分坐落于填海区

1.2.4　日本北九州机场

北九州机场（Kitakyushu Airport）位于日本横福冈县北九州市小仓南区，为日本二类机场，以国内航班为主。机场人工岛长 4125m，宽 900m，面积为 $3.73km^2$，跑道全长 2500m，跑道侧面预留有大面积围海区，可在机场扩建时使用。

在历史上，北九州原有机场因靠近丘陵地带，距居民住宅区较近，经常出现延误到达甚至是失航情况。经反复权衡，当地政府决定在海上重建离岸式人工岛机场。1978 年 7 月，新北九州空港促进会成立；1986 年 11 月，前后花费了近 10 年时间的北九州空港规划完成；1994 年，机场建设开始；2006 年 3 月，经过长达 12 年的施工，新机场启用，同时原机场关闭。纵观整个过程，包括新机场机构组建、完成规划，获得立项、开工建设，再到投产使用，前后持续 20 余年，从一个侧面说明此项目的完成实属不易(图 1-10)。

(a) 人工岛先围后填(1996 年)   (b) 跨海大桥分段吊装(1999 年 10 月)

(c) 人工岛填筑施工(2000 年 8 月)   (d) 机场设施建设已见雏形(2003 年 7 月)

(e) 原空港与新建离岸人工岛空港(2004 年 3 月)   (f) 跑道地面铺装(2004 年 6 月)

(g) 跨海通道—半海堤—半桥梁(2004 年 12 月)   (h) 跨海桥设有大跨度通航孔

(i) 跨海桥从人工岛侧面登陆　　　　　　　(j) 人工岛内预留围海区

图 1-10　日本北九州机场

1.2.5　日本东京羽田国际机场

日本东京羽田国际机场始建于 20 世纪初,到 1946 年,已成为拥有 2 条飞机跑道(A 跑道长 2100m、B 跑道长 1650m)的大型临海机场。此后,该机场的扩建一直没有停止。1959 年,A 跑道加长至 2550m;1961 年,A 跑道再加长至 3150m;1964年,新建 C 跑道(3150m);1971 年,B 跑道加长至 2500m。更大规模的一期扩建工程始于 1984 年,内容包括填海、增建新跑道等。同时,撤销部分原有跑道,使机场主场区渐次远离城市。1988 年,新的 A 跑道(3000m×60m)建成,原有 A 跑道撤销,填海造地和二期扩建工程启动。1993 年,1 号航站楼完工,填海造地和扩建三期工程启动。1997 年,新的 C 跑道(3000m×60m)建成,原有 C 跑道撤销。2000年,新 B 跑道投入使用(2500m×60m)。2004 年,2 号航站楼完工。2010 年,D 跑道(2500m×60m)建成使用(图 1-11)。3 座航站楼中,1 号楼占地 29.26 万 m²,2号楼占地 18.23 万 m²,国际航站楼占地 1.2 万 m²。

近几年完成的 D 跑道人工岛可谓 21 世纪海洋工程的又一杰作。与以往填海式人工岛机场不同的是,D 跑道是桩基结构和重力式(实体填料)结构的组合,这对于对沉降很敏感的飞机跑道而言的确是一个大胆创新,同时在技术上也存在很大风险。填海扩建过程见图 1-12。

(a) 仅有 1 条跑道(1931 年)　　　　　　　(b) 在临海区建有 2 条跑道(1959 年)

(c) 东京羽田国际机场(1964 年) (d) B 跑道延长完成,已拥有 3 条跑道(1971 年)

(e) 一期扩建工程启动(1986 年) (f) 二期扩建工程建设中(1988 年)

(g) 外护岸基本完成(1990 年) (h) 三期扩建工程启动,1 号航站楼建成(1993 年)

(i) 新的 C 跑道建成(1997 年) (j) 三期扩建工程基本完成(2006 年)

（k）D跑道坐落于独立的人工岛上（2010年）

图 1-11　东京羽田国际机场扩建历程

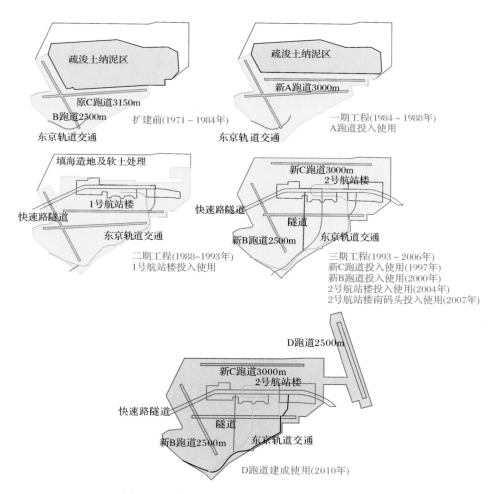

图 1-12　东京羽田国际机场填海扩建过程示意图

1.2.6 日本关西国际机场

日本关西国际机场选址始于 1968 年,论证内容包括机场与市区距离、空域安全、集疏运交通组织、区域规划,以及 24h 运营对市区的噪声影响等,前后持续达 20 年,耗资 200 亿日元。新机场建设的预定目标为:①成为国际国内航线的连接枢纽;②能够全天 24h 运营;③不能对周边环境造成过量的噪声和其他污染,保护周边海域和陆地的生态平衡;④为将来扩建留出充分的余地;⑤跑道长度要满足大型客机的使用要求。

随着研究的深入,调查人员发现海域的选址范围要比陆地大很多,选址焦点很快集中于大阪湾海域。起初在大阪湾选出 7 个地点,经过初步筛选,留下泉州、神户外海域以及播磨滩作为 3 个候选场址。在此基础上,再次对使用便利性、空中管制、周围环境和施工难易程度,以及相关方利益分配、受损方赔偿、与区域规划的协调性、社会效益等诸方面因素进行综合评价和比较,确定大阪湾东南部的泉州海面为新机场场址。

尽管花费了大量的时间和人力,选址地点的自然条件还是差强人意。大阪湾水深浪大、地质条件较差,建设十分困难。在远离海岸、施工条件恶劣的海域中,填筑出规模巨大、前所未有的人工岛,并在其上建设要求标准极高的民航机场,这在当时的确是一个十分大胆而雄伟的设想。

机场人工岛不仅在建设上有相当大的难度,而且在维持社会稳定方面也承受着极大的压力。出于对海洋环境污染和渔业生产前景的担忧,当地渔民协会强烈反对在自己的渔场内建设人工岛机场,为此举行了规模浩大的抗议集会和游行,与警察发生了激烈冲突。在这一复杂形势下,日本运输大臣亲自听取选址意见,到泉州海面进行实地考察,与选址所在地的大阪府、兵库县和歌山县交换意见。日本航空审议会对该项目的审查持续了 3 年之久,为争取社会各方的理解和支持可谓竭尽全力。

1981 年 5 月,日本运输省公布了《关西国际机场规划草案》、《关西国际机场环境影响评价》和《关西国际机场选址及周边地区配套开发建设设想》3 个文件。1983 年,日本成立了由 10 个省厅负责人组成的协调联络组。1984 年 10 月,关西国际机场股份有限公司(关西国际空港株式会社)成立,明确了负责机场建设的项目法人。关西国际机场股份有限公司成立后,很快制定出具体的建设计划,开展机场工程环境影响评价等准备工作,并同当地渔民组织商讨赔偿事宜。1986 年 12 月,建设方获得填海造地许可证;1987 年 1 月 27 日,以安全祈祷仪式为标志,工程建设正式开始。1987 年 11 月,建设方获得机场建设许可证。值得注意的是,这一项目审批程序是颠倒的,即机场建设许可滞后于填海造地许可的批复,并且在机场未获批时即开始施工,这在法律体系较为健全的日本十分耐人寻味,也从另一个侧面说明人工岛机场建设程序的特殊性和复杂性。

关西国际机场建设共分为 3 个阶段,分期逐步实施。一期工程的人工岛面积 5.11km²,建设 1 条跑道,四周护岸长 11km,平均水深 18m,工程填方量 1.78 亿 m³,总投资 126.3 亿美元,于 1994 年建成,历时 7 年,其中填海造地用时 5 年。二期工程始于 1999 年,人工岛面积 5.45km²,建设第 2 条跑道,四周护岸长 13.2km,平均水深 19.5m,工程填方量 2.5 亿 m³,2007 年建成。一期和二期工程分别为两个独立的人工岛,两岛之间跨海相连,航站楼分布于两岛中间的连接部分,乘客转运采用机场内部捷运系统。从后来地基沉降的发展状态来看,一期和二期工程拉开距离,加大荷载承受面积,有利于减少人工岛沉降的相互影响。三期工程依托二期工程人工岛建设第 3 条跑道,新增填海面积 2.45km²,四周护岸长 9km,平均水深 20m,工程填方量 1.1 亿 m³,目前尚未建设(表 1-3 和图 1-13)。

关西国际机场人工岛建设项目是日本各界争议最大的超大型海洋工程,尽管前期进行了充分的研究论证,但因项目技术复杂、不确定因素较多,实施时遇到了一系列困难,过程曲折,致使填海工程比原计划推迟 15 个月之久,这在精于计划的日本十分罕见。通过下面这些问题,就能发现当时的形势是何等复杂。

表 1-3 关西国际机场人工岛一期、二期和三期工程基本情况表

阶段	规模				自然条件	
	填海面积 /hm²	护岸总长 /km	填海土方量 /亿 m³	跑道长度 /m	平均水深 /m	预计地基平均沉降量/m
一期工程	510	11	1.8	3500	18	11.5
二期工程	545	13.2	2.5	4000	19.5	18
三期工程	245	9*	1.1*	3500	20	18*
合计	1300	33.2	5.4	—	—	—

注:* 为估计值。

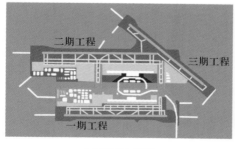

(a) 平面布置图

(b) 工程完成后效果图

图 1-13 关西国际机场三期工程规划

(1) 政治和社会压力。在政治上,关西国际机场建设项目是日本被要求允许国外公司参加投标的大型公共项目之一,成为当时美国对日本政府贸易谈判的政治砝码,承受着来自美方的压力。在社会上,由于机场人工岛占用了大面积海上渔场,大阪府、兵库县和歌山县三地1万多渔民的生产和生活因此受到了很大影响,同渔民协会的谈判旷日持久,经济补偿不断加码,使得工程方案不断调整,预算一再追加。

(2) 设计方案之争。在1974年形成要在海上建设民航机场的意向后,巨大的经济前景和利益成为各行各业竞相角逐的目标。当时,恰逢日本造船业不景气,而新机场又位于深水区,于是有些团体极力建议建造浮式机场,实际上是建造一座不带动力的超级航空母舰。方案提出后,建设方只得进行方案比较,花费了大量的人力、物力和时间,尽管取得了一定的进展,但最终还是以填海方案收场。

(3) 地基沉降的严峻程度超过预期。由于对海洋软土的变形机理缺乏认识,填海的土方量创下当时的历史记录,因而在人工岛地基的沉降预测上出现了一连串严重误判,几乎前功尽弃。施工前,曾预测在开工到建成的7年时间里,人工岛会下沉6m左右,地面设计高程按此进行了预留。但在4年时间后的1991年10月,发现地基实际沉降量高达9.5m,超过预测50%以上,而此时人工岛填料还未出水,也就是说,更大的荷载还没有施加,后期地基沉降将更为严重。为了避免人工岛建成后出现沉到水下的灾难性后果,1992年初重新修改设计方案,将人工岛地面高程再增加3.3m,填海石料总厚度达到33m,土石方量再增加10%。这一不得已的调整,使得填海工程施工被迫推迟到1992年12月13日才得以完成。人工岛出现的沉降大大超过了原来预测,致使地面设施如航站楼等的设计方案也不得不进行相应修改,机场施工工期一再推延。

(4) 对海洋环境的长远影响尚难预料。工程施工对海洋的污染一直是填海工程是否可行的焦点,民众对海洋环境影响的忧虑和舆论的强大压力,迫使日本政府和建设方高度重视海洋环境的保护问题。在机场建设成就展览馆内可以感受到这一氛围:环境保护措施和监测结果被排在最醒目的位置,在宣传上竭尽所能。不可否认的是,回过头来再审视当年的选址方案,由于过分迁就了环境问题,不仅大大增加了工程造价,也限制了地基处理方案的选择,这可能是加剧人工岛产生地基超预期沉降的原因之一。事实上,由于海洋具有自我修复能力,因此人工岛对海洋环境的影响并不一定像预想的那样糟糕。机场建成后十几年来的跟踪调查表明,由于人工岛的护岸结构为海洋生物提供了大量新的渔礁,构造了更为适宜海洋生物生存的环境,尤其是机场在夜间的灯光吸引了更多的鱼群,周边又设立了禁止捕捞区,因而周边的渔场很快得到了恢复,海洋生物资源比建岛前更为丰富。

关西国际机场(图1-14)的建成,是人类文明史上具有里程碑式的伟大成就。进入21世纪,该项工程被美国土木工程协会评为"人类20世纪十大建筑"

（图 1-15），与其同时入选的工程有著名的巴拿马运河、英吉利海峡隧道等（表 1-4），由此可以看出这一工程的分量。可以认为，关西国际机场工程的复杂性和艰巨性主要来自人工岛建设，正是由于机场屹立在环境恶劣的海涛之中和软基之上，才引起了世界土木工程界的极大关注。

图 1-14　关西国际机场近景鸟瞰

图 1-15　关西国际机场被授予"人类 20 世纪十大建筑"称号

表 1-4　美国土木工程协会评选的 20 世纪 10 大建筑名单

1. 水路运输	巴拿马运河
2. 机场发展及设计	日本关西国际机场
3. 铁路运输	英吉利海峡隧道铁路系统
4. 大坝	美国胡佛水坝
5. 道路	美国洲际高速公路体系
6. 大跨度桥梁	美国金门大桥
7. 摩天大楼	美国纽约帝国大厦
8. 污水处理	美国芝加哥污水处理系统

9. 水资源供应及分拨	美国加利福尼亚州供水工程
10. 垃圾绿色填埋/固体废弃物处理	待定

1.2.7　中国澳门国际机场

在地理上,澳门地域狭小,既没有机场、铁路,也没有可停泊大型客船的深水码头,主要通过香港和珠海实现人员出入和经贸往来。为了经济发展,回归前的澳门通过外交途径,先后于 1979 年、1986 年、1987 年 3 次向我国中央政府提出在澳门建设国际机场的申请。在葡萄牙方就领空控制、通信导航频率协调、严格民用等方面做出承诺后,机场建设规划终于得到国家有关方面的批准。

澳门国际机场的航站楼和飞机跑道采取独特的跨海分离布置方式,乘客乘坐飞机跨海滑行进出跑道,这种方式在世界上可能绝无仅有。但这一务实做法,使得人工岛面积大大减少,因而也不失为较优方案。整个机场由航站区、人工岛和 2 座联络桥三部分组成,跑道长 3360m、宽 60m,设计通过能力为 600 万人次/年,总投资 73 亿澳元(约合 10 亿美元)。该机场 1992 年 3 月动工,1995 年 11 月正式投入运营(图 1-16),是我国最早建成的离岸式机场。

(a) 空中鸟瞰　　　　　　　　　　　　　(b) 周边水质污染明显

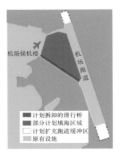

(c) 临岸的机场货运区　　　　　　　　　(d) 机场扩建规划

图 1-16　澳门国际机场

澳门国际机场投入运营后,迅速成为与世界各地联系的重要桥梁,乘客吞吐量很快接近设计能力。为应对未来空中交通需求的增长,澳门特别行政区政府计划再投资 60 亿澳门元(约合人民币 51.29 亿元)对机场进行扩建,项目包括:在 2 个滑行道之间进行连通,将机场航站楼区与跑道区连为一片;兴建新的滑行道;延长跑道缓冲区等。在平面布置上,扩建计划采取顺岸填建方式,将原有的人工岛由离岸式布局变为连岸式布局。这一建设顺序的倒置似乎表明早期的人工岛建设缺乏长远规划。为了减少人工岛周边海洋流场的改变,计划在 2 座联络桥中间的扩建区采用透空的梁板结构覆盖。机场扩建后,乘客通过能力可提升至 2500 万人次/年。

1.2.8　中国香港国际机场

位于九龙城区的启德国际机场于 1927 年启用,1952 年通过填海造地将飞机跑道延长至 2542m,1975 年再次延长至 3392m。可以说,启德国际机场很可能是我国最早的连岸式半岛机场。20 世纪 80 年代,在香港经济的推动下,启德机场的客流压力日益增大,虽多次加大飞机的起降密度,仍难以适应高速增长的运输需求。最突出的问题是,由于机场位于市区中心,飞机起降的噪声使周围的居民难以容忍,成为香港地区的一大公害。为了减低飞机噪声的影响,港英政府只好要求机场在午夜至黎明时分禁止飞机起降,这一规定导致启德国际机场的使用效率大为减小。如果为提高通过能力对原机场再进行扩建,那么九龙有 35 万人居住的区域和 100 多所学校都将进入超标准的噪声区,城市与机场的矛盾十分尖锐。

更严重的是,由于地理环境的局限以及机场附近经常出现风切变,启德国际机场成为当时世界 10 大危险机场之一(图 1-17)。早在 1948 年,港英政府在工作报告中就已经认识到"不管从什么角度来说,启德国际机场的位置都是最不好的"。据不完全统计,在启德国际机场运营的 70 年中,共发生 12 次航空事故,270 人丧生。

　　　(a) 位于维多利亚港湾的突堤式机场　　　　　　(b) 飞机下降时在建筑群中穿梭

　　（c）民用建筑将机场团团围住　　　　　　（d）飞机冲出跑道后落水

图 1-17　香港启德国际机场

　　显然，受环境限制，启德国际机场已不可能再做进一步的扩建，只能在香港其他地方迁建一个更大、更完善的国际机场。1967 年，港英政府在其地区发展战略中提出了"应建设另一座新机场，跑道长度至少为 3249m，附近不应有任何天然或人工的障碍物"的设想。

　　20 世纪 80 年代初期，港英政府已经就机场发展开始了研究，考虑在香港境内各个地方兴建新机场的可能。80 年代末，有人曾经建议在南丫岛及大屿山之间以人工岛方式兴建机场。基于当时香港的前途因为主权问题未见明朗，因此没有落实兴建方案，而改为尽量扩建启德国际机场以暂时容纳需求，直至 1990 年才决定兴建新机场，选址大屿山西北面的赤鱲角。新建机场面积为 12.48km²，其中，利用赤鱲角岛面积约 3km²，人工填海约 9km²，这在当时是世界上面积最大的离岸式人工岛机场。

　　由于新机场工程所需贷款的偿还不可避免地会跨越到 1997 年我国对香港恢复行使主权之后，因而新机场的建设规划充满周折。直到 1991 年 9 月 3 日，中英双方签署了《中英政府关于香港新机场建设及有关问题的谅解备忘录》，新机场的建设方案才得以落实，而留给建设的时间已所剩不多。要求新建机场在 1997 年 7 月 1日之前完成，这在一开始就注定是一个不可能完成的任务。实际上，港英政府在谈判时期即已成立了临时机场管理局（1990 年 4 月），并陆续批出了新机场的工程合同。

　　1998 年 7 月 6 日，香港新机场第 1 条跑道终于正式启用，1999 年 5 月，第 2 条跑道投入使用，虽比计划时间有所推迟，但从工程量的规模来看，已相当不易。2条跑道的长度均为 3800m，每小时可供 45 班飞机起降，客运能力为 4500 万人次/年（图 1-18）。机场航站楼总建筑面积达 71 万 m²，这在当时是世界上规模最大的同类建筑。

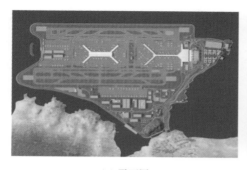

|(a) 平面图|(b) 空中侧景|

图 1-18　香港新机场

　　同我国内地民航的发展十分迅速一样,进入 21 世纪后,香港国际机场的乘客吞吐量一直在快速增长,很快超过 5000 万人次/年,航空货运量逾 400 万 t/年,每天起降航班 900 个,入港的航空公司总数达到 100 家。2001 年,香港特别行政区政府在《香港国际机场发展蓝图 2020》的报告中,提出再填海 650hm²,在机场人工岛北面修建第 3 条跑道,同时建设新的停机坪、航空交通控制塔及 Y 形客运廊,延展乘客捷运系统,改建二号客运大楼,兴建新的客运大楼等,将机场通过能力提升到 8700 万人次/年,货物吞吐量提升到 900 万 t/年。2016 年 8 月 1 日,以加收机场建设费为标志,第 3 条跑道扩建工程正式启动。

　　值得一提的是,启德国际机场关闭后,航站楼并未拆除,而是改作政府部门办公室,易名启德政府大楼。原航站楼的出境大堂则以短期租约方式用于商业用途,改装为汽车展销厅、小型赛车场、台球场地、游戏机中心、保龄球场等。原机场跑道、停机坪等露天场地,则作为高尔夫球场、烧烤场、跳蚤市场以及一些大型活动如嘉年华、风筝比赛的举办场地。为了适应向社会开放的环境需要,1998 年 10 月,当地政府在停机坪及拆除建筑物地区开展除污工程,清除跑道地下约 11hm²区域的油污。这些油污是飞机燃料渗入地下后长年累积形成的,此项工程是香港有史以来规模最大的同类项目,于 2001 年完工,历时 3 年。

1.2.9　韩国仁川国际机场

　　仁川国际机场(图 1-19)坐落于仁川市西部的永宗岛和龙游岛之间。此地属于浅滩,满潮时水深 1m,退潮时为滩涂。整个工程分三期建设。

　　一期工程 1992 年 11 月开工,2001 年 3 月完工,共建设 2 条跑道,49.6 万 m²的航站楼、货运楼、管制塔、综合运营中心等建筑,可接受飞机起降 24 万架次/年,年处理能力为 3000 万人次乘客及 270 万 t 货物。仁川国际机场代替了原金浦国际机场的国际地位,成为国际客运及货运的航空枢纽,名列亚洲第 6 位。

（a）建设前的永宗岛和龙游岛浅滩

（b）陆上运输方式填海

（c）使用防尘网降低粉尘污染（绿色部分）

（d）采用皮带机封闭运输回填物料

（e）将皮带机运输转为汽车运输的装车楼

（f）一期工程完成

图 1-19　仁川国际机场

　　二期工程于 2002 年上半年开始填海施工。2003 年 12 月，第 3 条跑道开工。为赶上 2008 年北京奥运会的转机需求，工程被提前到 2008 年 6 月完成。

　　根据规划，仁川国际机场最终将建设 4 条跑道，2 座航站楼（共计 85 万 m²）、1 座货运楼（81 万 m²）、4 座卫星客运廊、128 个飞机泊位，年处理能力预计 1 亿人次乘客及 1000 万 t 货物，预计 2020 年完成（表 1-5）。

表 1-5　仁川国际机场规模及远期规划汇总表

<table>
<tr><th colspan="2">参数</th><th>一期</th><th>二期</th><th>三期</th><th>总计</th><th>远期目标</th></tr>
<tr><td colspan="2">场地面积/km²</td><td>11.72</td><td>9.57</td><td>1.11</td><td>22.40</td><td>47.43</td></tr>
<tr><td colspan="2">跑道/条</td><td>2</td><td>1</td><td>—</td><td>3</td><td>4</td></tr>
<tr><td rowspan="2">乘客航站楼
/万 m²</td><td>T1</td><td>49.6</td><td>扩建</td><td></td><td>49.6</td><td>49.6</td></tr>
<tr><td>T2</td><td>—</td><td>—</td><td>35</td><td>35</td><td>35</td></tr>
<tr><td colspan="2">中央大厅/万 m²</td><td>—</td><td>16.6</td><td></td><td>16.6</td><td>16.6</td></tr>
<tr><td rowspan="4">停机坪
及机位</td><td rowspan="2">客运</td><td>个</td><td>60</td><td>48</td><td>65</td><td>173</td><td>260</td></tr>
<tr><td>万 m²</td><td>126.7</td><td>117</td><td>64.8</td><td>308.5</td><td>439.8</td></tr>
<tr><td rowspan="2">货运</td><td>个</td><td>24</td><td>12</td><td>21</td><td>57</td><td>107</td></tr>
<tr><td>万 m²</td><td>43</td><td>30.7</td><td>41.8</td><td>115.5</td><td>194</td></tr>
<tr><td rowspan="3">年度</td><td colspan="2">航班/万架次</td><td>24</td><td>17</td><td>—</td><td>41</td><td>74</td></tr>
<tr><td colspan="2">客运/万人次</td><td>3000</td><td>1400</td><td>1800</td><td>6200</td><td>10000</td></tr>
<tr><td colspan="2">货运/万 t</td><td>270</td><td>180</td><td>130</td><td>580</td><td>1000</td></tr>
</table>

1.2.10　中国珠海金湾机场

珠海金湾机场原名为珠海三灶机场(图 1-20),因三灶管理区撤销更名为金湾区,经我国民用航空局批准,于 2013 年 1 月正式更名为珠海金湾机场。该机场位于珠海西区三灶岛西南端,三面环海,距市区 31km,按照国际一级民用机场标准进行总体规划、设计和施工,建有长 4000m、宽 60m 的跑道和长 4000m、宽 44m 的滑行道各 1 条,可供当今世界上各类型客机起降。候机楼建筑面积 9.2 万 m²,保障能力为飞机起降 10 万架次/年,乘客吞吐量 1200 万人次/年,货邮吞吐量 60 万 t/年。机场于 1992 年底动工,1995 年 6 月建成通航,是我国唯一完全由地方投资的机场,工程投资 60 多亿元。

（a）空中远眺

（b）劈山填海形成陆地

图 1-20　珠海金湾机场

1.2.11 日本神户机场

神户机场位于大阪市西南 26km 处的海域,距神户市中心 8km,属于日本地方管理机场。神户机场的建设,曾经历了长时间的彷徨与争论,主要原因是该市建设用地极其有限,而且神户市距大阪市很近,从机场间隔距离和投资较大的特点来看,与关西国际机场共享更具合理性。但是,从地方经济发展、劳动岗位和财政税收等长远利益出发,神户市建立自己的机场也有着符合自身利益的一面。每当市政府换届竞选时,是否建设机场就成为政客争论的焦点。

实际上,早在 1946 年神户市出台的《城市复兴基本计划纲要》中,便提出了新建机场的计划。1973 年 3 月,当届市政府一度终止了机场选址进程。直到 1982 年 6 月,神户市新一届政府发表《神户市新机场计划试行办法》,再度恢复建设新机场选址,其前期工作又持续了十几年。

神户市港口运输业发达,曾是东北亚重要的集装箱枢纽港,在海运界的影响远超经济发达的大阪市。但神户市地域狭小,整个城市拥挤不堪,不仅陆域的土地资源极度匮乏,而且有限的岸线也已被码头占满。因此,机场的最后选址确定在港口人工岛之外再延伸约 1km 的深水区,成为世界上难得一见的串联型人工岛群。人工岛机场与繁忙的人工岛港区处于同一水域,构成了海运、公路和航空立体交通体系。

1997 年,神户市建设新机场规划终于获批,人工岛面积 2.72km^2。1999 年 9 月,新机场开工建设。经过 7 年施工,新机场于 2006 年 2 月 16 日竣工营运(图 1-21)。

1.2.12 日本中部国际机场

与日本中部国际机场毗邻的名古屋市是日本的第 4 大城市,为日本中部地区的政治、经济及文化枢纽,丰田汽车公司所在地。原有的名古屋机场跑道长度仅有 2700m,大型飞机难以起降。由于邻近市区,机场被要求禁止飞机在夜间起降,因此大大降低了运营效率。

(a) 世界独有的串联型离岸式人工岛　　(b) 人工岛边缘采用棱角造型,具有结构美感

　　（c）人工岛间由跨海大桥连接　　　　　　　（d）大型船舶从机场侧畔驶过

图 1-21　日本神户机场

　　新机场的选址始于 1988 年，开始时曾初定伊势湾东部和北部，后定址于爱知县常滑市海域。2000 年 8 月，人工岛开始进行护岸建设，2001 年 3 月～2003 年 2 月完成填海造地，2005 年 2 月机场建成，终于赶在 2005 年 3 月 25 日爱知世博会之前通航。该工程前后用时 5 年，其中填海仅用时 3 年，可谓海上人工岛机场建设速度的典范。人工岛总面积 5.8km²，其中机场用地 4.7km²，其他开发用地 1.1km²，所在海域水深 3～10m，平均水深 6m，总填方量约 6600 万 m²，地面高程 +5m。建设内容主要包括：护岸 12km，3500m×60m 跑道 1 条，停机坪 80 万 m²，机位 58 个；航站楼南北长 1030m、东西长 500m，主楼 4 层，总面积 22 万 m²，其中商业设施面积 1.5 万 m²，乘客步行距离不超过 300m；停车场车位 4000 个，其中立体停车场车位 3000 个，地面停车场车位 1000 个，另有 1350 个车位的员工停车场。

　　在设计上，人工岛平面造型为英文字母 P 字形状，内侧护岸曲线采用流线型，以利于海湾内水流畅通（图 1-22）。航站楼原设计为折纸鹤造型，但因成本过高等原因而放弃。由中央政府、地方政府以及丰田汽车公司等 700 家企业共同出资组

图 1-22　P 字造型的日本中部国际机场鸟瞰

建的中部国际机场公司负责新机场的建设和经营,计划投资 73 亿美元,实际花费 62 亿美元,比预算减少 11 亿美元,这大概是所见到的唯一一个工程预算有结余的人工岛机场建设项目。

日本中部国际机场是日本继东京羽田国际机场和关西国际机场后的第 3 个大型海上国际机场,也是日本第 1 个民营机场。机场交通十分便利,从机场坐城铁到达名古屋中央车站只需 28min。机场能源大都使用天然气,用水取自海洋。

1.2.13　中国上海浦东国际机场

上海浦东国际机场共规划 5 条平行跑道,已建成 4 条。其中,第 1 跑道长 4000m、宽 60m、4E 级,于 1997 年 10 月开工,1999 年 9 月建成通航;第 2 跑道长 3800m、宽 60m、4F 级,于 2005 年 3 月启用;第 3 跑道长 3400m、宽 60m、4F 级,于 2008 年 3 月启用;第 4 跑道位于浦东机场第 2 跑道东侧 440m 处,长 3800m、宽 60m、4F 级,连同滑行道系统总投资 25.85 亿元,于 2015 年 3 月启用;第 5 跑道位于第 4 跑道以东 1750m 处,与第 4 跑道南端向南错开 1600m,长 3400m、宽 45m、4E 级,配套建设第 2 塔台等空管设施,总投资 46.47 亿元。在布局上,第 1 和第 3 跑道位于浦东国际机场 1 号航站楼西侧,第 2 和第 4 跑道位于 2 号航站楼东侧。

在地理特征上,上海浦东国际机场属于连岸式填海机场,因其位于长江入海口南岸滨海地带的海滩上,地质条件较差。千百年来,长江携大量泥沙流入大海,在流速变化及潮汐作用下,泥沙在长江口沉积下来,形成大面积滩涂。这些滩涂一般露出水面,但在潮汐以及台风影响下又时常被淹没。要利用这些滩涂作为建设用地,就需要建造海堤挡住潮水才能正常使用。1949 年以后,当地政府组织修筑“人民塘”,将滩涂围填成陆地。今日的浦东国际机场 1 号航站楼和第 1、第 3 跑道便位于人民塘之内的陆地上(早年也是滩涂),2 号航站楼和第 2、第 4 跑道则位于人民塘之外的滩涂上;第 5 跑道场址继续向海侧延伸,有约三分之二的面积进入现有海堤之外的海域(图 1-23)。

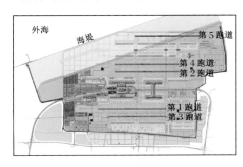

(a) 平面规划　　　　　　　　　　　　　　　(b) 空中全景

(c) 海上远眺

图 1-23　上海浦东国际机场

1.2.14　中国深圳宝安国际机场

深圳宝安国际机场一期工程占地面积 11km²,1991 年 10 月 12 日建成通航,1993 年 5 月 16 日成为国际机场。2003 年,乘客吞吐量突破千万人次,步入全球最繁忙机场百强之列,单跑道已难以应对客运量迅速增长的需要。

2005 年 12 月,深圳宝安国际机场扩建工程(第 2 跑道)开始,填海面积 13.23km²,其中 7.83km² 是滩涂或鱼塘,工程内容包括建设护岸、第 2 跑道区、航站区软基处理及防洪排涝工程 4 部分。护岸总长 26.6km,总填方量 6000 万 m³(其中吹填砂 4700 万 m³),插板总长 4600 万 m,铺设土工布 320 万 m²,清淤 371 万 m³,工程总投资 60 亿元(图 1-24)。

2011 年 7 月 26 日,第 2 跑道投入使用。随着新的候机楼、控制塔台等配套设施的完成,可实现机场乘客通过能力 3000 万人次/年,货运通过能力 150 万 t/年。

1.2.15　中国厦门国际机场

厦门国际机场选址于 2007 年 7 月启动,曾先后在泉州、漳州、厦门考察了 5 处选址。经过论证,各方专家一致认为翔安场址净空条件较好,对城市噪声影响较小,是较佳场址。厦门国际机场位于大嶝岛与小嶝岛之间,机场规划用地 27.49km²,

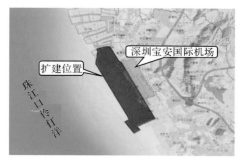

(a) 机场扩建工程位置

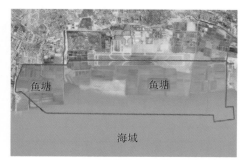

(b) 机场扩建主要依靠向海侧填海获取用地

(c) 扩建前机场被大片鱼塘包围   (d) 填海前护岸先期完成

图 1-24 深圳宝安国际机场

主要来自两部分:一部分占用大嶝岛及其垦区共 4.07km²;占用小嶝岛垦区 0.23 km²;其余部分为填海造地,面积 23.19km²。近期(2025 年)建设 2 条跑道,设计乘客吞吐量为 4800 万人次/年、货邮吞吐量为 85 万 t/年,航站楼总面积约 55 万 m²;远期规划(2045 年)建设 4 条(含 2 条近距)跑道,航站楼总面积约 89 万 m²,陆侧配套设施约 75 万 m²,总建筑面积 164 万 m²,可满足乘客吞吐量 7000～7800 万人次/年、货邮吞吐量 160～200 万 t/年的运输需求。机场全部建成后,能同时为包括 A380 空客在内的 186 架客机和 28 架货机提供机位,成为覆盖厦、漳、泉、龙、金区域和粤东、赣南地区的区域性枢纽机场。

大嶝岛距厦门岛 1.9km,距鼓浪屿 1.1km,岛西南面与海沧嵩屿仅隔 0.3km,岛上最高点海拔高程+62m,岸线长 2.3km。小嶝岛与金门隔海相望。机场选址前,两岛之间曾利用周边海域淤泥吹填造地,新增土地面积 10km²。机场选址明确后,开始大规模吹砂造陆。采砂位置选在厦门湾口,距厦门岛东南方向约 55km、金门岛西南方向约 15km,东碇岛以东约 12km,面积 52km²。

该机场(图 1-25)地面工程 2016 年起施工,计划 2020 年完成。

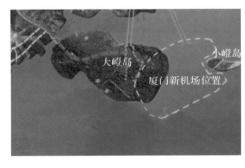

(a) 机场选址   (b) 初步规划

图 1-25 厦门国际机场

1.2.16　中国大连国际机场

建设大连新机场的动议始于 20 世纪 90 年代。1995 年,中国人民政治协商会议大连市委员会提交了关于选址建设新机场的提案。1998 年,有关机构就大连正在运行的周水子国际机场二期扩建及新机场选址的可行性开展研究,后因新机场的建设程序过于复杂,投资过大,已有的周水子国际机场通过能力还有较大提升空间而暂时搁置。

进入 21 世纪,大连地区经济及民航航空运输量快速发展,周水子国际机场与大连主城区建设的矛盾日益凸显。2002 年,大连市政府开始了机场扩建与新机场选址的前期工作,开始时的工作重心是以陆上选址为主、海上选址为辅,两个方向同时进行。

同大多数民航机场一样,大连周水子国际机场也是由军用机场转型兼用民航的。所谓周水子,即周围有水的地方,故得名"周水子"。1929 年,当时的日本侵略者因军事需要,在毗邻丘陵的水泡子上修建机场,不仅飞行气象条件不理想,而且净空条件也只能满足当时机型的要求。受历史条件的限制,在机场以后的若干次改扩建中均未改变最初的跑道方位。以现在我国民航行业和国际民航组织的有关标准来衡量,周水子国际机场存在的诸多问题如净空条件等基本不能解决。而且,周水子国际机场目前已成为繁华城区中的孤岛,周围建设有密集成片的建筑群,距周水子国际机场跑道东端不足 7km 的大连石化公司油罐区,便处于飞机起降航路之下。因此,无论是机场的飞行区净空条件,还是机场与城市规划的协调性,周水子国际机场均不具备成为永久性民用机场的条件,需要另选址建设有发展潜力的、独立的民航机场。

就大连的地理特征,新机场选址的复杂性全国少见。在地貌特征上,大连地处千山山脉末端,属于典型的丘陵地带,地质以岩石为主,平地较少,要寻找 $10km^2$ 以上且相对平整的建设用地几乎不可能。大连位于辽东半岛一隅,若以 50km 为半径画圆,其陆域面积仅有约 $1000km^2$,可选址的范围十分有限。大连地区处于海防前线,是扼守首都的门户,在 1.26 万 km^2 的范围内分布有多座军用机场,基本覆盖了大连地区绝大部分空域。在这种情况下,新机场选址既要避开已被占用的空域,又要符合地面上的各种基本条件,可以说,踏遍大连的各个角落,很难找到适宜建设新机场的地方。

大连虽然缺少土地,却拥有 1288km 的海岸线,同时毗邻黄海和渤海,海洋资源之丰富位于全国之首。大连的黄海一侧基本上为港口和临海工业所占用,渤海一侧则多为滩涂。位于渤海的金州湾面积达 $342km^2$,水域宽阔,平均水深 5m 左右,水浅浪小,海底由河口冲积而成,为具有一定承载力的黏土。该处岸边与沈大高速公路对接,距大连市区仅有 20km,岸线后方丘陵绵延,有多处石场,建筑材料丰富,尤其是此区域与附近各军用机场空域矛盾较小,易于协调,具备开辟新机场的先决条件。综合考虑净空、空域、气象、与城市距离、邻近机场干扰、城市交通、土地利用等条件,金州湾可谓建设新机场的较佳场址。为推动海上机场选址工作的进程,2004 年 12 月,作者向大连市政府直接建言"应从建设大大连的战略高度积极寻求在金州湾建设海上机场"。2009 年 7 月,根据研究进展,作者再次提出"关于对我市机场迁建选址和建设问题的建议"(图 1-26)。

图 1-26　作者提交给中共大连市委、大连市人民政府有关新机场选址的建议首页

2009 年 7 月 1 日,国务院批准《辽宁沿海经济带发展规划》上升为国家发展战略,明确了加快推进大连机场迁建、全面提升机场服务水平、逐步培育形成以大连门户枢纽机场为主的民用航空格局。2012 年,国家海洋局批复了以机场建设填海选地为内容的大连临空产业园区域建设用海总体规划(图 1-27)。2018 年,金州湾海域被中国民用航空局确定为推荐场址。

　　　　(a) 岸线原貌　　　　　　　　　　　　　　(b) 建设前海湾

（c）埋下第 1 个水准点（右二为作者）

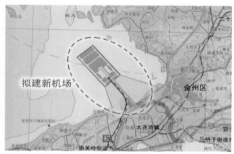
（d）2004 年设想方案

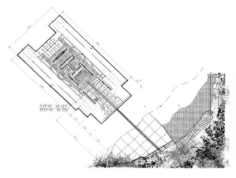
（e）2008 年设想方案

（f）2010 年规划方案

图 1-27　大连新机场前期选址

1. 2. 17　中国三亚国际机场

　　三亚现通航的民航机场为凤凰国际机场，占地面积为 4.63km²，建有 1 条长 3400m、宽 45m 的跑道。三亚的民航交通对三亚及其周边以及海南南部经济特别是旅游业市场发展起到了重要的作用。为对接国际旅游岛规划，三亚率先启动"国际旅游自由港"建设，其机场定位为海南国际旅游岛的门户机场、区域性旅游航空枢纽机场。

　　三亚国际机场位于凤凰镇西侧海坡片区。随着城市化进程的加快，成规模的城市片区已经建设到机场南侧及东侧。大量农村建筑已分布于机场的北侧、西侧，刚好位于机场将来向西发展的用地方向，严重阻碍了机场向西侧的发展。初步预测，三亚国际机场 2025 年的年乘客吞吐量可能会达到 3000 万人次、年起降 22 万架次、日均约 600 架次。以目前的机场规模和设施将不能满足使用要求，必须扩大飞行区规模，增加跑道数量，这也必然带来空域范围需求的增大。面对三亚地区的空域现状,扩建机场势必会面临更多的困难,很难实现空域容量的提升,三亚另行择址迁建新的机场势在必行。

经多方论证,三亚新机场的最佳位置位于红塘湾,西北距离南海观音景区约6km,东北距离天涯海角景区约6km(图 1-28)。初步规划人工岛填海面积24km²,远期共建设 4 条跑道(2 远 2 近),3 座航站楼。护岸总长 20044.9m,海上填方量6.45亿 m³。机场人工岛分两期建设,其中一期工程人工岛填海面积1372.0 万 m²,二期工程陆域形成面积992.7 万 m²。机场总平面布置整体形态为带折角的多重矩形。工程完成后,将成为世界上面积最大、水深最深的海上人工岛机场。

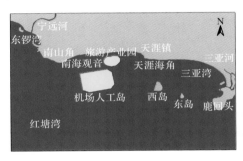 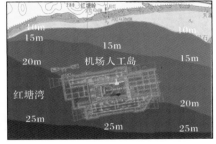

(a)红塘湾周边环境   (b)水深情况

图 1-28　机场人工岛位置图

1.2.18　中国南海岛礁机场

1)西沙——永兴岛机场(中国控制)

永兴岛位于中国西沙群岛东部的宣德群岛中部,为白色珊瑚、贝壳沙堆积于礁盘上的珊瑚岛。岛上平均海拔高程＋5m,东西长 1850m,南北宽 1160m,面积为2.60km²(含填海造陆),四周沙堤环绕。

永兴岛机场(图 1-29)于 1990 年开始修建,次年完成一期工程,跑道长 1000m左右,宽 55m。其后跑道经多次加长,延长至 2700m。2014 年,跑道再次加长至3000m,并将机场附近填海成陆地,建设停机坪和机库,可起降包括大型运输机在内的各种飞机,成为我国南海重要的军民合用机场。

2)东沙——东沙岛机场(中国控制)

东沙岛是我国东沙群岛中的唯一岛屿,东西长约 2800m,南北宽约 700m,面积为 1.8km²。东沙岛位于东沙环礁的西部礁盘上,因岛屿形状如牙,俗名月牙岛。该岛地处东亚至印度洋和亚洲、非洲、大洋洲国际航线附近,中国广州、中国香港至菲律宾马尼拉或中国高雄的航线均在附近海域通过,航运安全上意义重大。

东沙岛机场(2000m×30m)位于东沙岛上(图1-30),主要为军事所用,不对一般民众开放,平日由军用C-130运输机及包机飞航。因东沙机场无加油设施,故包机限载56名乘客及500kg货物。

(a) 2014年改造前机场

(b) 改造后机场鸟瞰

(c) 起降中的YAK-42运输机

(d) 跑道近景

图1-29　西沙——永兴岛机场(3000m×55m)

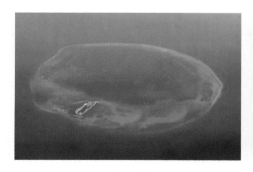

(a) 东沙岛全景

(b) 机场鸟瞰

图1-30　东沙——东沙岛机场(2000m×30m)

3）南沙——太平岛机场（中国控制）

太平岛机场（图 1-31）位于我国南海南沙群岛太平岛上，隶属高雄市旗津区。机场有 1 条长 1200m、宽 30m 的跑道。

4）南沙——中业岛机场（菲律宾非法占领）

中业岛，古称铁峙，位于我国南海南沙群岛中业群礁中部，扼铁峙水道之西，面积约 0.33km²，地面高 3.4m，为南沙群岛第三大岛。全岛四周由沙堤包围，堤高约 5m，宽约 60m，呈三角形，岛上覆盖有灌木，棕榈树等植被，高达 3～4m。1971 年 7 月 29 日，驻守中业岛的我国台湾地区军队因躲避台风去太平岛避风，返回时发现该岛被菲律宾乘机非法抢占。中业岛机场现成为菲律宾占据南沙群岛的指挥中心，飞机跑道长 1260m、宽 60m（图 1-32）。

(a) 空中全景　　　　　　　　　(b) 机场鸟瞰

图 1-31　南沙——太平岛机场（1200m×30m）

(a) 中业岛全景　　　　　　　　(b) 机场鸟瞰

图 1-32　南沙——中业岛机场（1260m×60m）

5）南沙——南威岛机场（越南非法占领）

南威岛，我国南沙群岛岛礁之一，南沙群岛西南部最重要的岛屿。该岛于

1974年被越南非法侵占,改称长沙岛,现成为越南占据南沙群岛的军事指挥中心,飞机跑道长600m、宽24m(图1-33)。

(a) 机场鸟瞰　　　　　　　　　　　　　　(b) 鸟侧设有码头

图1-33　南沙——南威岛机场(600m×24m)

6) 南沙——弹丸礁机场(马来西亚非法占领)

弹丸礁,位于我国南海九段线内,自1979年起被马来西亚非法占领,改称拉央拉央岛。弹丸礁的陆域面积原不足0.1km^2,经马来西亚30多年的扩建,面积已达0.35km^2,为2014年前南沙群岛第一大人工岛,当时面积仅次于南沙群岛最大自然岛屿太平岛及菲律宾非法占领的中业岛。飞机跑道长1100m、宽40m(图1-34)。

(a) 弹丸礁全景　　　　　　　　　　　　　　(b) 机场鸟瞰

图1-34　南沙——弹丸礁机场(1100m×40m)

2013年底~2016年,我国通过填海建设,在南海的岛礁机场数量又增加了3个,即永暑礁机场、美济礁机场和渚碧礁机场。其中,永暑礁机场和渚碧礁机场跑道长3000m、宽52m;美济礁机场跑道长2700m、宽52m。这样,在南海的岛礁机场目前已达到9个,预计以后数量还会增加。施工过程见图1-35~图1-38。

（a）预制护岸块体（永兴岛）

（b）跑道施工（永暑礁）

（c）挖砂造陆（永暑礁）

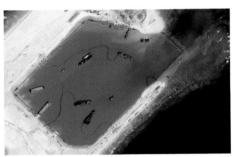

（d）港池形成（永暑礁）

（e）新海龙号耙吸船作业（美济礁，2014 年 3 月）

（f）跑道初见雏形（美济礁）

图 1-35　中国南海岛礁填海施工

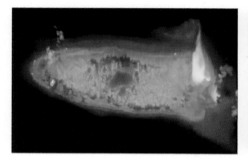

(a) 2014 年 8 月 14 日

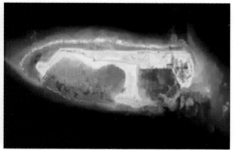

(b) 2014 年 12 月 31 日

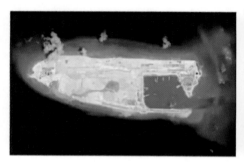

(c) 2015 年 4 月 17 日

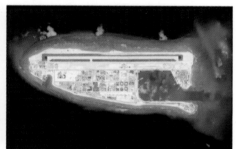

(d) 2015 年 8 月 3 日

图 1-36　永暑礁填海进展

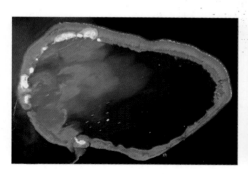

(a) 2015 年 3 月 16 日

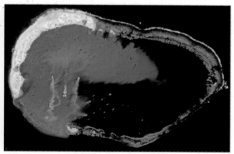

(b) 2015 年 4 月 13 日

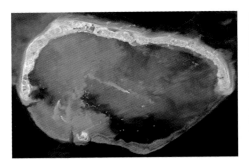
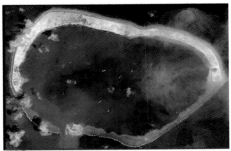

(c) 2015 年 6 月 10 日　　　　　　　　　　　(d) 2015 年 9 月 8 日

图 1-37　美济礁填海进展

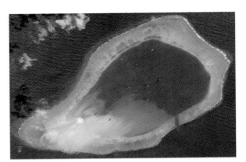
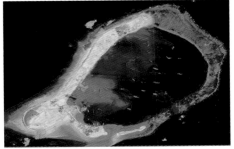

(a) 2015 年 1 月 26 日　　　　　　　　　　　(b) 2015 年 4 月 17 日

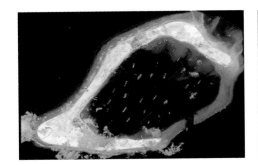
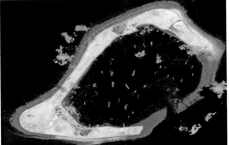

(c) 2015 年 7 月 18 日　　　　　　　　　　　(d) 2015 年 9 月 3 日

图 1-38　渚碧礁填海进展

第 2 章　选址与规划

2.1　基 本 问 题

民航机场选址涉及因素的复杂性源于其行业的特殊要求,如净空、空域、气象、与城市中心的距离、邻近机场的相互干扰、城市交通、土地利用等都是需要考虑的因素。在工程方面,需要考虑地质、地形、地貌等是否适宜;在环境方面,需要考虑飞机噪声等对周边居民的影响;在经济与资源利用方面,需要考虑建设投资经济合理与否,以及占用耕地、居民搬迁的补偿等。综合上述因素后,与陆上相比,在有条件的地方建设海上人工岛机场往往具有一定的优势。

2.1.1　平面布置

1. 选址基本条件

填海建设人工岛的目的是建设机场,因而其平面布置首先要满足机场要求。根据我国民航局关于机场选址的有关规定,民用机场选址应当符合下列基本要求:

(1) 符合民用机场总体布局规划;

(2) 机场净空符合有关技术标准,空域条件能够满足机场安全运行的要求;

(3) 场地能够满足机场近期建设和远期发展的需要;

(4) 地质状况清楚、稳定,地形、地貌简单;

(5) 尽可能减少工程量,节省投资;

(6) 经协调,能够解决与邻近机场运行的矛盾;

(7) 供油、供电、供水、供气、通信、道路、排水等公用设施具备建设条件,且经济合理可靠;

(8) 较少占用耕地,对居民拆迁量小;

(9) 与城市距离适中,机场的运行和发展与城市建设规划相协调。

在以上各项要求中,优先考虑的是空域条件好、占用耕地少、对居民拆迁量小以及机场与城市的距离适中和净空条件好等,这些都是硬性条件;其他因素如地面交通条件、公用设施条件等可以通过调整完善,因而可作为进一步研究的因素予以综合考虑。

实际上，在航路密布的繁华城市上空，为新建机场重新规划空域，是最困难的工作之一。机场与城市的距离，也是考虑的重点。对于乘客而言，最关心的是从起始点至最终目的地所需的全部时间，而不仅仅是空中飞行所花费的时间，因而机场场址尽量靠近城市，才能有效缩短旅行时间。在飞机噪声不严重影响城市环境并符合城市规划的前提下，尽量靠近与所服务城市的距离，才能够充分发挥航空运输快捷方便的优势。实践表明，民用运输机场距城市太远，乘客用于地面交通的时间加长，一些潜在的航空运输需求便会丧失（尤其是对于短航线），高速铁路（以下简称高铁）等更便捷的运输方式便会取而代之。据初步统计，对于城市到机场的距离而言，一般支线的小型机场为 10km，中型机场为 20km，大型机场为 30～40km。在我国 147 个民用运输机场中，与城市距离超过 50km 的有 4 个，40～50km 的有 6 个，几个距离城市较远的机场如拉萨机场（97km）和兰州机场（70km），乘客普遍感觉地面交通时间过长，疲劳感增加。

2. 海洋水文因素

人工岛机场与陆地机场的本质区别，是需要考虑海洋水文因素，如工程海域的波浪、潮流以及不同选址方案对海洋环境的影响和灾害分析等。目前，人工岛的选址主要以满足机场功能需求、方便施工、减少投资为基本准则，通过分析，最终选取自然条件更为有利、灾害较少发生、综合交通较为便利的工程区域。对工程海域生态的影响、是否与周边环境较好地相容等问题考虑的还较少，或者仅是附带性的。

水体流场是海洋最活跃的因素，也是各海域特有的基本特征。亿万年来，在流场的作用下，海岬、岸线、岛屿以及海底等地理环境形成了稳定的动态平衡。人工岛的出现，将不可避免地引起海洋局部流场的变化。可以说，在空域条件允许的前提下，如何确定人工岛与岸线的关系，如何减小对海洋流场的影响，是在机场选址大致完成后准确确定人工岛位置的重要内容。

前面已经提到，在地理特征上，海上人工岛机场布置分为连岸式和离岸式两种类型。所谓连岸式（又称半岛式）机场，是指机场是由陆地向海中推进填筑而成，与后方陆地仍保持相连的地理形态（图 2-1）。这类机场通常是两面或三面临海，凸出的轮廓构成了新的岸线，其布置方式因与陆地连为一体，施工方便，水深浅，工程量小，工程造价低，与城市交通易于连接。早期的海上人工岛机场多采取这种形式。所谓离岸式（又称全岛式）机场，是指机场人工岛完全脱离陆地，四周皆为海水环绕，依靠跨海桥梁连接。此类人工岛进入海洋"深处"，水深通常较大，工程量增加，工程造价迅速抬高，施工难度加大，与陆域的交通联系也不便利，但原有岸线不变，基本上未改变海洋流场的原有形态。

（a）美国波士顿罗甘将军国际机场　　　　　（b）美国旧金山国际机场

图 2-1　连岸式海上人工岛机场平面布置

显而易见,连岸式与离岸式人工岛机场对近岸流场和岸线的影响有着本质的不同,主要体现在:

（1）近岸水动力性态存在差异。连岸式填海完全改变了原有岸线的轮廓,迫使近岸海流运行的方向和流速均发生改变,导致近海区域的潮流运动特性、泥沙冲淤和污染物迁移规律等随之改变。相比之下,离岸式人工岛机场由于与岸边有一定的距离,基本上不改变原有的岸线和流场,因此对潮流影响不大。在地理形态上,填海形成的离岸机场成为海中微型小岛,能最大限度地维持原有的水体交换和海洋生态系统。

（2）岸线使用存在差异。海岸线是自然形成的水陆分界线,地理形态相对稳定,如果人为地打破这一平衡,以平推方式将原始岸线及滩涂埋入地下,必然会极大地破坏岸滩生物带的生态环境。离岸式人工岛不仅保留了原有岸滩的完整性,而且加上曲折的边缘设计,等于增加了岸线,为海洋植物和生物创造了更大的生存空间。

此外,还有一类孤岛式机场,此类机场没有桥梁与陆地连接,只有空运和海运,一般需要通过填海扩展建筑面积建设机场,在工程上也属于人工填筑机场（图 2-2）。前面列出的我国南海各岛屿机场就属于此类。

以上分析表明,在海洋环境的保护方面,建设离岸式人工岛机场优势明显。尽管离岸式人工岛机场的建设成本比连岸式要高,但从海洋资源、环境等方面综合考虑,应为新建机场的首选。如何确定离岸的距离,在资源、环境、生态以及经济上取得最佳效果,是当前亟须研究的重要课题。

3. 建设规模与造型

决定人工岛面积大小的首要因素是跑道的建设数量。从已建海上人工岛机场的实践来看,每条飞机跑道及其配套设施约需用地 3～5km²。在确定了机场的

　　（a）马尔代夫马累国际机场　　　　　　（b）印度拉克沙群岛阿格蒂机场

图 2-2　孤岛式机场

跑道数量后,人工岛的面积也大致能够确定下来。这样,问题便归结到对机场发展的预期和机场未来扩建的规划上。回顾日本东京羽田国际机场的扩建历程可以发现,在半个世纪的时间里,该机场不停地增建了 4 条跑道,同时又废弃了原有的 2 条跑道,可见其机场规划在频繁变化。进入 21 世纪以来,这种情况似乎有所加剧,在航空运输快速增长的推动下,机场扩建的周期越来越短,以至于有的机场刚建完或改造后不久机场通过能力的容量又很快趋于饱和,如我国的香港国际机场、澳门国际机场等都有此经历。吸取这方面的教训,近年来我国机场规划开始出现一次性预留多条飞机跑道方案,如 4 条(通常含两条近距),有的甚至达到 7 条。

　　确定人工岛建设面积,是关乎其是否满足使用功能、节约工程投资、减少对周边环境影响的重要参数。规模过大或过小均有利弊,这取决于对需求的预测和对长远期发展战略的考量,需要从近期需求和远期预留两个方面对人工岛的建设规模进行论证,内容涉及工程建设期、施工难度、经济效益等,需权衡的因素远比陆地机场复杂。

　　关于人工岛的平面造型,除了满足布置飞机跑道的需要,有助于飞行员在空中识别和观察地面标识物外,在工程上还需结合海域的波浪、潮流、泥沙运动等进行海洋动力及岸滩稳定性等方面的研究,大致有矩形、棱形、D 形、H 形等不同造型。总体上是否考虑某种图案造型,这些理念今后可能会逐步清晰,如迪拜人工岛就是一个较好的例子,总平面造型新颖,其价值因此大幅提升。

2.1.2　乘客交通

1. 特征分析

人工岛机场的交通规划通常要兼顾以下因素：①充分利用公路、水运、城市轻轨等多种运输方式，实现机场与城市公共交通的有机衔接，尽量做到机场客运的"零距离换乘"或"无缝衔接"，使人工岛的交通体系完全融入整个城市的交通系统中；②具有自救和维持生存的能力，采用更高更严的建设标准以提高安全可靠度。

机场与城市间交通联系方式的确定主要取决于两者之间的距离、交通流量和服务质量要求等因素。有关统计表明，机场与城市地面交通的客流要比航空乘客量高 1~2 倍。如何建立高效的城市与机场之间的地面交通，是人工岛机场规划中必须解决的问题。

与陆地机场拥有四通八达的地面交通不同，人工岛机场因周边水系的限制，乘客集散只能依靠桥梁和水运完成，其通达性与陆地机场相差甚远。从系统的角度看，作为交通枢纽的重要组成部分，机场与外界联系的地面交通与机场的空中航线同样重要。相对于陆地机场，人工岛机场与外界地面交通的通达性和安全性明显减弱。这一地理特点对机场运行的效率和安全有着重大的影响，特别是当发生地震、海啸、台风等重大自然灾害或重大交通事故等灾难性突发事件时，紧急疏散乘客和机场人员便可能面临极大的困难，甚至危及乘客群体的人身安全。

在交通方式的选择上，水上交通是一种较为便捷的方式，应为机场交通的重要补充。尽管水运受天气的影响较大，具有一定的不确定性，但影响水运的不良天气，大都也会影响飞机的航班，两者具有较强的同步性。因此，采取地面与水运交通并行，发挥各自的优势，是海上人工岛机场陆侧交通的两条重要渠道。一些离岸式人工岛机场如香港国际机场、澳门国际机场等在建设初期，水运通道建设滞后，开通的泊位较少，运营一段时间后发现水运的需求很大，于是又增建新的泊位。当然，就运输容量而言，水上运输受到的影响因素较多，因而不会成为机场陆侧交通的主要方式，通常只占道路交通运量的较小部分。例如，香港国际机场水上客运较为发达，也仅承担全部客流量的 2% 左右，但当地面交通阻断时，水运交通便可起到应急交通的作用。

2. 交通流量

使乘客方便、快捷、顺畅地进出机场是机场地面交通系统的主要目的。进出机场的人员除了乘机乘客外，还包括接送者、机场工作人员等，这些人员的比例随着机场的性质和特点有所不同。因此，进出机场的交通系统规划主要根据机场的性质和特点，以及机场的航空交通量等因素综合进行考虑。

1）交通系统分类

机场陆侧地面交通系统可以分为两类：与乘客相关的主要交通系统；与航空公司、机场公司及机场各类经营者活动相关的交通系统。

陆侧地面交通包括出入机场交通和机场内交通两部分。前者主要运送出发和到达的乘客、机场工作人员、各类访问人员以及货物和邮件等。

2）客流构成

机场陆侧客流主要由以下三部分构成：

（1）出发和到达的乘客。这些乘客或者是乘飞机出港，或者是乘飞机到港，每个航班仅生成一次进场及出场的交通源；

（2）工作人员。航空公司、机场、政府和特许部门的工作人员，为机场服务的各类经营者，他们大都每天往返机场各 1 次；

（3）迎送乘客、机场观光以及从事其他商业活动的人员。他们每次到达机场都进场和出场各 1 次。

在规划机场和城市之间交通衔接方式时，应综合考虑以上不同性质的乘客及人员的不同需求。通常而言，航空乘客及其迎送人员和机场工作人员的交通需求是最基本的，因而必须满足。机场工作人员的出行特征是典型的通勤行为，具有潮汐性，而乘客出行发生的时间和航班时间表有着直接相关性。对于机场地面交通系统来说，尽管机场通道沿线上不以机场为出行目的的相关人员对机场交通线的占用处于次要地位，但也不能忽略。机场的地理优势会促进交通沿线经济的繁荣，此类的交通流往往增长迅速，会给机场沿线交通带来不断增长的压力。

表 2-1 中列出了四类出行需求，这些需求有时很难协调。例如，航空乘客和机场工作人员希望是一站式到达，中途不停顿，而机场交通沿线的居民或工作人员则希望多设站点。因此，单一的交通方式显然不能满足各层次的需求，在可靠性上往往也较为脆弱，不能保障特殊情况下交通系统的正常运转。在机场和市中心之间构建综合、可靠、便捷的客运交通体系，是发挥机场功能的必要条件。

表 2-1　机场对外衔接系统的交通流构成

乘客构成	交通地位	出行需求	其他
航空乘客迎送人员	重要	快速、舒适、时间短、和所有航班配套	可携带大件行李，可预测性强，客流出现的时间与航班设置相关
机场员工	重要	价格低、快速、高峰时间发车频率高	可预测性强，有早高峰和晚高峰
换乘乘客	重要	换乘方便	可达区域广
沿线居民	次要	班次多、停靠站点多、价格低	增长速度快，预测难度大

表 2-2 列出了由调查得出的部分机场人员的分布情况,从中可以看到数值变化很大,其中机场员工所占比例较低。相对于乘客的出行规律,工作人员的出行更加频繁。每一个始发和到达的乘客在一次性前往和由机场返回时,他们每人占用 1 次或少于 1 次车辆出行(若驾驶员必须空载返回则超过 1 次,若是多载则少于 1 次),而工作人员和其他商业人员在每个工作日一般都必须往返出行,或因各种临时事情发生额外出行。正是工作人员这种出行的频繁性和不确定性,使得机场内部工作人员形成的交通流也不可忽视,在交通系统规划时必须充分考虑工作人员的交通需求。

表 2-2 国内外部分机场乘客、工作人员、参观者和迎送人员的比例 (单位:%)

机场	乘客	迎送人员	工作人员	参观者
法兰克福国际机场	60	6	29	5
维也纳国际机场	51	22	19	8
巴黎机场	62	7	23	8
阿姆斯特丹国际机场	41	23	28	8
多伦多机场	38	54	8	未包括
亚特兰大机场	39	26	9	26
洛杉矶国际机场	42	46	12	未包括
纽约肯尼迪机场	37	48	15	未包括
东京成田国际机场	66	11	17	6
新加坡樟宜国际机场	23	61	16	忽略
上海虹桥机场	68	16	16	忽略
上海浦东国际机场	56	26	18	忽略
北京首都国际机场	48	33	19	忽略

需要指出的是,机场地面的交通问题不仅仅是由于乘客数量增长迅速,而且还因为其分布特征极不均匀。首先,乘客主要集中于机场的主要出入口,而工作人员和商业人员则遍布整个机场。其次,乘客的心理上一般都比较焦虑,因为他们需要赶航班,并且大都不熟悉机场的路线设置,常常会发生一些无用甚至非理性的交通行为;当天气变化航班暂停或集中释放(接受)时,会发生乘客爆发性集聚。

另外,现代机场已经发展成为综合性的交通枢纽,汇集着各种类型的交通方式,如城市地铁、高铁、水运等。因此,机场交通线上所运送的乘客不一定是航空乘客,还会存在大量借用机场交通枢纽设施达到出行目的的现象。例如,在上海虹桥机场,延安高架路既是通往机场的快速通道,又是上海东西向通道和对外通道,交通流中大约仅有 20% 的车辆往返于虹桥机场,大部分与航空旅行无关。

3. 交通方式

目前,世界上通行的进出机场通路主要有基于道路和基于轨道两种模式,采用的交通工具主要有公交车(普通公共汽车、机场大巴)、自备车(公务车、私家车)、轨道交通(地铁、轻轨、城际铁路、高铁)以及出租车等。

1) 自备车

在国外占主导地位的是私家车,这一趋势在国内已逐渐明显。自备车方式的特点是具有较高的便利性和舒适性,尤其是当乘客携带有大宗行李,或是带着儿童、年迈体弱的同行者旅行时,更显示出其优势,因此是出入机场主要的交通方式之一。

国外的实践表明,自备车模式已发展成为一种较有吸引力的方式。乘客可以在希望的时刻离开或到达机场,出行舒适且便于携带行李,这是其他方式难以相比的,所需支付的服务成本只包含诸如停车费和通行成本。这种交通方式的缺点是载客量小,会造成机场交通系统的负荷增加,引起机场道路交通拥挤及庞大的停车场需求等问题。对于人工岛机场航站区的规划设计,必须充分考虑到这一需求和发展趋势,有必要建设具有足够车位的停车场。

2) 出租车

当商务旅行较多、机场距城市不太远时,出租车常常是乘客离开或到达机场的主要交通工具。出租车可以把乘客从家门口直接送到航站楼车道边,为乘客提供极大的方便,其功能与私家车相似。多数情况下,出租车运行的速度较快,路线熟悉,当几个人一起旅行时,出租车占用的路权和费用平均分摊到每个人时也较为经济。但是,出租车流动的随意性和彼此的独立性,对机场道路拥挤的影响较大,容易与其他车流相互干扰,影响进场和离场速度。因此,大多数大型机场采用划定特定区域、特定循环道路和车道边停留时间限制等管理措施,控制给定时间内机场的保有车辆数,减少机场地面交通的拥挤。

3) 机场大巴、城市公交车

机场大巴是从城市中心区、副中心区各站点至机场定点往返的大型巴士,载客量大,费用便宜。机场大巴定点发车,一般不是从乘客的始发地直接到机场或从机场直接到目的地。乘客需要预先乘车到发车地点,或从下车地点再次乘车,因此并不方便。而且,机场大巴因中途要定点停车,速度慢,耗时长;穿行城区时,易被城区交通阻塞造成延误,当乘客携带较多行李时不太方便。

在国外,机场大巴曾在 20 世纪 60 年代以前比较普遍,后来曾经逐渐减少。近年来,这种方式又引起机场及航空公司的重视,有的采取对购买某些公司机票的乘客提供附带免费服务的措施。

4) 轨道交通

基于运行可靠、速度快捷的要求,轨道交通如普通铁路、地下铁路、快速轻轨、高铁等已经成为大型机场交通系统中的重要方式。美国、欧洲和亚洲的许多重要枢纽机场都建有轨道交通线。我国的北京首都机场、香港国际机场、上海虹桥机场等也开通了轨道交通线。城市轻轨是机场与城市间交通更为便捷的运输方式。轻轨不但客运量大、用地节省，更重要的是到发准时，不会有交通堵塞，是一种与民航运输航班特征较为接近的交通方式。城市轻轨可直接进入机场航站楼，实现轻轨车站与候机厅的无缝连接。

与其他方式相比，轨道交通具有行程时间短、规律性强和可靠性高等优势；对于携带极少行李的乘客来说，优势更加明显。但是，轨道交通不能提供门到门的服务，在市内需要其他方式接驳，营运时间也有限制。另外，轨道交通昂贵的建设和营运费用也是必须考虑的重要因素。

在国外，有些机场与城市的连接依托普通铁路，如比利时布鲁塞尔机场设有铁路专用线与梅尔斯布鲁克机场连接，乘客可乘自动扶梯直接到达出发层；伦敦盖特威克机场铁路线从高架航站楼入口处下层直达市中心；荷兰阿姆斯特丹的斯希普霍尔机场也设有铁路连接市区。

除了铁路，有些城市在机场与城市中心之间由城市快速铁路或轻轨连接，如美国亚特兰大机场、法国巴黎戴高乐机场、美国华盛顿特区机场、美国克里夫兰的霍普金斯机场等。日本东京在机场和市区之间设有磁悬浮单轨高速列车，时速55km/h，每小时可运载4000人次。美国洛杉矶机场高速列车时速90km/h。通往机场的快速铁路是城市快速铁路网的一部分，它在相对广泛的城市区域里都有停靠站点，迅速方便，是大部分乘客普遍认同的方式。在现代社会，由于机场的规模已非昔日可比，因此机场交通选择城市轻轨将变为常态，一般情况下，规模较大的人工岛机场均设有轻轨专线。

此外，对于地处一隅的海上人工岛机场是否直接与高铁连接，这个问题十分复杂。目前，已建人工岛机场还没有先例，当然高铁高速发展是近几十年的事情，还没有机会和时间深入研究。高铁进入陆地机场的时间较短，积累的经验不多，还不能形成明确的结论。总体来看，高铁与空港融合，是综合交通发展的趋势，在工程技术上也不存在问题。但在规划布置、运行调度和安全管理等方面尚有诸多问题有待解决。

5）直升机

最快和最不受外界交通状况影响的进出场方式是利用直升机。20世纪40年代末，纽约市政府曾鼓励采用这种方式；60年代，旧金山和洛杉矶也尝试过这种方式，但昂贵的运行费用和频繁的事故，使其效果不尽如人意。比较成功的例子是美国休斯敦国际机场的地面交通服务，采用此方式确实有一定的方便之处。对于海上人工岛机场，由于交通的封闭性，直升机运输方式无论是特殊服务还是应急救援，都是应该适当考虑的。

6）客运船舶

尽管人工岛机场有水运的便利条件,但以桥梁为载体的公路和轻轨应能承担起机场乘客集疏运的全部重任,水上运输只是辅助性的。对于岸线曲折、湾岔较多的复杂水域,水上交通可以大大缩短直线距离,因而也不失为一种较为便捷的运输方式。采用地面交通与水运交通并行的运输方式,发挥各自的优势,是人工岛机场交通体系的通常做法。

从休闲旅行的角度看,以水为伴是人工岛机场的一大特色。乘船可以欣赏城市优美的风景,对以观光为目的的乘客具有一定的吸引力。例如,具有水路交通之便的有威尼斯机场、波士顿机场和伦敦城市机场,以及已建的所有人工岛机场,以水路方式到达机场能够使乘客从一个独特的视角去欣赏城市,这是道路和铁路交通所不能比拟的。

4. 交通方式的选择

不同交通方式的优缺点如表 2-3 所示。总体来说,任何交通方式都不能完美无缺地满足机场地面交通系统的要求,在规划时应采用多种交通方式,根据不同乘客的服务需求、城市公共交通系统的特点以及长远发展来决定机场地面交通方式的最佳组合。

表 2-3　不同交通方式的优缺点比较

交通方式	优点	缺点	适用人群
轨道交通	准点,不受路网状况影响;与整个城市轨道交通网络相连,能到达城市大部分地区	沿途停靠,总行程时间较长;不能提供门到门服务,需要利用其他方式衔接;对携带大件行李者不便	机场员工、沿线居民、少行李乘客、迎送人员
机场巴士	直达,可方便地接入城市交通网络,车辆载客率高,减少道路拥挤程度	行程时间受路网状况影响较大;需要设置市中心车站;从市中心出发需其他方式接驳	乘客、机场员工
公共交通	费用便宜,可方便地接入城市交通网络,车辆载客率高,减少道路拥挤程度	沿途停靠,所需时间较长;携带行李不便;受非航空乘客干扰	机场员工
自备车	舒适,提供门到门服务,速度较快	费用较高;利用道路网络,行程时间不可靠;在机场可能有长时间停车要求;对环境污染程度高	乘客
出租车	舒适,提供门到门服务,速度较快	费用较高;利用道路网络,行程时间不可靠;在机场有停车要求;对环境污染程度高	乘客、迎送人员
船舶	减少交通绕行,基本不存在堵车困扰	易受天气影响,携带行李不便	乘客、观光游客

由以上分析可以发现,公路是机场地面交通的主要模式,机场大巴、出租车、上下班交通车以及自备车都是人们出行的自然选择。对于大多数进出机场的乘客而言,汽车提供了最好的性价比。对于机场经营者来说,公路投资费用较低,只需建造一小段公路连接城市公路网即可,而且还可产生停车需求,成为机场的主要收入之一。

目前,世界上设有轨道交通的机场有 40 余个(表 2-4)。但是,有些机场轨道交通承担的客运量份额很小,没有起到应有的骨干作用,尤其是在以汽车交通为主的美国(表 2-5)。但在我国,引入轨道进出场的方式效果明显。一般来说,轨道进出场交通方式与公路各有优点。

研究表明,在下列条件下,机场轨道交通进出场方式与公路交通相比具有明显的优势:

(1)超大型机场,有足够多的出发和到达乘客;

(2)容易衔接高效率的城市公共交通系统;

(3)汽车进出不便或距离较远,如以人工岛为地理特征的香港国际机场和关西国际机场等。

表 2-4　国内外设有轨道交通系统的机场统计(2002 年)

地区	国家	城市	机场	城市运输线	国内轨道线
欧洲	比利时	布鲁塞尔	扎芬特姆机场	有	有
	丹麦	哥本哈根	卡斯特鲁普机场	—	有
	法国	里昂	沙特拉斯机场	—	有
		巴黎	戴高乐机场	有	有
	德国	柏林	舒内费尔德机场	有	—
		德累斯顿	克洛切机场	铁路	—
		杜塞尔多夫	威斯机场	有	有
		法兰克福	梅因机场	—	有
		科隆-波恩	康拉德·阿登纳机场	有	—
		莱比锡	莱比锡机场	铁路	—
	意大利	米兰	马尔彭萨机场	铁路	
	荷兰	阿姆斯特丹	斯希普霍尔机场	有	有
	瑞典	斯德哥尔摩	阿兰达机场	有	
	英国	伦敦	盖特威克机场	—	有
			希斯罗机场	有	有

地区	国家	城市	机场	城市运输线	国内轨道线
亚洲	澳大利亚	悉尼	悉尼机场	有	—
	中国	香港	希腊角机场	有	—
		北京	首都国际机场	有	—
	日本	大阪	关西国际机场	—	有
		札幌	新千岁机场	—	有
		东京	羽田国际机场	有	有
		东京	东京新国际机场	有	有
	韩国	首尔	仁川国际机场	铁路	
			金浦机场	—	
	马来西亚	吉隆坡	吉隆坡机场	有	
	菲律宾	马尼拉	马尼拉机场	轻轨	
	新加坡	新加坡	樟宜国际机场	有	
	泰国	曼谷	廊曼机场	—	有
美洲	美国	丹佛	丹佛机场	有	有
		亚特兰大	哈兹菲尔德·杰克逊机场	有	有
		洛杉矶	洛杉矶机场	有	—
		芝加哥	奥黑尔机场	有	有
		达拉斯沃斯	达拉斯沃斯机场	有	有

表 2-5　部分大型机场轨道交通系统集疏运乘客比例

美国		欧洲和亚洲	
机场	市场份额/%	机场	市场份额/%
华盛顿里根机场	14	东京新国际机场	36
亚特兰大哈兹菲尔德杰克逊国际机场	8	日内瓦机场	35
芝加哥中途机场	8	苏黎世机场	34
波士顿洛根机场	6	慕尼黑机场	31
旧金山奥克兰机场	4	法兰克福梅因机场	27
芝加哥奥海尔机场	4	伦敦斯坦斯特德机场	27
圣路易斯兰伯特机场	3	阿姆斯特丹机场	25
克利夫兰机场	3	伦敦希斯罗机场	25
费城机场	2	香港国际机场	24
迈阿密国际机场	1	伦敦盖特威克机场	20
华盛顿巴尔地磨机场	1	巴黎戴高乐机场	20
洛杉矶机场	1	布鲁塞尔国家机场	11
奥斯陆机场	43	巴黎奥里机场	6

2.1.3 水上运输

1. 航油供应

航油是机场必备物资,消耗量巨大,保证航油供给是任何机场规划时都必须考虑的问题。

离岸式人工岛机场四面环水,仅有跨海大桥与后方陆域连接,对于航空燃油这类特殊的危险品货种,进岛运输面临两难选择。出于安全考虑,桥梁上不宜铺设输油管线,可供选择的运输方式基本上只有海底输油管道和船舶运输两种。水路运输成本较低,来源途径可以多样化,应变能力强。但水运属于间断式运输方式,受天气影响较大,有的机场在冬季还受冰期影响,需要留有足够的储备,由此将连带产生较大的安全和海洋环境保护方面的问题。海底管道运输可靠性高、连续性好、技术上成熟,但由于是唯一通道,无替代方式,因此一旦发生故障后果严重,而且,油品来源较为单一,缺少市场的多向选择性。

通常,我国航空燃油资源由自产和进口两种方式组成。航空燃油供应分为一次运输方式和二次运输方式。自产航空燃油多采用一次运输方式,即直接从炼油企业运输至机场油库;进口航空燃油采用二次运输方式,即由海运运输至港口油库,然后通过二次运输方式转运至机场。

航空燃油运输一般有铁路、公路、水运和管道四种方式。在一定条件下,管线输送航空燃油物流成本最低,安全可靠性也最高,但建设时限制条件较多,因而在四种运输方式中所占比例并不是最高的。目前我国以铁路、公路、水运和管线四种运输方式运输航空燃油的比例分别为 25%、5%、41% 和 29%,即水运的比例最高。

对于位于海上的人工岛机场而言,水运条件是天然禀赋,以船舶运输方式供应航油显然是较为理想的选择,确定供油设施规模的方法如下。

1) 泊位

假设海上人工岛机场所处水域和航道的水深为 7m 以上,可选择的船型为 $1000\sim3000t$ 级,则泊位年通过能力可参考以下公式计算:

$$P_t = \frac{TGt_d}{t_z + t_f + t_p}\rho \qquad (2\text{-}1)$$

式中,T 为年日历天数,取 365;G 为设计船型的实际载货量(t);t_d 为昼夜小时数;t_z 为装卸一艘设计船型所需的时间(h);t_f 为船舶的装卸辅助作业、技术作业时间以及船舶靠离泊时间之和(h);t_p 为油船排压舱水时间(h);ρ 为泊位利用率。

根据机场的年需油量及油品泊位的通过能力,可计算出需要的油品泊位个数 n 为

$$n = \frac{S}{P_t} \qquad (2\text{-}2)$$

式中,S 为机场年需油量;P_t 为油品泊位年通过能力。

以上各参数取值如下:t_d 为缩短油船占用泊位的时间,提高泊位周转率,一般装卸作业按每日 3 班,除去换班间歇时间,取 $t_d=22\text{h}$。ρ 应根据运量、到港船型、泊位装卸效率、泊位数、船舶在港费用和港口投资及营运费用等因素综合考虑,并以港航整体经济效益为目标确定。因人工岛机场的油品泊位不对外开放,故一般取 ρ 为 0.5。t_z 为设计船型的卸船时间,其影响因素较复杂,可按平均卸船效率计算,具体算法为

$$t_z = \frac{G}{\gamma Q_{cp}} \qquad (2\text{-}3)$$

式中,G 为设计船型载重量(t);γ 为油品相对密度;Q_{cp} 为平均卸船效率(m³/h)。

根据油品密度参数,航空燃油的相对密度为 0.775～0.790kg/m³,为计算方便,通常取 0.780kg/m³。由此可计算出:当 $G=1000\text{t}$ 时,Q_{cp} 估计为 200m³/h,t_z 为6.41h;当 $G=3000\text{t}$ 时,Q_{cp} 估计为 300m³/h,t_z 为 12.82h;t_f 根据同类泊位营运资料确定,可参考表 2-6 选取。

表 2-6　船舶辅助作业时间参考表

项目	靠泊时间	离泊时间	开工准备时间	结束时间	公估时间	联检时间
时间/h	0.5～1.0	0.5～0.75	0.75～1.0	0.75～1.0	1.5～2.0	1.0～2.0

人工岛机场码头辅助作业时间预计为 3h 左右,1000 吨级油船和 3000 吨级油船的辅助作业时间大致相同。t_p 取决于压载水量、船泵效率等因素。据估算 1000 吨级油船和 3000 吨级油船的装压载水时间分别为 1h 和 2h。

根据前面给出的油品泊位通过能力计算公式及相关参数估计数值,可计算出人工岛机场油品码头通过能力为:当泊位为 1000t 级时,其计算参数估计值为$G=1000\text{t}$,$t_z=6.41\text{h}$,$t_f=3\text{h}$,$t_p=1\text{h}$,$\rho=0.5$,则 $P_t=38.6$ 万 t。同理,当泊位为 3000t 级时,$G=3000\text{t}$,$t_z=12.82\text{h}$,$t_f=3\text{h}$,$t_p=2\text{h}$,$\rho=0.5$,可得 $P_t=67.6$ 万 t。

例如,当机场对燃油的需求为 120 万 t/年时,考虑到一定的富余量,一般应建设 1000～3000t 级油品泊位 3 个,另预留泊位 1 个。

2) 油品储存

油品储存参考我国《民用运输机场供油工程设计规范》(MH 5008—2017)的规定,按目标年预测的机场发展阶段规划、机型组合及所需用油量、油源、运输条件等因素综合确定。供油工程的总库容宜按远期目标年不少于 20d 供油量进行规划,可分期建设,机场油库的库容应满足近期目标年不少于 15d 的航空供油量需求。人工岛机场油罐容量可按下式计算:

$$E_0 = \frac{Q_h K_{bk}}{T_{yk} \gamma \eta_y} t_{dc} \qquad (2\text{-}4)$$

式中，E_0 为油库或油罐的容量（m^3）；Q_h 为年油品需求量；K_{bk} 为不平衡系数；T_{yk} 为油库年营运天数（d），取 350～365d；γ 为油品密度；η_y 为油库容积利用系数，取 0.85；t_{dc} 为平均储存期（d）。

考虑到人工岛机场的航油供应会受自然天气的影响，因而应有足够的储备。设平均储存期 t_{dc} 为 30d，不平衡系数 K_{bk} 取 1.3，年营运天数 T_{yk} 取 350d，则机场所需油库的容量应规划 20 万 m^3 左右，具体视实际情况确定。

离岸式人工岛机场为海水所阻隔，陆路输送空间十分有限。出于安全上的考虑，一般不适宜采用铁路运输方式，是否采用输油管道方式主要取决于供油厂的位置和机场后方陆域的具体情况。如果供油厂位于机场附近的临港区域，且有配套的成品油码头，水上距离适宜，那么以水路运输为首选，反之可选择铺设海底管道方式。

2. 客运及旅游观光

为了满足水上交通及旅游需求，同时兼顾自然灾害和紧急情况发生时乘客的紧急疏散问题，人工岛机场一般应建设相应的水上客运系统。

客运泊位需要有掩护条件较好的水域，出于安全与方便的考虑，客运泊位应布置在机场距岸最近的位置。

一般情况下，人工岛机场的水上交通是短距离、频繁穿梭型运输，因而船型不需要太大，通常以 100 个座位左右的船舶较为适宜。客运泊位通过能力的计算可参考以下公式：

$$P_t = \frac{TG}{\dfrac{t_z}{t_d - \sum t} + \dfrac{t_f}{t_d}} \rho \tag{2-5}$$

式中，T 为年日历天数，取 365；G 为客船载客量（人）；$\sum t$ 为昼夜非生产时间之和（h），包括工间休息及交接班时间，可根据实际情况而定；t_z 为所有乘客上下船所需要的时间（h）；t_f 为辅助作业时间（h）；t_d 为每天工作小时数，取 24h；ρ 为泊位利用率。参考有关统计成果，泊位利用率可取 0.6 左右。

由式（2-5）可知，当载客量为 100 人、$T=365d$、$t_z=0.5h$、$t_f=3h$、$t_d=24h$、$\rho=0.66$ 时，可得 $P_t=16.3$，即单个泊位的乘客通过能力为 16.3 万人次/年。

此外，还有一种交通需求需要注意，即旅游观光需求。人工岛机场所在的城市通常是海滨城市，海岸风光资源独特，人工岛机场也是一道秀丽的风景线。为了满足人们对海滨风光及海上机场的观光需求，适当建设若干旅游泊位是必要的。对于此类泊位的个数、吨位、位置等情况需要统筹考虑，可采取以小型游轮、快艇环绕或登陆上岛的方式设置观光路线。当离岸式海上人工岛机场水深较大时，还可以考虑建设能直接停靠大型邮轮的泊位。

3. 货物运输及海域管理

任何机场的日常维修以及发生紧急情况时都需要提供物资保障,人工岛机场更是如此,而且一般要通过水上运输来完成。

就地理条件而言,离岸式人工岛机场处于与陆地联系十分脆弱的环境,一旦发生突发性自然灾害或人为事故,会直接威胁到机场和乘客的安全。提高应急能力的最有效方式是仿照摩天大楼设置的逃生通道,同时具备多种疏散方式,如开辟多条水上通道来保障紧急情况下人员疏散和救援物资的运输。从这一概念出发,离岸式人工岛机场必须建设能够抵御更高等级灾害的泊位,以便在各种灾害发生时具有更强的抵御能力,最大限度地保证滞留在机场的乘客和工作人员及时疏散,还可使救援物资和设备能够迅速登岛。在护岸设计上,应选择在波浪较小的位置建设紧急时易于靠船或汽车、人员下水的简易泊位,以供应急时使用。

此外,还需要考虑设置部分工作船泊位,以满足海上消防、环境监测、工程施工等特殊用途的需要。由于机场区周边海域可能会有各类船舶行驶,因此为了机场和飞机起降的安全,还需要配备一定数量的海事巡逻船来维持水域中的船舶航行秩序。

2.1.4　鸟类活动

1. 问题概述

对鸟类活动规律的研究是海上人工岛机场选址的重要内容之一。近几十年来,鸟类与机场运营的矛盾日益凸显,不仅给航空公司带来了巨大的经济损失,也成为威胁航空安全的一大隐患。鸟类与机场产生冲突的根本原因应归结到人类活动侵占了鸟类原有的生存空间,基于鸟类的本能,并不会因为机场的出现而改变原有的活动规律和生活习性,解决问题的最好办法是寻求人类与鸟类如何在大自然中和谐共处的方式。

海上人工岛机场位于海陆交界沿岸,此处生态丰富,因而是大批鸟类聚集和候鸟迁移途中补偿体能之地。大量的统计结果表明,机场发生鸟撞飞机事故的高峰一般在每年的 9～10 月,与迁移鸟类的活动密切相关(图 2-3)。

一个明显的趋势是,机场航线及航班的增加、机型大型化以及飞机飞行速度的提高,都在加剧机场与鸟类的冲突,也为机场的安全管理带来了更多挑战。统计报告显示,我国机场鸟击事件呈逐年递增趋势,已由 2004 年的 119 起增加到 2013 年的 3124 起,10 年中增加了 25 倍。有关机场鸟类活动的问题已成为研究热点,例如,Sieges 等(2014)利用监视雷达跟踪了当鸟类栖息地改变时鸟类的反应;Bergin 等(2000)分析地景结构变化对鸟类觅食的影响程度,发现地栖性鸟类对地

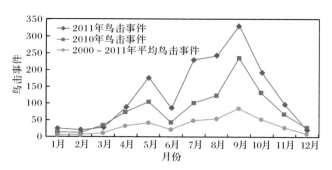

图 2-3　我国沿海某机场鸟撞飞机事故数量统计

景改变较为敏感,树栖性鸟类则影响不大;Smith 等(2003)建立了红尾鸲鸟迁徙中脂肪的囤积量对到达繁殖地后产卵数量和幼鸟抚养成功率的相互关系,从而证明鸟类在迁徙途中大量觅食是一种生存本能,解释了迁徙鸟类途经机场时滞留的原因;Brown 等(2001)讨论了鸟类活动对肯尼迪国际机场运营安全的影响,提出降低鸟撞飞机风险的可行策略是迁移鸟类栖息地;Hesse 等(2010)通过对英国等多个国家 38 个机场鸟撞飞机事故的调查发现,解决此类问题最常用的策略之一是调整草丛密度。在鸟撞飞机的风险评估方面,国际上通常的做法是基于历史鸟击事件的统计数据,得出不同鸟种和不同机型发生鸟击事件的概率。Allan(2006)结合特定机场的鸟击事件记录,针对不同鸟种出现的频率和飞机的损坏程度提出了鸟击概率与严重程度相结合的风险评估方法;Blackwell 等(2009)、Tedrow(1999)研究了不同类型飞机起飞过程中遭到鸟击的概率,并以此对鸟撞飞机风险进行预测等。

　　综合以上成果发现,目前有关鸟撞飞机风险的研究都围绕着已运营机场开展分析,针对机场选址进行的鸟情研究极少,如果机场对鸟类的防范要依靠后天弥补,这将是一个很大的不足。应该在机场选址方案的优化过程中就充分考虑鸟类的活动规律,尽可能回避在鸟类活动频繁区域建设机场才是减少鸟撞飞机事故的有效措施之一。如何前瞻性地评价鸟类活动对飞机飞行安全的潜在威胁,选择鸟撞飞机事故发生概率最小的机场位置,是需要认真研究的重要课题。

　　2. 评估方法

　　可以这样考虑,根据鸟的生活习性,假设机场周围鸟类在白天的活动主要以觅食为主,其过程是随机的(Kölzsch et al.,2008),利用马尔可夫链对鸟的飞行过程进行分析,每个 Lévy 飞行以一个概率分布函数来表达,则鸟击概率的公式为

$$P(t) = t^{-\mu} \tag{2-6}$$

式中,$P(t)$ 为鸟击概率;t 为鸟觅食的次数;μ 为常值系数。

　　具体过程可结合当地机场的相关事故统计进行分析。例如,大连周水子机场

统计了 2006～2013 年 67 次鸟击事件(图 2-4)，按照事件发生时航班起降及鸟击发生的时段进行划分，并结合鸟类的觅食活动规律，将该曲线与 $P(t) = t^{-\mu}$ 曲线进行拟合，当系数 $\mu = 2$ 时，$R_2 = 0.9765$，满足检验条件。

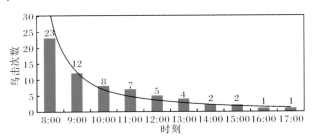

图 2-4　大连周水子机场鸟击事件统计分析

Lévy 飞行模型是一个特殊的马尔可夫链，因此某只鸟与飞机相撞的概率可以通过柯尔莫哥洛夫方程来求解，其公式为

$$P_{ij}^{(m+r)}(n) = \sum_{k \in Z} p_{ik}^{(m)}(n) p_{kj}^{(r)}(n+m), \quad i, j \in Z \tag{2-7}$$

式中，鸟的第 1 次觅食状态记为 i，最后 1 次觅食状态记为 j；其觅食的过程集合记为 Z；设某次觅食状态为 k，第 1 次觅食 i 到最后 1 次觅食 j 共经过 $m+r$ 个循环；m 为第 1 次觅食 i 到某次觅食 k 所经过的循环数量；r 为某次觅食 k 到最后 1 次觅食 j 所经历的循环数量。

将机场地域划分为 $n \times n$ 的正方形区域，则其马尔可夫过程可以简化为如下矩阵：

$$\boldsymbol{P} = \{ p_{ij}^{(m+r)}(i, j \in Z) \} = \begin{bmatrix} p_{1,1}^{(m+r)} & \cdots & p_{1,n^2}^{(m+r)} \\ \vdots & & \vdots \\ p_{n^2,1}^{(m+r)} & \cdots & p_{n^2,n^2}^{(m+r)} \end{bmatrix} \tag{2-8}$$

计算过程详见 2.2.6 节。

2.2　案例评述

2.2.1　日本关西国际机场

1. 人工岛外形

日本关西国际机场人工岛的平面构型大致为矩形，空中看去形似飘扬的旗帜。机场与陆域联系的交通方式有公路、轻轨和水运三种。其中，公路、铁路两用跨海桥长 3750m、宽 30m，设上下两层：上层为 6 车道公路，下层为 2 条轻轨及备用车道。在构造上，桥梁为钢桁架结构，下部基座为钢筋混凝土框架结构，海域中布置有 29 座台墩,在桥梁与人工岛结合部各设 1 座桥台。为了提高通航能力,桥梁中间段设有 2 个宽 130m、净高 25m 的桥孔,可允许 1000t 级的船舶通过。机场所需自来水等管线依托连接桥。为了满足水上交通的需要,机场设有客货码头,包括 6 个趸船泊位和 500m 长的靠泊岸线,配有高速船往返的密集航班,方便乘客从神户机场到该机场转机,全程需 29min。关西国际机场交通体系如图 2-5 所示。

（a）交通体系布置图

（b）跨海桥空中远眺

（c）跨海桥公路、铁路分行段

（d）跨海桥近景（桥墩处设有防撞设施）

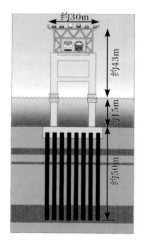

（e）跨海桥剖面图

（f）跨海桥支座及桥底桁架构造

（g）防波堤掩护下的工作船码头　　　　　（h）往返于关西国际机场与神户机场的高速船

（i）钢栈桥承载输油管道　　　　　　　　（j）高桩梁板结构油品泊位

图 2-5　关西国际机场交通体系

在航油供应方面，关西国际机场采用水上运输方式，在人工岛朝岸侧设有10000t 级泊位 1 个、2000t 级泊位 3 个，共计 4 个油品泊位。

此外，关西国际机场人工岛还安排有部分施工泊位，并兼做其他用途。

2. 观光旅游

观光旅游是机场与市民互动、增加相互了解的重要途径。每到重要节日，机场便会向市民开放，并专门设立了观光路线和景点（图 2-6）。

2.2.2　中国澳门国际机场

澳门国际机场的停机坪、航站楼等设施均布置在岸上，人工岛上只设跑道区，陆地与人工岛之间建有桥梁，由飞机滑行往返。由于乘客在岸侧登机，运营主体均在陆地，因此客货运输以及航油的供应运输方式与陆地机场没有差别。在乘客交通方面，有多种方式可供乘客选择：从机场经友谊大桥可到达客运码头，只需10min 的车程；经澳凼大桥可到达市中心，需 30min 的车程。客运码头每天有 150

班高速船开往香港,航程 55min。澳门国际机场交通体系如图 2-7 所示。

　　澳门国际机场所需的航油通过管线输送。海底管线长 450m,其中直接埋设于海底 370m,两端管线出海采用钢桁架将油管引到岸上。从澳门的实际情况来看,采用海底管道输送航油在安全性和经济性上都比较合理。

（a）机场观光游艇

（b）游客参观施工现场

（c）观光厅地毯绣的机场平面图

图 2-6　机场人工岛观光

（a）机场交通体系布置图

（b）岸侧填海建设航站楼与停机坪

(c) 机场联络桥通道　　　　　　　　　　　　(d) 机场客运码头

(e) 与澳门半岛相连的跨海大桥(桥下可通航)

图 2-7　澳门国际机场交通体系

2.2.3　中国香港国际机场

　　从市内交通方便的角度出发,香港新机场的理想地点宜选在香港岛和九龙市区附近,这里与快捷的公共交通体系可共同组成综合交通系统。1973~1975 年,港英政府曾对位于新界及西海港区的 12 个选址进行考察,最终认为很难找到合适的机场选址。几经比较权衡后,最终确定在远离市区的大屿山岛北面海域建设新机场。

　　大屿山位于香港西北,面积为 143km²,约比香港岛大一倍。新机场的位置选在与大屿山隔海相望、名为赤鱲角的岛屿一侧。赤鱲角岛(图 2-8)面积为 12.7km²,为香港的第四大岛屿,因附近海域盛产赤鱲鱼而得名,岛上有居民居住。被新机场同时占用的还有位于赤鱲角西南、新界大屿山沙螺湾以北的榄洲岛(图 2-9),该岛无人居住。新建机场即坐落于赤鱲角岛和榄洲岛之间,仅占赤鱲角岛一角,完全覆盖榄洲岛,地下基本上为岩层,机场完工后虽有一些地基沉降,但较小。

　　香港国际机场利用天然岛屿的突出部分和两条跑道构型,巧妙地勾勒出伏在水中的甲鱼造型,寓意深刻。

（a）从岸侧远眺（1989 年夏）　　　　　　　　（b）从空中鸟瞰

图 2-8　机场建设前的赤鱲角岛

图 2-9　机场建设前的榄洲岛

　　与世界上其他海上人工岛机场不同的是,我国香港国际机场选址最大的问题是建设专用的集疏运交通体系代价较大。虽然赤鱲角与市区的直线距离只有34km,但其间山水相隔,没有现成的交通设施,必须从港岛新建公路、铁路、跨海大桥、海底隧道等与新机场连接,使得香港城市交通几乎为此重新布局。在制定赤鱲角建设新机场的方案中,同时包含了一系列交通配套工程,这是机场建设总投资较大的原因之一。

　　实际上,除了人工岛,从市区到机场的交通设施本身已相当宏伟。其中,连接青衣岛与马湾岛的青马大桥全长2160m,悬索结构,主跨度1377m,是当时世界上跨度最大的公铁两用桥;连接马湾岛和大屿山岛横跨汲水门海峡的汲水门大桥,引道全长750m,主跨长430m,桥面距海面的高度47m,桥塔高度150m,桥体采用双层设计,上层为双向快速公路,下层为2条机场快轨和2条供应急使用的单行车道。汲水门大桥跨越汲水门将马湾和大屿山连接起来,成为8号干线(青屿干线)的一部分,连同青马大桥以及2座桥梁之间的混凝土高架桥,成为连接香港国际机场经大屿山与市区的重要交通通道。此外,另建有长13.5km的北大屿山高速公路、西九龙高速公路以及长 1350m 的西区海底隧道等。乘客搭乘香港铁路运输公司营运的机场快线从机场前往位于香港岛中环的香港站,全程只需 24min,中途设有青衣站和九龙站,每 12min 一班(图 2-10)。

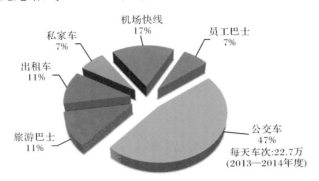

图 2-10　地面交通工具进出机场比例

进出机场人工岛的交通由 2 座高架桥与北大屿山快速路和赤鱲南路大桥相接。与高架斜拉桥形式的青马大桥和汲水门大桥的现代风格不同,北大屿山快速路大桥和赤鱲南路大桥均为钢筋混凝土结构。其中,北大屿山快速路大桥又分为相邻平行的 2 座专用桥:1 座是公路桥,另 1 座是铁路桥(图 2-11)。此外,机场人工岛东侧布置有水运码头,在功能上与车辆和轨道交通互补,共同组成机场与城市的交通体系。水上消防站布置在机场人工岛西侧。

香港国际机场内部设有捷运系统,配有由计算机控制的无人驾驶车辆。乘客通过地下隧道往来于办理手续大楼及机场客运廊的 2 个车站之间。

与其他人工岛机场功能布局不同的是,香港机场利用人工岛边角区域建立了空港商务城。空港商务城共占地 57hm²,建筑面积 100 万 m²,包括 5 万 m²(可扩建至 8 万 m²)的会展中心,9 万 m² 的写字楼和商业大厦以及具有进出境功能的国际码头等。在人工岛上建设与航站楼毗邻的商务城,体现了机场经营的新理念,值得借鉴(图 2-12)。

(a) 公铁路两用吊桥——青马大桥　　　　　　(b) 青马大桥箱型结构模型

（c）北大屿山快速路大桥（公铁双桥并行）　　　（d）机场北大屿山快速路大桥公路桥底部

（e）机场赤鱲南路大桥底部

图 2-11　香港国际机场桥梁设计

　　水运交通是香港国际机场的一大特色。在机场岛东端，设有新海天客运码头，面积为 1.65 万 m²，设有 4 个泊位，2006 年开始兴建，2010 年 1 月 15 日正式启用，乘客通过能力为 800 万人次/年。目前码头每日平均开通 85 班客轮，往来于机场至广州、东莞、中山、深圳及澳门之间（图 2-13）。码头区驻有海上救援机构，配备有可容纳 250～300 人的喷射双体船和可载 250～300 人的充气筏等救生设施。

（a）机场商务城现景　　　　　　　　　（b）机场商务城远景规划

（c）商务城会展中心　　　　　　　　　　　　　（d）购物中心

图 2-12　商务城建设

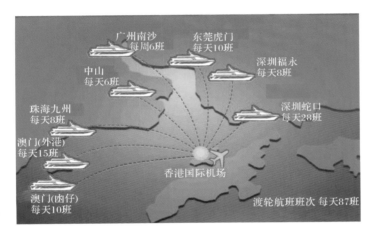

图 2-13　香港水上交通航线分布图

　　尽管机场设有水运航线,但乘客输送只占很小的比例。陆上交通的脆弱性一直是香港国际机场运行的最大问题之一。2015 年 10 月 23 日,通往机场及大屿山唯一的陆路交通要道汲水门大桥发生船舶撞桥事故,造成机场铁路停运,青马通封闭,机场自启用以来首次"与世隔绝",成为交通隔绝的孤岛。这次事故使交通瘫痪 2h,大批前往机场的乘客受到影响,有 91 个航班因大部分乘客未及时赶到而不得不延时起飞。

　　据事后调查,肇事船是一艘无动力矩形平底趸船,由一艘拖船拖行通过汲水门大桥(限制高度 41m),因趸船吊臂没有收下而直接撞到桥梁。汲水门大桥长430m,是公铁两用双层斜拉式桥梁。经检查,发现桥身两侧和底部共有 6 条钢条组件被撞断,均朝同一方向弯曲,其中内侧中间 2 条长约 10m 的钢梁跌落海中,另有 2 条光纤被刮断,触动了警报系统(图 2-14)。幸运的是,趸船吊臂超高不大,仅刮到桥梁底部非受力连接梁,因而未造成桥身结构性损毁,紧急维修后很快重新恢复通车。虽然这一事故并不严重,但由此暴露出桥梁交通如此不堪一击,给机场相关部门以深刻的警醒。

图 2-14　检测汲水门大桥损坏情况

　　另一个值得关注的问题是,事发当晚,特区政府启动了紧急协调机制,为保障乘客不误班机,立即安排了 4 艘客船在荃湾码头负责接送乘机乘客,结果因未及时在政府网站发布消息,乘客无法知晓这一临时安排,各种信息杂乱,使人无所适从,派出的船舶无人使用。

　　实际上,早在 10 多年前即有学者向香港特别行政区政府建言应进一步开放机场客运码头,作为另 1 条往来大屿山与市区的水上通道,但介于种种原因,一直拖延未决。作为教训,香港特别行政区政府已在规划和建造全长 9.1km 的屯门-赤鱲角隧道,用以连接机场、大屿山和屯门、元朗等地的交通,这将是香港最长的海底隧道。

　　是否增建第 3 条飞机跑道,也是香港近年来各界争论的焦点。扩建工程的内容包括在机场人工岛北面接续填海 650hm²,新建 3800m 跑道及相关滑行道系统、60 座登机桥以及可容纳 100 个停机位的停机坪等。以 2010 年的价格计算,扩建工程造价为 862 亿港币,以付款当日价格计算,有可能会超过 2000 亿港币。若实施顺利,则该扩建工程预计在 2023 年前后落成。

　　面对高昂的建设成本,质疑声此起彼伏,有人认为如果当年填海多形成 1000hm² 建设用地,也仅需花费 110 亿港币,因而应属规划不周,这一说法没有考虑到当时政府在工程预算上窘迫的具体背景,国家根本不可能批复。还有人认为与其建设第 3 条跑道,不如借助港珠澳大桥,通过澳门及珠海机场分担来香港的增长需求,这一说法也有失偏颇。看一看日本神户市为何不去依托附近的关西国际机场,而是排除万难另起炉灶自建机场的艰辛历程,就应该清楚答案。问题很明显,扩建第 3 条跑道,对于维持中国香港在东南亚地区的航空枢纽地位,保持香港的经济繁荣和国际影响力,无疑具有极其重要的意义。

第 3 跑道建设及地基处理方案见图 2-15。

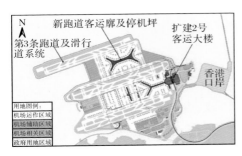

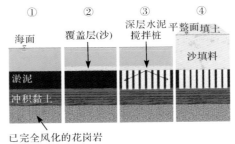

(a) 增建跑道平面位置   (b) 填海及地基处理方案

图 2-15 第 3 跑道建设方案

2.2.4 日本中部国际机场

日本中部国际机场人工岛的平面及构型基本上是充分考虑海洋流场因素的结果(图 2-16),其外形采用 P 字流线型,在人工岛拐角处形成圆角,人工岛与岸线之间保留 1.1km 的水道。

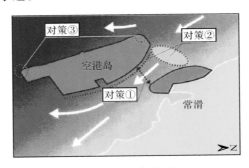

图 2-16 机场位置

在交通设计上,中部国际机场跨海桥采用 2 座平行单层桥,公路和轻轨分行,分别延伸至航站楼两侧(图 2-17),这与关西国际机场跨海桥采用的双层桥完全不同。乘坐机场轻轨,从机场到名古屋火车站仅需 28min,在站内可换乘东海道新干线、JR 线、名铁线、名古屋市地铁等。为节约用地,在航站楼附近设有立体停车场(图 2-18)。

中部国际机场交通组织的另一个特点是水上交通发达。在波稳条件较好的内侧设置了直立护岸,可供船舶临时靠泊,便于应急时使用,水运设施如图 2-19 所示。

（a）空中鸟瞰　　　　　　　　　　　　　　（b）公铁分行

图 2-17　跨海桥交通

（a）毗邻航站楼　　　　　　　　　　　　　　（b）毗邻导航中心

图 2-18　立体停车场

（a）机场客运泊位远眺　　　　　　　　　　（b）机场客运泊位通道

（c）趸船结构的客运泊位　　　　　（d）工作船泊位及可临时靠船的直立式护岸

图 2-19　水运设施

2.2.5　中国厦门国际机场

1. 地理位置

大嶝场址位于厦门本岛以东海域、翔安区东南方向,北与泉州南安市相望,南与台湾省金门岛一衣带水,西与厦门本岛远眺,东与角屿岛相邻,距厦门本岛市中心直线距离约 25km,距泉州约 44km,距漳州约 72km,距金门约 15km。场址范围包括小嶝岛、大小嶝岛之间的浅滩区以及大嶝岛周边的部分海域,同时涉及大嶝岛东部部分用地。

1）场址特点

（1）场址处于厦门城市空间发展轴线一侧,临近翔安新城,不占用城市建设用地,又能依托于翔安区加快发展。场址与翔安区以浅湾相隔,两者之间有缓冲空间。大嶝场址既可以与城市柔性相接,又可以保持相对独立的“岛”的特点,在规划上留有很大弹性,为机场的长远发展和临港经济区规划（航空城）留有充足的发展空间。

（2）场址三面环海,场地开阔,周边障碍物少,净空条件较好。

（3）场址进出场航线位于海上,噪声影响相对很小,有利于城市未来的规划发展。

（4）场址用地大部分通过填海形成,工程区海床平坦、地质情况良好,平均水深 2m 左右,区域内潜在料源充足,与陆域上建设机场所需的大量征地拆迁费用相比,大嶝场址造地的经济性较好。

（5）场址交通便利、可达性好,现有道路和规划中的交通设施可实现与厦门、泉州、漳州和金门衔接:西向可接入厦门快速路网体系,北向由八一大道接入沈海高速及沿海通道,东北向接入泉州环城高速及沿海通道,南向通过厦金通道接入金门,对厦门、泉州和金门的服务能力较强。

2）地形地貌

小嶝岛基本保持自然原始状态，民居多依托地形地势而建，地形略有起伏，岛上绿树成荫、景色优美。大嶝岛地形起伏变化稍微明显，村镇建设用地相对平整，岛周围海域建有约 5km² 的虾池。场区沿海岸一带分布有延绵山丘、海蚀阶地、滨海平原和洼地。场址处于潮间带区域，填海区域地势变化不大，海底平面高程在 −0.3～0m，易于开展机场建设。

3）平面布置

大嶝场址位于大嶝岛与小嶝岛之间的海域，远距跑道采用独立运行模式，在场址北侧通过道路连接，服务往来于厦门、漳州和泉州各方向客流进出场的需求。机场飞行区指标为 4F，设 2 条远距主跑道，远期增加 2 条近距跑道，共计 4 条。2 条主跑道间距 2100m，与外侧近距跑道间距 380m。北侧 2 条跑道长 3800m，南侧内侧跑道长 3600m，外侧跑道长 3000m。为完整保留小嶝岛，在优化航路噪声的基础上，南、北跑道端部错开 600m。航站区两侧站坪边缘沿跑道方向各规划 2 条平行滑行道，2 个分设的航站楼之间规划 4 条联络滑行道。近、远期飞行区之间建设下穿通道，通道入口设于航站楼指廊端部。

2. 填海造地

厦门新机场按 4 条跑道规划，规划用地 27.49km²；近期按 2 条跑道建设，用地约 10km²，仅需较小面积的填海即可满足需要，但不久后又面临继续扩建。因此，填海造地是一次性完成还是分阶段完成，就需要从现场环境、机场运行特点、工程施工以及经济等方面进行权衡。

1）机场布局

根据预测，目标年（2025 年）的年乘客吞吐量为 4800 万人次，需要建设 2 条远距跑道（即北一跑道、南一跑道）才能满足运量需求。由机场飞行区布局，三跑道为北一跑道的近距跑道，三跑道、规划航站区发展用地已被机场周边设施所包围，且处于机场填海的中心地带，尤其是三跑道区域已被飞行区包围，以后在不停航的情况下进行填海施工将十分困难。另外，机场东侧未来航站区、西侧工作区及南部预留发展区等已被两条跑道及滑行联络道围成 U 形区域，围海大堤、围场河及巡河路在狭长区域难以施工。

2）飞行安全

四跑道为南一跑道的近距跑道，将于远期续建完成。该跑道位于南一跑道南侧，如果填海造地推迟到远期实施，那么施工时采用堆载预压或大型机械的施工高度对南二跑道侧净空有一定的影响，对飞行安全易造成隐患。

3）飞行区地基处理

机场飞行区道面对地基的差异沉降要求较高，若填海分为两期实施，一期跑滑系统地基已趋近于稳定,而二期建设因地基处理时间不同,可能会产生较大的差异沉降。

4) 飞行区填海卸土场地

从经济性及实际建设需要考虑,土方不外弃始终是工程建设的一个重要原则。机场飞行区及部分用地对地基处理要求较高,填海采用堆载预压方式进行地基处理。结合机场建设时序,在地基处理过程中土方调配平衡后,部分余土(海砂)需要有卸土场地,而机场远期预留区域即为理想的卸土区域。

5) 节省投资

根据机场建设情况,填海围堰大堤、围场河及围场道路需一次完成,如果开始时按 2 条跑道及配套设施的范围建设,则到远期扩建时还需改线,拆改工程量巨大,造成浪费。厦门市周边土石方及砂源情况十分紧张,若填海不是一次性完成,则以后机场远期填海料源需重新征用,一是填海周期长,可能影响机场建设周期,二是填海料源可能会更远,建设成本将比当时增加很多。

基于上述考虑,机场填海工程按远期一次实施到位在总体上是有利的。

2.2.6　中国大连国际机场

1. 人工岛外形

毫无疑问,机场人工岛的轮廓在大海衬托和空中俯瞰时都将格外引人注目,尤其是飞机升空或盘旋降落时,人工岛全景便犹如嵌入浩瀚海洋中的画卷,一览无余地展现于机上乘客眼前,自然而然地引发乘客对人工岛构型的联想。大连机场人工岛外形实际上进行过精心的考虑,结合功能需要,对其外轮廓构型几经调整,最后定格为鼎形(图 2-20)。大连海上机场人工岛轮廓似"鼎",在平面布置上

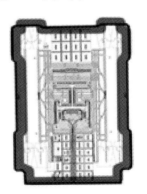

（a）我国鼎的典型造型　　　　　　　　（b）鼎型轮廓

图 2-20　人工岛平面造型

以方格、对称构图为基本特征,既适应布置飞机跑道的需要,满足机场使用功能,又便于进行四周护岸的防浪设计,在内侧拐角处还可建设工作船泊位。

2. 人工岛离岸距离

确定机场人工岛的离岸距离因素复杂,主要基于空域航路布局、净空要求和海洋流场三个方面。与邻近机场跑道的夹角和距离,以及周边障碍物的净空高度,是确定飞机跑道及人工岛位置的决定性因素。大连新机场东南端岸边的丘陵高约 145m,山上高压线塔架高约 40m,预留安全高度 150m(图 2-21)。以飞机最不利下滑角度计算,障碍物距飞机跑道端口的水平距离应为 6870m。由于山体距海岸 1930m,跑道端口距人工岛边缘 1500m,因此人工岛边缘距岸边至少应为 3440m。另外,为保持海洋水动力流场不发生大的变化,海底积淤和冲刷尽量保持稳定,海水交换充分,经计算机仿真模拟,水道宽度应保留 1000m 以上。另一方面,人工岛距岸也不宜过远。当人工岛与岸边距离增大时,水深增加,工程投资也随之提高。

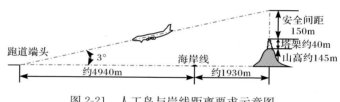

图 2-21　人工岛与岸线距离要求示意图

3. 人工岛面积

大连新机场一期按 2 条跑道布置,通过能力饱和后再继续扩建。此次建设是否预留出后续跑道位置,填海造地一次性完成,这个问题较为复杂,也十分重要。

首先,对机场跑道吞吐能力的估计通常具有很大的弹性,尤其是针对枢纽机场和非枢纽机场、国际和国内航线、飞机的起降次数、不同机型等不同情况,得到的分析结果会有较大差异。关于多条跑道的通过能力,国际航空权威机构——美国联邦航空管理局(Federal Aviation Administration,FAA)对不同跑道构型年服务容量提出过近似估计,推荐 2 条独立平行跑道的服务容量为 31 万架次/年。根据对未来大连民航乘客运量的预测,到 2035 年,飞机起降架次可能会达到 31.39 万架次/年,如果是这样,那么新机场在 2 条跑道启用后不到 15 年,跑道容量就可能接近饱和。依照 FAA 手册,在此基础上再增加 1 条近距跑道,飞机的起降能力可增加约 8 万架次/年。以此估算,在新机场运营 20 年后,即使乘客吞吐量增长率趋于降低,第 3 条近距跑道的起降能力也可能会趋于饱和。这就是说,以保守的角度分析大连机场的发展前景,在新机场 2 条跑道投入使用后 15～20 年,增建第 3

条跑道便要提到议事日程；而在第 3 条跑道建成时，又可能要开始筹建第 4 条跑道。由于地质状况较差，地基沉降规律尚不清楚，为避免土体变形的影响，不排除会像日本关西国际机场那样另建独立的人工岛。那么，大连海上人工岛机场是先建设 2 条远距跑道，然后不断分阶段扩建，还是一次性建成可容纳两组 4 条跑道（2 条远距、2 条近距）的人工岛，需要认真研究。

现分别对 2 条跑道和 4 条跑道两个布置方案进行设想。设方案一为一次性建成可容纳 4 条跑道的人工岛；方案二为分 3 次分阶段建设，即先形成 2 条远距跑道的人工岛，然后再分 2 次分别增建可容纳 1 条近距跑道的人工岛用地，香港国际机场采取的就是这一做法。两个方案的工程量、投资匡算对比见表 2-7～表 2-9。

表 2-7　一次性形成 4 条跑道陆域工程费用预测（方案一）

序号	项目		工程量	投资额/亿元	备注
1	形成陆域		20.29km²	—	占用水域面积 20.87km²
2	护岸		21440m	34.45	护岸土石方量 1904 万 m³
3	土石方		15587 万 m³	51.44	未包括护岸土石方量
4	跑道挖泥		4906 万 m³	9.81	
5	其他投资		—	5.87	含通道大临工程费等，此项不做对比
6	合计	总土石方量	1.7 亿 m³	—	
		投资	—	101.57	

表 2-8　分 3 次形成 4 条跑道陆域工程费用预测（方案二）

序号	项目		一期 2 条跑道 工程量	二期 1 条跑道 工程量	三期 1 条跑道 工程量	一期 投资额 /亿元	二期 投资额 /亿元	三期 投资额 /亿元	备注
1	形成陆域		15.65 km²	5.51 km²	5.51 km²	—	—	—	占用水域面积 33.10km³
2	护岸		19708m	13302m	13302m	31.73	21.42	21.42	护岸土石方量 4114 万 m³
3	土石方		11876 万 m³	4181 万 m³	4181 万 m³	39.19	13.80	13.80	未包括护 岸土石方量
4	跑道挖泥		3738 万 m³	1316 万 m³	1316 万 m³	7.48	2.63	2.63	
5	其他投资		—	—	—		5.87		含通道等大临 工程费等，此项 不做对比
6	合计	总土石方量		2.4 亿 m³					
		投资估计		171.71 亿元		84.27	43.72	43.72	

表 2-9　方案一与方案二陆域形成面积及投资对比表

序号	项目	1 次性完成	分 3 次完成	增加量	增加比例/%
1	形成陆域面积/km²	20.29	26.67	6.38	31.4
2	占用海域面积/km²	20.87	33.10	12.23	58.6
3	护岸长/m	21440	46312	24872	116
4	总土石方量/亿 m³	1.7	2.4	0.7	41.2
5	跑道挖泥量/万 m³	4906	6370	1464	29.8
6	投资估计/亿元	101.57	171.71	70.14	69.1

　　通过两个方案数据的对比可以看到,方案一比方案二的静态投资大约减少69.1%,占用海域面积减少58.6%,无论是工程投资还是占用海域的面积,方案一都比方案二更优。此外,方案二对航站楼布置、乘客登机步行的距离和飞机转场运行效率等均有较大影响,降低了机场的运行效率。因此,一次性完成 4 条跑道的场区建设总体上是有利的。分期规划方案见图 2-22。

（a）一次性完成（方案一）　　　　　　（b）分 3 次完成（方案二）

图 2-22　分期规划示意图

　　实际上,从后面的施工方案中可以看到,大连新机场采取挖泥换填方式施工,这些难以处置的废弃淤泥被吹填到预留远期建设的第 3 和第 4 条跑道区域,成为填海材料,达到了一举两得的效果。如果开始仅建设 2 条跑道人工岛,挖掉的淤泥无处排放,建设方案将完全是另外一个样子。

　　4. 交通组织

　　大连新机场与后方陆域的交通采取跨海桥连接(图 2-23)。一个方案是设 2 座并排单层桥梁,一个适用于公路,一个适用于城市轻轨;另一个方案是桥梁为双层,上层为公路,下层为轻轨。因桥下无通航需求,所以可选择 2 座并排单层桥梁方案。

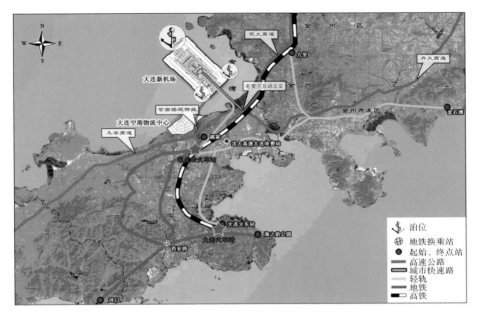

图 2-23   机场交通体系

由于人工岛机场施工的需要,大连海上人工岛机场在填海造地时另建有施工通道。工程竣工后,此通道即可作为机场人工岛与后方陆域连接的第二条通道,平时用于运输物资,紧急时为应急通道,这种双通道布置方式能够有效提高人工岛机场与陆地的交通保障能力。

此外,利用人工岛临水的便利条件,还应建设多个泊位,初步设想,可建 3 个 1000~3000t 级油品泊位,2 个 500t 级客船泊位,4 个 200~500t 级工作船泊位(表 2-10)。

表 2-10   机场泊位初步规划

泊位类型	规模/t 级	数量/个	备注
油品	1000~3000	3	远期预留 1 个
客船	500	2	兼顾旅游
杂货	1000	2	兼顾施工船舶
工作船	200~500	4	两侧分开布置

5. 航油供应

大连市有两座炼油厂——中国石油天然气股份有限公司大连石化分公司(石油七厂)和大连西太平洋石油化工有限公司,可以直接从两座炼油厂铺设通往机场油库的输油管线,或通过铁路运送等多种方案,但管线或铁轨穿越市区对城市影响较大。考虑到两个炼油厂都配备有完善的水运设施,具有水上运输的便利条件,水运方式既能方便接受不同炼油厂供油,还可对接国外供油体系,使其航油来源多样化(图 2-24)。

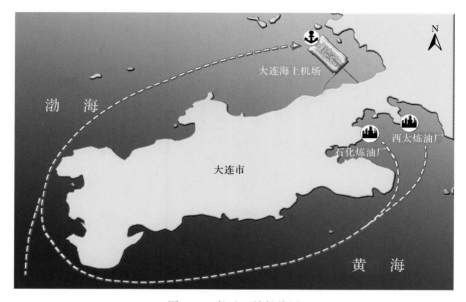

图 2-24　航油运输航线图

与铁路、公路及管道运送航油不同,以水运方式供应航油存在一定的风险。在自然灾害方面,影响安全的因素主要有台风、暴雨、大雾、海冰等,如风浪过大会使油船无法靠泊及正常作业,北方冬季的海冰会导致船舶停航。相关意外事故主要有船舶故障、碰撞或触碰、码头设施故障以及火灾等。人为因素引起的操作不当也可能引发海上运输及码头油品装卸事故,虽然这方面的影响相对于自然灾害及意外事故要小很多,但也要引起足够的重视。

实际中哪个方案的运输风险更小,需要进行相应评价后予以判断。归纳以上各点,可构建出两级评价指标体系(图 2-25)。通过收集大量相关数据,采用专家调查法对评价指标体系中的各项指标用 1~9 标度法进行两两比较打分,构造出判断矩阵,应用层次分析法对参数权重进行计算,最终得到机场航油供应的风险因素权重(表 2-11)。

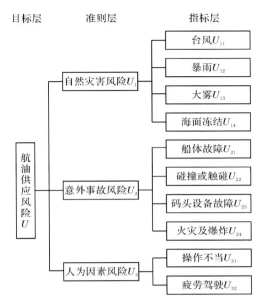

图 2-25 航油供应风险评价指标体系

表 2-11 航油供应风险因素权重表

目标层	准则层	权重	指标层	相对权重	总权重排序
航油供应风险 U	自然灾害风险 U_1	0.632	台风 U_{11}	0.347	0.219
			暴雨 U_{12}	0.177	0.112
			大雾 U_{13}	0.364	0.230
			海面冻结 U_{14}	0.112	0.071
	意外事故风险 U_2	0.259	船体故障 U_{21}	0.109	0.028
			碰撞或触碰 U_{22}	0.208	0.054
			码头设备故障 U_{23}	0.196	0.051
			火灾及爆炸 U_{24}	0.487	0.126
	人为因素风险 U_3	0.109	操作不当 U_{31}	0.751	0.082
			疲劳驾驶 U_{32}	0.249	0.027

根据各风险评价指标对安全的影响程度及风险发生的可能性,将风险评价集设为 $V = \{v_1, v_2, v_3, v_4\}$,其中 v_1、v_2、v_3、v_4 分别设为 $0 \sim 0.2$、$0.2 \sim 0.5$、$0.5 \sim 0.8$ 以及 $0.8 \sim 1$,对应的航油供应风险等级为低风险、较低风险、较高风险和高风险。采用专家打分法,可得到各风险因素对各评价等级的隶属度,并形成评判矩阵。U_1、U_2 和 U_3 中各风险因素形成的评判矩阵分别为 $\boldsymbol{R}_1$、$\boldsymbol{R}_2$ 和 $\boldsymbol{R}_3$,其取值为

$$\boldsymbol{R}_1 = \begin{bmatrix} 0.2 & 0.3 & 0.3 & 0.2 \\ 0.1 & 0.4 & 0.4 & 0.1 \\ 0.4 & 0.3 & 0.2 & 0.1 \\ 0.3 & 0.3 & 0.3 & 0.1 \end{bmatrix}, \quad \boldsymbol{R}_2 = \begin{bmatrix} 0.3 & 0.4 & 0.2 & 0.1 \\ 0 & 0.3 & 0.3 & 0.2 \\ 0.5 & 0.3 & 0.1 & 0.1 \\ 0.1 & 0.1 & 0.4 & 0.4 \end{bmatrix} \quad (2\text{-}9)$$

$$\boldsymbol{R}_3 = \begin{bmatrix} 0.1 & 0.4 & 0.4 & 0.1 \\ 0.3 & 0.3 & 0.3 & 0.1 \end{bmatrix}$$

完成以上步骤后,先进行第一级模糊综合评价,即将风险事件的评判矩阵与权重向量进行模糊计算,并进行归一化处理,得到一级综合评判结果如下:

自然灾害风险模糊综合评判矩阵为

$$\boldsymbol{B}_1 = \boldsymbol{W}_1 \times \boldsymbol{R}_1 = \begin{bmatrix} 0.313 & 0.257 & 0.258 & 0.172 \end{bmatrix}$$

意外事故风险模糊综合评判矩阵为

$$\boldsymbol{B}_2 = \boldsymbol{W}_2 \times \boldsymbol{R}_2 = \begin{bmatrix} 0.163 & 0.173 & 0.332 & 0.332 \end{bmatrix}$$

人为因素风险模糊综合评判矩阵为

$$\boldsymbol{B}_3 = \boldsymbol{W}_3 \times \boldsymbol{R}_3 = \begin{bmatrix} 0.217 & 0.348 & 0.348 & 0.087 \end{bmatrix}$$

将一级因素集的权重向量进行模糊运算,得到二级综合评判结果为

$$\boldsymbol{B} = \begin{bmatrix} 0.298 & 0.245 & 0.245 & 0.212 \end{bmatrix}$$

由二级综合评判结果可知,按照最大隶属度原则,$\boldsymbol{B}$ 中最大值 0.298 所对应的风险水平为较低风险,即采用水运方式供应航油的风险较低;其他各值较小,表明风险不大。通过以上分析可以判断,人工岛机场采用水运方式供应航油风险较低,可以考虑采用。

6. 应急疏散

由于机场位于人工岛上,因此乘客进出机场只能依靠与后方陆域连接的跨海桥梁。桥梁交通的最大弱点是抵御自然灾害或人为事故的能力相对较弱,一旦因灾害或事故导致桥梁功能失效,机场乘客及人员疏散将会面临较大困难。

毫无疑问,同时设置多条不同通道是提高应急疏散能力的有效手段之一,如同高层建筑要建立应急逃生通道一样,具有封闭特征的区域在应急疏散时需要建立非常规通道以备不时之需。例如,美国"9·11"恐怖袭击发生时,道路交通被迫关闭,当地政府紧急启用了海运系统对曼哈顿岛上的人群进行疏散。由于人工岛机场周边是海,利用海运方式进行人员疏散便成为在桥梁失效情况下最有效的方式。研究人工岛机场乘客海运疏散方案并优化,是机场规划的重要内容之一。

对于人工岛机场,海运疏散系统可看做一类紧急情况下的海上救援系统,研究内容包括救援组织调度和救援设施布局两个方面。其中,救援组织调度研究主要探讨海上实时搜救过程的决策支持方法,目的是在最短时间内驰援救援目标;救援设施布局研究主要探讨应急搜救系统规划的方法,目的是利用最少的搜救资源覆

盖尽可能多的区域。按问题的特点,可利用计算机仿真的方法进行模拟。

1) 研究思路

为了改进海运疏散系统方案,提高紧急状态下人工岛机场乘客的疏散效率,首先要进行疏散能力评估,包括疏散需求预测、海运疏散系统分析、船舶调度仿真和规划方案优化 4 个方面,研究技术路线见图 2-26。

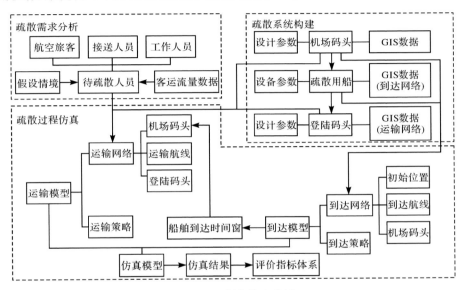

图 2-26　研究技术路线

2) 疏散需求分析

疏散需求分析的主要目的是估算灾害发生时人工岛机场可能滞留的人数。机场待疏散人员大致有三类:①航空乘客;②接送乘客人员;③机场、航空公司、海关等工作人员。

分析时做以下假设:①灾害发生时刻机场正处于客流交通量最大时段;②灾害导致机场关闭且跨海桥梁失效,乘客及机场工作人员已经不能通过航空或陆路运输方式撤离人工岛;③机场码头的功能未受损,滞留在机场上待疏散的人员可通过海运撤离。

一般情况下,航空乘客数量与进出港航班密度、航班平均载客量以及航空乘客在机场的平均逗留时间有关,迎送人员数量与航空乘客的数量以及迎送人员在机场的平均逗留时间有关,机场工作人员数量与乘客年吞吐量有关。由此,疏散人员总数 N 的估算公式为

$$N = n_f(r_a t_{ap} + r_l t_{lp}) + \omega n_f(r_a t_{af} + r_l t_{lf}) + \sigma n_y \qquad (2\text{-}10)$$

式中,n_f 为进出港航班的平均载客人数;r_a 和 r_l 分别为机场进港和出港的航班密

度;t_{ap}和t_{lp}分别为到港和离港乘客在机场平均逗留的时间;t_{af}和t_{lf}分别为接送乘客人员在机场平均逗留的时间;ω为迎送人员与乘客人数之间的比例系数;σ为机场工作人员与乘客年吞吐量之间的比例系数;n_y为机场的乘客年吞吐量。根据对大连国际机场客运流量的预测,得出如表 2-12 所示的数据。将表 2-12 中的各参数代入式(2-10),可估算出灾害发生时机场待疏散人员总量 N 约为 24000 人。

表 2-12　计算参数取值

r_a	r_l	n_f	t_{ap}	t_{lp}	t_{af}	t_{lf}	ω	σ	n_y
33	33	161	0.75	1.50	1.00	0.75	0.45	0.02%	3850 万

3) 海运疏散系统分析

海运疏散系统分析包括救援船队组成、船舶到达路径(所有船舶由初始位置到达机场位置的海上航线)和运送路径(救援船舶由机场码头向登陆码头运送人员的海上航线)等内容。根据机场码头泊位的水深条件,选择可用于疏散的客运船舶,收集船舶载客人数及航速等参数;根据各分散船舶的日常航行状态,计算灾害发生时船舶可能的初始位置及其到达机场码头的海上航线;根据客运码头的地理布局选择登陆码头,选择由机场码头向登陆码头运送人员的海上航线。

大连市陆岛水上交通发达,主要分布于城市东南部长海县的长山群岛,有大量的客船可供紧急调用。依据机场码头水深条件,组成紧急疏散救援船队,救援船队船舶数据见表 2-13。这些营运中的客船或正航行于某一航线,或停泊于某一码头,在接到救援请求时会立即进入驰援状态(图 2-27)。航线中所有码头的地理位置、营运码头与机场码头之间最短的海上航线距离见表 2-14。在比较水深条件、海上航行距离和泊位数量后,选择距离人工岛机场 35n mile 的旅顺羊头洼码头为疏散人员的登陆地点(图 2-28)。

表 2-13　救援船队船舶数据

编号	最大航速/节	载客能力/人	商用航线	编号	最大航速/节	载客能力/人	商用航线
1	33	447	①-②	8	12	280	⑥-④-⑦
2	33	447	①-②	9	26	269	④-⑦
3	30	306	①-②	10	12	210	⑤-⑦
4	15	300	④-⑦	11	32	199	①-⑥
5	12	288	③-⑱	12	13	178	⑯-⑰
6	12	280	⑥-⑤-⑦	13	13	168	⑬-⑮-⑰
7	12	280	⑨-⑤-⑦	14	12	168	⑰-⑱

续表

编号	最大航速/节	载客能力/人	商用航线	编号	最大航速/节	载客能力/人	商用航线
15	31	161	①-⑤-⑥-⑧	23	33	80	④-⑦
16	13	152	③-⑦	24	26	62	④-⑦
17	13	152	④-⑪	25	26	62	④-⑦
18	12	148	⑮-⑯	26	30	62	④-⑦
19	13	140	⑥-⑤-⑦	27	27	60	④-⑦
20	32	120	④-⑦	28	21	60	⑨-⑩
21	19	89	④-⑫	29	30	50	④-⑦
22	28	80	⑥-⑤-③-⑱	30	12	50	⑩-⑭

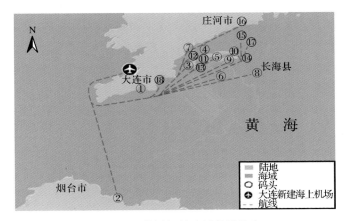

图 2-27　救援船舶驰援航线分布

表 2-14　各驰援船舶所在港口与机场海上距离　　（单位：n mile）

码头	距离	码头	距离	码头	距离
①	86.4	⑦	121.2	⑬	120.2
②	123.2	⑧	143.5	⑭	142.2
③	112.9	⑨	127.0	⑮	152.2
④	128.1	⑩	126.7	⑯	156.7
⑤	124.7	⑪	122.6	⑰	152.2
⑥	124.1	⑫	119.7	⑱	103.4

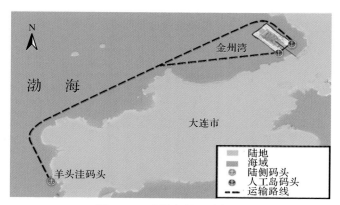

图 2-28　疏散人员登陆航线

4）船舶调度仿真

仿真模型包括驰援船舶到达人工岛机场子模块（简称到达子模块）和疏散人员运送子模块（简称运送子模块）。其中，到达子模块由救援船队和到达航线构成，主要模拟所有救援船舶在接到疏散命令时由初始位置到达人工岛机场码头的过程；运送子模块主要模拟救援船舶往返于机场码头和登陆码头之间运送人员的过程。通过两个子模块的仿真结果，对海运疏散系统设计方案的乘客疏散能力进行评估。

将以上数据代入仿真模型，选择任意 1 艘救援船舶 i 绘制其疏散时间线（图 2-29），各符号含义见表 2-15。

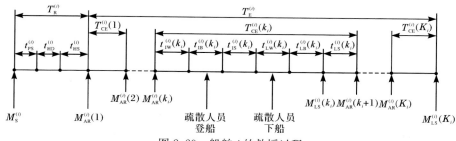

图 2-29　船舶 i 的救援过程

表 2-15　图 2-29 中各符号含义

参数	含义	参数	含义
$T_R^{(i)}$	船舶 i 到达机场码头所需时间	$t_{IW}^{(i)}(k_i)$	船舶 i 第 k_i 次靠泊机场码头的等待时间
$t_{PS}^{(i)}$	船舶 i 接到救援请求时卸下乘客到达最近码头的时间	$t_{IB}^{(i)}(k_i)$	船舶 i 第 k_i 次靠泊机场码头的作业时间
$t_{HD}^{(i)}$	船舶 i 在码头卸下乘客所需的作业时间	$t_{IS}^{(i)}(k_i)$	船舶 i 第 k_i 次由机场码头至登陆码头的航行时间
$t_{HS}^{(i)}$	船舶 i 由码头至机场消耗的航行时间	$t_{LW}^{(i)}(k_i)$	船舶 i 第 k_i 次靠泊登陆码头的等待时间

参数	含义	参数	含义
$T_{\mathrm{E}}^{(i)}$	船舶 i 在运输网络中进行乘客运输消耗的总时间	$t_{\mathrm{LB}}^{(i)}(k_i)$	船舶 i 第 k_i 次靠泊登陆码头的作业时间
k_i	船舶 i 承担的运输任务编号	$t_{\mathrm{LS}}^{(i)}(k_i)$	船舶 i 第 k_i 次由登陆码头至机场码头的航行时间
$T_{\mathrm{CE}}^{(i)}(k_i)$	船舶 i 完成第 k_i 次运输任务消耗的时间	K_i	船舶 i 完成的最大运输次数，$1 \leqslant k_i \leqslant K_i$

基于救援船舶运行策略（表 2-16），假设所有船舶在同一时刻接到救援请求，各船舶会选择最近的码头将船上所载乘客卸下，然后赶往机场。参与救援的船舶赶到机场的时间 $T_{\mathrm{R}}^{(i)}$ 由下式计算：

$$T_{\mathrm{R}}^{(i)} = t_{\mathrm{PS}}^{(i)} + t_{\mathrm{HD}}^{(i)} + t_{\mathrm{HS}}^{(i)} \tag{2-11}$$

按最不利情况考虑，假设船舶在接到疏散命令时恰好乘客满载，需要完成靠泊、卸下乘客和离泊，然后以最大的航行速度航行。进入机场区域时，最大航速不得超过 18 节。由实测可知，船舶平均靠泊（或离泊）时间约为 0.25h，人员登船（或下船）速度约为 3s/人。

表 2-16　救援船舶运行策略

策略	内容
到达策略	① 一旦接到疏散命令，船舶将选择距离最近的码头卸下乘客 ② 所有乘客下船完毕后，船舶立即赶往机场码头
运输策略	① 对机场码头所有泊位统一调度，先到先靠泊 ② 所有靠泊船舶可同时作业 ③ 船舶承载人数应达到其额定载客人数

运送子模块将模拟船舶的所有运输过程：①船舶到达机场后，进入机场水域排队等待靠泊；②船舶靠泊机场码头，人员登船；③登船人数达到额定载客人数，船舶离开；④到达登陆码头后，排队等待靠泊；⑤船舶靠泊登陆码头后，人员下船；⑥船舶离开，驶往机场进入下一个循环。设仿真过程中船舶 i 共承担 K_i 次疏散任务，则船舶在疏散过程中所用的时间 $T_{\mathrm{E}}^{(i)}$ 由下式计算：

$$T_{\mathrm{E}}^{(i)} = \sum_{k_i=1}^{K_i} T_{\mathrm{CE}}^{(i)}(k_i) \tag{2-12}$$

若某一时刻所有船舶疏散人数等于人工岛上待疏散人员总数，则救援结束；否则，需要继续救援；相应的约束条件为

$$\sum_{i=1}^{l} \sum_{k_i=1}^{K_i} P_i \geqslant N \tag{2-13}$$

当满足式(2-13)时,运送模型即可确定船舶的救援次数。当所有待疏散人员登陆后,仿真过程结束。

5) 仿真结果

设各船舶接收救援命令时刻在24h内服从均匀分布,利用多次随机抽样试验选择多个救援命令接收时刻。在每一次随机抽样试验中,将救援命令接收时刻与船期表相结合,即可确定所有船舶的初始位置;利用式(2-11)计算出参加救援船舶抵达机场所需的时间,如图2-30所示。

将图2-30中所有船舶的到达时间作为初始条件代入运送模型进行仿真计算,得到单位时间内完成疏散人数与时间的关系(图2-31)。结果表明,若灾害发生在机场营运的最高峰时期,则需要37h才能将滞留机场的乘客全部疏散完毕。

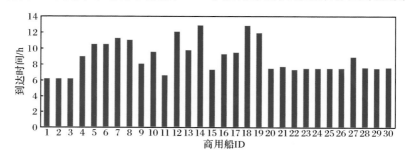

图 2-30　救援船舶到达时间

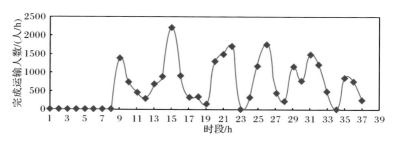

图 2-31　单位时间内完成疏散人数与时间的关系曲线

6) 疏散方案优化

考虑到人的生理承受极限,对于需要37h才能完成疏散乘客的结果是不能令人满意的,故而在原有条件的基础上,又提出新的改进方案:①购置2条额定载客人数400人、航速12节的客船常备;②在距机场3n mile陆侧的空港物流中心新建2个泊位作为除羊头洼码头之外的另1个登陆点(图2-32)。

基于新方案,假设灾害发生时新增的这2艘客船停靠在空港物流中心泊位。在待疏散人数不变的前提下进行仿真,得到的运送过程曲线如图2-33所示。结果表明,新方案可以在 24h 之内完成所有乘客的疏散任务。

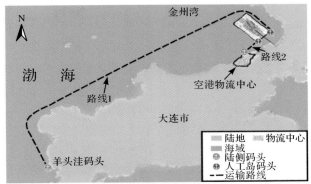

图 2-32　新方案对应的运送网络示意图

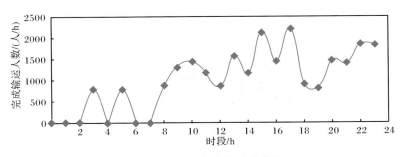

图 2-33　新方案疏散过程曲线

综合上述分析,可以得出如下启示:

(1) 在进行人工岛机场应急系统规划时,应考虑将海运作为在跨海桥梁失效时的应急运输方式。

(2) 应充分考虑城市现有海上客运码头的地理布局及可参与救援船舶的实际运力建立海运疏散系统。

(3) 优化人工岛机场船舶客运系统布局是提高海运疏散能力的关键。可从救援船队、到达网络和运输网络三方面入手,对人工岛机场的海运系统布局方案进行合理改进。必要时,应考虑为人工岛机场配备救援用常备客运船舶,在靠近人工岛的陆侧建设客运码头泊位。

7. 鸟类活动对机场运营安全的影响

1) 鸟情分析

相对于其他城市,大连的地理位置和生态环境较为特殊,这是因为大连恰好位于东北亚候鸟迁徙的重要通道上。大连市南端的蛇岛老铁山地区,是东北亚大陆候鸟南北迁徙的重要驿站。据统计,每年途径大连地区的鸟类有 19 目 57 科共计 307 种,占全国鸟类种数的 23%,中国东北鸟类种数的 70%。因此,联合国教科文组织将大连蛇岛老铁山地区列入世界人与生物圈保护区网络(man and the bio-sphere programme,MBP),成为世界生物圈保护区。生态圈保护区的建立对生态保护不失为一个好消息,但在生态得到保护的同时,鸟类对机场飞机起降安全的威胁就会增大。

鸟类迁徙路线是千百万年来自然选择的结果,是鸟类根据自然气候、地理特点和环境适宜程度逐渐形成的。经调查,途径大连地区的鸟类迁徙路线大致分为西线、中线和东线 3 条:东线和西线沿海岸线延伸,是以水禽为主的迁徙路线,其中鸥类及雁鸭类占绝大部分比例,数量最多的是红嘴鸥,其次是银鸥、灰背鸥等,最大群体有时可达上千只;中线是以陆地丘陵山地为主轴的迁徙路线,以猛禽、鹤鹑、鸠鸽和雀形目鸟类(如家燕、鹌鹑、燕雀、黄雀、灰头鹀、黄喉鹀)等最多。上述所有候鸟都于春秋两季汇集于蛇岛老铁山地区,然后集体迁移。鸟类迁徙期间,迁徙的候鸟数量每年达上千万只,距离蛇岛老铁山越近,候鸟的密度就越大。机场鸟情调查区域如图 2-34 所示。调查发现,在机场及周边地区 6km 范围内活动的鸟类有 41 种,8 目 14 科,其中,留鸟 5 种,夏候鸟 25 种,冬候鸟 5 种,旅鸟 6 种。这些不同鸟类对机场运营安全的影响实际上差异较大,需分别研究。

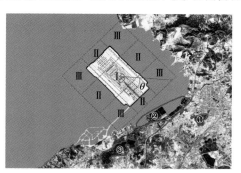

图 2-34　鸟情调查区及鸟类对飞机起降影响分区
①植被区;②岸边滩涂区;③丘陵林地区

(1)留鸟。

如前所述,大连人工岛机场为离岸式,岛内基本没有与机场无关的设施。虽然机场会有一定的绿化面积,但一般会选择种植鸟类不喜欢的植物。因此,能够影响到机场的本地留鸟基本只能来自距机场 5km 以外的陆地,这样远的距离,使得来自陆地的留鸟数量非常少。对机场安全影响最大的家鸽活动半径一般不超过 5km,所以基本上可以忽略家鸽的影响。有关留鸟的统计见表 2-17。

表 2-17　机场周边区域留鸟统计

种类	名称	目	科	密度 /(只/km²)	活动时间	重量/g	飞行速度 /(m/s)	在机场附近活动原因
1	普通翠鸟	佛法僧目	佛法僧科	2	白天	40	12.6	觅食
2	银鸥	鹳形目	鸥科	0.6	白天	550	18.3	觅食
3	黑尾鸥	鹳形目	鸥科	0.2	白天	550	17.1	觅食
4	大鵟	鹳形目	鹰科	0.1	白天	1600	20.1	觅食、休息
5	灰喜鹊	雀形目	鸦科	0.2	白天	76	14.2	觅食

（2）候鸟。

在地理位置上,人工岛机场位于大连地区候鸟迁移的西线和中线之间。其中,西线迁移鸟类多为水禽,一般沿着海岸线的走向迁徙;中线迁移的鸟类多数是分散迁徙,如雀形目等,这类鸟在空中飞行时可能会与民航飞机直接相遇,也可能会在机场土面区短期停留栖息,因而对机场飞机起降安全具有不利影响(表 2-18)。

表 2-18　机场周边区域候鸟统计

种类	名称	目	科	密度 /(只/km²)	活动时间	重量/g	飞行速度 /(m/s)	在机场附近活动原因
1	针尾沙锥	鹳形目	丘鹬科	5	白天	130	17.8	迁徙经过
2	三宝鸟	佛法僧目	佛法僧科	2	早晚	70	17.6	觅食
3	大杜鹃	鹃形目	杜鹃科	1.5	白天	65	16.4	觅食、休息
4	斑尾塍鹬	鹳形目	丘鹬科	1	白天	480	20.4	觅食
5	海鸥	鹳形目	鸥科	0.8	白天	442	18.4	觅食
6	青脚滨鹬	鹳形目	丘鹬科	0.8	白天	450	17.7	迁徙经过
7	灰头麦鸡	鹳形目	鸻科	0.7	白天	265	19.1	觅食
8	白腰雨燕	雨燕目	雨燕科	0.6	白天	44	19.1	觅食
9	丘鹬	鹳形目	丘鹬科	0.6	白天	389	17.1	觅食
10	大沙锥	鹳形目	丘鹬科	0.6	白天	260	18	迁徙经过
11	凤头麦鸡	鹳形目	鸻科	0.6	白天	201	20.2	觅食
12	白腰草鹬	鹳形目	丘鹬科	0.6	白天	350	18.3	觅食
13	灰背鸥	鹳形目	鸥科	0.6	白天	450	14.4	迁徙经过
14	红嘴鸥	鹳形目	鸥科	0.6	白天	255	17.6	迁徙经过
15	斑肋田鸡	鹳形目	秧鸡科	0.4	白天	85	13.1	觅食
16	小田鸡	鹳形目	秧鸡科	0.2	白天	40	10.4	觅食
17	牛背鹭	鹳形目	鹭科	0.2	白天	322	19.3	迁徙经过

种类	名称	目	科	密度 /(只/km²)	活动 时间	重量/g	飞行速度 /(m/s)	在机场附近 活动原因
18	苍鹭	鹳形目	鹭科	0.2	白天	1450	19.4	迁徙经过
19	白鹭	鹳形目	鹭科	0.2	白天	1430	19.1	迁徙经过
20	灰雁	雁形目	鸭科	0.2	白天	2900	17.6	迁徙经过
21	针尾鸭	雁形目	鸭科	0.2	白天	500	13.7	迁徙经过
22	绿翅鸭	雁形目	鸭科	0.2	白天	250	14.1	觅食
23	绿头鸭	雁形目	鸭科	0.2	白天	1000	14.6	迁徙经过
24	青头潜鸭	雁形目	鸭科	0.2	白天	780	13.9	觅食
25	大天鹅	雁形目	鸭科	0.1	白天	2500	14.1	迁徙经过
26	红头潜鸭	雁形目	鸭科	0.1	白天	780	13.4	迁徙经过
27	普通秋沙鸭	雁形目	鸭科	0.1	白天	780	13.2	迁徙经过
28	鸳鸯	雁形目	鸭科	0.1	白天	560	15.7	迁徙经过
29	小鸊鷉	鹳形目	鸊鷉科	0.1	白天	80	14.3	觅食
30	凤头鸊鷉	鹳形目	鸊鷉科	0.1	白天	120	14.2	觅食
31	角鸊鷉	鹳形目	鸊鷉科	0.1	白天	130	13.7	觅食
32	凤头蜂鹰	隼形目	鹰科	0.1	白天	900	18.1	觅食
33	胡兀鹫	隼形目	兀鹫亚科	0.1	白天	4000	20	觅食
34	黄嘴白鹭	鹳形目	鹭科	0.1	白天	430	19.5	迁徙经过
35	燕隼	隼形目	隼科	0.1	白天	200	18.4	觅食
36	白尾海雕	隼形目	鹰科	0.1	白天	3000	19.9	迁徙经过

（3）鸟类落点区域划分。

为便于计算概率分布，将人工岛机场及周边区域划分为横排和竖排各 3 列共 9 个正方形网格，每个网格长与宽各 3000m，面积为 9km²，按照鸟类对飞机起降的影响程度从大到小分为Ⅰ、Ⅱ和Ⅲ区。设机场跑道区为Ⅰ区，机场跑道延伸区域为Ⅱ区，相邻近海区域为Ⅲ区。具体划分如图 2-34 所示。

（4）留鸟鸟击风险概率。

根据区域的划分及式（2-8），得到机场人工岛留鸟鸟击风险概率计算公式为

$$P_{\mathrm{I}} = \iint_{\mathrm{I}} t^{-2} \mathrm{d}\,\mathrm{I} = \frac{1}{2\pi} \times 8 \int_0^{\pi/4} \int_{vt_0}^{d/2\cos\theta} t^{-2} \mathrm{d}r\mathrm{d}\theta = 1 - \frac{4\sqrt{2}vt_0}{d\pi} \qquad (2\text{-}14)$$

$$P_{\mathrm{II}} = \iint_{\mathrm{II}} t^{-2} \mathrm{d}\,\mathrm{II} = \frac{1}{2\pi} \times 4 \left(\int_0^{\arctan\frac{1}{3}} \int_{d/2\cos\theta}^{3d/2\cos\theta} t^{-2} \mathrm{d}r\mathrm{d}\theta + \int_{\arctan\frac{1}{3}}^{\pi/4} \int_{d/2\cos\theta}^{d/2\sin\theta} t^{-2} \mathrm{d}r\mathrm{d}\theta \right)$$

$$= \frac{3(3\sqrt{2}-\sqrt{10})vt_0}{4d\pi} \tag{2-15}$$

$$P_{\text{III}} = \iint_{\text{III}} t^{-2} \mathrm{d}\text{III} = \frac{1}{2\pi} \times 4\left(\int_{\pi/4}^{\pi/2}\int_{d/2\sin\theta}^{3d/2\sin\theta} t^{-2}\mathrm{d}r\mathrm{d}\theta + \int_{\arctan\frac{1}{3}}^{\pi/4}\int_{d/2\sin\theta}^{3d/2\cos\theta} t^{-2}\mathrm{d}r\mathrm{d}\theta\right)$$

$$= \frac{2(6\sqrt{10}-10\sqrt{2})vt_0}{15d\pi} \tag{2-16}$$

式中各符号意义同前。

（5）候鸟鸟击风险概率。

同样，根据区域划分及式（2-8）的推导，可以得到机场人工岛候鸟鸟击风险概率计算公式为

$$P_{\text{I}} = \iint_{\text{I}} t^{-2}\mathrm{d}\text{I} = \int_0^\theta \int_{vt_0}^{d/\cos\theta} t^{-2}\mathrm{d}r\mathrm{d}\theta = \frac{(1-\cos\theta)vt_0}{d} \tag{2-17}$$

$$P_{\text{II}} = \iint_{\text{II}} t^{-2}\mathrm{d}\text{II} = 0.5\int_0^\theta \int_{d/\sin\theta}^{d/\cos\theta} t^{-2}\mathrm{d}r\mathrm{d}\theta = \frac{(\cos\theta-\sin\theta)vt_0}{2d} \tag{2-18}$$

$$P_{\text{III}} = \iint_{\text{III}} t^{-2}\mathrm{d}\text{III} = \int_0^\theta \int_{3d/\cos\theta}^{d/\sin\theta} t^{-2}\mathrm{d}r\mathrm{d}\theta = \frac{(\sin\theta+3\cos\theta)vt_0}{3d} \tag{2-19}$$

式中各符号意义同前。

2）风险评价

由以上计算公式可求出鸟撞飞机的风险。由于人工岛机场远离陆域市区，留鸟影响较小，同时与候鸟迁移路线交叉也较少，因此对飞机起降最危险和极危险的鸟类基本没有。较危险的鸟类有针尾沙锥、灰雁、丘鹬、斑尾塍鹬、青脚滨鹬、苍鹭、白鹭、大天鹅、白腰草鹬、海鸥等。经计算，飞机起降时的鸟击风险累计值总和为 23.77（表 2-19），风险指标比陆地明显偏小。

为便于认识上述鸟类调查和鸟撞飞机的风险程度，在此将人工岛机场与现运行的大连周水子机场的同一分析结果进行比较：

（1）经调查，在现有周水子机场区域活动的鸟类有 70 种，6 目 21 科，其中留鸟 16 种，候鸟 54 种。预计在人工岛机场区域活动的鸟类有 41 种，8 目 14 科，其中留鸟 5 种，候鸟 36 种。两者相比较，人工岛机场区域的鸟类较少，与飞机起降的空间矛盾明显要小，对于飞机飞行安全较为有利。

（2）在周水子机场区域对飞机起降影响较大的鸟类中，除云雀外，其他都是留鸟，共有 16 种，其中，最危险（$R_i > 50$）的鸟类是家鸽，极危险（$10 < R_i \leqslant 50$）的鸟类有喜鹊、麻雀、云雀。人工岛机场由于远离市区，避开了家鸽以及候鸟迁移路线，对飞机起降影响较大的鸟类仅有 10 种，尤其是没有所列的最危险和极危险鸟类，风险程度明显降低。

（3）综合分析可知，周水子机场区域鸟击风险累计值达到了 214.58，人工岛机场区域的鸟击风险累计值仅为 23.77，减少了 88%，说明人工岛机场选址可大幅

度降低鸟撞飞机的风险。

表 2-19　人工岛机场鸟撞飞机风险综合值

序号	名称	类型	活动区域	P_{I}	P_{II}	P_{III}	P_i	S_i	R_i
1	针尾沙锥	候鸟	Ⅰ、Ⅲ	0.24	0.00	0.00	0.24	0.62	0.09
2	灰雁	候鸟	Ⅲ	0.30	0.09	0.03	0.11	0.98	0.21
3	斑尾塍鹬	候鸟	Ⅰ、Ⅱ、Ⅲ	0.34	0.00	0.00	0.34	0.91	0.47
4	胡兀鹫	候鸟	Ⅲ	0.69	0.00	0.01	0.24	0.56	0.03
5	青脚滨鹬	候鸟	Ⅰ、Ⅲ	0.38	0.00	0.36	0.37	5.45	1.20
6	苍鹭	候鸟	Ⅰ、Ⅲ	0.49	0.00	0.30	0.36	1.82	3.29
7	白鹭	候鸟	Ⅰ、Ⅲ	0.48	0.00	0.30	0.36	3.64	0.79
8	白尾海雕	候鸟	Ⅲ	0.41	0.18	0.34	0.29	6.72	1.95
9	大天鹅	候鸟	Ⅰ、Ⅲ	0.34	0.00	0.38	0.37	4.90	1.09
10	丘鹬	候鸟	Ⅰ、Ⅲ	0.49	0.00	0.30	0.36	6.30	1.82
11	白腰草鹬	候鸟	Ⅰ、Ⅲ	0.44	0.00	0.32	0.36	4.51	0.33
12	海鸥	候鸟	Ⅱ	0.19	0.00	0.00	0.19	2.81	0.32
13	大沙锥	候鸟	Ⅰ、Ⅲ	0.24	0.10	0.03	0.10	3.71	0.25
14	银鸥	留鸟	Ⅱ	0.44	0.00	0.33	0.36	20.30	1.48
15	绿头鸭	候鸟	Ⅱ、Ⅲ	0.45	0.00	0.32	0.36	20.02	1.45
16	灰背鸥	候鸟	Ⅰ、Ⅲ	0.48	0.00	0.02	0.17	1.19	0.08
17	大杜鹃	候鸟	Ⅰ	0.59	0.00	0.24	0.36	35.00	1.24
18	红头潜鸭	候鸟	Ⅰ、Ⅲ	0.00	0.13	0.00	0.13	6.30	0.48
19	普通秋沙鸭	候鸟	Ⅰ、Ⅲ	0.00	0.00	0.30	0.30	40.60	2.40
20	凤头蜂鹰	候鸟	Ⅲ	0.00	0.20	0.00	0.20	6.19	1.00
21	牛背鹭	候鸟	Ⅰ、Ⅲ	0.00	0.09	0.00	0.09	3.57	0.19
22	凤头麦鸡	候鸟	Ⅰ	0.00	0.00	0.23	0.23	7.00	0.32
23	针尾鸭	候鸟	Ⅲ	0.00	0.07	0.02	0.04	3.50	0.03
24	鸳鸯	候鸟	Ⅰ、Ⅲ	0.00	0.13	0.25	0.21	14.00	0.58
25	大鸨	留鸟	Ⅰ、Ⅱ	0.61	0.00	0.22	0.35	10.92	0.39
26	灰头麦鸡	候鸟	Ⅰ、Ⅱ、Ⅲ	0.00	0.07	0.00	0.07	10.92	0.15
27	黑尾鸥	留鸟	Ⅱ	0.62	0.00	0.22	0.35	10.92	0.39
28	三宝鸟	候鸟	Ⅰ、Ⅱ、Ⅲ	0.55	0.00	0.26	0.36	7.84	0.28
29	普通翠鸟	留鸟	Ⅰ、Ⅲ	0.00	0.07	0.00	0.07	1.12	0.01
30	黄嘴白鹭	候鸟	Ⅲ	0.00	0.07	0.00	0.07	1.68	0.01
31	红嘴鸥	候鸟	Ⅱ	0.00	0.07	0.00	0.07	1.82	0.01

续表

序号	名称	类型	活动区域	P_{I}	P_{II}	P_{III}	P_i	S_i	R_i
32	青头潜鸭	候鸟	II	0.24	0.00	0.00	0.24	0.62	0.09
33	白腰雨燕	候鸟	I	0.30	0.09	0.03	0.11	0.98	0.21
34	斑肋田鸡	候鸟	I、III	0.34	0.00	0.00	0.34	0.91	0.47
35	燕隼	候鸟	II、III	0.69	0.00	0.01	0.24	0.56	0.03
36	灰喜鹊	留鸟	II、III	0.38	0.00	0.36	0.37	5.45	1.20
37	小田鸡	候鸟	I、III	0.49	0.00	0.30	0.36	1.82	3.29
38	绿翅鸭	候鸟	II、III	0.50	0.00	0.02	0.18	0.56	0.20
39	小鸊鷉	候鸟	II	0.00	0.15	0.00	0.15	7.7	0.23
40	凤头鸊鷉	候鸟	II	0.00	0.16	0.00	0.16	7.7	0.74
41	角鸊鷉	候鸟	II	0.20	0.10	0.00	0.12	22.4	0.27
	合计	—	—	—	—	—	—	—	23.77

第3章 工程设计

3.1 基本问题

3.1.1 人工岛设计标准

在行业分类上，人工岛机场属于人流密集的综合交通枢纽，既包含飞机跑道、停机坪、道路、轨道及码头等基础设施，又建有航站楼等公共建筑。与传统的港口及市政工程相比，机场人工岛的设计及建设标准显然应有更为严格的界定。

但问题是，迄今为止，国内外还没有专门的机场人工岛设计标准、规范或指南。世界上已建成的海上人工岛机场如日本的关西国际机场、中部国际机场以及我国的香港国际机场、澳门国际机场等情况各异，设计和施工的实践检验相对不足，一些关键的技术和方法还处于探索阶段。在开展机场人工岛设计时，只能借鉴相近专业的规范，或通过计算机仿真和物理模型试验等方式进行分析判断。因此，针对人工岛机场的使用功能要求、关键部位、失事后修复等重点问题开展研究，对于确定工程建设的潮位、波浪、流速、越浪量以及地基沉降预测等关键设计参数具有重要意义。

目前，我国在机场人工岛设计和建设时，一般参考国内外相关行业的规范和标准，然后通过对比分析和论证来确定方案。相关性较大的有我国的《海港水文规范》（JTS 145-2015）、《滩海斜坡式砂石人工岛结构设计与施工技术规范》（SY/T 4097-2010）、《滩海混凝土平台结构设计与建造技术规范》（SY 0314-1996）、《滩海环境条件与荷载技术规范》（SY/T 4084-2010）、《民用机场总体规划规范》（MH 5002-1999）、《防洪标准》（GB 50201-2014）、《海堤工程设计规范》（GB/T 51015-2014）、《民用机场飞行区技术标准》（MH 5001-2013）、《公路路基设计规范》（JTG D30-2015）、《港口道路、堆场铺面设计与施工规范》（JTJ 296-96）和《水运工程质量检验标准》（JTS 257-2008）、*Port Works Design Manual*（CEDD, 2002），以及日本的《港灣の施設の技術上の基準》和欧洲、美国的相关标准等。

1. 设计使用年限

人工岛机场外围的水工建筑物是抵挡风浪的生命线，关于水工建筑物的设计基准期、设计使用年限以及使用寿命等是常常容易混淆的问题。

我国《建筑结构可靠度设计统一标准》(GB 50068—2001)规定,建筑工程的设计基准期为 50 年,设计使用年限分别采用 5 年(临时性建筑结构)、25 年(易于替换的建筑结构构件)、50 年(普通房屋和构筑物)、100 年(纪念性建筑和特别重要的建筑结构)。这里涉及三个不同的概念:

(1) 设计基准期,是指为确定可变作用及与时间有关的材料性能取值而选用的时间参数,它不等同于建筑结构的设计适用年限,也不等同于建筑物的使用寿命。建筑结构设计所采用的荷载统计参数和材料性能参数,都是按照设计基准期为 50 年确定的。如果设计需要采用其他设计基准期,则必须另行确定在该基准期内结构材料的性能和最大荷载的概率分布及相应的统计参数,这是一个工作量巨大的研究课题。设计基准期作为一个基准参数,它的确定不仅涉及可变荷载的选取,还涉及材料的性能,是在经过对大量实测数据进行统计分析后归纳出来的,不能随便更改,更改十分困难,一般情况下也不需要更改。例如,我国《抗震设计规范》所采用的设计地震动参数(包括反应谱和地震时地面运动最大加速度等)的设计基准期为 50 年,如果要求采用设计基准期为 100 年的设计地震动参数,则不但要对地震动的概率分布进行专门研究,还要相应地对建筑材料乃至设备的性能参数进行专门的统计分析,这需要相当长的时间才能完成。在设计文件中,并不需要给出设计基准期。

(2) 设计使用年限,是指设计规定的结构或结构构件不需要进行大修即可按其预定目标使用的年限,即建筑在正常设计、正常施工、正常使用和一般维护条件下所应达到的使用年限,又称服役期、服务期等。结构在规定的设计使用年限内应具有足够的可靠性,满足安全性、适用性和耐久性的功能要求。结构可靠度是对结构可靠性的定量描述,即结构在规定的时间内,在规定的条件下,完成预定功能的概率。当建筑达到设计使用年限后,经过鉴定和维修,仍可继续使用。因此,设计使用年限并不等同于建筑寿命。在同一建筑中,不同部分的设计使用年限可以不同,例如,外保温墙体、给排水管道、室内外装修、电气管线、结构和地基基础可以有不同的设计使用年限。一般情况下,建筑结构的设计使用年限为 50 年,纪念性建筑和特别重要的建筑结构可定为 100 年。换句话说,对于在使用期内不宜进行大修的建筑,其设计使用年限应长一些,但要为此付出更大的经济代价。反之,对于在使用期内可以进行大修的建筑,其设计使用年限可以短一些,这样经济代价较小,而且,过一段时间进行大修,还可以修正许多遗留问题。

(3) 建筑寿命,是指建筑物从建造完成到投入使用后的全部时间,即从建造开始直到建筑物毁坏或丧失使用功能的全部时间。有时,建筑寿命可能数倍于该建筑的设计使用年限。

我国的港口工程技术规范目前还没有对建筑物的设计使用年限做出明文规定,只是在引入可靠度设计理论时,为进行可靠度验算及荷载的统计分析,提出设计基准期为 50 年。但设计使用年限是多少，则需要视情况而定。

查阅国外的相关规范和标准，可以看到关于水工建筑物设计使用年限（或耐久性）的解释和规定。例如，英国相关规范明确提出结构物设计使用年限（design working life）为计划使用年限，它与使用的目的有关，因而设计使用年限应结合每个建设项目来确定。对于不同的水工建筑物，设计使用年限的最低要求也不同，如岸壁式码头是 60 年，透空式码头是 45 年，码头的上部结构是 30 年，干船坞是 45 年，海岸防护工程和防波堤是 60 年，防洪设施是 100 年等。我国香港现行标准 *Port Works Design Manual*（CEDD，2002）中指出所有永久海洋结构的设计使用年限为 50 年。

近年来，我国港工结构规范对提高码头的耐久性也做了一些规定，这些规定与国际相关标准基本一致。需要指出的是，港工建筑物的设计使用年限与耐久性既有联系又有区别。港工建筑物的设计使用年限是设计者根据建筑物的使用功能、结构、自然条件以及管理、维护水平等设定的预期使用年限，是要求达到的最低标准。在设计使用年限内，通常仅限于不使正常作业受影响的一般性维护和修理。耐久性是建筑物的实际使用年限，正常情况下，耐久性应超过相应的设计使用年限。对耐久性的认定，显然与工程的设计、施工和管理水平密切相关。事实上，水工建筑物的实际使用寿命超过百年以上者不乏其例，如 19 世纪 80 年代由法国人设计的旅顺干船坞以及 1899 年修建的大连港长 1000m 的岸壁等，至今已有上百年的历史，目前仍在使用。

综合以上分析可知，机场人工岛护岸应属于一般性结构，或者可以认为属于易更换结构，因此设计使用年限定为 50 年较为适宜，若提高到 100 年将造成投资增加，实际意义也不大。

2. 潮位、波浪、潮流重现期

在专业性质上，码头结构与机场的人工岛护岸同属水工构造物，因而机场人工岛设计可参照港工设计规范和标准执行。但在使用功能上，人工岛机场又具有市政设施属性，其防护功能又不同于港口。最显著的特点是场地空旷平坦，地面无障碍，这就意味着仅需水头不高的少量海水就能毫无阻挡地淹没整个机场，迅速包围没有及时撤离的乘客。更为严重的是，当海水退却后，一些重要的设备如引航灯等地面电器和敏感仪器等经腐蚀性很强的海水侵蚀后将无法使用，会使机场在相当长的时间内难以恢复运行。正是由于可能造成如此严重的后果，人工岛机场护岸设计才更应注重结合城市防波堤规范并适当提高防浪标准，以确保人工岛机场的安全。因此，研究并确定各种自然环境重现期的选取标准、越浪标准等具有十分重要的现实意义。

一般而论，水文设计标准的确定是根据建筑物的生命周期，以及可接受风险所对应的极端事件重现期来确定的。我国各类海工建筑物设计及施工相关规范中的规定主要有如下几个。

（1）《港口与航道水文规范》（JTS 145—2015）规定：海港工程的设计潮位应包括设计高水位、设计低水位、极端高水位、极端低水位。除另有规定外，海港工程的极端高水位应采用重现期为 50 年的年极值高水位；极端低水位应采用重现期为 50 年的年极值低水位。在进行直墙式、墩柱式、桩基式和一般斜坡式建筑物的强度和稳定性计算时，设计波浪的重现期应采用 50 年。对于大水深的重要建筑物，当重现期 100 年的波高大于或等于重现期 50 年的同一波列累计频率波高的 1.15 倍时，其设计波浪的重现期可采用 100 年，且其极端高水位的重现期可相应调整为 100 年。

（2）《滩海环境条件与荷载技术规范》（SY/T 4084—2010）规定：Ⅰ、Ⅱ 级滩海结构物的校核高（低）水位应采用重现期为 50 年的高（低）潮位。滩海结构物安全等级、设计波浪的重现期标准应符合表 3-1 的规定。

表 3-1　设计波浪的重现期标准

结构物类型	安全等级	重现期/年
直墙式	Ⅰ、Ⅱ	50
	Ⅲ	25
墩柱式（桩基式）	Ⅰ、Ⅱ	50
	Ⅲ	25
斜坡式	Ⅰ、Ⅱ	50
	Ⅲ	25
海底管道	Ⅰ、Ⅱ	50
	Ⅲ	25

（3）《民用机场总体规划规范》（MH 5002—1999）规定：为机场设置的截洪沟、防洪堤及其他防洪设施，应不低于所在城市的防洪标准。《防洪标准》（GB 50201-2014）规定：民航机场应根据其重要程度分为 3 个等级，各等级的防洪标准见表 3-2。

表 3-2　防洪标准

等级	重要程度	防洪标准（重现期/年）
Ⅰ	特别重要的国际机场	200～100
Ⅱ	重要的国内干线机场及一般的国际机场	100～50
Ⅲ	一般的国内支线机场	50～20

（4）《城市防洪工程设计规范》（GB/T 50805—2012）规定：特别重要的防护对象为 Ⅰ 等工程；重要的防护对象为 Ⅱ 等工程，设计标准见表 3-3。

表 3-3　城市防洪设计标准

城市防洪工程等别	设计标准(重现期/年)			
	洪水	涝水	海潮	山洪
Ⅰ	≥200	≥20	≥200	≥50
Ⅱ	≥100 且<200	≥10 且<20	≥100 且<200	≥30 且<50
Ⅲ	≥50 且<100	≥10 且<20	≥50 且<100	≥20 且<30
Ⅳ	≥20 且<50	≥5 且<10	≥20 且<50	≥10 且<20

(5)《海堤工程设计规范》(GB/T 51015—2014)规定:海堤工程的级别应根据其防潮(洪)标准确定(表 3-4)。设计波浪和设计风速的重现期宜采用与设计高潮(水)位相同的重现期。若采用其他设计标准,则应经分析论证。

表 3-4　特殊防护区海堤工程防潮(洪)标准

海堤工程防潮标准(重现期/年)		≥100	100~50	50~30	30~20	20~10
				50~20		
特殊防护区	高新农业/万亩	≥100	100~50	50~10	10~5	≤5
	经济作物/万亩	≥50	50~30	30~5	5~1	≤1
	水产养殖业/万亩	≥10	10~5	5~1	1~0.2	≤0.2
	高新技术开发区/重要性	特别重要	重要	较重要		一般

(6)国外沿海城市海堤设防标准的重现期主要集中为 100~200 年,并且大多数采用与风、潮等相同的频率,详见表 3-5。

表 3-5　国外大城市防潮标准

国家	地区	防洪(潮)重现期/年
美国	密西西比河流域	150~500
	一般城市	100~500
加拿大	哥伦比亚	200
奥地利	维也纳	1000
	一般城市	100
英国	伦敦	1000
	泰晤士河口	100
俄罗斯	一般城市	100~1000
波兰	一般城市	500~1000
荷兰	挡潮闸	10000

续表

国家	地区	防洪(潮)重现期/年
日本	东京、大阪	200
	重要城市	100
	一般城市	50
澳大利亚	一般城市	150
印度	重要城市	50
巴基斯坦	印度河段	50
土耳其	工业级城市	100~500

3. 越浪问题

为了防止海水进入机场区,确定挡浪墙顶高程十分关键。首先是设计标准的选择问题。例如,以100年重现期的极限高潮水位再加上100年重现期的波浪,尽管这种极端的情况重叠后发生的概率极小,但对于机场这样的特殊工程也有提高可靠性的必要。又如,是否允许挡浪墙有一定的越浪,并通过挡浪墙后方渗水带吸收越入的海水,或者进一步增加挡浪墙的高度以减少越浪。在确定挡浪墙高度时还应预留足够的基础沉降量,所以,越浪值分析对应的显然应是若干年后地基沉降稳定后挡浪墙的高度。

实践表明,日本关西国际机场在机场人工岛完工仅仅几年后,便对挡浪墙进行了二次加高改造,这一改造工程或许带给我们新的思考:在地基不断沉降、不确定因素较多的背景下,挡浪墙建设分阶段完成也是一个选择。如果因地基沉降需要对挡浪墙高度一开始就进行了足够的预留,那么就意味着竣工时挡浪墙的高度实际上已远大于需求。根据关西国际机场的经验,地基沉降可能要持续数十年之久。提前将挡浪墙加高,无疑是一种浪费,同时也因增加了软基上部的荷载而增大了地基的沉降。一般情况下,如果设计中对接头钢筋进行了预埋,那么实施挡浪墙二次加高并不困难,也会方便调整因地基沉降预留的富裕高度。因此,今天看来,主动采取对挡浪墙二次加高设计也不失为一种可行甚至较优的设计构思,可惜目前还没有这样的工程实例。

所谓越浪量,是指单位时间内波浪越过堤顶单位宽度的流量。越浪量的大小主要取决于波要素和建筑物的断面形式。由于海浪波形是不规则的,同一波列中波浪越过建筑物的流量随机变化,因此一般采用平均越浪量进行统计,即测量垂直于波浪方向的建筑物每延米每秒越过的水体体积。平均越浪量反映了较长时间内越浪的整体效应,所以是确定挡浪墙顶部高程、内坡冲蚀强度和堤后陆侧排水指标的主要参数。

　　理论上,越浪量的计算与设计潮位、波要素的取值直接相关。同时,允许越浪量的标准与人工岛的功能、使用要求以及排水能力密切相关。按照我国现行规范,同一标准下的堤防设计可以按照允许部分越浪与不允许越浪两种要求确定堤顶高程和堤内防护。通常,对于Ⅰ级堤防,允许部分越浪对应的设计波浪采用累计频率13%,堤顶安全加高为0.5m;不允许越浪对应的设计波浪采用累计频率2%,堤顶安全加高取1m。

　　对于允许部分越浪的堤顶高程,往往可以比不允许越浪的堤顶高程降低很多。对于堤身建筑材料紧缺、地基承载能力或者堤顶高程受限(如机场跑道端部)的地段,允许部分越浪是一种较为经济合理的选择,选择何种标准需要具体分析,充分论证。

　　我国对直立堤越浪量的研究甚少,已有的计算公式大多适用于斜坡堤,且仅考虑海堤结构本身,未涉及堤后建筑物及使用者的安全。实际中,通常在设计时根据海堤后方规划及使用要求,参照国内外规范来确定越浪设计标准。

　　1) 中国内地的《海堤工程设计规范》

　　现行的《海堤工程设计规范》中对沿海堤防允许越浪量控制的标准见表3-6。

表 3-6　沿海堤防允许越浪量

沿海堤防表面防护	允许越浪量 $Q/[\mathrm{m^3/(s \cdot m)}]$
堤顶有保护,背海侧为生长良好的草地	≤0.01
堤顶、临海侧和背海侧三面均有保护,堤顶及背海侧均为混凝土保护	≤0.05

　　2) 中国香港的 *Port Works Design Manual*(CEDD,2002)

　　香港现行标准 *Port Works Design Manual*(CEDD,2002)中对越浪量控制的标准见表3-7。

表 3-7　香港允许越浪量标准

安全状况	允许越浪量 $Q/[\mathrm{m^3/(s \cdot m)}]$
对行人危险	3×10^{-5}
对车辆不安全	2×10^{-5}
对于未铺砌表面危险	5×10^{-2}
对于铺砌表面危险	2×10^{-1}

　　3) 日本的《港湾の施設の技術上の基準》

　　日本现行行业标准《港湾の施設の技術上の基準》中分三种方式给出了更为细致的规定,详见表3-8。

表 3-8 日本允许越浪量标准

类别	护面工程	允许越浪量 $Q/[\text{m}^3/(\text{s} \cdot \text{m})]$
直墙式	堤后地面铺装	0.2
	堤后地面未铺装	0.05
	三面均有防护	0.05
墩柱式	堤顶有护面、内坡无护面	0.02
	堤顶、内坡和坡脚无护面	$\leqslant 0.005$
防护对象	堤后土地利用范围	允许越浪量 $Q/[\text{m}^3/(\text{s} \cdot \text{m})]$
行人	挡浪墙后(50%安全度)	2×10^{-4}
	挡浪墙后(90%安全度)	3×10^{-5}
机动车辆	挡浪墙后(50%安全度)	2×10^{-5}
	挡浪墙后(90%安全度)	1×10^{-6}
房屋	挡浪墙后(50%安全度)	7×10^{-5}
	挡浪墙后(90%安全度)	1×10^{-6}
重要程度		允许越浪量 $Q/[\text{m}^3/(\text{s} \cdot \text{m})]$
挡浪墙后有住户、公共设施密集、越浪会造成重大损失的地区		0.01
较为重要的地区		0.02
一般地区		0.02~0.06

4) 欧洲越浪分级

欧洲越浪分级标准见表 3-9。

表 3-9 欧洲越浪分级

允许越浪量 $Q/[\text{m}^3/(\text{s} \cdot \text{m})]$	影响程度
$\leqslant 0.0001$	对堤顶和堤后无显著影响
0.001	堤顶和内坡的草地与土体会被冲蚀
0.01	对于堤防和护岸为严重越浪,对于抛石斜坡式防波堤为较大越浪
0.1	堤顶与内坡需采用沥青或混凝土予以保护

4. 波浪绕射

人工岛的波浪绕射问题目前还不为人们所重视。实际上,在波浪传递的过程中,若遇到障碍物,一部分波浪会被障碍物拦住,未被拦住的波浪,在绕过障碍物后,会向其背侧水域扩散,形成波浪绕射。如果此障碍物为防波堤,那么波浪绕射问题已为港口工程的设计者所熟知。如果此障碍物为人工岛,那么因缺乏理论支持和实践验证,设计时波浪的绕射影响会被忽略。

可以做这样一个假定:有一个平面呈矩形的人工岛,东侧面向大海,且东向是主要来浪方向。人工岛西侧距海岸较近,西向浪因对岸距离(风区)的限制,波浪通常较小。如果对人工岛四周的护岸结构均采用东向浪来设计,显然过于保守;而若对西侧护岸采用西向浪来设计,则由于由东向绕射过来的波浪有可能超过西向浪,因此设计又偏于危险。显然,妥善的设计方法是对波浪进行绕射分析,分别确定人工岛周围各部分的设计波高。

我国学者曾研究过规则波和不规则波对人工岛的绕射问题。有的文献采用线性简谐波理论和单源点法,结合人工岛的边界条件,建立人工岛周围波浪绕射的数学模型,编制了相应的计算程序用于规则波绕射计算。但实际中,海浪为不规则波,可视为由无数个不同频率和波向组成的波叠加而成。由于海浪的方向性对绕射有较大影响,因此在规则波的基础上,有的研究又给出了不规则波的绕射计算方法。分析中,运用线性叠加不同振幅、频率和方向组成波的方法,建立了人工岛周围不规则波绕射的数学模型。用该模型对不同尺度的人工岛进行计算,便可归纳出人工岛周围不规则波的波高分布特征。

人工岛周围绕射波的波高分布,对于确定挡浪墙高度、岸壁结构以及海底局部冲淤形态等有直接帮助。由于计算中考虑了全反射边界,因此在上述绕射波高中已含有反射的因素。水工建筑物设计所使用的设计波高,是指无反射影响的原始波高,所以在计算直立墙的波浪力、斜坡护面块体的稳定重量或斜坡上的波浪爬高等参数时,均不宜直接采用波浪绕射模型的波高,而是要经过一定的当量换算。具体工程中,对于各种不同形状、尺度和边界反射条件的人工岛护岸,均应采用上述波浪绕射数学模型进行计算分析。

5. 护岸设计标准

我国已建海上机场人工岛护岸采用的设计标准见表 3-10,从中可以看到,实际上并没有统一的标准。

表 3-10　部分工程采用的设计标准

序号	设计要素	工况	澳门国际机场人工岛	厦门机场人工岛	港珠澳大桥人工岛
1	使用年限/年	—	—	100	120
2	设计潮位重视期/年	设计工况	214	200	100
		校核工况	500	—	300
3	设计波浪重视期/年	设计工况	214	200	100
		校核工况	500	—	300
4	设计流速重视期/年	设计工况		200	100
		校核工况	—	—	300

续表

序号	设计要素	工况	澳门国际机场人工岛	厦门机场人工岛	港珠澳大桥人工岛
5	允许越浪量/$[\mathrm{m^3/(s \cdot m)}]$	正常使用工况	—	潮位与波浪均为20年一遇,$\leqslant 3 \times 10^{-5}$	潮位10年与波浪50年一遇,$\leqslant 1 \times 10^{-5}$
		设计工况	0.05	潮位与波浪均为200年一遇,$\leqslant 0.02$	潮位与波浪均为100年一遇,$\leqslant 0.005$
		校核工况	—	—	潮位与波浪均为300年一遇,$\leqslant 0.015$

3.1.2 机场人工岛地面高程

确定机场人工岛地面高程是建设中最敏感、最困难的内容之一。人工岛四面被海水包围,潮汐和海浪是威胁最大的不安全因素。从安全角度出发,人工岛地面的高程显然越高越好。但是,这样做不仅会使工程造价大幅度提高,而且作用在海底软基上的荷载也迅速增加,地基沉降变形因此加大。工程实践和理论计算都表明,在海水浮力的作用下,浸在水下的填料对海底土体的变形影响并不明显,而当填料高出水面时,荷载便会陡然增加,地基变形明显增大。如果人工岛地面的高程过低,那么一旦出现风暴潮引起海水涌入,机场将极易被淹没。此外,地面过低还会迫使排水入海口高度降低,使机场地面排水不畅。当地基沉降超过预期时,会导致航站楼的部分地下设施下沉到海平面以下,后果将是不可逆的。在以上诸多利弊的抉择中,最难以判断的是若干年后地基的沉降到底会是多少,到底要为此预留多大的裕量?迄今为止,人类对土体工程性质的了解还很少,所谓各种各样的公式计算、计算机仿真甚至物模试验等基本上离不开经验判断,海洋软土分析则更是如此。日本关西国际机场人工岛地基沉降的结果告诉人们,实践中可能发生的情况远比理论分析得到的结果更严重,机理也更复杂。

为了合理确定人工岛地面标高,从目前的工程实践来看,需要开展以下工作。

1. 海平面上升预测

2010年召开的坎昆世界气候大会曾对众多沿海国家发出警告:如果未来全球升温的幅度不控制在 1.5℃ 以内,那么海平面的上升将会使一批岛屿从地球版图上消失。世界气象组织确认,近一时期全球平均气温是自人类有气温记录以来的最高时段,100年中全球的平均地表温度上升了 0.74℃,尤其是过去的50年,升温的速度几乎是过去100年的2倍。根据目前的趋势判断,预计到2100年,地表温度将升高 1.4～5.8℃。据联合国气候变化专门委员会(Intergovernmental Panel on Climate Change,IPCC)2007年测算,预计到2100年,海平面将可能上升18～

59cm。有的权威机构的预测数据更严峻,预计 2100 年海平面将比现在高出 2m。当然,这些预测的可能性还有待研究。

据初步监测,在过去的 100 年里,我国海平面上升了 115mm。尤其是近 30 年,我国沿海海平面平均上升速度达到 2.6mm/年,高于全球海平面 1.7mm/年的上升速度。其中,渤海、黄海、东海、南海沿海海平面平均上升速度分别为 2.5mm/年、2.8mm/年、2.8mm/年、2.5mm/年。预计在未来的 30 年,我国沿海海平面可能将比 2010 年升高 80~130mm。海平面的这一增长趋势,不能不引起高度警惕。

2. 风暴潮发生的概率

影响机场人工岛地面高程的另一个关键因素是风暴潮问题。在我国历史上,风暴潮灾害造成的生命财产损失触目惊心。据史料记载,1782 年,强温带风暴潮曾使山东 7 个县受害。1895 年 4 月 28 和 29 日,渤海湾发生风暴潮,几乎毁掉了大沽口全部建筑物,整个地区变成一片"泽国",死亡 2000 余人。1922 年 8 月 2 日,强台风风暴潮袭击了汕头地区,造成特大风暴潮灾害。上述史实表明,我国沿海从南至北皆可能发生风暴潮。据不完全统计,从汉代至公元 1946 年的约 2000 年间,我国沿海共发生特大潮灾 576 次,一次潮灾的死亡人数少则成百上千,多则上万乃至 10 万以上。据初步统计,自 1949 年至今,我国发生增水超过 1m 的台风风暴潮达 269 次,其中风暴潮位超过 2m 的 49 次,超过 3m 的 10 次,造成特大潮灾的 14 次,严重潮灾的 33 次。在潮灾面前,对于犹如大海中一叶扁舟的机场人工岛,仅需一次,就可能面临灭顶之灾。

我们不会忘记,为抵御海潮侵袭,日本福岛第一核电站中三号和四号核反应堆临海一侧曾建设一座比海平面高出 14m 的巨大防波堤。2011 年,日本福岛大地震引起了水位高达 10m 的海啸,其间很可能出现了瞬间水位增高的情况,使防波堤最终未起到堪称生命线的防护作用,核电站还是被海水淹没,引发的核泄漏震惊世界。

3. 地基沉降的容忍度

可以说,人工岛地基的沉降是不可避免的,其沉降量也常常会超出预测,但这并不一定使结构的功能失效。对于机场跑道而言,最致命的问题莫过于出现过大的差异沉降。《民用机场岩土工程设计规范》(MH/T 5027—2013)中关于地基处理的标准规定了飞行区道面影响区和土面区的差异沉降,详见表 3-11。我国近年来新建的机场,对地基的工后沉降和差异沉降都提出了较高的要求,国内部分已建机场地基的处理标准详见表 3-12。

表 3-11 工后沉降和差异沉降

场地分区		工后沉降/m	工后差异沉降/‰
飞行区道面影响区	跑道	0.2～0.3	沿纵向 1.0～1.5
	滑行道	0.3～0.4	沿纵向 1.5～2.0
	机坪	0.3～0.4	沿排水方向 1.5～2.0
飞行区土面区		应满足排水沟、管廊等设施的使用要求	

表 3-12 机场地基处理标准

工程名称	地基处理标准
澳门国际机场	① 跑道 差异沉降引起纵坡≤1.5‰，差异沉降引起横坡≤1.5‰ 砂基 CPT 达到 10～12MPa 砂基 SPT 达到 30 击以上 砂基表层 1.0m 范围内 Dr≥98% ② 滑行道 差异沉降引起纵坡≤1.5‰，差异沉降引起横坡≤1.5‰ 砂基 CPT 达到 10～12MPa 砂基 SPT 达到 30 击以上 砂基表层 1.0m 范围内 Dr≥98% ③ 安全区 差异沉降引起纵坡≤15‰ 差异沉降引起横坡≤25‰
深圳机场飞行区扩建工程	① 飞行区（道面、道肩区） 工后沉降≤15cm，差异沉降≤1.5‰ 交工面地基承载力达 140kPa 土基顶面反应模量≥80MN/m³ 土基顶面平整度≤30mm ② 飞行区（土面区） 工后沉降≤25cm，差异沉降≤1.5‰ 密实度≥90% ③ 建筑区 工后沉降≤20cm，差异沉降 2‰ 地基承载力≥100kPa 密实度≥90%
汕头揭阳机场	工后沉降≤20cm，差异沉降 1.5‰ 槽底的地基承载力特征值≥250kPa 道槽底面的地基反应模量≥60MN/m³ 土基顶面平整度≤30mm 当采用柔性道面时道槽地面的 CBR≥9

工程名称	地基处理标准
上海浦东国际机场	① 一跑道 地基反应模量≥40MN/m³ 5m 范围内标贯击数($N_{63.5}$)≥6 工后沉降≤10cm(10a) 差异沉降率≤0.1% ② 二跑道 地基反应模量≥60MN/m³ 5m 范围内标贯击数($N_{63.5}$)≥6 工后沉降≤30cm(20a) 差异沉降率≤0.15% ③ 三跑道 地基反应模量≥60MN/m³ 5m 范围内标贯击数($N_{63.5}$)≥7 工后沉降≤35cm 差异沉降率≤0.15% ④ 四跑道 地基反应模量≥40MN/m³ 5m 范围内标贯击数($N_{63.5}$)≥5 工后沉降≤10cm(10a) 差异沉降率≤0.18%

4. 排水设施

排水方式的选择,首先取决于人工岛基础构造设计,区别在于地下是透水型还是不透水型。所谓地下透水型构造,即人工岛地基层的海水流场仍然存在,与外围的海水是相通的。为阻止泥沙随水流流失,在护岸处采取了不同级配石料或设置土工布等措施。这种地下构造的人工岛,地下水水位会随海洋潮汐变化,两者可近似地视为同步。在这种构造下,若采用重力式自流排水方式,其排水设施就必须高于海平面才具备排水功能。所谓地下不透水型构造,是在护岸处设置阻水隔断,将海水拦截于人工岛之外,使人工岛内的地下水位低于外围的海平面。此时,地下排水设施可以低于海平面,然后采取机械排水。目前,国内外机场人工岛普遍采取重力式自流排水方式,机械排水方式只是在出现问题后才不得已采用,如日本关西国际机场一期的改造工程,具体做法将在第7章详细介绍。

当人工岛下部与海水始终连通时,地下水位距地面很浅,海水中的氯化钠会沿着毛细管向上渗透,加速了对埋设于地下各种管线的腐蚀,使用寿命缩短。尽管如此,由于这种构造节省工程投资,又便于施工,因而已建的人工岛普遍采用地下透水型构造。对于机场,狭长平坦的跑道是最重要的设施,要使人工岛内的积水及时排出,就必须保证人工岛排水口在每天的大部分时间里甚至在任何情况下也不被海水淹没,因而人工岛高程的确定最为紧要。总结已有海上人工岛机场的实践经验,如果土体沉降量预期为 1～2m,那么人工岛中部地面高程一般应高出海平面 7～9m。

总体来看,海上人工岛机场的水工设计与其他海岸工程建筑物既有共同点,又有其特殊性。在外海波要素推算、近岸波浪变形和折射分析,以及斜坡式护岸结构计算等方面与一般的海岸和港口工程设计并无显著差别,但在人工岛形状对海岸影响、波浪绕射以及局部冲淤等方面则存在明显不同。如果忽视了人工岛这类特殊海洋工程与港口工程在设计理念上的区别,那么可能会给工程留下隐患。

3.1.3　机场人工岛基础结构

1. 填埋式结构

所谓填埋式结构,是指利用散状物料的自重克服水体浮力堆积成岛屿的方式。最常见的是以透水的散状物料堆积于海底,通过挤占海水空间,最终高出水面后形成人工岛。这种结构的本质特征是人工岛地面至海底皆为实体。基础为实体的好处是方便地下设施建设,如地下隧道、地下管廊等,尤其是机场运营后需追加改造时,其便利性更为明显。但从工程投资上考虑,由以往经验判断填埋式人工岛适宜的水深一般不超过 30m。水深过大,既不经济,也不安全。目前,国内外所有已建机场人工岛所在水域的水深还没有超过 30m 的(尽管有的局部已很接近),所以填埋式结构是普遍的做法,一般是先建设周边护岸,再在其内堆积砂石,最终形成人工岛。

现有的海上人工岛机场有一些是依托天然岛屿扩建而成,如世界上最早的人工岛机场——日本长崎机场,就坐落在长崎海滨的箕岛东侧,一部分依托天然岛屿,另一部分人工填筑。

2. 桩基式结构

所谓桩基式结构,是指利用栈桥建造技术,先将钢桩或混凝土桩打入海底,建造出超过海面一定高度的桥墩,在桥墩上安装梁板,然后形成可供机场使用的基础结构,如美国纽约的拉瓜迪亚机场就是在 13m 深的水中打下 3000 多根钢管柱支撑跑道。东京羽田国际机场(图 3-1)为了保留原有水流的通道,将 D 跑道人工岛的三分之一部分采用桩基式结构。桩基式结构的优点是对海洋环境影响较小,可有效减少地基沉降,但工程投资相对较大,而且这种结构难以建设地下廊道。对于大型机场,多个航站楼之间的交通连接基本上要依靠地下廊道解决,只是迄今还没有碰到此类问题而已。

图 3-1　飞机从 D 跑道滑行至航站楼(东京羽田国际机场)

采用桩基式结构的另一个典型案例是葡萄牙的马德拉国际机场(图 3-2)。丰沙尔是马德拉群岛首府,当地土地资源十分稀缺。为了满足贸易和旅游业的需要,该国局在依山造地的基础上,修建了长 914m、宽 180m,由 200 个支柱组成的高架桥式构筑物,与削平后的山脊共同支撑了长 2743m 的飞机跑道,跑道距机场边界最近处仅有 5m。该桥结构可承受波音 747 喷气式飞机的起降荷载,桥下空间被建成大型停车场,成为当今世界上唯一的立体机场。2004 年,国际桥梁与结构工程协会授予此项工程杰出结构奖,认为其结构设计既考虑了环境因素,又不失美感。

(a) 跑道一侧由高桩支撑　　　　　　　　(b) 机场全景

图 3-2　马德拉国际机场

3. 浮体式结构

对于人工岛,还有一种待开发的浮体式结构,又称浮岛。两者的不同之处在于后者始终漂浮于水上,与海底地形地貌基本无关,对环境的影响大为减少。从概念上讲,与其说浮岛占用了海域,不如说是占用了水体,两者有着本质的区别。航空母舰可视为自航的微型浮岛。

早在 1924 年,美国的 Armstrong 就设想过在大西洋中建造 1 座大型海洋浮式结构物,用于给来往于欧洲和美国的飞机补充燃料。此类大型海洋浮式结构物,是指那些尺度以 km 计,区别于尺度以 100m 计的船舶和海洋工程结构物,其结构包括浮箱和支撑上部平台的立柱,以减小其在波浪上的运动,这些构思直到今天仍应用于移动式海洋钻井平台的设计。此后,人们对大型海洋浮式结构物的构想越来越活跃,包括建设海上机场、海上发电厂、海上废物处理厂和海上军事基地等。

最接近将浮岛付诸于民航机场建设出现在 20 世纪 90 年代初期,当时日本正酝酿在关西建设人工岛机场。由于机场位置的水深达到了 20m,以回填土石方建设人工岛工程量巨大,在解决地基沉降方面十分困难,此时恰逢日本造船业处于低谷,迫切需要新的大型项目提振造船业。于是,日本于 1973 年制定了所谓的KIA 计划,由日本国土交通部联合 17 家公司和科研机构共同公关,开始了以大型海洋浮式结构物作为民航机场的可行性研究。KIA 计划的浮动机场由主跑道区和辅助跑道区组成,其中主跑道区长 5000m、宽 840m;辅助跑道区长 4000m、宽410m。该项目论证花费了 5 年的时间,耗资 76 亿日元,形成了平底船式和浮筒平台式 2 个方案,后者的基本构想是以若干个水下浮筒支撑起上部平台,再布置机场设施,建造材料为金属或钢筋混凝土。此类结构现今已广泛用于海上石油勘探平台的建造中。作者在 20 世纪 80 年代参加我国南海石油开发时便多次选用这种结构作为钻井平台,只是浮岛的规模更为宏大。由于浮岛规模过大,缺乏建造经验和实践检验,在技术上存在尚未认知的风险,最终这一方案暂时搁浅。

由于海上石油钻井平台建造技术积累了大量半潜式、自升式和船式钻井平台的实践经验,推动着新的浮岛机场方案不断出现,归纳起来主要有浮桥式和半潜式两种。所谓浮桥式,就是采用常规的浮桥原理,以桩定位,使用浮体结构承载上部荷载,同时利用防波堤阻挡外来波浪,这一构想适用于浅水区。所谓半潜式,是以空心构造物形成浮力,使用高强度缆绳绷紧牵拉浮体,形成稳定的巨大“甲板”。此类结构不受水深条件限制,在 30m 以上的深水区具有明显的优势。有人设想了模块化浮桥式方案,建议海上浮体式机场采用漂浮钢箱进行组装,外围修筑防波堤形成港湾,用于克服波浪的影响(图 3-3)。Hartono(1997)提出将一系列预制箱组装后,采用张力缆绳系统形成浮体结构的侧向支撑,形成所谓的半潜式方案

（图 3-4）。

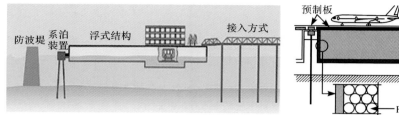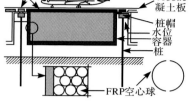

（a）系泊船体型结构断面　　　　　　　　（b）连续装配型结构断面

图 3-3　海上浮岛机场概念设计

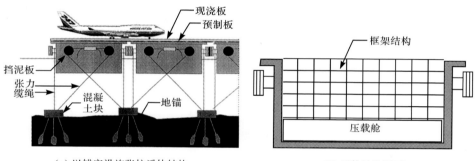

（a）以锚定设施张拉浮体结构　　　　　（b）浮体结构断面

图 3-4　海上半潜式机场概念设计

　　根据海上石油建筑的使用经验,半潜式方案更接近现实。具体构思如下:浮箱上平面的尺寸预计为 60～100m,其大小取决于预制场和水上牵引的实际能力;浮箱高度取决于海域的潮差,一般为 20～30m;压载舱位于浮箱内部,其他空间可用于各种需要;上部地面可以利用预制或现浇混凝土板铺设,形成机场道面。整个构筑物中每个浮箱均设置有独立的缆绳系统,该缆绳系统在组合荷载下始终保持一定的张力,以抵御海浪引起的各方向作用力。缆绳由具有极高拉伸强度的抗腐蚀复合材料制作,用锚杆将其锚定在海床上。然后,将浮箱以半潜的状态紧紧拉入海水中,使浮箱不随着潮位的变化产生升沉运动。

　　尽管日本关西国际机场的建设没有采纳浮岛方案,但由此开展的技术研究却未停止,日本运翰省和通产省将超大型浮岛的建造列为长期研究的项目之一。1995 年 4 月,日本成立了超大型浮体技术研究协会,着手开发面向实用化的应用技术,内容包括:①浮岛设计技术;②浮岛施工技术;③超长期的耐用技术;④岛上设施功能保证技术;⑤环境影响评估技术等。为了验证技术上的可行性,实际制作了 9 块钢制箱形组合件,每块长 100m、宽 20m、高 3m,利用海水浮力分 3 块 1 组将其连接,形成长 1000m、最宽处 120m、面积达 84000m² 的浮岛,总重量约为 40000t。该浮岛位于横须贺市迫浜海域,1999 年 8 月竣工,2000 年使用 YSII 型飞机进行了起降测试,检测了设置在浮岛上的入口指示灯、着陆设备性能以及波浪引起浮岛摇晃对飞机起降的影响。试验表明,在海面上利用浮力连接浮体结构,连接成大规模浮岛是可行的,可以说,当今人类已具备了建造浮岛所必需的各种技术。由对浮岛周边海域环境的监测结果来看,浮岛本身对海水流动并没有过大的阻碍作用。

另外,浮体式结构可以实现搬家式移位或随意调整角度。荷兰曾提出在离岸 20km 处的海域建设漂浮的可旋转机场,让机场能够随着风向变化调整角度以实现全天候不间断运营。

随着发达国家相关研究的不断推进,我国有关研究院所、大学等科研机构也一直在开展大型浮式结构物相关理论和技术开发的研究。1989~1991 年,中国船舶重工集团公司第 702 研究所专家参与了美国自然科学基金会资助的极大型浮体项目水弹性力学研究。2001 年,上海交通大学获得国家自然科学基金重点项目资助,进行了超大型箱式浮式结构物的线性水弹性研究。2012 年,在科技部的大力支持下,由中船重工牵头,相关船厂、研究院所、高等院校、船级社等组成“国家队”,开始了大型浮式结构物关键技术的研发。该团队瞄准国际先进水平,进行了大量基础性、机理性研究,已经在超大型海上浮式结构物复杂环境描述、基于非均匀波流作用下浮体水弹性力学的设计计算方法、极值载荷预报、多浮体协调系泊分析、结构物安全可靠性评估及腐蚀防护技术等方面取得了一系列技术成果,为该技术的工程应用奠定了基础。

2015 年,我国推出了超大型海上浮体的设计方案,其方案以模块化方式相互连接,基本结构分 90m×300m、120m×600m 和 120m×900m 三种规格,理论上根据需求拼接组装后可无限放大,构成相当于多个船体并联的浮岛平台,排水量可达 30 万~50 万 t,其上可建设 1000~2500m 长的飞机跑道,停靠 200 架飞机,同时设有船舶码头及中转基地。根据需要,此浮岛还可配置动力系统,可以以 18 节的航速移动(图 3-5)。可以说,这一方案是浮岛建造技术即将进入实际应用的前奏。

4. 护岸结构

对于水工构筑物而言,护岸属于最简单的一类,这一点在地质勘探、安全等级、受力分析以及质量检验等各项指标的要求中都有体现。尽管机场人工岛护岸与港口护岸在结构上并无特别之处,但安全要求的差异,使得前者的重要性陡然提升。从特殊性上考虑,机场人工岛护岸设计仍有诸多问题有待研究。

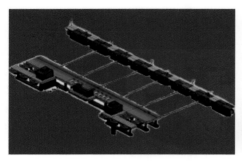

　　　　　　(a) 鸟瞰效果　　　　　　　　　　　　　　(b) 侧向效果

图 3-5　浮岛设计方案

　　应该肯定,在波浪与结构物相互作用方面,其理论分析、数值模拟、物模试验和原型观测等已较为成熟,在工程中有着广泛的应用和大量实践经验。但是,对于外海波浪的非线性特性、海啸形成机理、模拟技术的可靠性等还处于研究阶段,尚无充分的工程实践验证,具有消浪、改善海啸受力的护岸结构设计技术还缺少深入研究。以减少护岸越浪量,减小护岸结构波浪反射,降低海底冲刷、结构受力,提高护岸结构安全度,寻求改善海啸受力防护结构形式,降低海啸对建筑物的破坏程度,损毁后易于修复等为目标的新型消浪护岸结构还较少;解析强非线性波浪与护岸结构作用机理,研究外海长周期波浪和海啸与结构物相互作用的技术难度还较大;由于冲刷机理十分复杂,因此适合外海自然条件的护岸防冲护底结构的研究还不够成熟。

　　此外,以往的护岸设计主要关心安全和工程造价,一般不重视景观和视觉效果。但对于机场而言,护岸结构是人工岛的重要形象。作为人流密集的交通枢纽,护岸结构具有冲击感官的景观效果,其生态问题也为社会所关注。因此,需要开展生态型、景观型斜坡式护岸新型结构的研发。

　　从安全角度来看,挡浪墙应有足够的高度,但因此会构成高高的"围墙",成为飞机跑道远端的刚性障碍,不利于飞机起降安全,这是一个两难的抉择。出于这一点考虑,人工岛机场护岸可以通过增加水下戗台(这样可降低波浪爬高)的方式,降低甚至取消"围墙式"挡浪墙。

　　目前,使用四角锥、扭工字块或扭王字块等人工块体作为人工岛护岸的主要防护结构十分常见。这类块体抵抗波浪效果较好,同时外部人员难以攀登,船舶也不宜停靠,因而是较为理想的结构形式。但是,一旦人工岛发生灾难,数万人需要紧急疏散或救助,这类块体又可能转变为难以逾越的屏障。从这一点出发,采用易于登陆和临时停靠船舶的直立式护岸或栅栏板结构更为适宜。

3.1.4 波浪物理模型试验

在海岸与海洋工程中,除了数值模拟方法,物理模拟也是研究波浪传播、衍变以及波、流与海洋结构物相互作用的另一个重要方法。数值模拟方法采用数学模型来描述复杂的波浪运动,其优点是容易应用于大尺度水域,不受场地限制,机动性强,易于修改调整,缺点是难以精确和客观地模拟复杂的波浪运作过程,如波浪破碎或波浪与复杂建筑物相互作用等。物理模拟方法对物理条件的各种简化和假定较少,因而其结果更接近于真实,特别适合模拟复杂的非线性波浪运动及其对建筑物的作用,缺点是受试验场地、模型几何形状、材料特性等条件的限制,且需要较高的费用和较长的试验周期。对于较大规模的海上工程,我国规范已明确要求对于大型工程在设计前应开展相应的物理模型试验,以验证数值计算结果的合理性,机场人工岛当属此类。

开展护岸断面物理模型试验的目的,一是以较大的尺度进一步验证整体物模试验的结果,对于发生破坏的部位,可以直观地观察其破坏程度;二是可确定各种工况下各部位的越浪量,这是机场人工岛护岸设计的关键。

3.2 案例评述

3.2.1 日本东京羽田国际机场

1. 工程概况及自然条件

东京羽田国际机场 D 跑道建于独立的人工岛上(图 3-6),因其同时包含栈桥结构和填埋式结构,故最具特色,也最具研究价值。地质情况见图 3-7。

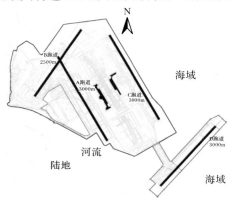

图 3-6 东京羽田国际机场平面图

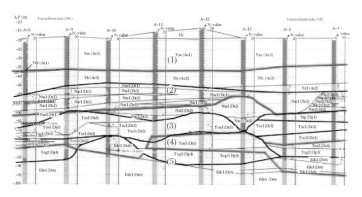

图 3-7　D 跑道地质状况

2. 人工岛设计

1）护岸设计

整体上，护岸结构分为直立式护岸和斜坡式护岸两类，见图 3-8。

2）D 跑道人工岛设计

D 跑道是东京羽田国际机场运营中的第 4 条跑道。该跑道更远地深入海中，东侧挤占船舶航道，西侧挤占内河出海口。由于空间狭小，特地将东侧的船舶航道外移，另外再占用部分河流的出海水道。设计上，在人工岛轴线方向三分之一部分采用允许水流通过的桩基结构，三分之二部分采用抛石填埋结构（图 3-9）。这一方案的最大挑战在于：桩基结构自身荷载较小，而抛石填埋结构自重荷载较大。在深厚软基上，不同荷载会加大基础不均匀沉降的可能性。对此，设计者采取铰接方式形成过渡段，在两者结合部掺入塑料泡沫，以减少不同结构荷载的差异。由于此项工程竣工只有数年，因此其差异沉降是否能够限制在可控范围内还有待时间检验。

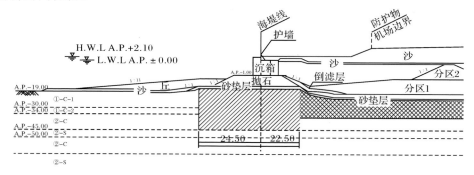

（a）直立式护岸

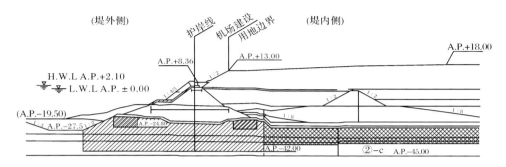

（b）斜坡式护岸

图 3-8　不同形式护岸断面示意图（单位：m）

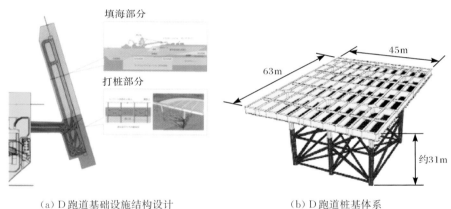

（a）D 跑道基础设施结构设计　　　　　　　（b）D 跑道桩基体系

（c）抛填区与桩基连接侧面　　　　　　　　（d）抛填区与桩基连接正面

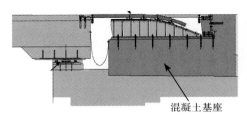

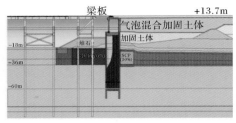

（e）抛填区与桩基连接断面图　　　　　（f）抛填区与桩基区连接段结构布置

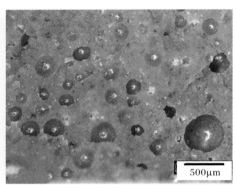

（g）泡沫样本　　　　　　　　　　（h）混凝土掺入泡沫

图 3-9　机场 D 跑道人工岛设计

3）进近灯设施

为减少人工岛的填海面积、节约工程投资，跑道的进近灯设在延伸至岛外的栈桥上。跑道端部的人工岛挡浪墙通常较低，护岸斜坡专门增加了戗台构造，以耗散波浪能量，阻止海水冲上跑道（图 3-10）。

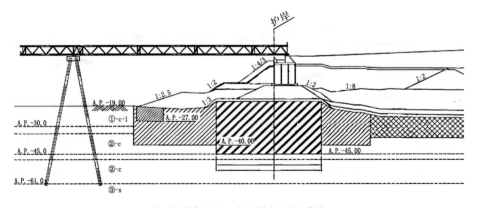

（a）进近灯桁架与人工岛连接断面图（单位：m）

（b）进近灯桁架伸入海中　　　　　　　（c）集装箱船在跑道端头处驶过

图 3-10　机场进近灯设计

4）地下设施

因交通需要，机场下方设有地下铁路，公路隧道，地铁车站以及容纳电力、煤气、上下水、通信的共同沟等地下设施。在长达 3km 的隧道中，有 1.5km 处于 A 跑道滑行路和停机坪的正下方，因而采用盾构掘进法施工。位于 B 跑道滑行路下的供电隧道也采取盾构掘进的施工方法，与整个共同沟网络连接（图 3-11）。

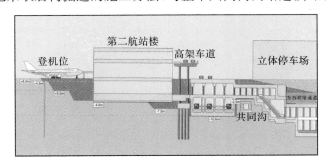

（a）航站楼地下设施断面图

（b）地下轻轨通道　　　　　　　　　　　（c）地下轻轨换轨系统

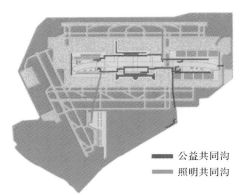

　公益共同沟
　照明共同沟

（d）机场共同沟平面布置图

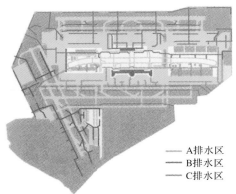

　A排水区
　B排水区
　C排水区

（e）机场排水沟平面布置图

（f）共同沟内部施工

（g）共同沟分段组装

（h）市政共同沟内部布置情景

（i）正在施工的电信（照明）共同沟

(j) 正在施工的排水沟系统

图 3-11　机场地下设施

机场地下共同沟分为市政(公益)共同沟和电信(照明)共同沟两种。市政共同沟由电力、煤气、通信、上下水道、空调等管线共用;电信共同沟由航空灯光和无线通信线缆共用。一期和二期工程采用隧道式结构,三期工程采用较为经济的玻璃纤维增强塑料管道。

3.2.2　日本关西国际机场

1. 工程概况及自然条件

1) 工程概况

如前所述,关西国际机场人工岛分两期完成,总平面见图 3-12。日本岛屿众多,早在关西国际机场人工岛建设之前,在填海造地方面已积累了丰富的工程经验。开始时,设计者并未认为看似庞大的填海工程会有多复杂。或许是过于自信的原因,政府在选址决策时更多地迁就了环境保护的要求,将人工岛选在远离海岸,水深较大,地质条件不宜进行工程建设的"险恶"位置上。从海洋工程的角度看,当人工岛所在位置的水深达到 18m 以上时,将需要以相当厚度的填料堆积在海底软土之上,已超出现有土力学理论适用范围。从港口角度看,水深超过 6m 即为深水区;泊位水深达到 10m 即可停靠万 t 级大型船舶,如果将关西国际机场人工岛外侧护岸改为泊位,那么可以轻松停靠 20 万 t 级超大型船舶。在这一水深的海域,理论上最大波高可达到 10m 以上,人工岛从海底堆起的填料厚度高达 33m,荷载达数亿吨。在地质上,人工岛下部软土层厚度达数百米,在这一厚度的软土层上承受如此规模的荷载,最终会引起多大的地基沉降变形,设计者并无充分的认识。可以说,关西国际机场人工岛从开始直到工程结束的今天仍存在尚未认清的一系列问题。

2) 自然条件

关西国际机场的水文气象条件见图 3-13。大阪湾地质情况十分复杂,1977 年开始进行地下勘察,钻探至 $100\sim200m$;随后又安排钻探至 $400m$,钻孔布置和地质调查的初步结果见图 3-14。

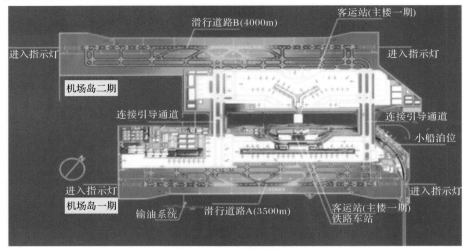

图 3-12　关西国际机场平面布置图

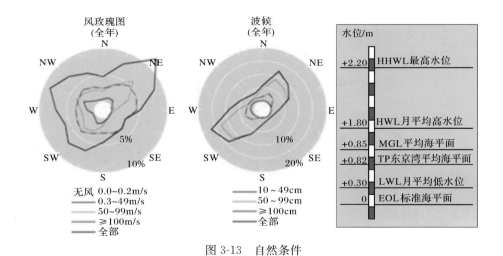

图 3-13　自然条件

2. 人工岛设计

1) 护岸与挡浪墙

关西国际机场人工岛护岸结构分为斜坡护岸和直立式护岸两类,其中斜坡式护岸占绝大部分。地基处理时保留原有淤泥层,主要采用砂井方式排水固结,少量采用固化剂搅拌硬化软基方法。护岸及填海断面如图 3-15 所示。

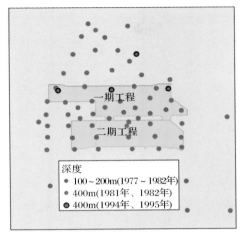

（a）地质勘探布置图

（b）地质勘探现场

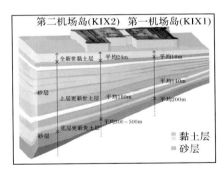

（c）地质三维示意图

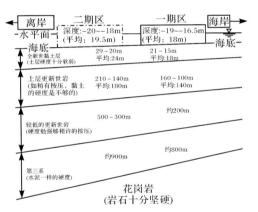

（d）地质断面示意图

图 3-14 钻孔布置地质状况

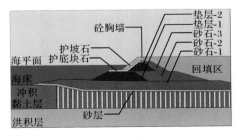

（a）斜坡式护岸

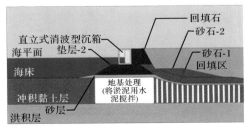

（b）直立式（消波型沉箱）护岸

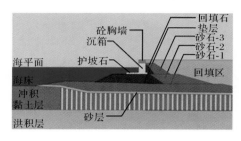
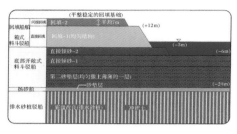

（c）靠船泊位　　　　　　　　　　　　（d）填海断面图

图 3-15　护岸及填海断面示意图

波浪重现期沿用港工标准，以 50 年一遇为重现期（我国普遍将重现期提高到
100 年一遇），相关分析已在 3.1.1 节中讨论过。

另外必须认真考虑的是地震和海啸问题。尽管大阪是一个地震多发地区，但
因人工岛位于大阪湾内，外海海啸一般不会以水墙形式正面袭击人工岛，但会有
较大的增水，预计高度为 1.5m。

2）进近灯设施

关西国际机场的进近灯安装在伸出人工岛外的栈桥上。一期工程栈桥长
519m，分 9 跨布置，每跨约 58m，桥宽 1.85m，桥身为桁架结构，基础采用叉桩。跑
道两端均采用类似结构，只是根据需要栈桥的长短有所不同（图 3-16）。

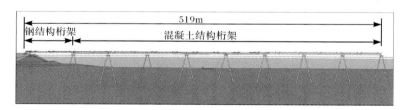

（a）一期工程进近灯栈桥断面图

（b）栈桥叉桩海上施工　　　　　　　　　（c）栈桥桩帽支护模板

(d) 栈桥桩帽水上混凝土浇筑

(e) 栈桥吊装

(f) 飞机在进近灯的引导下降落

(g) 飞机飞离机场

图 3-16 进近灯水上结构设计

3) 地下廊道(共同沟)

隐蔽在机场地下的共同沟是人工岛最难设计的内容之一。为了保证施工质量,加快进度,一般以预制件拼接方法施工。共同沟属于地下设施,按照施工顺序,理论上在填海未完全完成时便可开始共同沟的施工,但由于此时土体沉降尚未完成,因此风险很大,地下廊道随地基沉降很容易导致内部渗水(图 3-17)。

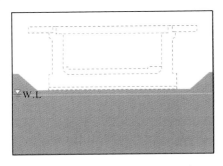

(a) 施工时底板位于水面以上(2004 年)

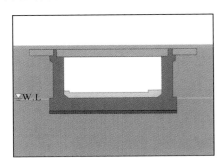

(b) 完工后底板低于水面以下(2007 年)

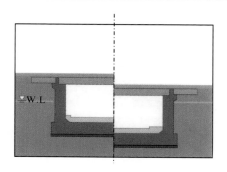

（c）2037 年（30 年以后）与 2057 年（50 年以后）沉降预期对比

图 3-17　地下廊道设施沉降变形

3.2.3　中国澳门国际机场

1. 工程概况及自然条件

1）工程概况

澳门国际机场共占地面积 1.92km²，分为航站区、联络桥和跑道区三个部分。航站楼等设施位于陆侧，跑道区位于澳门凼仔岛鸡颈山对面海域的人工岛上。人工岛长 3590m、宽 381.5m，面积 1.15km²（图 3-18）。

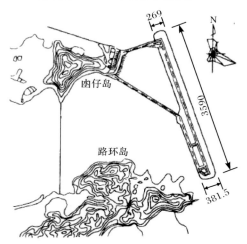

图 3-18　澳门国际机场平面布置图（单位：m）

机场人工岛的地基处理采取大开挖再回填的置换方式，南北两端相向进行。首先彻底清除海底淤泥，挖泥最深处 32m、最浅处 16m，挖出的淤泥回吹至岸边纳泥区中。共清淤挖泥 2515 万 m³，修筑护岸 7775m，吹填砂 3536 万 m³，抛石 328

万 m³，打设深层塑料排水板 870 万 m³，预制安装各型勾连块体 25.39 万 m³，振冲砂基 570 万 m³，堆载预压用土方 207 万 m³，振碾面积 185.3 万 m²，完成混凝土道面 31.5 万 m²。

人工岛与后方陆域以 2 座跨海联络桥连接。南桥长 1615m，北桥长 700m，桥宽 44m，部分区段宽 60m。桥的下部为高强预应力混凝土桩、钢管桩和灌注桩，上部为预制和现浇混凝土梁板结构。

2) 自然条件

(1) 水文。设计高水位为 +3.02m，设计低水位为 +0.72m，校核高水位为 +4.32m，校核低水位为 -0.08m。

(2) 水深。人工岛所在位置的水深为 -4～-2m(跑道中线设计高程为 +8.1m)。

(3) 地质。跑道区地质情况分为 3 层：上层为全新世滨海相沉积层，中层为更新世洪积层，下层为中生代燕山期风化花岗岩层。各层指标如下：

① 全新世滨海相沉积层。主要为灰黄至灰色的淤泥，厚度为 10～26m，上层淤泥厚度为 12～15m，下层淤泥指标比上层略好。

② 更新世洪积层。标高为 -55～-12m，分别为软黏土、黏土、砂质黏土和砂。

③ 花岗岩。该层标高变化较大，人工岛所在范围风化岩层标高为 -70～-40m，其中，跑道区岩层标高为 -55～-40m。

(4) 地震。地震按 7 度设防。

2. 人工岛设计

1) 护岸结构

护岸设计曾经提出过多种方案，最终根据工期、吹填砂工艺、护岸在施工期的掩护作用以及使用期的结构稳定性等因素，确定护岸采用基槽大开挖清淤换砂方案。具体设计为：东护岸基槽深度为 -16～-22m，南护岸为 -20～-22m，西护岸的南段为 -16～-24m，西护岸北段和北护岸为 -16m，基槽宽度分别为 25m 和 30m。开挖至 -12m 时边坡为 1∶2；-12m 以下时边坡为 1∶3；基槽底宽及深度由护岸稳定性验算确定。抛石斜坡堤结构由堤心石、垫层块石、护面勾连块体、堤前抛石护底等组成。堤内填充混合倒滤层及铺设土工布，堤顶为混凝土胸墙，堤后为混凝土防冲板(图 3-19)。由于工程所处位置水深较浅，波浪不是特别大，附近的横琴岛又有开山取石条件，因此采取抛石斜坡堤结构方案。斜坡堤施工简便，能很快形成吹填围堰，稳定性好，施工期间具有较强的抗风浪能力。采取这一方案，对提前完成人工岛建设起到了关键作用。

2) 跑道、滑行道基础设计

跑道区填海方案有两个：一个是清淤换填，另一个是采用桩基。为了应对较厚的淤泥层，澳门当局聘请的葡萄牙设计公司提出跑道基础采用直径为 1800mm

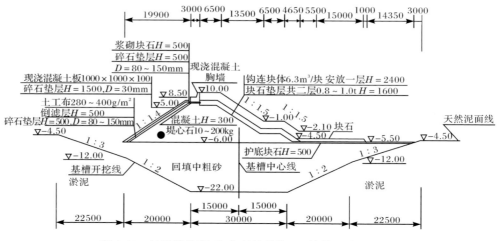

图 3-19　护岸结构断面(高程的单位：m；结构的单位：mm)

的钻孔灌注桩，上部采用后张预应力和箱型梁结构方案。这一方案虽然可靠，但施工造价高，而且跑道部分的刚性结构与其他土面区的回填地基沉降不协调，将导致衔接部位的沉降差较大。中国交通建设股份有限公司(以下简称中交集团)(当时为中港公司)在施工投标时，结合我国的工程经验，提出采用全部清淤换填的地基处理方案，人工岛基础处理断面如图 3-20 所示，最后被澳门当局接受。这个方案的基本构想是：将跑道基槽开挖清淤至 −16～−24m，基槽底宽 60m；换填吹砂至 +3.5m；陆地形成后打设塑料排水板，以梅花形布置，穿过 −19.5～−27.5m 砂层直达下卧黏性土层内 8～10m，至底高程 −27～−32m，间距 1.6～2.0m；再吹填砂至 +8m 高程，然后振冲密实消除砂基沉降。跑道基础振冲宽度为 80m，高程为 +7～−12m；滑行道振冲宽度为 59m，高程为 +7～−8m。在高程 +7～+3m 段标准贯入锤击数 $N \geqslant 25 \sim 30$，触探锥尖阻力 $q_c \geqslant 12\text{MPa}$；+3m 以下 $N \geqslant 25$，触探锥尖阻力 $q_c \geqslant 10\text{MPa}$。堆载预压顶高程 +13.5m(预留沉降量 1.5m)，堆载宽度 80m；滑行道堆载高程 +7～+11m，堆载宽度 54m，堆载预压期 4 个月(个别达 6 个

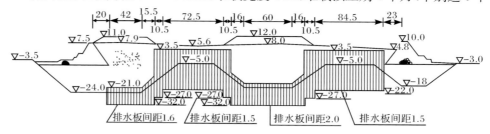

图 3-20　人工岛基础处理断面图(高程的单位：m；结构的单位：mm)

月）。综合采取以上固结措施后,预期在施工阶段可消除 90％以上的沉降量。实践结果表明:通过打设深层塑料排水板和堆载预压基本解决了下卧可压缩土层的沉降问题(－32m 以下黏性土考虑堆载期的双向排水固结);通过振冲解决了基槽内深厚吹填砂层的沉降问题,砂层密实度约达 98％。

具体施工过程在第 5 章的案例评述中讨论。

3) 联络桥

联络桥的最初设计采用嵌岩钻孔灌注桩,上部为连续梁。由于施工难度大,因此招标时没有一家投标单位能在规定的造价和工期内完成。中交集团根据我国施工单位的设备情况,提出采用以高强预应力混凝土桩为基础的设计方案(图 3-21),不但控制了工程造价,工期也得到保证,因而被建设方采纳。

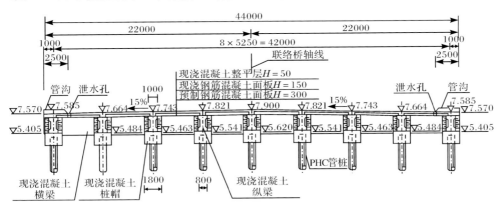

图 3-21　联络桥设计断面图(高程的单位:m;结构的单位:mm)

3.2.4　中国香港国际机场

1. 工程概况及自然条件

1) 工程概况

香港国际机场共使用土石方 1.97 亿 m^3。土石方部分由 121m 高的岛丘削至＋6m 所得(跑道海拔＋9m),包括从榄洲岛等岛屿获取土石方 8500 万 m^3,另外 1.12 亿 m^3 土石方从广东等地运来。施工高峰时,每月完成土石方量达到 100 万 m^3,这是香港有史以来最大的填海造地工程,也是一项耗资巨大的跨"97"工程。1989 年,香港政府开始时提出的工程预算为 1270 亿港元(约 127 亿美元),到 1992 年,工程投资预算增加到 1723 亿港元(约 221 亿美元)。在当时,香港政府的全部外汇储备只有 290 亿美元,可见为了建设新机场,政府几乎倾其所有。

香港国际机场于 1992 年正式动工,未能按计划在 1997 年完成。1998 年 7 月

6 日第 1 条跑道启用,1999 年 5 月第 2 条跑道启用。整个工程实际使用资金 1553 亿港币(约合 1630 亿元人民币),可谓世界上最昂贵的机场。但看一下所包含的工程项目,便可发现实际上配套工程居多。这些项目包括:①2 条长 3800m、相距 1525m 的跑道及有关设施;②长 13.5km 北大屿山高速公路;③330hm² 西九龙填海;④西九龙高速公路;⑤1350m 长海底隧道;⑥三号干线(部分);⑦机场专用铁路;⑧因机场而建的 18hm² 中区及湾仔填海工程;⑨青衣至大屿山干线,2032m 长青衣吊桥,691m 长汲水门大桥;⑩东涌一期工程等。

2) 自然条件

香港国际机场的设计要素见表 3-13、表 3-14 和图 3-22。

表 3-13　护岸设计水位

设计要素	重现期/年	水位/m
设计低潮位	5	−0.15
设计高潮位	5	+2.95
极端低潮位	100	−0.55
极端高潮位	100	+4.05

表 3-14　各重现期下波高

重现期/年	最大风速/(m/s)	大风期波高/m		最大波高/m	
		W 向	E 向	W 向	E 向
5	≤38	2.5	2.5	2.7	2.8
10	40	2.5	2.5	3.0	3.1
20	43	2.7	2.8	3.2	3.3
50	47	3.1	3.2	3.6	3.7
100	51	3.3	3.4	3.8	3.9
200	54	3.6	3.7	4.1	4.2
500	58	3.9	4.0	4.4	4.5
1000	61	4.1	4.3	4.6	4.8

2. 人工岛设计

香港国际机场的平面布置采用不规则造型,这与以直线为主调的日本海上主流机场截然不同。外轮廓的部分曲线沿袭了原有赤鱲角的外形,除了与跑道平行的护岸采用直线段外,其他基本上采用大弧度曲线,形似甲鱼。陆侧大屿山岸线保存完整,留出了可循环的水道以维系原有流场。护岸基本上使用天然石料,貌似简易却独具匠心。这种设计,在防浪效果上虽不及人工制作的消浪块体,但因水深较

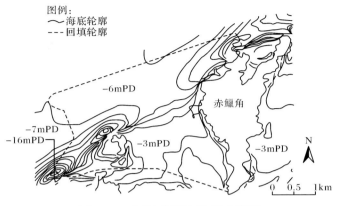

图 3-22 香港国际机场海域水深图

浅,波浪不大,也可满足防护要求。实际上,与其说人工岛对海洋环境有一定的影响,不如说沿岸线开辟的长 13.5km 北大屿山高速公路对海岸环境的影响更严重。

人工岛的护岸设计包括斜坡护岸、天然护坡和直立式护岸。与类似工程一样,设计标准的确定需要在建设成本与维护费用之间做出抉择,同时考虑环境条件(风、浪)的不确定性。也就是说,为了降低建设成本,机场在使用期也应承担如越浪及地基沉降等方面的风险。提高设计标准固然更为安全,但建设成本增加也是不可取的。

经计算,人工岛北、西和东侧护岸的顶高程应为+6m(表 3-15)。因担心全球变暖导致水位上升,以及地基沉降等,设计时将北侧和西侧护岸顶高程提高至+6.5m。表 3-16 为挡浪墙顶高程在+6.5m 时坝顶正后方越浪量的预测结果。

表 3-15　不同越浪量对应的挡浪墙顶高程

位置	越浪量/[l/(s·m)]	重现期/年	顶高程/m(mCD)[①]
北护岸	500	500	5.7
	0.2	20	4.9
	0.2	70	5.7
西护岸 (坡比 1:2)	500	500	5.7
	0.2	20	5.0
	0.2	40	5.7
东护岸	500	500	5.8
	0.2	20	5.2
	0.2	60	5.7

注:① mCD 为海图基准面,减去 0.146m 后即转化为 mPD(高程基准面)。

表 3-16　顶高程＋6.5m 时的越浪量

重现期/年	潮差/mm	越浪量/[l/(s·m)]
10	0	0.02
	250	0.03
	500	0.05
	1000	0.17
100	0	0.25
	250	0.40
	500	0.66
	1000	5.60
1000	0	13.00
	250	25.00
	500	66.00

　　香港国际机场护岸总长 13.5km，按东、西、南、北 4 个方向分为不同的结构类型。图 3-23 为各分段位置，共分为 11 个区段，每个区段选择一种构造形式，这种变化是为了满足不同地质条件和越浪量的要求，详见表 3-17。设计时在减少回填量与维持护坡块石稳定性之间进行了反复对比。考虑到需要在机场人工岛与大屿山之间留有足够的水域宽度，最初的设计将斜坡护岸坡度定为 1∶2。为了提高护岸的稳定性，实施时又将护岸坡度改为 1∶3。坡度减缓后人工岛用地面积将减少，为此对陆地使用面积进行了复审，最终确认造地面积减少后仍可以满足使用需求。

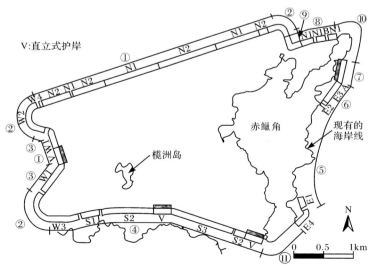

图 3-23　护岸类型布置图

表 3-17　护岸各区段设计

区段	位置	顶部高程及朝向	功能
1	北、西	最高,N、NW、W、SW	护岸
2	北、西	最高,NW、W、SW	护岸
3	西	最高,NW、W、SW	护岸
4	南	最低	护岸
5	东	中等,NE、E	临时码头
6	东北	中等,NE、E	临时码头
7	东北	中等,NE、E、SE	轮渡码头
8	东北	中等,NW、N、NE	临时码头
9	东北	中等,NE、E	临时码头
10	东北	中等,NW、N、NE、E、SE	—
11	东南	低	—

注:护岸分区编号后来因河道整治与机场方案调整已有所变化。

　　为了节约维护成本并方便后续施工,对护岸上部挡浪墙进行了不同的细部设计。由于西、北、东方向的波浪不大,因此若选用混凝土结构,一旦基础沉降大于预期,将引起构筑物开裂或变形,影响美观,维修时混凝土构件加高或拆除会比块石维护费用更贵,且以后还有扩建的可能,因此这几段挡浪墙选用天然块石。对于直立式护岸,采用预制混凝土结构,顶高程＋5m。护岸结构断面设计如图 3-24所示,填料及基础设计如图 3-25 所示。

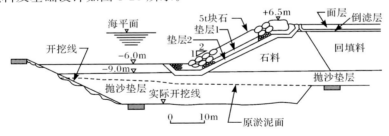

(a) 斜坡式护岸断面图,高出极端高水位约 2.5m

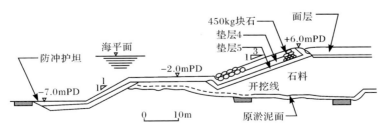

(b) 南侧斜坡式护岸断面图,高出极端高水位约 2m

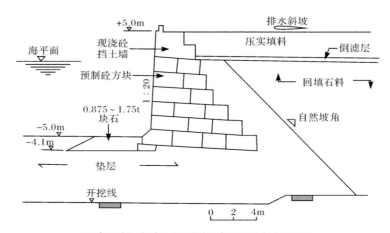

（c）直立式护岸采用方块结构，高出极端高水位约 1m

图 3-24　护岸结构断面设计

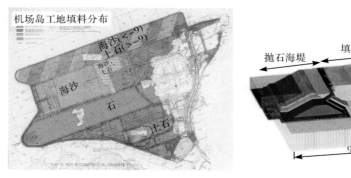

（a）回填料布置

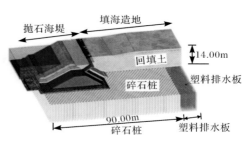

（b）斜坡护岸基础处理方案 1

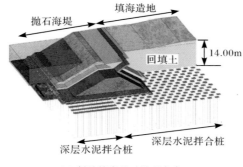

（c）斜坡护岸基础处理方案 2

（d）跑道填料

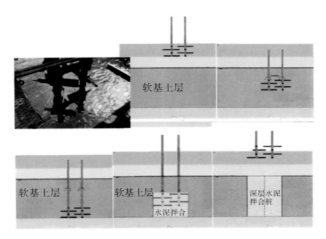

（e）深层搅拌设计

图 3-25　填料及基础设计

　　施工期间,护岸施工进度明显滞后于计划工期,后方回填又比计划工期略快,造成各工序间不协调。为了保证工期,在不改变设计意图和工程质量的前提下放宽了对垫层厚度、护岸及护坦轮廓的误差要求。同时,由于缺少大于 70cm 的块石,对个别区段下卧层材料改由视觉判断,重新选用级配石料(图 3-26)。

　　（a）海上救援基地防波堤　　　　　　（b）护岸结构十分简单,高度与地面接近

图 3-26　人工岛护岸

3. 进近灯设施

　　同其他人工岛机场一样,香港国际机场的进近灯设施也采取延伸至海中的栈桥结构,以减少人工岛面积,见图 3-27。

（a）栈桥与客船泊位十分接近　　　　　（b）栈桥首墩为重力式结构，其余为叉桩钢结构

图 3-27　进近灯设施

3.2.5　日本中部国际机场

　　日本中部国际机场人工岛护岸采用传统的斜坡式结构。挡浪墙按允许越浪设计，在内侧设有约 10m 宽的渗水带，用来接收越墙的海水返回大海。土面区和渗水带之间设巡边车道，供巡逻使用。进近灯栈桥为单桩钢结构，十分简洁，见图 3-28。

（a）人工岛斜坡式护岸模型　　　　　（b）挡浪墙和安全网，内侧设透水带

（c）人工岛巡边道及土面区，安全边界宽阔　　　　　（d）栈桥为直立单桩钢结构

图 3-28　日本中部国际机场部分设施

该机场跑道、滑行道基本采用沥青混凝土道面(跑道、滑行道端部及垂直联络道采用水泥混凝土道面),基本结构为 17cm 厚沥青混凝土、10cm 厚沥青碎石、10cm 厚水硬性级配矿渣、32cm 厚矿渣。停机坪采用水泥混凝土道面,基本结构为 45cm 厚素混凝土板、15cm 厚沥青碎石。

3.2.6 中国深圳宝安国际机场

1. 工程概况及自然条件

深圳宝安国际机场位于珠江口伶仃洋东侧,在宝安区新安镇钟屋村与福永镇新和村之间的浅海滩涂和潮间带处分布有大片水产养殖塘。工程区部分海域和河沟水深大于 5m,绝大部分水深在 5m 以内。

1) 水文

(1) 海洋水文。

① 潮汐。

深圳宝安国际机场毗邻伶仃洋海域。该海域潮汐为不规则的半日潮,最高水位+1.95m,最低水位−0.61m,最大潮差 2.56m,平均水位+1.28m。

② 风暴潮。

受台风影响,伶仃洋海域几乎每年都有风暴潮发生。在 SSW、SW 和 WSW 向大风作用下常有增水现象。台风增水幅度一般为 1.0m 左右,最大 1.96m。

③ 波浪。

机场 SW 向海域有大铲岛、小铲岛及其他小岛掩护,波浪主要来自 W、WS、NW 方向。受伶仃洋内浅滩摩阻损耗以及岛屿阻拦,外海波浪到达近岸时已经很小。赤湾水文站多年的观测资料显示,波浪主要以风浪为主。赤湾实测最大波高1.92m,平均周期为 3.1s。

④ 设计水位。

设计高水位:+1.656m(黄海高程系,下同)。设计低水位:−0.984m。极端高水位:+3.656m。

(2) 地表水。

在机场南北端分布有兴围河和福永河。福永河为地表水体,水量稍大,高潮时,海水倒灌河中 1km 以上。

2) 工程地质

(1) 地形与地貌。

二期工程场地位于深圳机场原有围界西海堤西侧,大部为海域,靠西海堤侧部分场地为鱼塘,属海口冲淤积平原地带,地势平坦。除了西海堤和场地中的鱼塘堤埂之外,地面标高为−3.0～0m。在海水淹没范围内水深随潮水变化,平均深度 2.5m 左右。

（2）地层分布。

根据勘察报告，场地地层分布为人工填土（Q^{ml}）、第四系全新统海相沉积层（Q_4^m）、第四系晚更新统冲洪积（Q_3^{al+pl}）及第四系残积层（Q^{el}）。

① 人工填土（Q^{ml}）。

素填土：灰黄、深灰及灰黑色黏性土，大部分为海堤、塘埂土；部分为褐红、褐黄色黏性土，局部含有块石、砂土等，稍湿至湿，松散至稍密状态。层厚 0.40～6.80m，平均厚度为 2.56m，平均标准贯入锤击数为 2 击。

② 第四系全新统海相沉积层（Q_4^m）。

（a）淤泥 Ⅰ（海区淤泥）：土灰、深灰至灰黑色，局部灰黄色，表层易流动，部分超饱和（静放有水流出），有腥臭味，有机质含量为 3.59%～10.07%，大部含粉细沙，偶见贝壳碎片。该淤泥具有高含水量、高压缩性、极低强度及欠固结等特点。该层为连续分布，厚度为 1.10～12.60m。

（b）淤泥 Ⅱ（陆区淤泥）：深灰至灰黑色，局部上层呈土灰色，饱和，流塑状态，有腐臭味，有机质含量为 3.74%～10.41%，含生物碎屑及贝壳碎片，局部含薄层砂透镜体，具有高含水量、高压缩性、极低强度及欠固结等特点。该层在陆区为连续分布，厚度变化大，空间形态较复杂。海堤、道路及塘堤下部淤泥普遍受挤压，挤压深度为 0.50～1.00m，层厚 1.30～7.50m。

（c）含有机质中粗砂：深灰至灰黑色，饱和，松散，淤泥质黏土、有机质含量为 2.58%～6.13%，偶见贝壳碎片，局部相变为粉细砂、粉土。场地内局部分布，在场区北部层厚 0.40～3.90m，平均标准贯入锤击数为 3 击。

③ 第四系晚更新统冲洪积层（Q_3^{al+pl}）。

（a）黏土：褐黄、浅黄、灰白及褐红等杂色，土质细腻均一，局部不均匀含中细砂或夹薄层砂透镜体，饱和，可塑状态。场地内该层分布较广泛，层厚 0.40～7.40m，平均标准贯入锤击数为 11 击。

（b）含黏性土粗砂：褐红、浅黄、灰白等杂色，饱和，稍密，不均匀含黏性土占 5%～40%，局部夹黏土或粉细砂、砾砂透镜体，场地局部砂质较纯净，底部含少量小卵石（直径为 2～5cm），个别较大（直径＞20cm）。场地内该层分布也较广泛，层厚为 0.50～6.00m，平均标准贯入锤击数为 12 击。

（c）淤泥质粉质黏土：深灰至灰黑色，饱和，流塑至软塑状态，局部可见炭化木，有机质含量为 2.41%～6.12%，该层下部含砂逐渐变粗，局部含粉细砂薄层透镜体。场地内该层局部分布，层厚 0.40～3.70m，平均标准贯入锤击数为 4 击。局部含砂较多或为砂透镜体，标准贯入锤击数偏高。

（d）粉质黏土：浅黄、灰白等色，土质细腻均一。局部不均匀含中细砂或薄层砂透镜体，饱和，可塑状态。场地内该层局部分布，层厚 0.50～5.70m，平均标准贯入锤击数为 11 击。

（e）含黏性土中砂：褐红、浅黄、灰白等杂色，饱和，中密，不均匀含黏性土 20%～40%，局部夹黏土或粉细砂透镜体，局部含少量小卵石。该层局部分布，层厚为 0.4～6.00m，平均标准贯入锤击数为 9 击。

④ 第四系残积层（Q^{el}）。

粉质黏土：褐黄、褐红色，由混合花岗岩、花岗片麻岩风化残积而成，原岩结构清晰，局部不均匀含石英砂，湿，可塑至硬塑状态。场地内该层分布广泛，地层稳定，钻探揭露厚度为 0.50～14.70m，平均标准贯入锤击数为 15 击。

（3）软土层分布特征及工程性质。

二期工程场地中海相沉积淤泥构成主要的软弱地层，分布特征为自北向南逐渐变厚，局部有淤泥深槽分布。海域、鱼塘和陆域（包括塘埂和海堤）三种地貌条件下淤泥的物理性质指标有较大差别。从地层分布条件和土的工程性质统计分析可知，场地软基处理的主要对象是深厚海相沉积淤泥及淤泥质砂层。在淤泥下部分地段中，有以透镜体形式分布的淤泥质粉质黏土，含沙并有粉沙薄层，土层软至流塑状，层厚 1.0～4.0m 不等，平均标准贯入锤击数为 4 击。该土层属于中等高压缩性的软土层，渗透性较大，沉降能较快发展，变形有限。根据以往的工程经验，进行大面积预压软基处理时，可不将该土层作为处理对象。

3）地质构造

该区域新构造运动以差异断块升降为主要特征，形成了多级河流阶地、海成阶地等独特地貌单元。工程区域处于华南地震区东南沿海地震带的中西段，由地震在时间和空间上的分布规律分析，建设场地的地震活动水平较低，不具备形成中、强地震（5 级及以上）的地质条件，场地的区域稳定性较好。

4）不良地质作用

场地的不良地质作用主要为海水潮汐和波浪引起的侵蚀作用、场地软土（淤泥）对护岸和拦淤堤稳定性的影响及工后产生较大变形。场地广泛分布的淤泥为高含水量、高压缩性、低强度及渗透性很差的软弱土，厚度变化也较大。在 Q_3 地层中，局部分布有粉质黏土、含黏性土中砂、粗砂，中间存在淤泥质粉质黏土层，具有河流相二元结构特征，不仅增加了软基处理的难度，而且会出现较大的不均匀沉降等问题。

2. 填海设计

护岸及围堰的形成是填海造地的第一步，因海岸线较长，故护岸和围堰的施工对排水系统将产生很大的影响。因此，护岸及围堰设计除考虑本身结构的稳定性外，还考虑了分期分区开发以及对现有排水系统的改造等问题。

1）排水系统及航运通道

该工程填海范围内水系复杂,横穿填海区的排水河渠自北向南依次有福永河、机场 1 号排洪渠(闸)、机场 2 号排洪渠(闸)、机场内排洪渠、机场外排洪渠等。另外,填海区北部有客货船舶航道及机场客货码头,南部有 1 条输油管道。机场建成后要求不影响河渠排水行洪及航道通航。

2）护岸设计

护岸分为永久性护岸、临时护岸和已有护岸三种,累计长度 15km。西南侧护岸为外护岸,毗邻珠江口伶仃洋,外侧是珠江口主航道。西北侧护岸毗邻机场福永码头,东南侧护岸为内海护岸。

（1）永久护岸技术标准。

① 外护岸为永久性水工构筑物,结构安全等级按Ⅲ级建筑物考虑;

② 护岸标高满足当地防洪防潮要求,按 100 年一遇标准设计;

③ 护岸不仅在正常使用条件下要保持稳定,在内侧填海和软基处理等各工序实施过程中也需保持稳定。

（2）临时护岸技术标准。

① 临时护岸属于临时性水工构筑物;

② 临时护岸标高满足 50 年一遇防洪、防潮要求,堤身后侧场地进行吹填时应保持稳定;

③ 软基处理过程中应保持稳定。

（3）护岸标高。

永久性护岸挡浪墙设计标高按照极端水位不过堤、100 年一遇风暴潮和 50 年一遇浪高不越浪的原则确定:

① 永久性护岸顶标高＋5.0m;

② 挡浪墙顶标高＋6.2m;

③ 挡浪墙内侧预留双车道,宽度为 7.0～9.0m。

3.2.7　中国厦门国际机场

1. 自然条件

1）水文

（1）潮位(1985 国家高程)。平均高潮位＋2.44m;平均低潮位－1.61m;平均潮位＋0.33m。

（2）潮流。

大嶝岛海域为正规半日潮,呈往复流特征。该海域受两股潮流运动影响:一股由围头湾外通过入角屿与官澳一线由金门北东水道传入,另一股经澳头-古宁头一线的五沙水道由厦门东水道传入。大嶝岛南侧及西南浅滩涨潮流和大嶝北水道涨潮流相汇于大嶝海堤一带,使得该处流速较小,动力减弱。落潮时,围头湾落潮流流向湾外。落潮过程中,大嶝海堤附近滩面水流归槽作用明显,大嶝海堤附近滩面潮沟始终存在。

(3)波浪。

大嶝海域由围头半岛、大小金门和厦门岛环绕,其东南、西南和南面水域宽阔,从东南围头湾口传播的外海波浪受大嶝岛东南的小嶝岛、角屿及金门岛阻挡。该海区波浪大多为混合浪,其浪向与风向基本一致,大嶝岛东南部主要受外海风浪的影响,小嶝岛西北部主要受小风区波浪的影响。海区出现的大浪多数是台风期间形成的台风浪。统计资料表明,该海区的常浪 0.3m,平均周期 4.7s,观测到的最大浪高 2.4m。一年中,夏季的常浪向和次浪向为西南转南、南向,其余三季的常浪向和次浪向为 NE-NNE。工程区域周边设计波高 2.69～5.07m,其中东南侧设计波高较高,为 4.39～5.07m。

2)工程地质

(1)区域地质构造。

场区在地质构造上位于长乐-诏安断裂构造中段,区内构造主要受新华夏构造体系控制,区内断裂构造主要以北东向为主,北西向、近东西向次之。场区断裂属早第四系,晚更新世以来已不再活动,地壳较为稳定。场区附近的断裂带在全新统以来未见明显的活动迹象。

(2)地层岩性。

填海区地层上部主要由新生界第四系全新统滨海相、晚更新统冲积相沉积及残积层组成,下卧基岩主要为燕山早期混合花岗岩。各层土体分布规律自上而下按如下排列。

① 杂填土:主要为填土、填砂,成分为花岗岩残积土、坡积土、填砂混碎石及砖块等,结构松散,主要分布于大嶝岛东侧老海堤及老海堤内分隔池塘之间的塘埂,厚度不均,层厚为 0.9～7.85m 不等,平均厚度为 3.12m,平均标准贯入锤击数为 8 击。

② 淤泥:灰、深灰色,饱和,呈流塑状,主要由淤泥及淤泥混中、细砂而成,砂粒呈次棱角状,含淤泥约 60%,局部含淤泥大于 90%,含云母,混贝壳屑、腐殖质,层厚 0.3～8.7m,平均 2.73m;呈薄层状或透镜体状出露,平均标准贯入锤击数为 1击。该层属高压缩性软弱土,力学强度低、易触变、工程性能差,是该场区地基处理的主要对象。

②-1层及②-2层:灰黄、褐灰色,分别为粉细砂和中粗砾砂,②-1层中含淤泥约 20%,层状分布,其平均标准贯入锤击数为 2 击,工程性能较差;②-2层以砾砂为主,含少量贝壳碎片,混黏性土 15%～20%,呈透镜体状分布,其平均标准贯入锤击数为 4 击,工程性能稍差。

③ 淤泥质粉质黏土及黏土：灰、深灰色，饱和、流型，含有机质，局部夹有粉细砂，混淤泥层，呈透镜体状出露，揭露厚度 1.2～6.8m，平均 3.95m，平均标准贯入锤击数为 2 击，工程性能差。

④ 粉质黏土及黏土：褐灰色，软型，成分以粉粒与黏粒为主，无摇震反应，该层分布不均，揭露厚度 0.8～13.6m，平均 5.8m，平均标准贯入锤击数为 12 击，属中等高压缩性土，工程性能一般。

以下各层依次为粉质黏土、粉细砂、中粗砾砂、残积黏性土、残积砂质黏性土、残积砾质黏性土和全风化花岗岩。各层标准贯入锤击数多在 17 击以上，工程性能较好，对地面建筑而言不是地基处理的主要对象。

3）地震

场区位于欧亚板块中国东南沿海陆缘近弧顶处，即太平洋岩浆活动带西侧，东南沿海地震带中段，华南地震区北部。上部分布厚度不等的第四系覆盖系，下伏基岩为花岗岩，历史上场区内未发生过破坏性地震。勘区遭受震害主要属区外强震的波及。

根据《建筑抗震设计规范》(GB 50011—2010)有关规定，拟建场地位于抗震 7 度设防区，设计基本地震加速度值为 0.15g，设计地震分组为第一组，场地特征周期为 0.355。该场地为抗震一般地段，地面下 20m 深度范围内分布有饱和粉细砂、中粗砾砂层。由标准贯入试验结果，依据《水运工程抗震设计规范》(JTS 146—2012)相关规定，在地震烈度为 7 度时，中粗砾砂不会产生液化，粉细砂虽会产生液化，但分布面积不广，并且抗液化指数为 0.15～2.3，液化等级为轻微。勘区分布有软弱淤泥质粉质黏土及黏土层，但普遍厚度不大，埋藏较浅，采取插塑料排水板进行堆载预压固结后，可以不必考虑软土震陷问题。

4）地形及水深

场地地形地貌属滨海潮间带，涨潮时水深 2.2～2.4m，地势平坦开阔，坡度较缓，无深沟、深槽等不良地形、地物，不存在滑坡、危岩、泥石流等不良地质作用。场地位于内海湾，海域较宽阔，风浪较小，附近海域无大江大河出口，外来泥沙量较少。

2. 基本设计

1）设计标准及方案

（1）防潮标准。

根据《防洪标准》(GB 50201—2014)，厦门新机场作为特别重要的国际机场，从应对气候变化的前瞻性及今后提高标准极端困难等方面考虑，确定防潮标准为 200 年一遇。

（2）海堤设计。

经过对典型海堤堤型的高程、经济性、施工条件等方面的综合分析，在海床滩地高程高于－4.0m 的堤段（约 31.8km）采用斜坡堤，按允许越浪设计；在海床滩地高程低于－4.0m 的堤段（约 4.5km，主要为东南侧大堤）采用直立堤，按允许越浪设计；西南及西部生活岸段为降低堤顶高程，满足亲水性要求，采用带大平台的复式堤型。

2）陆域形成及地基处理技术要求

（1）填海工程浅层填料技术要求。

根据机场功能区划分，相应的填料要求见表 3-18。

表 3-18 各功能区填料要求一览表

功能分区	填料要求
飞行区道槽区	土基顶面以下 1.5m 范围内填石。其中，0～0.3m 范围内粒径不大于 15cm；0.3～1.5m 范围内粒径不大于 40cm
飞行区土面区	表层 20cm 厚范围内填土或耕植土
建筑区	填土和砂，不填石料
预留发展区	填淤泥、砂

（2）地基处理技术要求。

① 飞行区道槽区。

（a）工后运行期（按使用年限 20 年计）沉降量不大于 20cm，差异沉降不大于 1.5‰；

（b）地基承载力不小于 140kPa；

（c）土基顶面反应模量不小于 80MN/m³；填石压实后的固体体积率不小于 78％。

② 飞行区土面区。

（a）工后运行期（按使用年限 20 年计）沉降量不大于 30cm；差异沉降不大于 1.5‰；

（b）密实度不小于 0.90（重型击实法）。

③ 建筑区。

（a）工后运行期（按使用年限 20 年计）沉降量不大于 25cm；差异沉降不大于 2‰；

（b）地基承载力不小于 100kPa。

④ 预留发展区。

机场远期规划用地应考虑后期软基处理的可行性。

（3）软基处理方法。

① 飞行区道槽区。

由于该部位比其他部位沉降要求严格,因此采用塑料排水板＋静动联合排水固结法。吹填海砂至＋3.5m 或＋4.0m 高程,在低潮位时进行插塑料排水板施工,然后采用适当能级进行强夯处理。土基顶面以下 1.5m 范围内填筑级配良好的开山石料,其中 0～0.3m 深度范围内粒径不大于 15cm;0.3～1.5m 深度范围内粒径不大于 40cm。开山石料抗压强度不小于 20MPa,遇水不软化,粒径大于 5mm 的颗粒含量不小于 65％,最大粒径小于层厚的三分之二,在底基层顶面设碎石找平层。

② 飞行区土面区。

土面区填筑方案以吹砂和吹淤为主。土面区采用塑料排水带＋堆载预压排水固结法进行处理。鉴于土面区没有荷载要求,设计上不采用堆载预压,仅采用填土自身预压。

③ 建筑区。

为了方便建筑物桩基施工以及基坑开挖,建筑区场地的填筑以填砂和土为主。填筑方法和软基处理方法与飞行区一致,堆载预压强度为 30kPa。

④ 预留发展区。

预留发展区主要填筑淤泥,只是在淤泥顶面填筑一定厚度的砂,作为排水垫层。

各使用功能分区地基处理方法见表 3-19。各功能区技术要求如表 3-20 所示。

表 3-19　各使用功能分区地基处理方案

用地功能	位置	地质条件	处理方法
跑道	跑道西段	吹填土厚 4.5m;海积淤泥层,厚 0～1.0m	插板排水堆载预压法＋全部换填处理
	跑道东段	吹填土厚 4.5m;海积淤泥层,厚 1.0～5.0m	插板排水堆载预压法＋部分换填处理
联络道、滑行道、停机坪	远离吹填口的区域	吹填淤泥、淤泥混砂,厚度为 4.5m;海积淤泥层,厚 0～5.0m	插板排水堆载预压法
	吹填口	吹填的砂层,厚约 4.5m	强夯法
土面区	远离吹填口	吹填淤泥、淤泥混砂,厚度为 4.5m;海积淤泥层,厚 0～5.0m	插板排水固结法,不考虑预压荷载
	吹填口	吹填的砂层,厚约 4.5m	不处理
建筑区	远离吹填口	吹填淤泥、淤泥混砂,厚度为 4.5m;海积淤泥层,厚 0～5.0m	插板排水堆载预压法
	吹填口	吹填的砂层,厚约 4.5m	强夯法

表 3-20 各功能区技术要求

功能分区	填料要求	技术要求
飞行道面区	不限	工后沉降≤20cm 差异沉降≤1.5‰ 基床顶面地基承载力≥140kPa
飞行区土面区	不限	工后沉降≤30cm 差异沉降≤1.5‰ 基床顶面地基承载力≥120kPa
建筑区物流仓储区	限制填石	工后沉降≤25cm 差异沉降≤2‰ 基床顶面地基承载力≥100kPa

3）建设方案

厦门新机场填海设计的复杂性在于：自 2010 年起，厦门市利用环境整治工程的河道和近海疏浚泥，已先期在新机场规划场地进行了吹填。到机场填海设计时，大嶝东部垦区约 2.73km² 的鱼塘区已完成了吹填工作，场地普遍形成了吹填泥层和原状海积淤泥层，因而在机场场道和其他建（构）筑物建设之前，必须对场地进行地基处理。此外，随着工程区的不断扩展，大小嶝造地围堰、陆域形成及地基处理又分为 6km² 和 16km² 两个区域分别进行。

（1）水工建筑物。

水工建筑物主要包括护岸、边界围堰和分割围堰，其中护岸长 18159m，围堰长 42144m。根据地质情况、施工条件以及工程投资，护岸采用抛石斜坡式结构。护岸堤心采用 10～100kg 的块石；堤心外侧设栅栏板或 2～4T 扭王字块体护面，坡度为 1∶1.5，堤身外侧坡脚抛填 200～300kg 块石棱体（坡度为 1∶2）或护底块石；堤心内侧依次设置二片石垫层、混合倒滤层、土工布滤层；堤顶设现浇混凝土 L 形胸墙。护岸的基础处理根据表层淤泥的厚度采用抛石挤淤或开挖换填方法。

（2）地基处理。

① 飞行区道面影响区（跑道、站坪、联络道）：全部为吹填砂形成陆域，采用插板排水堆载预压＋强夯处理方案，满载预压时间不少于 150 天，卸载后进行强夯处理。

② 建筑区：当采用吹填砂形成陆域时，地基处理的对象主要为吹填砂层和海积淤泥层。采用插板排水堆载预压＋强夯处理方案，满载预压时间不少于 150 天，卸载后进行强夯处理。当采用吹填清淤料形成陆域时，地基处理的对象主要为吹填淤泥层和海积淤泥层，采用插板排水堆载预压＋强夯处理方案，满载预压时间不少于 180 天，卸载后进行普夯处理。

③ 海沟区：海沟区分布在飞行区（跑道区和站坪区）、土面区和建筑区，采用插

板排水超载预压方案消除残余沉降,满载预压时间不少于 150 天,卸载后进行强夯处理。

3.2.8　中国大连国际机场

1. 自然条件

1）水文

大连海上人工岛机场位于渤海东部的金州湾,海湾呈椭圆形,湾口朝向西北,面积为 $342km^2$,水深自东向西由 5m 递增至 10m,平均潮差 1.27m,潮流形态系数为 0.5～2,以逆时针方向旋转流为主,非正规半日潮。不同重现期特征水位如表 3-21 所示。图 3-29 为 2005 年在工程水域进行潮位、波浪观测现场及波浪统计。

表 3-21　不同重现期特征水位

特征水位	金州湾理论最低潮面起算/m	1985 国家高程基准面起算/m
设计高水位	+2.43	+0.97
设计低水位	+0.07	−1.39
极端高水位(重现期 50 年)	+3.43	+1.97
极端高水位(重现期 100 年)	+3.55	+2.09
极端高水位(重现期 200 年)	+3.7	+2.24
极端低水位(重现期 50 年)	−1.53	−2.99

（a）临时验潮站

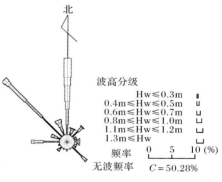

（b）波浪统计

图 3-29　金州湾水文调查

2）泥沙

金州湾为沙砾质基岩原生湾，海域含沙量较低，湾底淤泥厚度为 10～13m，海床稳定。全湾沿岸无大型河流入海，但其北侧普兰店湾的入海泥沙可能流经东西蚂蚁岛和鹿岛之间的狭道进入工程区。海底沉积的泥沙在波浪作用下发生的"波浪掀沙、潮流输沙"是工程区主要的泥沙来源之一。在波浪作用下，该地泥沙再悬浮是泥沙运移的主要方式。

3）工程地质

人工岛工程区土层主要为第四系海相沉积层（Q_4^m）、海陆交互相沉积层（Q_4^{mc}）和陆相沉积层（Q_4^{al}）。部分地质土样如图 3-30 所示。下部揭露的基岩主要为震旦系金县群十三里台组（Zs）的石灰岩和页岩，局部为浅层倾入岩辉绿岩岩脉（β_μ），各土层分布特征如下。

（a）海底表层淤泥土样

（b）海底−15m 处土样

（c）海底−34m 处土样

（d）海底−84m 处土样

图 3-30　部分地质土样

（1）海相沉积层。

① 粉土混淤泥：褐灰色，以粉土为主，稍密状，含少量有机质，混多量砂粒、淤泥和碎贝壳，局部以粉细砂为主，土质不均。该层分布较连续，层位稳定，主要分布于勘察区表层，层厚 1.0～5.0m 不等。

$①_1$ 粉质黏土混砂：褐灰色，软塑状，中塑性，含少量有机质和碎贝壳，局部夹粉土团及沙斑，混多量砂粒，土质不均。该层分布不连续，层厚 1.0～2.0m。

$①_2$ 淤泥质黏土和淤泥质粉质黏土：褐灰色，软塑状，中至高塑性，含少量碎贝壳，夹粉土团及沙斑，土质不均，该层主要分布在$①_1$ 粉质黏土混砂下部，分布较连续，所有钻孔均揭露该层，层厚 1.0～6.0m 不等。

$①_3$ 淤泥：灰色，流塑至软塑状，高塑性，夹少量沙斑和粉土团，土质较均匀，分布较连续，层位稳定，层厚 4.0～8.0m 不等。

$①_4$ 淤泥质黏土：灰色，软塑状，高塑性，夹少量沙斑和粉土团，土质均匀。该层分布连续，所有钻孔均揭露该层，层厚 1.0～9.0m 不等。

上述第一大层层底高程－18.95～－22.48m。

（2）海陆交互相沉积层。

② 黏土：灰至灰褐色，可塑状，高塑性，含有机质，局部夹沙斑和粉土团，土质较均匀。该层分布连续，层位稳定，层厚 3.0～7.0m 不等。

$②_1$ 粉质黏土：灰褐至灰黄色，可塑状为主，局部硬塑状，中塑性，夹沙斑、粉土团，含少量砂粒及碎贝壳，局部夹粉细砂薄层，土质不均匀。该层分布较连续，各孔均有揭露，层厚 1.0～8.0m 不等。

$②_2$ 粉细砂：灰褐至灰黄色，中密状，含少量碎贝壳，混多量黏性土，土质不均匀。该层分布不连续，层厚 2.2～3.7m 不等。

上述第二大层高程为－24.95～－35.81m。

（3）陆相沉积层。

$③_1$ 黏土：黄褐色、褐色、灰黄色，硬塑状，高塑性，夹沙斑和小姜石，土质较均匀，局部夹粉细砂薄层。该层分布较连续，各孔均揭露该层，薄厚不一，层厚 3.0～12.0m 不等。

$③_2$ 粉质黏土：黄褐色、褐色、灰黄色，硬塑状，中塑性，夹沙斑、灰白斑及粉土薄层，局部夹粉细砂薄层，土质不均。该层分布较连续，薄厚不一，层厚 1.6～6.0m不等。

$③_3$ 黏土：黄褐色、褐色、灰黄色，硬塑状，高塑性，夹沙斑、小姜石、粉土团及粉土薄层，局部夹粉细砂薄层，大部分钻孔未穿透该层，揭露层厚 0.4～14.0m。

（4）风化岩。

$④_1$ 强风化辉绿岩（$β_μ$）：棕红色，主要成分为长石、辉石、云母和少量石英，辉绿结构，块状构造，原岩结构清晰，遇水软化崩解，标准贯入锤击数 $N>50$ 击，揭露高程为－75.21m。

④₂ 中风化辉绿岩(β_μ)：黄绿色，主要成分为长石、辉石、云母和少量石英，辉绿结构，块状构造，裂隙发育，揭露高程为－80m。

4) 地震

大连新机场处于地震多发地带。根据资料统计，工程区域内自公元 495 年至今，共发生 4.7 级及以上地震 30 次，其中 7.0 级以上地震 3 次，6.0～6.9 级地震 4 次，5.0～5.9 级地震 15 次，4.7～4.9 级地震 8 次。地震统计分布见图 3-31。

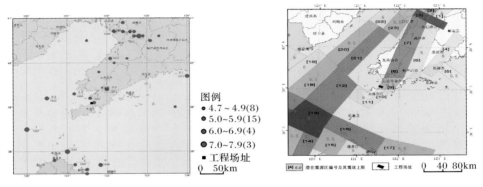

(a) 破坏性地震震中分布($M_s \geqslant 4.7$)　　　(b) 潜在震源区分布

图 3-31　地震统计分布

(1) 砂土液化。

依据《建筑抗震设计规范》(GB 50011—2010)中的有关条款，在工程场地的大多数钻孔中不存在可液化土层，仅有少量钻孔需要进行液化判别。依据规范计算出场地砂土液化判别结果见表 3-22 和表 3-23。

表 3-22　场地砂土液化判别结果(50 年超越概率 10%)

序号	钻孔号	砂土岩性	地下水位/m	土层范围/m	标准贯入锤击数实测值	液化判别标准贯入锤击数临界值 N_{cr}	判别结果	液化指数	液化等级
1	D27	粉土混淤泥	3.0	7.14～9.14	1.5	16.31	液化	14.36	中等
2	H19	粉土混淤泥	3.0	6.32～6.82	1.5	14.64	液化	4.02	轻微
3	H27	粉土混淤泥	3.0	6.39～6.89	1.5	14.72	液化	4.00	轻微
4	P27	粉土混淤泥	3.0	5.96～6.46	1.5	14.21	液化	4.11	轻微
5	P35	粉土混淤泥	3.0	6.09～6.59	1.5	14.37	液化	4.08	轻微
6	30P	粉土混淤泥	3.0	6.59～9.29	1.5	16.12	液化	19.69	严重

表 3-23　场地砂土液化判别结果(50 年超越概率 2%)

序号	钻孔号	砂土岩性	地下水位/m	土层范围/m	标准贯入锤击数实测值	液化判别标准贯入锤击数临界值 N_{cr}	判别结果	液化指数	液化等级
1	D27	粉土混淤泥	3.0	7.14~9.14	1.5	19.58	液化	14.60	中等
2	H19	粉土混淤泥	3.0	6.32~6.82	1.5	17.57	液化	4.09	轻微
3	H27	粉土混淤泥	3.0	6.39~6.89	1.5	17.66	液化	4.08	轻微
4	P27	粉土混淤泥	3.0	5.96~6.46	1.5	17.06	液化	4.19	轻微
5	P35	粉土混淤泥	3.0	6.09~6.59	1.5	17.24	液化	4.16	轻微
6	30P	粉土混淤泥	3.0	6.59~9.29	1.5	19.34	液化	20.02	严重

(2)软土震陷。

根据《软土地区工程地质勘察规范》(JGJ 83—2011)和现场勘查成果,综合判断场区有无发生软土震陷的可能。结合工程场区中 50 年超越概率 10%对应于基本烈度 7 度,50 年超越概率 2%对应于基本烈度 8 度,其软土震陷值可参考表 3-24 判断。

表 3-24　二、三级建筑物地震震陷估计参考值

地基土条件	基本烈度/度		
	7	8	9
	震陷估算值/mm		
地基主要受力层深度软土厚度≥3m 地基承载力标准值≤70kPa	≤30	150	>350

注:7 度——0.10g(0.15g);8 度——0.20g(0.30g);9 度——0.40g。

(3)海啸。

研究表明,破坏性海啸必须具备以下条件:①地震发生在海底,且主要以倾滑运动型断层为发震断层,由此产生大范围的地壳急剧垂直升降;②地震要达到相当的强度,且震源深度较浅,产生海啸的地震震源一般在海底下 50km 以内,地震强度要达到里氏 7 级以上;③发生海底地震海区的海水需要有足够的深度。根据历史文献记载,自公元 780 年以来,在渤海发生 6 级以上地震 9 次,但在同期史料中均未找到相应的潮灾(古时称为"海溢")记载。渤海是面积较小、水深不大的内海,现代构造运动以水平应力场作用下的走滑运动为主,因而自身地震不易产生海啸。即使太平洋发生海啸,由于受岛链、暗礁和海峡的阻挡,外来海啸传入的可能也很小,渤海可视为无地震海啸区,因而大连新机场所在海域基本上不会受到海啸的影响。

2. 基本设计

1) 设计标准

(1) 潮位及波浪重现期设计标准。

我国港口规范规定潮位及波浪重现期的设计标准一般为 50 年,但考虑到机场的重要性,潮位设计标准按 100 年一遇考虑,波浪设计标准也按 100 年一遇考虑;水流设计标准按 100 年一遇或海流最大可能流速两者中的较大值考虑。

(2) 潮位及波浪重现期校核标准。

潮位校核标准按 200 年一遇考虑;波浪校核标准按 200 年一遇考虑;水流的校核标准按 200 年一遇或海流最大可能流速两者中的较大值考虑。

(3) 施工期潮位及波浪重现期设计标准。

由于施工期时间相对较短,因此发生损失后可以弥补。为了降低工程造价,仿照港工规范采用 10 年一遇潮位及 10 年一遇的波要素组合。

(4) 工况组合。

关于工况组合存在不同的意见,各行业的标准也不尽相同。我国《海堤工程设计规范》(GB/T 51015—2014)规定设计波浪和设计风速的重现期宜采用与设计高潮(水)位相同的重现期。这一规定虽然清楚明了,但此规范涉及的范围是 50 年一遇的重现期,采用 100 年一遇的标准显然超出了规范范围,所以只有借鉴意义。尽管目前的相关规范尚未界定人工岛机场设计适用的波浪与潮位联合概率,但从安全角度出发,采用设计水位重现期与设计波浪重现期一致的原则,即潮位和波浪重现期均按 100 年一遇标准设计,同时按 200 年一遇的标准校核。

2) 挡浪墙顶面高程

挡浪墙顶面高程的确定主要取决于越浪量的标准。

正常使用工况:重现期 20 年高水位和重现期 20 年波要素组合条件下,越浪量 $\leqslant 3\times10^{-5}\,\mathrm{m^3/(s\cdot m)}$。

设计工况:重现期 100 年高水位和重现期 100 年波要素组合条件下,越浪量 $\leqslant$ $0.005\mathrm{m^3/(s\cdot m)}$。

极端工况:重现期 200 年高水位和重现期 200 年波要素组合条件下,越浪量 $\leqslant$ $0.02\mathrm{m^3/(s\cdot m)}$,并与人工岛内排水系统的能力相适应。

挡浪墙顶标高的计算方法如下所示。

(1)《海堤工程设计规范》(GB/T 51015—2014)规定,堤顶高程根据设计高潮位、波浪爬高及安全加高值按下式计算,并应高出设计高潮位 1.5～2.0m。

$$Z_\mathrm{p} = h_\mathrm{p} + R_\mathrm{f} + A \tag{3-1}$$

式中,Z_p 为设计频率对应的堤顶高程(m);h_p 为设计频率对应的高潮位,对于 I 级海堤工程,其防潮标准(重现期)$\geqslant 100$ 年,取 100 年一遇的设计高潮位为 2.09m;

R_f 为按设计波浪计算的累计频率为 F 的波浪爬高值(海堤按不允许越浪设计时取 $F=2\%$,按允许部分越浪设计时取 $F=13\%$);A 为安全加高值,对于不允许越浪的 I 级海堤,$A=1.0$m;对于允许越浪的 I 级海堤,$A=0.5$m。

以西北向浪为例,根据波浪爬高计算公式计算,$H_{13\%}=4.5$m 的波浪爬高 $R_{1\%}=6.06$m,$H_{1\%}=5.1$m 的波浪爬高 6.84m。允许越浪时,挡浪墙顶高程 $Z_p=h_p+R_f+A=2.09+6.06+0.5=8.65$(m);不允许越浪时,挡浪墙顶高程 $Z_p=2.09+6.84+1.0=9.93$(m)。

(2)《港口及航道护岸工程设计与施工规范》(JTJ 300—2000)规定,对于允许越浪的护岸,顶面高程宜定在设计高水位以上 0.8~1.0 倍的设计波高处,并高于极端高水位。不允许越浪的护岸顶高程按设计水位和波浪爬高确定。

(3)《防波堤设计与施工规范》(JTS 154-1—2011)规定,对基本不允许越浪的设胸墙斜坡堤,胸墙顶高程宜定在设计高水位以上 1.0~1.25 倍的设计波高处。对于允许少量越浪的斜坡堤,宜定在设计高水位以上不小于 0.6~0.7 倍的设计波高处。

由以上分析方法,按允许越浪计算的结果为:设计波高 $H_{1\%}=5.1$m,胸墙顶高程为 $2.09+0.7\times5.1=5.66$(m),取 5.7m。按不允许越浪计算的结果为:设计波高 $H_{1\%}=5.1$m,胸墙顶高程为 $2.09+1.2\times5.1=8.21$(m),取 8.2m。

根据大连国际机场人工岛四周波浪条件的不同,挡浪墙顶高程共设四种,见表 3-25。

表 3-25 斜坡式护岸挡浪墙顶高程一览表

位置	波高 $H_{1\%}$/m	周期 T/s	挡浪墙高程/m
北护岸	5.1	7.3	+8.2
西护岸	4.6	8.7	+7.6
东护岸	2.5	5.1	+5.6
南护岸	1.5	4.0	+3.1

3)护岸结构

根据功能需要,护岸分为斜坡式护岸和直立式护岸两种。斜坡式护岸单纯以抵御海浪为目的;直立式护岸除了抵御海浪之外,还兼有船舶靠泊功能。

(1)斜坡式护岸。

斜坡式护岸的结构分为两种形式,其设计意图是:对于迎面抵御外海强浪的外海侧位置,采用扭王字块护面,既可以抵御强浪,又不易外来者攀爬进入,可起到安全保卫作用;对于人工岛背面海浪较弱的位置,采用栅栏板护面,既可以抵御风浪,又易于人员攀爬,紧急时可作为车辆滚装抢险通道使用。按此构想,护岸的设计如下。

北、西、东护岸:护岸堤心石回填料采用 10~100kg 的开山石,其中海侧部分采用爆炸挤淤,陆侧采用抛填跟进。外侧永久护岸迎水面根据波浪条件的不同,护面块体分别采用7.0t、5.0t和3.0t扭王字块,坡度为1∶1.5。护面块体下分别设300～500kg、250～500kg和150～300kg护面块石垫层,护坦抛填100～200kg块石。护岸挡浪墙设计顶高程根据护岸所处位置波浪水深的不同分别取为+8.2m、+7.6m、+5.6m,交工标高分别为+9.9m、+9.3m、+7.3m,即预留土体沉降裕量1.7m;挡浪墙后护岸顶标高+2.10m,交工标高+3.80m。土体沉降预测分析详见第4章。

南护岸(即人工岛背面护岸):护岸堤心石回填料采用10～100kg的开山石,其中海侧部分采用爆炸挤淤,陆侧采用跟进回填开山石。迎水面护面块体为400mm厚的栅栏板,坡度为1∶1.5。护面块体下分别设50～100kg护面块石垫层,护坦抛填100～200kg块石。护岸挡浪墙顶标高+3.10～3.60m,挡浪墙后护岸顶标高+3.10m,交工顶标高+4.80m。

具体设计断面见图3-32。

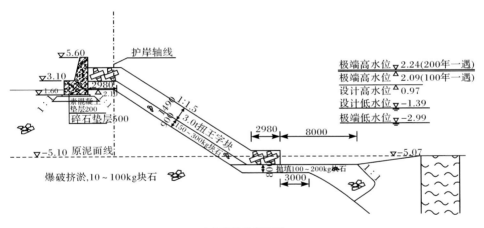

（a）东护岸断面图

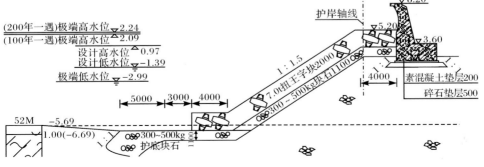

（b）北护岸断面图

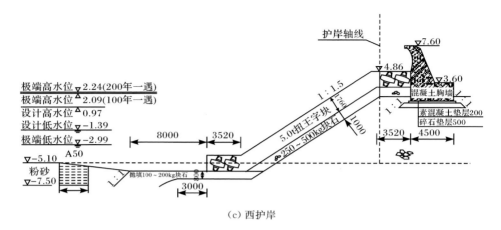

图 3-32　护岸结构初步方案（高程的单位：m；结构的单位：mm）

（2）直立式护岸（兼工作船码头）。

将软土层全部清除。基床抛填 10～100kg 的块石，厚度为 3.0m；海侧抛填 100～200kg 的块石及 400mm 厚的栅栏板护底。护岸断面主体结构为矩形沉箱，沉箱平面尺度为 13.6m×7.05m（不含趾），高度 7.3m，前趾 0.75m，沉箱单重 530t。

在地基处理方法上，根据场地的地质情况、自然条件、施工难易以及结合造价分析（表 3-26），爆炸挤淤抛石技术具有施工难度小、速度快、工程造价低等优点，因而采用了爆炸挤淤抛石方案，缺点是对水质污染严重。具体详见第 6 章。

表 3-26　斜坡式护岸基础处理方法优缺点比较

处理方案	优点	缺点
爆炸挤淤抛石	施工经验丰富，施工速度快，技术成熟，造价低	抛石量大，对周边环境影响大
塑料排水板	施工经验丰富，技术成熟	施工复杂，工期长，工程造价较高
大开挖抛石	施工经验丰富，技术成熟	抛石量大，挖泥量大，对周边环境影响大，工程造价高

3. 波浪数值计算

为了推算出工程位置的波要素，需要进行波浪数值计算。原始数据选择距离工程区 40km 的北隍城海洋站（N38°24′，E120°55′）。该站与金州湾同处渤海的一侧，波浪数据对工程区具有较强的代表性。具体计算分为远场和近场 2 个阶段，同时考虑浅水效应、折射、绕射、反射、底摩阻和波浪的非线性等要素。

1）远场波浪数学模型

远场波浪数值计算采用丹麦的 MIKE 21 软件。该软件采用谱波模型，考虑

了波浪的折射、底部损耗、波浪破碎、波流联合作用及风等因素对波浪传播的影响。谱波模型采用改进的 JONSWAP 谱,即

$$S(f) = \beta_J H_{1/3}^2 T_{H_{1/3}}^{-4} f^{-5} \exp\left[-1.25\,(T_P f)^{-4}\right] \gamma^{\exp\left[-(T_P f - 1)^2 / 2\sigma^2\right]} \tag{3-2}$$

$$\beta_J \approx \frac{0.06238}{0.230 + 0.0336\gamma - 0.185\,(1.9 + \gamma)^{-1}} \times (1.094 - 0.01915\ln\gamma) \tag{3-3}$$

$$T_P \approx \frac{T_{H_{1/3}}}{1.0 - 0.132\,(\gamma + 0.2)^{-0.559}} \tag{3-4}$$

$$\sigma = \begin{cases} 0.07, & f \leqslant f_P \\ 0.09, & f > f_P \end{cases} \tag{3-5}$$

式中,$H_{1/3}$ 为有效波高;T_P 为谱峰值周期;f_P 为谱峰值频率,谱峰升高因子;γ 取平均值 3.3,谱峰值周期取平均周期的 1.15 倍。

MIKE 21 中 NSW 模型的基本方程为

$$\frac{\partial(c_{gx} m_0)}{\partial x} + \frac{\partial(c_{gy} m_0)}{\partial y} + \frac{\partial(c_\theta m_0)}{\partial \theta} = T_0 \tag{3-6}$$

$$\frac{\partial(c_{gx} m_1)}{\partial x} + \frac{\partial(c_{gy} m_1)}{\partial y} + \frac{\partial(c_\theta m_1)}{\partial \theta} = T_1 \tag{3-7}$$

式中,$m_0(x, y, \theta)$ 为作用波谱的零阶矩;$m_1(x, y, \theta)$ 为作用波谱的一阶矩;c_{gx}、c_{gy} 为在 x、y 方向上速度分量;c_θ 为在 θ 方向上的波浪传播速度;x、y 为笛卡儿坐标;θ 为波浪传播方向;T_0、T_1 为源条件;c_{gx}、c_{gy}、c_θ 由线性波理论获得。

2) 近场波浪数学模型

近场波浪数值计算采用 MIKE 21 中 BW 模块模拟工程附近水域的波浪状况。该模型考虑了浅水效应、折射、绕射、反射、底摩阻和波浪的非线性等要素。数值模式的基本方程为

$$\begin{cases} \dfrac{\partial \zeta}{\partial t} + \dfrac{\partial P}{\partial x} + \dfrac{\partial Q}{\partial x} = 0 \\[2mm] \dfrac{\partial P}{\partial t} + \dfrac{\partial}{\partial x}\left(\dfrac{P^2}{d}\right) + \dfrac{\partial}{\partial y}\left(\dfrac{PQ}{d}\right) + gd\,\dfrac{\partial \zeta}{\partial x} + \psi_x = 0 \\[2mm] \dfrac{\partial Q}{\partial t} + \dfrac{\partial}{\partial x}\left(\dfrac{PQ}{d}\right) + \dfrac{\partial}{\partial y}\left(\dfrac{Q^2}{d}\right) + gd\,\dfrac{\partial \zeta}{\partial y} + \psi_y = 0 \end{cases} \tag{3-8}$$

式中,d 为水深;g 为重力加速度;ζ 为波面高度;(P, Q) 为在 x、y 方向上的速度通量;ψ_x 和 ψ_y 是色散项。

在计算区域范围内和给定的边界条件下,上述基本方程包含了波浪绕射、折射、反射、底摩擦和波浪破碎等各种波浪变形因素。其中,海底的摩擦因素采用国际上应用较多的方法求解:

$$\frac{\mathrm{d}E}{\mathrm{d}t} = -\frac{1}{8\sqrt{\pi}}\,\frac{f_e/2}{g}\left[\frac{\omega H_{\mathrm{rms}}}{\sinh(kd)}\right]^3 \tag{3-9}$$

式中，E 为单位宽度、垂直水柱内的波动能量；H_{rms} 为均方根波高；ω 为波动圆频率；f_e 为波动能量损失系数，其取值方法为

$$\begin{cases} f_e = 0.25, & a_b/k_n < 2 \\ f_e = \exp\left[-5.977 + 5.213\left(\dfrac{a_b}{k_n}\right)^{-0.194}\right], & a_e/k_n < 2 \end{cases} \tag{3-10}$$

式中，a_b 为海底水质点波动振幅；k_n 为 Nikuradse 糙率，MIKE 21 推荐值为 0.02；因海床底部摩擦造成的波高衰减，经 $\triangle x$ 的传播距离后，其波高折减率 H_f 表示为

$$H_f = \left[1 + \frac{64\pi^3}{3}\frac{f_e H \triangle x}{T^4 g^2}\frac{K_s^2}{\sinh(kd)}\right]^{-1} \tag{3-11}$$

式中，k 为波数；H 为波高；T 为波浪周期；d 为水深；K_s 为波浪浅水变形系数。

MIKE 21 数值模式计算得到波动能量损失系数 f_e 的变化范围为 0.020～0.045。目前工程上也有采用常摩擦系数（取 0.02）的方法。关于波浪在浅水区的破碎采用波能耗散表达式：

$$\frac{dE}{dt} = -\frac{\alpha}{8\pi}Q_b\omega H_{max}^2 \tag{3-12}$$

式中，dE/dt 为波能耗散；α 为系数，MIKE 21 软件程序中取 1.0；Q_b 为破波量；ω 为圆频率；H_{max} 为最大允许波高。

数值模拟中，最大允许波高 H_{max} 由下式计算：

$$H_{max} = \frac{\gamma_1}{k}\tanh\left(\frac{\gamma_2}{\gamma_1}kd\right) \tag{3-13}$$

式中，γ_1 和 γ_2 为考虑破波时状态系数，MIKE 21 软件系统推荐 $\gamma_1 = 1.0$，$\gamma_2 = 0.8$。

根据最大波高 H_{max} 和均方根波高 H_{rms} 的关系，有

$$\frac{1-Q_b}{\ln(Q_b)} = -\left(\frac{H_{rms}}{H_{max}}\right)^2 \tag{3-14}$$

3）边界条件

波浪数值计算中，取天然岸边界的波浪反射系数 $R = 0.5$，斜坡式护岸边界波浪垂直入射时反射系数 $R = 0.5$，直立式护岸边界波浪垂直入射时波浪反射系数 $R = 1.0$。顺岸边界传播时不考虑反射。波浪斜向入射时，依据边界类型适当调整反射系数。对于不同方向外海入射波浪，分别以大连地区北隍城和老虎滩两个水文站不同重现期外海波浪统计结果作为远场波浪入射边界。

4）计算结果

为了检验波浪数值计算结果的可靠性，采用金州湾棋盘磨波浪观测站（2005年4月1日～12月31日）的实测波高作为验证数据，将同期北隍城测波站实测波高作为外海波浪进行计算对比，发现 Nikuradse 糙率 k_n 取 0.018 时，计算结果与试验结果吻合最好（MIKE 21 推荐取值为 0.02），两者的比较见表 3-27。按照我国的有关规范，由人工岛平面形态，确定主要波向为 N、WNW、NW、W、WSW、SW。

根据工程需要,将人工岛护岸周边按构型共分为 37 个计算节点(图 3-33),分别得到各波浪方向各种工况下的波高值。因篇幅所限,仅列出不同重现期各护岸断面对应的波要素(表 3-28)。

表 3-27 波高计算值与实测值比较

波向	最大波高/m	
	实测值	计算值
NW	1.90	2.01
WNW	1.10	1.15
W	1.00	1.14

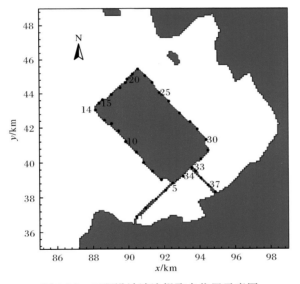

图 3-33 工程设计波浪提取点位置示意图

表 3-28 人工岛护岸处设计波高及周期

位置		西护岸				北护岸			东护岸北段
方向		SW	WSW	W	WNW	W	WNW	NW	N
$H_{13\%}$/m	A	3.18	3.18	3.20	3.50	3.16	3.38	3.39	1.90
	B	3.60	3.80	3.21	3.84	3.17	3.74	3.55	3.60
	C	3.65	4.89	3.31	4.14	3.26	4.05	3.64	3.65

位置		西护岸				北护岸			东护岸北段
方向		SW	WSW	W	WNW	W	WNW	NW	N
$H_{5\%}/m$	A	3.60	3.60	3.67	3.99	3.62	3.85	3.86	2.00
	B	4.00	4.31	3.70	4.35	3.63	4.23	4.04	2.20
	C	4.00	5.41	3.79	4.66	3.73	4.56	4.14	2.20
$H_{4\%}/m$	A	3.70	3.70	3.76	4.09	3.71	3.95	3.95	2.10
	B	4.10	4.41	3.80	4.46	3.73	4.33	4.13	2.30
	C	4.10	5.43*	3.89	4.77	3.83	4.66	4.24	2.30
$H_{1\%}/m$	A	4.20	4.20	4.27	4.62	4.21	4.46	4.46	2.40
	B	4.60	4.95	4.33	5.01	4.23	4.86	4.66	2.50
	C	4.60	5.43*	4.41	5.33	4.34	5.21	4.77	2.50
$\overline{T}/s$	A	8.50	8.7	7.7	9.1	7.7	9.1	10.9	5.10
	B	9.00	8.8	8.3	11.1	8.3	11.1	11.9	5.10
	C	9.00	8.8	8.7	11.9	8.7	11.9	12.3	5.10

注：A、B 和 C 分别表示极端高水位下重现期为 50 年、100 年和 200 年的波要素；* 表示波浪已经破碎。

经过模型计算结果和现场实测数据验证，得到如下全水域波浪场分布和设计波浪数值特征：

（1）工程设计波浪主要受 WSW～NW 方向外海波浪的控制。

（2）金州湾面向外海的方向上，波浪在湾口外深水区的传播过程中波高衰减不大。进入湾口后，较长重现期（50 年重现期以上）的波浪在 −8～−5m 等深线处的水域形成破碎带。工程水域波浪为破碎后形成的二次波。较短重现期的设计波浪（25 年重现期以下）为外海一次传播至工程水域的波浪，故西北、西南两处护岸在一定条件下将承受破碎波浪的作用。

（3）远海台风形成的涌浪可传递到大连水域，但辽东半岛的掩护使其影响不大，控制波浪为黄海、渤海水域的风成浪或混合浪。

（4）由于金州湾水域宽度逐步变窄，加之地形变化和周围岛屿作用，波浪由外海进入金州湾时，易在湾口附近 −30～−10m 等深线处水域产生波能集中的现象。该现象加快并加剧了波浪破碎的进程和强度，对减小高重现期（50 年重现期以上）的设计波高产生正面影响。

4. 护岸整体物理模型试验

在波浪数值模拟基础上，开展了波浪物理模型试验，主要目的是测定人工岛在不同设计标准下，东、西、北 3 个方向护岸及其连接处等不同段护面块体的稳定、波浪越浪量及越浪后作用于护岸顶胸墙上点压力的情况,为确定护岸断面尺度、挡浪墙高程等提供设计依据。

1) 试验要求、条件及方法

(1) 试验依据。

采用不规则波(JONSWAP 谱),按照我国交通运输部《波浪模型试验规程》(JTJ 234—2001)的相关规定进行。试验采用的正态模型考虑试验场地长度和研究范围等因素,模型比尺采用 1:60,模型试验有效范围为北护岸全部、东护岸北段 2.6km、西护岸北段 3.8km 的区域。

根据设计要求,试验波浪重现期分别为 50 年、100 年和 200 年。由工程现场地形,确定波向为 N、WNW、NW、W、WSW、SW。

整个模型试验划分为两个部分分别进行:

① 西、北护岸及连接段,考虑 SW、WSW、W、WNW 和 NW 方向入射波浪;

② 北、东护岸及连接段,考虑 NW 和 N 方向入射波浪。

(2) 模型试验测定内容。

试验组次包含了 6 种工况的组合,这在常规工程的同类试验中未曾采用过。曾经考虑重现期是否只选取双 50 年、双 100 年和双 200 年,但其他种组合也可能有较大的出现概率,所以有必要分别考虑。试验主要采用不规则波,以不同波向对拟建人工岛护岸进行波浪上水试验,检测不同位置上水量,观察不同位置处护面块体稳定情况等。这些工况的组合如下。

工况一:重现期 50 年极端高水位＋重现期 50 年设计波要素。

工况二:重现期 50 年极端高水位＋重现期 100 年设计波要素。

工况三:重现期 50 年极端高水位＋重现期 200 年设计波要素。

工况四:重现期 100 年极端高水位＋重现期 100 年设计波要素。

工况五:重现期 100 年极端高水位＋重现期 200 年设计波要素。

工况六:重现期 200 年极端高水位＋重现期 200 年设计波要素。

(3) 试验设备和测试仪器。

试验水池长 63m、宽 38m、深 1.0m。水池一端配备可移动摇摆式不规则波造波机,能产生不规则波浪。水池尾部安装有效能网等消能设备,以减少波浪反射。模型波高采用 BG-1 型波高传感器采集系统,以电容式传感器测波,自动采集波高、波峰面高度与波周期数据。

(4) 试验模型分区及各区有效范围。

由于人工岛面积达 20km²,即使采用可允许的最大模比,也没有足够面积的室内水池可供使用,因此结合试验场地条件,将试验模型分为两个区域:①西、北护岸区,试验有效范围包括北护岸 2.5km、西护岸 3.8km 及西北护岸拐角;②北、东护岸区,试验有效范围包括北护岸 2.3km、东护岸 2.6km(图 3-34)。

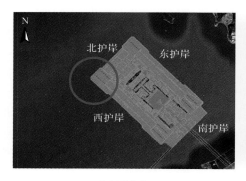

（a）西北角　　　　　　　　　　　　　（b）东北角

图 3-34　模型试验重点关注部位

（5）模型设计与制作。

模型按重力相似准则设计，结构断面尺寸满足几何相似，各比尺关系如下：

$$\lambda = \frac{l_\mathrm{p}}{l_\mathrm{m}} \tag{3-15}$$

$$\lambda_\mathrm{t} = \lambda^{1/2} \tag{3-16}$$

$$\lambda_\mathrm{H} = \lambda \tag{3-17}$$

$$\lambda_\mathrm{T} = \lambda^{1/2} \tag{3-18}$$

$$\lambda_\mathrm{F} = \lambda^3 \tag{3-19}$$

$$\lambda_\mathrm{q} = \lambda^{3/2} \tag{3-20}$$

式中，λ 为模型长度比尺；l_p 为原型长度；l_m 为模型长度；λ_t 为时间比尺；λ_H 为波高比尺；λ_T 为波周期比尺；λ_F 为力比尺；λ_q 为单宽流量比尺。试验模型的参数换算汇总于表 3-29。

表 3-29　试验用比尺汇总

比尺	符号	缩尺比
长度比尺	λ	60
时间比尺	λ_t	7.75
波高比尺	λ_H	60
周期比尺	λ_T	7.75
力比尺	λ_F	216000
单宽流量比尺	λ_q	464.76

（6）波浪模拟。

根据试验技术要求，波谱解析式见式（3-2）～式（3-5）。

有效波高与最大波高的关系由下式确定：

$$H_{\max} \approx H_{1/3} \times 0.682\,(\ln N_0)^{0.468}\left(1 + \frac{\gamma_0}{2.138\ln N_0}\right) \tag{3-21}$$

式中，$\gamma_0 = 0.5772$，为欧拉常数；N_0 为每一序列中的波浪个数，试验中的波浪个数为 $100 \sim 120$ 个。

为了提高模拟精度，按照不同的波浪入射方向移动造波机，使各方向的波浪生成均为正向造波。依据试验要求，共移动造波机 6 次，具体情况见图 3-35。

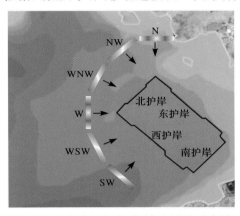

图 3-35　造波机生成不同方向波浪示意图

试验中，对不规则波采用频谱模拟，将给定的有效波高及周期输入计算机，经修正后，使峰频附近谱密度、峰频、谱能量、有效波高等满足试验规程要求。试验时，通过人工调整模拟信号控制序列的随机数，保证模拟的波列中 1％ 累计频率波高的误差小于 3％，有效波高误差小于 2％，模拟波列长度都保持在 100 个波数以上，将最后得到的造波参数存储在计算机中，依据确定的造波信号进行造波。图 3-36 和图 3-37 为 W 向、50 年—遇极端高水位、100 年—遇波浪下，北护岸与西护岸夹角处中心点率定时波面随时间的变化过程和目标谱与实际模拟谱的对比。

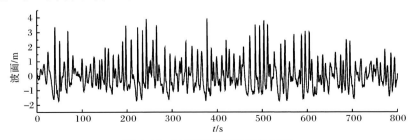

图 3-36　波面随时间的变化过程

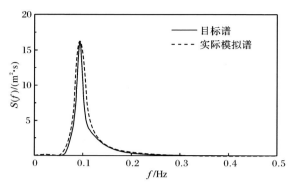

图 3-37　目标谱与实际模拟谱的对比

（7）模型试验。

① 护面块体稳定性试验。

试验时,水位由高至低变化。每个设计水位条件下模拟原型波浪作用的时间为 1h,每组试验至少重复 3 次。当 3 次试验结果差别较大时,增加试验重复次数。稳定判断标准为块体对护面表面形状有所改变但不失去其护面功能,且其失稳率≤2%时,则判定其稳定。

失稳率采用下式计算:

$$n = \frac{n_d}{N_1} \times 100\% \qquad (3-22)$$

式中,n 为失稳率(%);n_d 为静水位上、下各 1 倍设计波高范围内失稳的块体数;N_1 为静水位上、下各 1 倍设计波高范围内的块体总数。

② 护底块石、抛石棱体稳定性试验。

水位由高至低变化,每个设计水位条件下模拟原型波浪作用的时间为 1h。波浪累积作用下观察棱台形状的改变情况,依据其表面是否发生明显变形,对其稳定性进行判断。

③ 挡浪墙稳定性试验。

试验时,在设计高水位和极端高水位条件下进行。每个水位条件下模拟原型波浪作用的时间为 2h,通过观察其移位情况进行判断。若试验中挡浪墙位置变化或倾斜,则判定其失稳;当波浪累积作用下出现局部缝隙加大至块体边长度的 50%以上时,也判定其失稳;若块体没有位移,则判定其稳定。

2）试验结果及分析

（1）北护岸与西护岸连接段。

北护岸与西护岸连接段是人工岛最容易发生危险的部位。该段采用堤身为 7t 扭王字块带有弧形挡浪墙的斜坡堤,主要受 WNW、W 和 WSW 向波浪作用,

WNW 向波浪试验在 200 年重现期波浪下出现连接段挡浪墙移动失稳,越浪范围沿护岸约 18m(图 3-38 和表 3-30)。

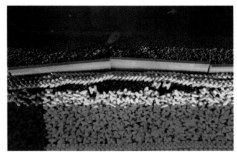

　(a) 北护岸与西护岸连接段模型　　　　　　　(b) 挡浪墙出现失稳

图 3-38　WNW 向、200 年重现期极端高水位、200 年重现期波要素下试验

表 3-30　北护岸与西护岸连接段 WNW 向波浪作用时试验结果

波向	水位	波高	护岸各单元稳定情况			越浪情况
			300～500kg 护底块石	7t 扭王字块	挡浪墙	
WNW	极端高水位(50 年)1.97m	(50 年)$H_{1\%}=4.46$m;$H_{13\%}=3.38$m;$\overline{T}=9.1$s	稳定	稳定	稳定	无
		(100 年)$H_{1\%}=4.86$m;$H_{13\%}=3.74$m;$\overline{T}=9.1$s	稳定	稳定	稳定	进溅
		(200 年)$H_{1\%}=5.21$m;$H_{13\%}=4.05$m;$\overline{T}=9.1$s	稳定	稳定	有松动	越浪范围 18m
	极端高水位(100 年)2.09m	(100 年)$H_{1\%}=4.86$m;$H_{13\%}=3.74$m;$\overline{T}=9.1$s	稳定	稳定	有松动	越浪范围 6m
		(200 年)$H_{1\%}=5.21$m;$H_{13\%}=4.05$m;$\overline{T}=9.1$s	稳定	稳定	有松动	越浪范围 18m
	极端高水位(200 年)2.24m	(200 年)$H_{1\%}=5.21$m;$H_{13\%}=4.05$m;$\overline{T}=9.1$s	稳定	稳定	失稳	越浪范围 18m

挡浪墙失稳的原因,基本上是由挡浪墙背浪侧回填块石对挡浪墙支撑不够造成的(注:原设计中此段为纳泥区,故未形成回填土压力支撑)。将挡浪墙后的回填石顶高程由原来的 2.10m 抬高至 3.60m,与挡浪墙趾平齐后再进行试验,结果表明,挡浪墙和护岸块体均保持稳定。这一结果表明,在挡浪墙段形成后,需要尽快加

厚后方回填石方,以避免被浪打垮。连接段挡浪墙断面如图3-39所示。

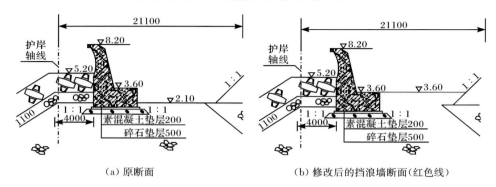

（a）原断面　　　　　　　　　（b）修改后的挡浪墙断面（红色线）

图3-39　连接段挡浪墙断面图（高程的单位:m;结构的单位:mm）

（2）西护岸。

西护岸采用与北护岸同一断面结构,但堤身采用5t扭王字块及带有弧形挡浪墙的斜坡堤,主要受 W 和 WSW 向波浪作用。以最不利的 WSW 向波浪在200年重现期下进行试验,挡浪墙出现移动失稳,扭王字块被打落,失稳率超过5%以上,整个护岸沿程均发现有越浪（表3-31和图3-40）。

表3-31　西护岸 WSW 向波浪作用下试验结果

波向	水位	波高	护岸各单元稳定情况			越浪情况
			$300\sim500$kg 护底块石	7t 扭王字块	挡浪墙	
WSW	极端高水位 (50年)1.97m	（100年）$H_{1\%}=4.95$m; $H_{13\%}=3.80$m;$\overline{T}=8.8$s	稳定	稳定	有松动	越浪范围 360m
		（200年）$H_{1\%}=5.43$m; $H_{13\%}=4.89$m;$\overline{T}=8.8$s	稳定	失稳	移动	整个护岸均有越浪
	极端高水位 (100年)2.09m	（100年）$H_{1\%}=4.95$m; $H_{13\%}=3.80$m;$\overline{T}=8.8$s	稳定	失稳	有松动	越浪范围 360m
		（200年）$H_{1\%}=5.43$m; $H_{13\%}=4.89$m;$\overline{T}=8.8$s	稳定	失稳	有松动	整个护岸均有越浪
	极端高水位 (200年)2.24m	（200年）$H_{1\%}=5.43$m; $H_{13\%}=4.89$m;$\overline{T}=8.8$s	稳定	失稳	失稳	整个护岸均有越浪

将西护岸的5t扭王字块改为7t扭王字块,并将挡浪墙后回填石顶高程抬高至3.6m再次试验。结果表明,块体和挡浪墙均稳定,越浪范围也明显缩小,仅在200年重现期极端高水位及200年重现期波浪情况下有约120m范围的越浪。

（a）块体和挡浪墙发生移动　　　　　　（b）试验现场讨论（右二为作者）

图 3-40　WSW 向、200 年重现期极端高水位、200 年重现期波要素下试验

5. 护岸结构断面物理模型试验

1）试验要求、条件及方法

按照试验要求及条件制作初始模型，采用不规则波、JONSWAP 谱分别以不同波向对拟建人工岛护岸断面进行波浪上水试验；收集挡浪墙处上水量，观察不同护面块体的稳定情况。现仅以西护岸北段为例进行分析，分为两种情况：西护岸北段护岸块体 7t，挡浪墙高程提高到＋8.2m；增设护岸戗台，护岸块体 7t，挡浪墙高程降低到＋7.6m。每个断面试验考虑最不利波向，具体位置参见图 3-41。

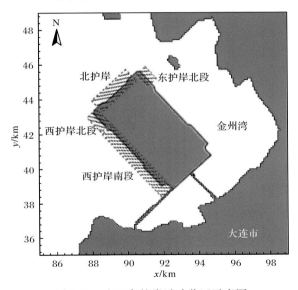

图 3-41　人工岛护岸试验分区示意图

根据不同断面形式以及块体大小,模型采用 1∶21.5、1∶25.5、1∶28.5 三种不同比尺。扭王字块体模型采用混凝土添加少量铁粉制成,除保证外形几何尺寸相似外,还保证重心位置及重量相似。挡浪墙模型采用钢筋混凝土制作,其外形尺寸完全按照既定的几何比尺缩小,同时保证重量及重心相似。

2) 试验结果辨识

进行护岸稳定性试验时,每个水位条件下模拟波浪的作用时间为 3h,以便观察断面在波浪累积作用下的变化情况。对于护面块体的稳定性试验,根据波浪试验规程规定,每组至少重复 3 次。当 3 次试验现象差别较大时,增加重复次数。每次护面块体均需重新摆放。

(1) 护面块体稳定性判断。

当护面块体表面形状有所改变,且其失稳率≥2%时,则判定其为失稳。

(2) 护底块体、抛石棱体稳定性判断。

在波浪累积作用下,观察护面形状的改变情况,依据其表面是否发生明显变形判断其稳定性。

(3) 挡浪墙稳定性判断。

挡浪墙稳定性根据其移位情况进行判断,试验中当位移变化达到块体边长一半以上以及滑落或跳出时,即判定其失稳。在波浪累积作用下,出现局部缝隙加大至块体边长一半以上,也判定其失稳。失稳后对断面进行重复试验,若再失稳,则判定其断面失稳;若各块体没有位移,则判定其稳定。

(4) 堤顶越浪量测定。

越浪量的测定方法是在堤顶上方用接水装置接取越浪水体,然后测量水体的重量或体积得到越浪量。接取一个完整波列越浪水体作为相应历时的总越浪量,然后换算成单位宽度平均越浪量。按相似准则,将模型越浪量换算成原型越浪量。单宽平均越浪量按下式计算:

$$q = \frac{V}{bt} \tag{3-23}$$

式中,q 为单宽平均越浪量[m³/(s·m)];V 为 1 个波列作用下总越浪量(m³);b 为收集越浪量的接水宽度(m);t 为 1 个波列作用的持续时间(s)。

3) 试验结果及分析

(1) 西护岸北段 WSW 向波浪作用试验。

西护岸北段堤身以扭王字块为主并带有弧形胸墙斜坡堤,顶面高程为+8.2m,WSW 为强浪向。

① 稳定性结果。

西护岸北段模型的摆放见图 3-42(a)。以六种工况波浪持续作用 3h,将扭王字块从 5t 增加到 7t 后,未发现扭王字块滚落,护底块石也保持稳定,未丧失其护底功能,与整体物模试验结果一致。

② 越浪量结果。

在 WSW 向浪作用下,50 年一遇极端高水位下的三种重现期波高以及 100 年一遇极端高水位、100 年一遇波高下越浪量均为 0;100 年一遇极端高水位、200 年一遇波高下的越浪量为 0.0003m³/(s·m),最大跃舌高度为 1.0m,最大跃长为 0.8m;200 年一遇极端高水位、200 年一遇波高下的越浪量为 0.0003m³/(s·m),最大跃舌高度为 1.4m,最大跃长为 1.2m。图 3-42(b)为西护岸北段在 200 年重现期极端高水位和 200 年重现期波高作用下的越浪情况。六种工况下的波浪越浪试验结果见表 3-32。

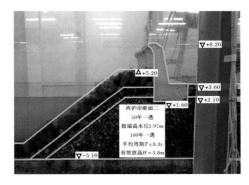

(a) 模型断面   (b) 越浪情况

图 3-42 西护岸北段越浪试验

表 3-32 西护岸北段越浪量统计

波向	水位	波高	最大跃舌高度/m	最大跃长/m	越浪量/[m³/(s·m)]
WSW	(50 年)1.97m	(50 年)$H_{13\%}$=3.18m; $\overline{T}$=8.7s	0	0	0
		(100 年)$H_{13\%}$=3.80m; $\overline{T}$=8.3s	0	0	0
		(200 年)$H_{13\%}$=4.89m; $\overline{T}$=8.8s	0	0	0
	(100 年)2.09m	(100 年)$H_{13\%}$=3.80m; $\overline{T}$=8.3s	0	0	0
		(200 年)$H_{13\%}$=4.89m; $\overline{T}$=8.8s	1.0	0.8	0.0003
	(200 年)2.24m	(200 年)$H_{13\%}$=4.89m; $\overline{T}$=8.8s	1.4	1.2	0.0003

（2）西护岸北段戗台方案 WSW 向波浪作用试验。

① 稳定性。

西护岸北段戗台方案主体采用 100～200kg 的护底块石、300～500kg 的垫层块石、7t 扭王字块、弧形胸墙和带有戗台的斜坡堤，主要受到 WSW 向波浪的正向作用。表 3-33 为西护岸北段戗台方案护底块石、扭王字块和胸墙的稳定情况，从表中可知在六种不同工况下护底与垫层块石、7t 扭王字块和胸墙均保持稳定。

表 3-33　西护岸北段戗台方案结构稳定情况

波向	水位	波高	护岸各单元稳定情况		
			100～200kg 护底块石	7t 扭王字块	胸墙
WSW	（50 年）1.97m	（50 年）$H_{13\%}=3.18\mathrm{m};\overline{T}=8.7\mathrm{s}$	稳定	稳定	稳定
		（100 年）$H_{13\%}=3.80\mathrm{m};\overline{T}=8.3\mathrm{s}$	稳定	稳定	稳定
		（200 年）$H_{13\%}=4.89\mathrm{m};\overline{T}=8.8\mathrm{s}$	稳定	稳定	稳定
	（100 年）2.09m	（100 年）$H_{13\%}=3.80\mathrm{m};\overline{T}=8.3\mathrm{s}$	稳定	稳定	稳定
		（200 年）$H_{13\%}=4.89\mathrm{m};\overline{T}=8.8\mathrm{s}$	稳定	稳定	稳定
	（200 年）2.24m	（200 年）$H_{13\%}=4.89\mathrm{m};\overline{T}=8.8\mathrm{s}$	稳定	稳定	稳定

② 西护岸北段戗台方案越浪结果。

图 3-43（a）为戗台方案断面图，图 3-43（b）为西护岸北段戗台摆放形式，图 3-43（c）为 200 年重现期极端高水位及 200 年重现期波要素作用下的越浪情景，测得的数据见表 3-34。

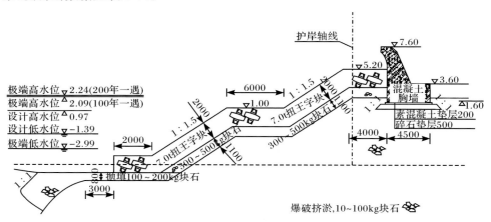

（a）戗台方案断面图

(b) 饯台摆放　　　　　　　　　　　(c) 越浪情景

图 3-43　西护岸饯台方案试验(高程的单位:m;结构的单位:mm)

表 3-34　挡浪墙越浪量统计

波向	水位	波高	最大跃舌高度/m	最大跃长/m	越浪量/$[m^3/(s \cdot m)]$
WSW	(50 年)1.97m	(50 年)$H_{13\%}=3.18m;\overline{T}=8.7s$	0	0	0
		(100 年)$H_{13\%}=3.80m;\overline{T}=8.3s$	0.3	0.5	0.0010
		(200 年)$H_{13\%}=4.89m;\overline{T}=8.8s$	0.5	0.6	0.0010
	(100 年)2.09m	(100 年)$H_{13\%}=3.80m;\overline{T}=8.3s$	0.8	0.8	0.0020
		(200 年)$H_{13\%}=4.89m;\overline{T}=8.8s$	1.3	1.0	0.0020
	(200 年)2.24m	(200 年)$H_{13\%}=4.89m;\overline{T}=8.8s$	1.8	1.5	0.0030

③ 饯台加宽后越浪量结果。

将饯台宽度增加至 15m(图 3-44),测得的越浪量见表 3-35。从表中可以看到,西护岸北段饯台的宽度由 6m 增至 15m 后,越浪量有所减小。在 200 年重现

图 3-44　饯台加宽后越浪情景

期极端高水位及 200 年重现期波要素作用下,越浪量由 0.003m³/(s·m)减少到 0.0012m³/(s·m);最大跃舌高度由 1.8m 减少到 1.0m;最大跃长由 1.5m 降至 0.9m。这一试验结果说明,要降低挡浪墙高度并同时减少越浪,加宽戗台是一种有效的方法。这对降低跑道端部挡浪墙,提高飞机起降的安全性至关重要。

表 3-35　戗台加宽后挡浪墙越浪量统计

波向	极端高水位	波宽	最大跃舌高度/m	最大跃长/m	越浪量/[m³/(s·m)]
WSW	(50 年)1.97m	(50 年)$H_{13\%}$=3.18m;$\overline{T}$=8.7s	0	0	0
		(100 年)$H_{13\%}$=3.80m;$\overline{T}$=8.3s	0	0	0
		(200 年)$H_{13\%}$=4.89m;$\overline{T}$=8.8s	0	0	0
	(100 年)2.09m	(100 年)$H_{13\%}$=3.80m;$\overline{T}$=8.3s	0	0	0
		(200 年)$H_{13\%}$=4.89m;$\overline{T}$=8.8s	0.8	0.5	0.0010
	(200 年)2.24m	(200 年)$H_{13\%}$=4.89m;$\overline{T}$=8.8s	1.0	0.9	0.0012

4) 理论计算结果对比

为了判断试验结果的合理性,采用《海港水文规范》(JTJ 145-2—2013)及经验公式(Owen 法)分别对越浪量进行验算对比,计算公式为

$$q = (0.07^{H'_C/H_{1/3}})\exp\left(0.5 - \frac{b_1}{2H_{1/3}}\right)$$

$$\cdot BK_A \frac{H_{1/3}^2}{T_P}\left[\frac{0.3}{\sqrt{m}} + \tanh\left(\frac{d}{H_{1/3}} - 2.8\right)^2\right]\ln\sqrt{\frac{gT_P^2 m}{2\pi H_{1/3}}} \tag{3-24}$$

$$\frac{q}{\overline{T}gH_s} = A\exp\left(-B\frac{R_C}{\overline{T}\sqrt{gH_s}}\right) \tag{3-25}$$

式中,q 为越浪量;m 为海堤临海侧的坡度;d 为堤前水深;K_A 为护面结构影响系数;H'_C 为堤顶有挡浪墙时,挡浪墙顶面在静水面上的高度;H_s 为有效波高;b_1 为堤顶有挡浪墙时,临海侧堤肩宽度;T_P 为谱峰周期;A、B 为经验系数,与海堤坡度有关。

计算结果如表 3-36 所示。由于 Owen 法一般用于堤顶未设挡浪墙的工程,故计算结果误差较大。相对而言,按《海港水文规范》(JTS 145-2—2013)公式计算的结果与物模试验更接近。另外,将各断面在不同工况下试验得到的越浪量进行对比,发现波高重现期加长后,极端高水位重现期的越浪量明显增加,说明波要素对越浪量更为敏感。

表 3-36 不同工况下各断面越浪量试验与计算结果对比 [单位:m³/(s·m)]

工况		工况一	工况二	工况三	工况四	工况五	工况六
		50 年/50 年	50 年/100 年	50 年/200 年	100 年/100 年	100 年/200 年	200 年/200 年
西护岸北段	a	0.0000	0.0000	0.0000	0.0000	0.0003	0.0003
	b	0.0000	0.0001	0.0014	0.0001	0.0021	0.0022
	c	0.0287	0.0292	0.0298	0.0301	0.0306	0.0307

注:①表中 a、b、c 分别表示试验值、《海港水文规范》(JTS 145-2—2013)和 Owen 法的计算结果;②50 年/50 年表示极端高水位重现期 50 年及波高重现期 50 年,余同。

5) 小结

(1) 以六种工况波浪持续作用 3h,将扭王字块设定至 7t 后,未发现扭王字块滚落,护底块石也保持稳定,未丧失其护底功能,与整体物模试验结果一致。

(2) 人工岛西护岸北段主体采用扭王字块为主并设带有弧形或直立型挡浪墙的斜坡堤,按其设计断面采用规范公式计算得到的越浪量和物模试验得到的越浪量结果基本接近,最大越浪量均小于设计允许值,说明断面设计是可行的。

(3) 将各断面不同工况下越浪量的试验结果进行对比,可以看到波浪重现期延长比水位重现期延长引起越浪量的提高幅度更明显,说明波要素重现期标准是控制挡浪墙设计尺度的重要因素。

(4) 增加戗台宽度能有效减少越浪的发生。例如,将戗台宽度由 6m 增至 15m,最大越浪量可减少至 0.0012m³/(s·m),最大跃舌高度和最大跃长分别减少至 1.0m 和 0.9m。这一试验结果对降低或不设挡浪墙具有重要的参考意义。

需要指出的是,从实际情况考虑,由于极端高水位持续时间很短,因此即使出现短期越浪也不会在机场内部引起较多积水,此时排水系统能够发挥有效的作用。而且,重现期 200 年极端高水位下同时出现同样重现期波浪的概率也极小,因而属于极端情况,不宜过分强调其结果。图 3-45 为试验现场。

(a) 试验水槽全景　　　　　　　　(b) 模型制作(右一为作者)

图 3-45 护岸越浪量试验现场

第4章 软基沉降

4.1 基本问题

所谓软土,一般是指天然含水量大、压缩性高、强度低、触变性高、渗透性低的软塑到流塑状态的黏性土,以及在静水或缓慢的流水环境中沉积,经生物、化学作用而形成的细粒土。

通常,自然地理环境分为大陆环境、海洋环境与海陆过渡环境。其中,大陆环境包括沙漠、河流、湖泊、冰川和沼泽等;海洋环境包括滨海、浅海、半深海和深海等;海陆过渡环境包括三角洲和潟湖等。沉积相一般分为大陆环境沉积相(陆相)、海洋环境沉积相(海相)和海陆过渡相三种类型。

海域地质表层一般为滨海相沉积,又称海岸带沉积。沉积在海底的各种物质,包括来自陆上的碎屑物、海洋生物骨骼和残骸、火山灰和宇宙尘等,具有表征海洋环境的一系列岩性特征和生物特征。经过往复不断的潮汐振荡,以及海水浮力形成的泥沙悬浮态海洋动力过程,海洋中沉积物的成分通常较为单一,颗粒相差不大且较细,分选良好,沉积物的成分中黏土占多者尤为常见。

当人工岛机场基底存在大量软土层时,减少地基沉降最直接有效的方法是将其全部清除,然后置换为压缩变形较小的石料。但这样做不仅经济代价巨大,而且对环境的污染也难以估量。因此,对于人工岛场区下部存在的软土层,多数还是要以排水固结的方式进行处理,这一过程可能要持续十几年甚至几十年。如果软土层厚度不均,排水通道及上部荷载存在差异,那么会表现为不均匀沉降,这将对狭长的跑道在使用功能上产生极大影响,对飞机起降安全造成威胁。

可以说,地基沉降是建设人工岛机场所面临的最严峻问题之一。避开海底软土层,选择天然岛屿作为依托,这当然最为理想。但是,受飞行空域、自然水深和岸线距离等各种因素的制约,在选址区域几乎不可能恰好存在合适的岛屿,因此,在已建人工岛机场中最终不得已选择以深厚软土为基础的仍占多数。

研究表明,岩土是地质的历史产物,各种土的颗粒大小和矿物成分差别很大,土的三相间质量和体积比例不尽相同。土粒与其周围水分发生的物理和化学作用,使土体力学性质十分复杂,不仅不同地点土体的性质差别很大,即使同一地点,同一土层,其性质也随位置而变化,因而对土体力学性质的认识更加困难。

对地基沉降进行预测,一直是人们探索的重要内容,自 1923 年 Terzaghi 固结理论问世以来,各种预测理论和方法已有很大进展。归纳起来,大体上可分为基于土体固结压缩原理的理论计算和结合实测沉降资料进行预测两类。

根据土力学的相关理论,现已公认可将软土沉降分为瞬时沉降、主固结沉降和次固结沉降(蠕变)。所谓瞬时沉降,是指在外荷载施加的瞬间,饱和软土中孔隙水还来不及排出时所发生的沉降变形,此时,土体只发生形态变化,尚没有体积变化,因而又称此种变形为剪切变形。所谓主固结沉降,是指荷载作用于软土层后,随着时间的推移,在外荷载不变的情况下,软土层中孔隙水不断排出后所发生的沉降变形。这一过程起于荷载施加之初,止于由荷载引起的孔隙水压力完全消散之时,是土体沉降变形的主要部分。所谓次固结沉降,是指在孔隙水压力基本消散后,主要由土粒表面结合水膜发生的蠕变以及土体微结构变形等引起的变形,它随着时间极其缓慢地变化。回顾国外已建机场人工岛对地基沉降预测的前期工作,会发现对软土地基的瞬时沉降和主固结沉降已有大量研究,取得了较好成果。但对于次固结沉降,则缺乏深入的研究甚至忽略,其主要原因是由于次固结沉降的速率非常慢,而且沉降量的幅度远小于主固结沉降,工程完成后初期对建筑物的影响几乎难以察觉,再加上对软土蠕变还缺少足够的理论研究及实际检测,所以通常对此仅增加一项估计值。实践表明,人们的确过低地估计了土体蠕变的后果,因而导致了今天的被动。

机场跑道这一特殊结构对土体沉降的敏感性,使得人们有必要对地基的次固结沉降予以更为深入的研究。尤其是关西国际机场经历了一定时间的使用期,软土蠕变的累积效应已清晰地显现出来,此前未加重视的次固结沉降累积超过了2m,其后果难以估量。这说明,在进行机场人工岛沉降分析时,软土地基蠕变的累积效应在设计之前就必须研究清楚,这是提高预测结果可靠性的重要内容。

除了地基沉降变形之外,人工岛外围护岸的水平侧移也是容易忽略的问题之一。可以大胆试想,当海底软土层极其深厚时,应力路径始终向下传递,其侧向位移可能并不明显,但如果海底软土下部存在基岩,人工又无力将软土完全挖除时,人工岛上部荷载向下传递至基岩后便会向周边扩散,于是便可能产生侧向挤压效应。这时,土体变形还会继续拓展,周边的护岸结构受软土侧向变形影响,就有可能出现一定程度的侧移。例如,大连新机场人工岛在地下 80～100m 处存在基岩,因而可以推断其护岸有可能在远期出现微小侧移,这一推测有待于时间去验证。

4.1.1　地质数据获取

可以说,目前最大的问题不仅是地质条件不尽如人意,还有科学知识和技术的匮乏。且不说在理论上对土的力学性质所知甚浅,即便是地质勘探技术也有明显的缺陷,存在一系列的不确定性。例如,在测试地基土变形指标的过程中,就存在土样取样过程中无法回避的扰动问题,难以获得高质量的原状土。而且,由于取土器类型、规格及各单位技术水平参差不齐,取土方法具有较大的随意性,如果土层的室内试验数据缺少外业原位测试数据的比对和综合分析,便难以对土样的扰动程度进行评价,因而无法对大量室内试验数据的合理性进行更准确的校核,得到的试验数据可信度较差。为认识以上问题的严重性,作者曾特地在现场进行了对比试验,结果误差很大,反复校对调整也无法解决,最终无奈结束(详见 8.1.3 节)。在并不确切而又十分敏感的数据基础上进行地基沉降分析,其结果的可信度必然是有限的。

为了使以上问题得以改善,在地质勘探的诸多方法中,最理想的选择是现场原位测试。这是现场原位测试能够基本保持土体的天然结构、天然含水量以及天然应力状态,使载荷试验、触探试验、标准贯入试验、十字板剪切试验、扁铲侧胀试验、旁压试验、波速测试及剪切试验等能够尽可能避免取样以及在室内试验过程中产生土样扰动和应力状态的改变。

1. 旁压试验

旁压试验是现代原位测试的方法之一,可以直接在土层中进行,具有原位、准确、测试深度大等特点。它利用可膨胀的圆柱形旁压器在预钻孔内对孔壁施加压力,使孔壁产生变形,通过控制装置测读压力及相应变形,得到表征土体变形和压力关系的旁压曲线,根据其特征值(如初始压力、临塑压力、极限压力及其对应变形)计算各土层的旁压模量,由经验公式推算土层的变形参数。在操作上,将圆柱形旁压器竖直放入土中,使孔壁土体发生径向变形直至破坏,利用量测仪器测得压力和径向变形的关系,据此评估其物理状态,确定土体的强度参数、变形参数、地基承载能力、建筑物基础沉降以及侧向地基反力系数等。这一方法的主要优点如下:

(1) 可在不同深度、任何指定的位置进行试验,且不受地下水的限制;

(2) 与其他原位测试相比,旁压试验的测试深度大,可用于较难测试的松散地层;

(3) 与室内试验相比,旁压试验涉及的试样要大得多,且扰动较小;

(4) 除了能测定土的横向压缩性外,还能测定原位侧压力系数 K_0、强度参数及应力应变关系。

旁压试验起源于德国,20 世纪 60 年代初已在欧洲和日本得到了广泛应用。我国从 20 世纪 70 年代开始开展旁压试验,经过几十年的应用和推广,该方法已成为地基勘察与基础设计实用、可靠的方法,被广泛应用于评价地基的地质条件、划分土层、判别土的状态、分析土的应力历史、计算土的强度指标和变形参数、确定地基承载力等各个方面。

2. 静力触探试验

静力触探试验(cone penetration test,CPT)也是一种常用、可靠的原位测试方法。其工作原理是:利用静压力将圆锥形金属探头压入土中,通过测得贯入阻力来判定土体的力学特性。该方法适用于软土、一般黏性土、粉土、砂土和含少量砂石的黏性土等多种土层,能间接确定土的状态指标、强度指标、变形指标等,也可以推算工程设计参数(如地基承载力、桩承载力等)。

目前,我国 CPT 技术的应用水平与国外有较大差距,主要有:①国外 CPT 测试成果在确定土体工程性质的各方面均有应用,CPT 探头已发展到能够对锥尖阻力、侧摩阻力、孔隙水压力、纠偏校正等信息进行综合探测,可测试土的初始状态、变形特性、强度特性(抗剪强度)、渗流与固结、环境状态等,成果的一致性和可靠性较为稳定;国内 CPT 用单、双探头探测锥尖和侧摩阻力,应用中主要关注土体的初始状态和强度,对土体变形、渗透及固结的研究很少,我国的规范对 CPT 标准没有做出严格规定,成果应用缺乏统一标准;②国外 CPT 的应用建立在较完善的理论和大量的实践基础之上,我国还处于靠经验和钻探相对比来判断地层划分和分析土体强度指标;③国外在海上的静力触探测试技术已非常成熟,我国因海上静探测试成本昂贵、设备不过关等原因未广泛采用。

总之,我国海洋工程开展原位测试的还较少,水上作业的设备、仪器落后,在针对吹填软土和深厚黏土层土样的获取方法、土样扰动度的鉴定手段以及原位测试与室内土工试验指标之间的相关性等还缺乏相应研究。

4.1.2　地基沉降数值分析

1. 计算方法

目前,计算土体变形较为成熟的方法大致分为两类:一类是通过室内一维或三维固结试验,将试验得到的土工参数代入由压缩规律推导的公式中进行分析;另一类是利用有限元等数值方法求解。基于 Biot 固结理论,许多学者研究了三维固结对竖向沉降的影响,并提出相应的沉降计算方法,如 Skempton-Bjermm 法以及黄文熙等提出的三维沉降法等。对于侧向变形对竖向沉降的影响,也有学者进行了相关研究,如以数值方法计算地基沉降的有限元法、差分法、变分法、边界元法及加权余量法等。上述方法中,有限元法应用最广。

基于以上研究,对于不同土层,按其固结状态有如下计算方法。

1) 正常固结土沉降

通常采用一般分层总和法,也就是将地基分成足够薄的均质土层来计算,其表达式为

$$S = \sum_{i}^{n} \frac{H_i}{1 + e_{0i}} \left(C_{ci} \lg \frac{\sigma'_{czi} + \sigma'_{ci}}{\sigma_{ci}} \right) \tag{4-1}$$

式中，C_{ci} 为第 i 层土的压缩指数；σ'_{ci} 为第 i 层土的先期固结压力（kPa）；σ'_{czi} 为第 i 层土的自重应力增量平均值（kPa）；H_i 为第 i 层土的厚度（m）；e_{0i} 为第 i 层土的初始孔隙比。

2）主固结土沉降

通常应用 e-$\lg t'$ 曲线求先期固结压力 σ'_c，然后根据土体超固结的程度，分为下列两种情况。

（1）当附加应力 $\sigma'_z > \sigma'_c - rh$ 时，各分层土 i 的固结沉降量为

$$S_n = \sum_{i}^{n} \frac{h_i}{1 + e_{0i}} \left(C_{ei} \lg \frac{\sigma'_{ci}}{\sigma'_{czi}} + C_{ci} \lg \frac{\sigma'_{czi} + \sigma'_{ci}}{\sigma_{ci}} \right) \tag{4-2}$$

式中，C_{ei} 为第 i 层土的回弹指数；σ'_{czi} 为第 i 层土的自重应力增量平均值（kPa）；σ'_{ci} 为第 i 层土的附加应力增量平均值（kPa）；h_i 为第 i 层土的厚度（m）；其他符号意义同前。

（2）当附加应力 $\sigma'_z \leqslant \sigma'_c - rh$ 时，各分层土 i 的固结沉降量为

$$S_m = \sum_{i}^{m} \frac{h_i}{1 + e_{0i}} \left(C_{ei} \lg \frac{\sigma'_{czi} + \sigma_{ci}}{\sigma'_{czi}} \right) \tag{4-3}$$

式中符号意义同前。

于是，总的沉降量为

$$S = S_n + S_m \tag{4-4}$$

3）次固结沉降

次固结沉降包括两部分：①由土的自重应力增量（即固结完成后的有效自重应力与当时有效自重应力之差）产生的沉降；②由附加应力产生的沉降，其表达式为

$$S = \sum_{i}^{n} \frac{h_i}{1 + e_{0i}} \left(C_{ei} \lg \frac{\sigma'_{czi} + \sigma_{ci}}{\sigma_{ci}} \right) \tag{4-5}$$

式中符号意义同前。

如果荷载施加的压力小于土的前期固结压力，那么次固结的发展将极其缓慢以至于可以忽略。若荷载接近或超过前期固结压力，则由次固结引起的沉降（特别是高压缩性软土）就会在总沉降中占有相当大的比例。

由 e-$\lg t$ 曲线可知，次固结与时间的关系近似于直线，则孔隙比变化可表示为

$$\Delta e = C_d \lg \frac{t}{t_t} \tag{4-6}$$

因此，时间 t_t 的次压缩沉降计算公式为

$$S_s = \sum_{i}^{n} \frac{h_i}{1 + e_{0i}} C_{di} \lg \frac{t}{t_t} \tag{4-7}$$

式中，C_d 为 $e\text{-}\lg t$ 曲线后段的斜率，称为次压缩系数，其值大小主要视土层的种类而定，$C_d \approx 0.018w$，w 为天然含水率；t 为所求次固结沉降的时间；t_1 为主固结度达到 100% 时所用的时间，可通过次压缩曲线上延得到。

通常，一维沉降计算采用理正岩土计算软件中的软土地基模块进行。该软件针对不同的地基处理方法（包括天然地基），结合施工过程（多级加载），采用规范方法计算均质地基（单、双面排水）的平均固结度，以太砂基一维固结理论（微分方程模型）计算单层、多层地基土的固结度，可计算任意一点、任意时刻的沉降值，分析计算工程竣工时的沉降及工后基准期内的残余沉降，为选择地基处理方案提供定量数据。地基最终沉降量一般采用经验法（经验系数＋主固结沉降）或公式法（瞬时沉降＋主固结沉降＋次固结沉降）得到，并以直观图形输出工后基准期的沉降曲线，以及填土过程中的沉降（固结）曲线等。

2. 沉降过程

有时，需要了解地基随时间变化的沉降过程，以便改进施工方法，采取相应的防范措施，判断沉降计算结果的合理性，这一揭示沉降过程的分析方法包括静态预测法和动态预测法。

1）静态预测法

工程中常用的静态预测有双曲线法、指数曲线法、对数曲线法、Asaoka 法、泊松曲线法和星野法等。

（1）双曲线法。该方法认为沉降-时间关系符合双曲线。从已有的成果看，采用双曲线法推算最终沉降值要求有较长时间的沉降观测数据才能达到其预测精度。

（2）指数曲线法。该方法基于土层平均固结度为时间的指数函数，由固结度方程及定义得到。研究表明，指数曲线模型对后期的拟合较好，但在前期预测时不够稳定。

（3）对数曲线法。该方法于 1959 年基于地基一维固结理论提出，又称三点法。应用时，在实测沉降曲线上选取等时间间距的 3 个点即可推算出沉降预算值，因为方法简单，所以在工程实际中的应用广泛。但三点法采取随机选取样本，因而预测的结果有时不稳定。

（4）Asaoka 法。该方法由日本学者 Asaoka 在一维固结方程基础上提出。实践表明，该方法得到的预测结果与实测拟合较好，是一种值得推荐的软基沉降预测方法，但其中等时距数列的要求使其在实际工程的运用中受到限制。

（5）泊松曲线法。可以在数学上证明软土沉降曲线呈 S 形，把软土沉降过程分为发生、发展、成熟、极限 4 个阶段，运用泊松曲线描述整个沉降过程，并通过工程实例加以检验。结果表明，该方法在线性或近似线性加载条件下进行沉降预测效果较好。

（6）星野法。该方法基于太砂基固结理论,当固结度小于 60％时,固结度与时间的平方根成正比,通过分析现场实测沉降结果,可得到沉降预测的表达式。

2）动态预测法

所谓动态预测法,即根据沉降观测得到的数据对变化趋势不断进行调整,及时将最新的实测数据纳入系统,使预测值更为合理。目前,动态预测模型主要包括灰色模型和神经网络模型等。灰色模型是一个在信息较少时求解的可选方法;神经网络模型是一种利用神经网络的非线性映射能力,依据现场观测数据建立随时间过程进行动态预报的分析方法。但神经网络用于软基沉降预测尚有待解难题,如隐层数较难确定,确定样本数量需要依靠经验等。实际使用时,神经网络模型只用作短期递推式预测,不进行长期预测。

3. 场地动力反应分析

对于地震活动区,还需要研究场地土层动力反应,给出土工结构内部的应力及变形分布,根据这些结果评价稳定性开展液化及震陷等分析。

1）静力有限元分析

（1）本构模型。静力有限元分析中有很多本构模型可以选用。具体计算时,静力部分采用 Mohr-Coulomb 弹塑性模型,其模型在主应力空间构成不等角的六棱锥体,在 π 平面上是一个具有三条对称轴的不等角六边形,如图 4-1 所示。

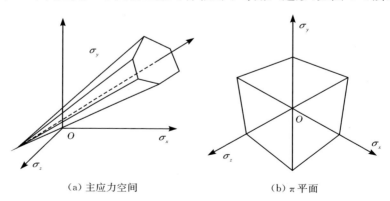

（a）主应力空间　　　　　　　　　（b）π 平面

图 4-1　Mohr-Coulomb 弹塑性模型

屈服函数表达式为

$$F = \frac{J_1}{3}\sin\phi + \sqrt{J_2}\cos\theta - \frac{\sqrt{J_3}}{\sqrt{3}}\sin\phi\cos\theta - \cos\phi = 0 \qquad (4\text{-}8)$$

式中,J_1 为第一应力不变量;J_2、J_3 分别为第二、第三偏应力不变量;θ 为应力 Lode 角,具体表达形式为

$$J_1 = \sigma_x + \sigma_y + \sigma_z \tag{4-9}$$

$$J_2 = -(s_x s_y + s_y s_z + s_z s_x) + s_{xy}^2 + s_{yz}^2 + s_{zx}^2 \tag{4-10}$$

$$J_3 = s_x s_y s_z + 2 s_{xy} s_{yz} s_{zx} - s_x s_{yz}^2 - s_y s_{zx}^2 - s_z s_{xy}^2 \tag{4-11}$$

式中，$s_x = \sigma_x - p$；$s_{xy} = \tau_{xy}$；$s_y = \sigma_y - p$；$s_{yz} = \tau_{yz}$；$s_z = \sigma_z - p$；$s_{zr} = \tau_{zr}$。

$$p = \sigma_x + \sigma_y + \frac{\sigma_z}{3} = \frac{J_1}{3} \tag{4-12}$$

$$\theta = \frac{1}{3} \arccos - \frac{\frac{3\sqrt{3}}{2} J_3}{J_2^{\frac{3}{2}}} \tag{4-13}$$

（2）中点增量法。增量法实质上是用分段线性取代非线性来近似描述土体的本构关系。在材料性质不变的假定条件下，对每一级荷载进行有限元求解，最终得到全部荷载量级下的应力、应变以及位移。增量法中最常用的为中点增量法，也是工程界广泛接受的一种方法，其计算步骤如下：

① 由上一级荷载的初始应力 $\boldsymbol{\sigma}_{l-1}$，得到弹性矩阵 $\boldsymbol{D}_l$，进而得到刚度矩阵 $\boldsymbol{K}_l$，两者依次为图 4-2(a)、(b) 中 N_{l-1} 点和 M_{l-1} 点处曲线的斜率；

② 根据方程组 $\{\boldsymbol{K}\}_l \{\Delta\boldsymbol{\sigma}\}_l = \{\Delta\boldsymbol{R}\}_l$，求出各单元的位移增量，进而得到应变增量 $\{\Delta\boldsymbol{\delta}\}_l$ 和应力增量 $\{\Delta\boldsymbol{\sigma}\}_l$；

③ 由初始应力 $\boldsymbol{\sigma}_{l-1}$ 和应力增量 $\Delta\boldsymbol{\sigma}_{l-1}$ 求出平均应力 $\overline{\boldsymbol{\sigma}}_l = \boldsymbol{\sigma}_{l-1} + \Delta\boldsymbol{\sigma}_l / 2$；

④ 重复前三步，区别在于弹性矩阵和刚度矩阵有所变化。通过 $\overline{\boldsymbol{\sigma}}_l$ 可得到 $\overline{\boldsymbol{D}}_l$，进而求出 $\overline{\boldsymbol{K}}_l$，两者依次为图 4-2(a)、(b) 中 $\overline{N}_l$ 点和 $\overline{M}_l$ 点处曲线的斜率；

⑤ 根据方程组 $\overline{\boldsymbol{K}}_l \Delta\boldsymbol{\delta} = \Delta\boldsymbol{R}_{l-1}$，求出各单元位移增量 $\Delta\overline{\boldsymbol{\delta}}_l$，进而得到应变增量 $\Delta\overline{\boldsymbol{\varepsilon}}_l$ 以及应力增量 $\Delta\overline{\boldsymbol{\sigma}}_l$，最终得到该级荷载下的位移总量 $\boldsymbol{\delta}_l = \boldsymbol{\delta}_{l-1} + \Delta\overline{\boldsymbol{\delta}}_{l-1}$、应变总量 $\boldsymbol{\varepsilon}_l = \boldsymbol{\varepsilon}_{l-1} + \Delta\overline{\boldsymbol{\varepsilon}}_l$ 以及应力总量 $\boldsymbol{\sigma}_l = \boldsymbol{\sigma}_{l-1} + \Delta\overline{\boldsymbol{\sigma}}_l$；

⑥ 按照以上步骤重复完成每一级荷载运算。

2）动力有限元分析

（1）等价线性化分析法。

等价线性化分析法是把土体看成黏弹性体，以剪切模量和阻尼比作为动力特性指标进行计算，将不同应变幅值下的滞回特性和骨架曲线分别用阻尼比和剪切模量随剪应变的变化关系来加以反映。该方法本质上是线性分析，即采用一个等效的剪切模量和等效阻尼比替换所有不同应变对应的剪切模量和阻尼比，将非线性问题转化为线性问题，最终获得总体等效的线性系统来逼近非线性体系以分析土体的动力响应，以上思路可通过等效线性黏弹性本构模型来实现。

（2）等效线性黏弹性本构模型。

在基本构思上，由 1 个刚度为 k 的弹簧来模拟土体动力作用下的黏性，用阻尼系数为 c 的阻尼器来模拟土体在动力作用下所体现的弹性，两者并联组成黏弹性模型,如图 4-3 所示。土体的动应力-应变关系呈滞回圈状,阻尼和刚度均随着应变不断改变,如图 4-4 所示。在等效线性黏弹性本构模型中,以等效动剪切模量 G_{eq} 模拟滞回圈的骨干曲线斜率随应变增大而减小,等效阻尼比 λ_{eq} 模拟滞回圈的面积随应变增大而增大,该模型如图 4-5 所示。

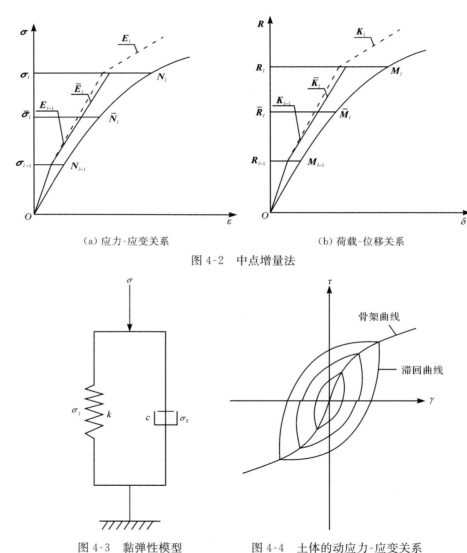

(a) 应力-应变关系　　　　　　　(b) 荷载-位移关系

图 4-2　中点增量法

图 4-3　黏弹性模型　　　　　图 4-4　土体的动应力-应变关系

① 等效动剪切模量。

最大动剪切模量 G_{max} 为动应力-应变关系曲线在原点处的切线斜率。剪应力的计算公式为

$$\tau = \frac{\gamma}{a + b\gamma} \tag{4-14}$$

式中,参数 a、b 由试验获得。另有

$$G = \frac{\tau}{\gamma} \tag{4-15}$$

将式(4-14)代入式(4-15)中,得到

$$\frac{1}{G} = a + b\gamma \tag{4-16}$$

系数 a、b 的表达式为

$$\begin{cases} a = \dfrac{1}{G_{\max}} \\ b = \dfrac{1}{\tau_{\max}} \end{cases} \tag{4-17}$$

将式(4-17)代入式(4-16),令 $\gamma_r = \dfrac{\tau_{\max}}{G_{\max}}$,得到

$$G = \frac{G_{\max}}{1 + \dfrac{\gamma}{\gamma_r}} \tag{4-18}$$

设

$$G_{\max} = k_1 P_a \left(\frac{\sigma_0}{P_a} \right)^{n_1} \tag{4-19}$$

$$\gamma_r = k_2 P_a \left(\frac{\sigma_0}{P_a} \right)^{n_2} \tag{4-20}$$

式中,σ_0 为初始平均应力;k_1、k_2、n_1、n_2 为试验参数。

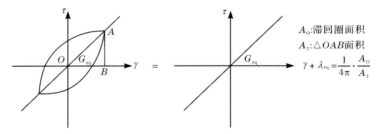

图 4-5　等效线性黏弹性本构模型

② 等效阻尼比。

图 4-6 为 Hardin-Dmevich 模型滞回圈,k_1 为图中阴影面积占 $\triangle abc$ 面积 A_{abc} 的比例,动应力-动应变关系及 $1/G$-γ 关系曲线见图 4-7 和图 4-8。

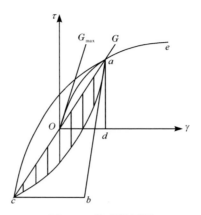

图 4-6　模型滞回圈

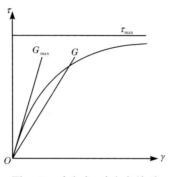
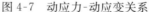

图 4-7　动应力-动应变关系

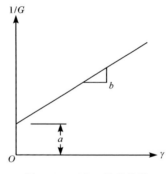

图 4-8　$1/G$-γ 关系曲线

动阻尼比 λ 的计算公式为

$$\lambda = \frac{2k_1}{\pi}\left(1 - \frac{G}{G_{\max}}\right), \quad \lambda_{\max} = \frac{2k_1}{\pi} \tag{4-21}$$

③ 动力分析方程。

动力平衡方程为

$$[\boldsymbol{M}][\ddot{\boldsymbol{u}}_t] + [\boldsymbol{C}][\dot{\boldsymbol{u}}_t] + [\boldsymbol{K}][\boldsymbol{u}_t] = -[\boldsymbol{M}][\ddot{\boldsymbol{u}}_{gt}] \tag{4-22}$$

式中，$[\ddot{\boldsymbol{u}}_t]$ 为 t 时刻的节点加速度；$[\dot{\boldsymbol{u}}_t]$ 为 t 时刻的节点速度；$[\boldsymbol{u}_t]$ 为 t 时刻的节点位移；$[\ddot{\boldsymbol{u}}_{gt}]$ 为 t 时刻的加速度；$[\boldsymbol{M}]$ 为总体质量矩阵；$[\boldsymbol{C}]$ 为总体阻尼矩阵；$[\boldsymbol{K}]$ 为总体刚度矩阵。

④ 动力分析方程求解。

通常，可采用 Wilson-θ 法求解动力分析方程。该方法通过利用时间步长 $h = \theta \cdot \Delta t$ 取代原有步长 Δt 的方式，求出 $[\ddot{\boldsymbol{u}}_n]$，$\theta$ 取值为 1.38，由式(4-23)插值求得

$[\ddot{u}_{n+1}]$，再由节点初始时刻的加速度 $[\ddot{u}_n]$、速度 $[\dot{u}_n]$、位移 $[u_n]$，通过式(4-24)求出下一时刻节点的加速度 $[\ddot{u}_{n+1}]$、速度 $[\dot{u}_{n+1}]$、位移 $[u_{n+1}]$。

$$[\ddot{u}_{n+1}] = [\ddot{u}_n] + \frac{1}{\theta}([\ddot{u}_h] - [\ddot{u}_n]) \tag{4-23}$$

$$[\dot{u}_{n+1}] = [\dot{u}_n] + \frac{1}{2}\Delta t[\ddot{u}_n] + \frac{1}{2}\Delta t[\ddot{u}_{n+1}]$$

$$[u_{n+1}] = [u_n] + \Delta t[\dot{u}_n] + \frac{1}{3}\Delta t^2[\ddot{u}_n] + \frac{1}{6}[\ddot{u}_{n+1}] \tag{4-24}$$

⑤ 分析步骤。

第 1 步，通过式(4-18)，求出每个单元的初始动剪切模量 G，按经验选定初始阻尼比 λ。

第 2 步，将地震过程分割为多个时间段进行计算，得到各时间段的动剪切模量。

第 3 步，由某时间段各单元的质量矩阵、刚度矩阵和阻尼矩阵得到总体质量矩阵、总体刚度矩阵和总体阻尼矩阵，由 $[\overline{R}] = -[M][\ddot{u}_{gt}]$，求出荷载向量 $[R]$。

第 4 步，由总体矩阵 $[M]$、$[K]$、$[C]$、荷载向量 $[R]$ 以及初始 $[\ddot{u}_n]$、$[\dot{u}_n]$、$[u_n]$，求出 $[\ddot{u}_{n+1}]$。

第 5 步，将第 4 步计算得到的 $[\ddot{u}_{n+1}]$ 作为 $[\ddot{u}_h]$，利用 Wilson-θ 法求出下一时刻的节点信息，如加速度 $[\ddot{u}_{n+1}]$、速度 $[\dot{u}_{n+1}]$、位移 $[u_{n+1}]$。

第 6 步，通过 $[u_{n+1}]$ 求出单元的动剪应变 γ_{n+1}，对各时段的计算均按上述步骤得到所有单元的动剪应变 γ，从中得到最大值 γ_{max}。由 $\gamma_{eff} = 0.65\gamma_{max}$ 得到等效剪应变，查询对应曲线得到新的 G 和 λ，代入下一时间段继续计算。

第 7 步，对第 3 步～第 6 步进行循环，直到完成所有时间段的计算，当每一时间段新得到的 G 与上一时间段 G 之间的误差在 10% 以内时，得到计算结果。

4. 场地液化分析

1）规范推荐的方法

根据《水运工程抗震设计规范》(JTJ 146—2012)，当存在饱和砂土和饱和粉土地基时，除 6 度设防外，应进行液化判别。对于存在液化土层的地基，应根据建筑抗震设防类别及地基液化等级，结合具体情况采取相应措施。

对于饱和砂土或粉土层，当符合下列条件之一时，可初步判别为不液化：

（1）地质年代为第四纪晚更新世(Q₃)及其以前时。

（2）当采用六偏磷酸钠作为分散剂测定方法测试粉土，其黏粒含量在 7 度、8 度和 9 度下分别不小于 10%、13% 和 16% 时。

对初步判别为可液化的土层，应采用标准贯入试验法进行进一步判别。

液化判别标准采用如下贯入锤击数临界值计算公式：

$$N_{cr} = N_o[0.9 + 0.1(d_s - d_w)]\sqrt{3/M_c} \tag{4-25}$$

式中，N_{cr} 为液化判别标准贯入锤击数临界值；N_o 为液化判别标准贯入锤击数基准值；d_s 为饱和土标准贯入点深度（m）；d_w 为地下水位深度（m）；M_c 为黏粒含量百分率（%）。

当 $N_{63.5} < N_{cr}$ 时，判定为可液化土。$N_{63.5}$ 为未经杆长修正的饱和土标准贯入锤击数实测值；N_{cr} 为液化判别标准锤击数临界值。

根据规范进行液化初判断后，可结合二维或者三维动力有限元分析法进行进一步判别。

2）有限元分析方法

（1）对于总应力法，液化判别安全率 F_L 的表达式为

$$F_L = \frac{R}{L} \tag{4-26}$$

式中，R 为三轴循环荷载试验测得的土体液化动剪应力比：

$$R = \frac{\sigma_d}{2\sigma_0'} = \frac{\tau_d}{\sigma_0'} \tag{4-27}$$

L 为动力反应分析得到的土体等效动剪应力比：

$$L = 0.65\frac{\tau_{max}}{\sigma_0'} \tag{4-28}$$

式中，σ_0' 为初始有效平均主应力；τ_{max} 为地震作用下土体最大动剪应力。

当液化安全率 $F_L > 1$ 时，可认为土体无液化危险，反之，则认为土体发生液化。

（2）对于有效应力法，有两种孔压模式：一种是孔压应力模型，另一种是孔压应变模型。

① 孔压应力模型。

根据饱和土砂样在各向等压固结后不排水条件下的三轴试验结果，得出孔隙水压力比随加荷周数比增长的关系曲线：

$$u_g = \frac{1}{2}\sigma_{3c}' + \frac{1}{\pi}\sigma_{3c}'\arcsin\left[2\left(\frac{N}{N_L}\right)^{1/\alpha} - 1\right] \tag{4-29}$$

式中，u_g 为孔隙水压力；σ_{3c}' 为侧向有效固结压力；N 为周期加荷周数；N_L 为土体发生液化时的加荷周数；参数 α 取决于土体的特性和试验条件，一般取 0.7。

在偏压固结条件下，有时无法确定土体初始液化时的振动次数 N_L，因此常用孔隙水压力达到侧向固结压力一半时的振动次数 N_{50} 来代替 N_L。由此，将式（4-29）推广至各向不等压固结情况，孔隙水压力的表达式修改为

$$u_g = \frac{1}{2}\sigma_{3c}' + \frac{1}{\pi}\sigma_{3c}'\arcsin\left[2\left(\frac{N}{N_{50}}\right)^{1/\alpha} - 1\right] \tag{4-30}$$

② 孔压应变模型。

在不排水条件下，当周期剪切一周时所引起的孔隙水压力增量为

$$\Delta u = \overline{E}_r \Delta \varepsilon_{vd} \tag{4-31}$$

$$\Delta \varepsilon_{vd} = c_1(\gamma - c_2 \varepsilon_{vd}) + \frac{c_3 \varepsilon_{vd}^2}{\gamma + c_4 \varepsilon_{vd}} \tag{4-32}$$

$$\overline{E}_r = \frac{(\sigma')^{1-m}}{mk_0(\sigma'_0)^{n-m}} \tag{4-33}$$

式中，$\Delta \varepsilon_{vd}$ 为周期剪切一周所引起的体积应变，与累积的体积应变 ε_{vd} 和剪应变 γ 有关；c_1、c_2、c_3、c_4 分别为由排水周期剪切试验确定的试验参数；$\overline{E}_r$ 可由静态回弹试验测定；σ'_0 为初始有效应力；m、n、k_0 为经验常数。

利用孔隙水压力模型或应变模型，可对求出的有效应力进行判别；若有效应力为零，则判定该土体单元发生液化，若液化单元连接在一起则形成液化区。

5. 场地软土震陷

场地软土震陷分析通常基于震害调查，通过规范方法和有限元数值分析相结合的方式，综合给出场区可能的震陷结果。

有关软土地基震陷的案例已有很多，1957 年和 1985 年的墨西哥大地震以及 1957 年日本宫城冲地震，都在软土地区发生了严重震陷。另一个值得回顾的典型案例是 1995 年的日本阪神地震，该地震强度 7.2 级，震源深度 20km，震中附近地区水平加速度峰值达 0.6～0.8g，竖向加速度峰值达 0.3g，地面运动持续时间 10～15s，加速度时程的卓越周期为 0.2～2.0s。这场大地震使神户港遭到严重破坏，码头岸壁、防波堤和海岸设施等重力式沉箱结构的水平位移达 3～5m，沉降达 1～2m。表 4-1 给出了现场破坏情况的调查结果，这对于建在软基之上的人工岛机场是一个很好的警示。

表 4-1　神户港设施地震破坏一览表

编号	地区名	设施名称	总长/m	结构形式	水深/m	顶高程/m	破坏长度/m	最大海侧位移/m	最大沉陷/m	最大海侧倾角/(°)
1	中海堤	岸壁 1	580.6	L 形沉箱	9.0	3.0	580.6	1.1	1.1	10
2		岸壁 2	180.3	沉箱结构	5.5	3.0	180.3	2.6	1.4	10
3	新港	第二海堤西	364.0	沉箱结构	9.0	3.3	364.0	4.8	0.5	2
4		第三海堤东	378.0	沉箱结构	10.0	3.3	378.0	2.7	0.4	—
5		第四海堤西	391.0	沉箱结构	10.0	3.3	391.0	2.4	0.5	—
6		第四海堤东	444.1	L 形沉箱	12.0	3.3	444.1	2.4	0.5	—
7	摩耶码头	岸壁 2(−12m)	423.1	沉箱结构	12.0	4.0	423.1	4.5	1.5	6
8		岸壁 1(−7.5m)	207.8	沉箱结构	7.5	4.0	207.8	2.9	0.1	6

编号	地区名	设施名称	总长/m	结构形式	水深/m	顶高程/m	破坏长度/m	最大海侧位移/m	最大沉陷/m	最大海侧倾角/(°)
9		岸壁1(—10m)	1200.0	沉箱结构	10.0	4.0	1200.0	3.1	1.2	2.5
10		岸壁2(—10m)	279.1	沉箱结构	10.0	4.0	279.1	2.8	1.2	3.2
11		岸壁3(—12m)	1083.0	沉箱结构	12.0	4.0	1083.0	4.9	1.7	9.4
12	六甲岛	集装箱码头1	350.0	沉箱结构	13.0	4.0	350.0	1.9	0.8	1
13		集装箱码头5	350.0	沉箱结构	14.0	4.0	350.0	5.2	2.1	9
14		集装箱码头6	350.0	沉箱结构	14.0	4.0	350.0	5.2	1.7	6.1
15		客运码头2	268.3	沉箱结构	9.0	4.0	268.3	2.7	1.3	2.9
16		集装箱码头5	450.0	沉箱结构	12.0	4.0	450.0	2.8	1.1	3.3
17	港岛	集装箱码头11	350.0	沉箱结构	12.0	4.0	350.0	4.4	1.4	8.8
18		集装箱码头12	430.0	沉箱结构	12.0	4.0	430.0	3.3	1.0	2.9
19	兵库运河	北护岸	—	混凝土块	3.0	3.8	265.0	1.5	2.0	—
20	长田东	防潮堤	—	混凝土块	11.0	8.7	606.0	1.0	0.5	—
21	防波堤	第六防波堤	—	沉箱结构		5.0	1052.0	0.1	1.7	
22		第七防波堤	—	沉箱结构		5.0	4180.0	0.6	2.1	

1) 规范方法

判别与评价工作一般基于淤泥、淤泥质土、冲填土、杂填土或其他高压缩性软土层的特性和分布等勘测资料,依据有关规范的规定进行。根据《软土地区工程地质勘察规范》(JGJ 83—1991),当场区的基本烈度为 7 度及以上时,可参考表 4-2 进行初步判断。

表 4-2　规范规定的震陷估算值　　　　　(单位:mm)

地基土条件	基本烈度		
	7 度	8 度	9 度
地基主要受力层深度内软土厚度≥3m 地基土承载力标准值≤70kPa	≤30	150	>350

2) 有限元数值分析法

在规范方法预估震陷量的基础上,还可采用有限元数值模拟分析。分析方法主要有两种:一是利用刚塑性滑动体位移分析模型,其将地震永久变形假定为由滑动体发生瞬时失稳产生的分离位移造成的;二是以应变势概念为基础建立的整体变形分析法。

(1)滑动变形分析法。此方法假设当土体内某一点的加速度大于屈服加速度(即特定滑块开始滑动的临界加速度)时,该点就会沿滑动面出现滑移。在地震荷载作用下,沿最危险滑动面瞬时失稳产生的变形即为地震永久变形。由于该方法难以确定屈服加速度和潜在的滑动面位置,因而在应用时只能进行估算。

（2）整体变形分析法。该方法将土体视为连续介质,通过选取适当的本构模型,以试验确定模型参数,然后根据有限单元法计算土体的永久变形。基于永久变形产生的机理,又分为模量软化法和等效节点力法两种。模量软化法假定地震前后土体的初始应力不变,地震时土体中产生附加应变势引起土体模量降低,使土体发生永久变形,其大小可借助土体模量降低前后的剪切模量求得静变形之差得到。等效节点力法假定地震对土体的作用可以等效为一组与残余应变势相应的节点力,以此作为静力荷载单独施加于土体上,利用有限元计算得到土体的位移与变形。

此外,有学者提出在黏弹性模型基础上进行有效应力动力分析,这一方法的基本思想是把整个动力作用过程分成若干时段（如将地震过程分为 $10\sim20$ 个时段,每个时段 1s 左右）,各时段的动力分析仍按 Wilson-θ 法进行,算完后再按经验公式计算该时段内各单元的残余变形或孔隙压力的变化,并把它们转化成初应变及按 Biot 固结理论进行静力计算,进而得到节点位移、单元应变和有效应力的变化。如此 1 个时段 1 个时段地计算,得出整个过程中动应力应变及有效应力（孔隙压力）和残余变形的发展过程。

考虑到土体的真实变形不可能完全适用于黏弹性体模拟,又有学者提出了等价黏弹性范围内残余变形的经验公式:

$$\Delta\varepsilon_v = c_1(\gamma_d - c_2\varepsilon_v) + \frac{c_3\varepsilon_v^2}{\gamma_d + c_4\varepsilon_v} \tag{4-34}$$

式中,c_1、c_2、c_3、c_4 为计算常数;$\Delta\varepsilon_v$ 和 ε_v 为排水条件下每个荷载循环的体积应变增量及累加量。由此,得到不排水条件下的残余孔隙压力为

$$\Delta u = E_{ur}\Delta\varepsilon_v \tag{4-35}$$

以上等价黏弹性模型是在等向固结土样基础上推导得到的,沈珠江将其推广到适用于一般情况的等价黏弹性模型:

$$G = \frac{k_2 p_a \left(\frac{\sigma_m}{p_a}\right)^n}{1 + k_1\gamma_0} \tag{4-36}$$

$$\lambda = \lambda_{max} \frac{k_1\gamma_0}{1 + k_1\gamma_0} \tag{4-37}$$

$$\Delta\varepsilon_v = c_1(\gamma_d)^{c_2} \exp(-c_3 D_s^2) + \frac{\Delta N}{1 + N_e} \tag{4-38}$$

$$\Delta\gamma = c_4(\gamma_d)^{c_5} D_s^2 \frac{\Delta N}{1 + N_e} \tag{4-39}$$

$$\gamma_e = \frac{\gamma_d^{\frac{3}{4}}}{\sigma_m^{\frac{1}{2}}} \tag{4-40}$$

$$N_e = \frac{\sum \gamma_d}{\overline{\gamma}_d} \tag{4-41}$$

式中，$\overline{\gamma}_d$ 为某一时间段的平均剪应变幅值；$\sum \gamma_d$ 为各次动应变幅值的累加值；ΔN 为荷载次数的增加值；D_s 为静力应力水平，反映土的不等向应力状态；参数 k_1、k_2 和 λ_{max} 通过共振柱或动三轴模量试验测定；参数 c_1、c_2、c_3、c_4 和 c_5 通过常规动三轴液化试验测定。

由此可见，整体变形分析方法的关键是要通过室内震陷试验建立应力与残余应变之间的经验关系式。

4.1.3　土工模型试验

除了数值分析以外，机场人工岛地基沉降分析是否需要进行土工模型试验？针对不同的地质条件及机场设施功能如何制定试验方案？这些问题十分复杂，目前可借鉴的机场人工岛建设工程实例还较少。但在一系列机场人工岛地基发生超预期沉降的现实面前，作为科学探索的一种有效方法，开展土工模型试验非常必要。以目前的认识、技术水平和试验能力，开展土工模型试验的作用和意义有以下几点：

（1）在设计阶段，能够为各关键设计参数的选取提供依据。通常，设计时的分析手段主要以应用规范公式计算为主，在参数取值上要依靠经验。由于大面积填海工程的研究成果迄今较少，具体工况也大不相同，因此以有限经验进行参数选择必然存在较大误差。通过进行土工模型试验，以真实土样直观地展现其变形过程，能为人工岛的填筑高程、护岸结构、挡浪墙高度以及跑道地基处理方案等提供宝贵的技术数据和参考依据。

（2）在施工阶段，能为填海工程进度及软基处理的施工方案提供指导。由于人工岛建设工程量巨大，工期动辄长达数年，因此施工进度及方案选择在一定程度上会影响到地基沉降量。施工过快或方法不当，都可能引起回填土体的大面积滑移。在土工模型试验中，模拟土体变形过程及发展特征，对优化施工进度和方案具有重要意义。

（3）在工后使用阶段，能够展现机场经营期中人工岛基础沉降的发展趋势和分布特点。沉降监测是人工岛机场运行过程中的重要工作，利用土工模型试验模拟机场运行的荷载，能够获得不同位置的沉降速度及幅度预测，为确定使用期的维护周期提供依据。

总体来看，人工岛各功能区（如跑道、滑行道、护岸等）在施工期和使用期的地基沉降预测是项目前期需要重点研究的内容。为了搞清人工岛各结构物重点控制区域软土地基沉降的变形过程，利用先进的土工离心模型试验设备，开展土工物理模型试验研究是必要的。

1. 离心模拟技术

在许多工程学科中,常用小比例尺物理模型重现某一事件来推断原型中可能存在的现象,以揭示各种现象的本质和机理,一些专用试验设备应运而生,如结构工程中的液压机、航天工程中的风洞、水利工程中的波浪水槽等。以上各类试验都是通过模型测试得出结果,然后反推原型状态。原型和模型的相似性通过相似律建立其关联性。在岩土工程中,土工结构的主要荷载是土体本身自重,岩土自重引起的应力通常占据支配地位,而土的力学行为与应力水平及应力历史有关。常规小比例尺模型由于其自重产生的应力远低于原型,以及原型材料具有明显的非线性特点,因此难以再现原型特性。解决这一问题的有效办法是提高模型自重,使之与原型等效。由于惯性力与重力是等效的,且加速度的变化不会改变工程材料的性质,因此离心机能够使模型与原型的应力应变相等、变形相似、破坏机理相同,能再现原型特性。

基于以上原理,为了模拟软土变形过程,土工离心模型试验方法便成为当前国内外竞相研究和采用的一项新的试验技术,借此方法能够在原型应力状态下研究和观察软土变形状态和破坏过程。

早在 1869 年,法国学者便提出了采用离心模型试验的设想,即根据弹性体平衡微分方程,推导离心模型与原型的相似关系,利用离心机产生的惯性力来模拟原型中的重力,以达到相似的目的。20 世纪 30 年代,离心模型试验的思路在美国、苏联又被重新提起,并进入试验阶段。1931 年,美国在哥伦比亚大学首次运用离心机对矿山地下巷道顶板的完整性进行分析。几乎是同时,苏联于 1932 年在莫斯科水利设计院采用离心模型对土工建筑物的稳定性进行了研究。

随着数字计算机的飞速发展,数值模拟开始崭露头角,这使得离心模型试验一度减少,以至于在此后的一段时期里,离心机几乎销声匿迹。1973 年,剑桥大学建立了直径 10m(旋转臂长)的大型离心机。随后,土工离心模拟技术逐渐在英国、西欧各国、澳大利亚、加拿大和美国又发展起来。近年来,人们依靠离心模型试验还对不同的边值问题如重力沉箱、桩、隧道开挖面上桩土的共同作用等设计方法进行了验证。为了应对可能针对公共设施发动的恐怖袭击,英国和美国还利用土工离心机研究了爆炸对隧道和大坝的影响等。

20 世纪 80 年代以后,随着工程建设的实际需要,土工离心模型试验在岩土工程领域的应用日趋广泛,内容涉及土石坝、地下支挡结构、软土地基、土工合成材料加筋挡墙、岩石边坡稳定、海洋石油平台、隧洞开挖、冻土工程、环境土力学、爆炸模拟、地震及液化模拟等诸多方面。近年来,离心模型试验得益于量测仪器的发展和模型制备技术的提高,在环境岩土工程、地震工程等新的研究领域也取得了很大进展。

在日本,为验证软黏土的固结理论,研究地基承载力和边坡稳定性问题,大阪市立大学于 1964 年建立了第 1 台土工离心机。20 世纪 80 年代初,日本的土工离心机数量达到了 5 台。到目前,离心机的数目及类型又有了很大增长,总数已超过 40 台。在亚洲其他地区,新加坡早已建有土工离心机实验室。近年来,韩国建立了 1 座大型土工离心机,配备有双向振动台和机械手。在印度,印度理工学院孟买分校建立了半径 4.5m、容量 250g·t 的臂式离心机。

在我国,早在 20 世纪 50 年代中期就有学者认识到模型试验在模拟土工建筑物原性状和研究土力学基本理论等方面的作用,计划将离心模拟应用到结构工程方面。1982 年,长江科学院研制出我国第 1 台大型离心机。20 世纪 90 年代前后,中国水利水电科学研究院和南京水利科学研究院相继建成了大型离心机。目前,我国已拥有 20 多台离心机,载荷能力为 50~450g·t 不等,主要分布在高校和水利部门科研院所,其主要性能见表 4-3。

表 4-3　我国土工离心机(臂式)技术性能一览表

单位	有效旋转半径/m	最大加速度/g	载荷能力/g·t	模型箱尺寸(长×宽×高)/m	建成时间/年份
长江科学院	3.00	300	180	0.82×0.7×0.7	1982
南京水利科学研究院	2.90	200	20	—	1982
河海大学	2.40	250	25	—	1982
同济大学	1.55	200	20	—	1987
南京水利科学研究院	2.00	250	50	1.3×0.6×1.3	1989
四川大学	2.00	250	25		1990
中国水利水电科学研究院	5.03	300	450	1.5×1.0×1.5	1991
南京水利科学研究院	5.00	200	400	1.2×1.1×1.2	1992
清华大学	2.00	250	50	1.3×0.6×1.3	1992
香港科技大学	4.20	150	400	1.5×1.5×1.0	2001
西南交通大学	2.70	200	100	1.0×0.8×1.0	2002
长安大学	2.70	200	60	0.87×0.68×0.75	2004
同济大学	3.00	200	150	1.2×0.9×1.0	2007
重庆交通大学	2.70	200	60	0.86×0.52×0.75	2006
长沙理工大学	3.50	150	150	1.2×0.9×1.0	2007
浙江大学	4.50	150	400	1.5×1.2×1.5	2008
长江科学院	3.70	200	200	1.2×0.9×1.5	2008
成都理工大学	5.00	250	500	1.4×1.5×1.5	2009
南京水利科学研究院	2.70	200	60	0.86×0.52×0.75	2010

在工程应用上,我国也有较多成果。1983 年,南京水利科学研究院首次在国内采用离心模型试验研究深圳某码头坍塌的原因,模拟结果与码头后倾坍塌状况完全一致,从而找出了码头坍塌的原因。有的研究成果在三峡、小浪底、瀑布沟等国家重点工程的规划设计中发挥了重要作用。此外,在高土石坝、地下结构、挡土

墙、路堤和边坡工程方面也取得了大量有价值的科研成果,表明我国的离心设备与研究水平已跻身国际行列。随着离心机振动台、模拟断层错动装置等附属设备研制成功,试验的内容已涉及几乎所有的岩土工程研究领域,离心模型试验方法已成为岩土工程技术研究中最重要、最有效的研究手段。

从理论上看,离心模型试验方法在岩土工程、岩土力学研究中的作用主要有以下三方面:

(1) 数值分析成果验证。无论是数值模拟还是物理模拟,都必须进行条件简化及假设。很多情况下,数值模拟仍然受限于二维模拟,而土工离心模拟则不存在这些问题,相反,模拟三维问题比二维平面应变问题更简单。数值分析的精度不仅取决于模型,还取决于参数的选取。有时,模型参数可能并不具备任何物理意义,因而难以通过试验方法确定,由此得出的分析结果必然会存在无法解释的疑点。因此,利用应力条件和参数已知的离心模型试验,就成为校正数值分析最可靠的手段。

(2) 模拟原型。面对实际工程问题,数值模拟永远只是人类以解析方式主观表达的结果,而物理模型则基于真实土样,所体现的客观性质具有直观性。数值模拟和离心模型试验类似于主观与客观的相互校核,是未来岩土工程研究的发展趋势。

(3) 验证新理论和新方法。用模型试验的结果能够更好地发现、验证新的理论与计算方法,更有效地检验数学模型。到目前为止,对于许多复杂的岩土工程问题,如非饱和土问题、污染介质的迁移问题、非线性破坏过程问题、地震反应问题等进行数值模拟仍存在不少困难,而利用模型试验则可以得到直观、清晰的结果。

2. 离心机工作原理

1) 离心模拟原理

土工离心模型试验的基本原理是:将土工模型置于高速旋转的离心机中,让模型承受大于重力加速度的离心加速度作用,以便补偿因模型尺寸缩小而导致土工构筑物自重的损失,重现现场的应力水平,从而较好地预测岩土工程的工作状况(图 4-9)。因此,离心模拟对以自重为主要荷载的岩土结构物性状的研究特别有效,如边坡稳定性分析、土石坝及防渗墙的应力变形、软土地基及固结沉降、挡土墙稳定性及土压力测定、结构与岩土相互作用研究、污染物运移扩散、施工过程模拟、海洋工程结构设计等。离心模型通过施加在模型上的离心惯性力使模型处于 N 倍重力加速度的离心场中,从而使模型的应力与原型一致,在各类物理模型中的相似性最好,绝大多数物理参数能够同时满足相似定律。

如图 4-9 所示,设结构物的原型尺寸为 $L \times B \times H$,则原型的应力、应变为

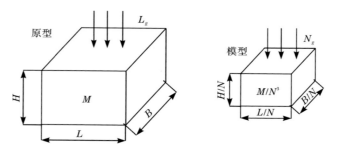

图 4-9　离心模拟原理

$$\sigma_{原型} = \frac{M_g}{LB}, \quad \varepsilon_{原型} = \frac{\delta L}{L} \tag{4-42}$$

式中，M_g 为原型加速度。

一般地，土工离心模型试验采用 $1/N$ 比例尺的模型，在 N_g 的离心加速度环境下进行试验。此时产生的离心力场与重力场在一定条件下基本相等，而且离心加速度对材料性质的影响很小，故对应的模型应力、应变为

$$\begin{cases} \sigma_{模型} = \dfrac{M/N^3 \cdot N_g}{L/N \cdot B/N} = \dfrac{M_g}{LB} \\[2mm] \varepsilon_{模型} = \dfrac{\delta L/N}{L/N} = \dfrac{\delta L}{L} \end{cases} \tag{4-43}$$

由此可知，离心模型和原型的应变、应力相等，变形相似，破坏机理也相同，因而离心模型能够较好地再现原型特征。

2）离心加速度

在土工离心模型试验中，模型和原型相应点的土体在自重作用下的应力相等，即

$$\sigma_m = \sigma_p \tag{4-44}$$

而

$$\sigma_m = \rho_m a_m h_m \tag{4-45}$$

$$\sigma_p = \rho_p a_p h_p \tag{4-46}$$

式中，σ 为土体的应力；ρ 为土的密度；a 为加速度；h 为土层厚度；下标 m 表示模型，p 表示原型。

可得相似比为

$$N = \frac{h_p}{h_m} \tag{4-47}$$

当模型土体材料和原型相同时，即

$$\rho_m = \rho_p \tag{4-48}$$

时，有

$$a_\mathrm{m} = N_g \tag{4-49}$$

当模型在离心机中围绕离心机主轴做匀速圆周运动时,角速度为 ω、转动半径为 R 处的质点将受到离心力与重力的联合作用。假设加速度为 a,力的分解如图 4-10 所示,则有

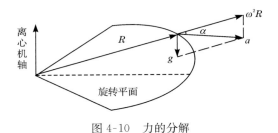

图 4-10　力的分解

$$a = \sqrt{(\omega^2 R)^2 - g^2} \tag{4-50}$$

设加速度 a 与水平面的夹角为 α,则有

$$\tan\alpha = \frac{g}{a} \tag{4-51}$$

即

$$\alpha = \arctan\frac{g}{a} \tag{4-52}$$

图 4-11 描述了 α-$\omega^2 R/g$ 的相互关系。从中可以看出,$\omega^2 R/g = 30$ 时,$\alpha = 1.91°$,此时加速度基本呈水平方向,于是可近似得出

$$a = \omega^2 R \tag{4-53}$$

联合式(4-49)和式(4-53)可得

$$N_g = \omega^2 R \tag{4-54}$$

由此可见,要得到 N_g 加速度的离心力场,可通过调整离心机的匀速旋转角速度 ω 来实现。

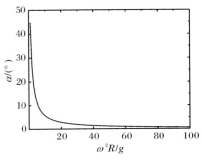

图 4-11　α-$\omega^2 R/g$ 关系图

3）离心模型率

（1）离心机转速与模型率的关系。

由以上分析可知，离心加速度由离心机的高速旋转形成，其表达式为

$$N = \frac{\bar{\omega}^2 R}{g} = \left(\frac{2\pi n}{60}\right)^2 \frac{R}{g} = \frac{n^2 R}{895} \tag{4-55}$$

式中，N 为模型率（相对于重力加速度的离心加速度比值）；n 为离心机转速（r/min）；R 为旋转半径（m）；g 为重力加速度。

由式（4-55）得知，离心加速度受离心机转速、旋转半径的影响，三者之间的关系如图 4-12 所示。

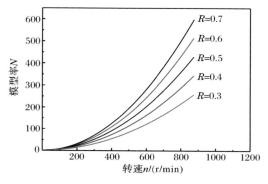

图 4-12　N-n-R 关系图

（2）离心模型率的确定。

土工离心模型的模型率 N 按式（4-56）确定，约束条件为

$$\begin{cases} H_m \leqslant \delta_a R_b \\ a = N_g \leqslant a_{max} \\ C = a M_m \leqslant C_{emax} \end{cases} \tag{4-56}$$

式中，H_m 为模型高度；δ_a 为离心模拟允许的梯度误差，应控制在 $10\% \sim 15\%$；R_b 为模型底板处至离心机转轴的中心距离；a 为离心加速度；a_{max} 为离心机允许的最大加速度；C 为离心模型荷载容量；M_m 为模型质量；C_{emax} 为离心机允许的最大有效荷载容量。

利用式（4-56）确定土工离心模型的模型率是一个试算过程，即根据已知的 δ_a 和 R_b 值初步确定模型高度 H_m，并求得 N 值，然后计算离心模型的试验加速度 a 和荷载容重 C 值。若算得的 a 和 C 值满足约束条件，模型率 N 值即被确定，否则，应重新拟定 H_m 值，再按上述步骤进行计算。一般来说，在满足约束条件的情况下，模型率 N 值应尽可能小，即采用较大比例尺的离心模型，这样可使模型变形信号有所加强，有利于提高离心模型的试验精度。

4）离心模拟比尺

（1）原型和离心模型的关系。

离心模型与原型的应力状态一致是离心模型相对于其他常规模型的优势，但作为一项复杂技术，也存在一定的缺陷，如模型比尺、结构物应力状态、应力路径、应力历史的模拟以及测量技术等。根据研究重点简化实际原型，得到物理模拟 1g 条件下的离心原型，然后经过一定的模拟比尺，得到最终的离心模型。研究发现，模拟比尺的确定必须建立在量纲分析的基础上，即便如此，在同一试验中，对于不同的研究对象，一些物理量的比尺因素之间也不同，对模拟结果还需要凭借其他试验方式进行验证。实际原型和离心模型的关系如图 4-13 所示。

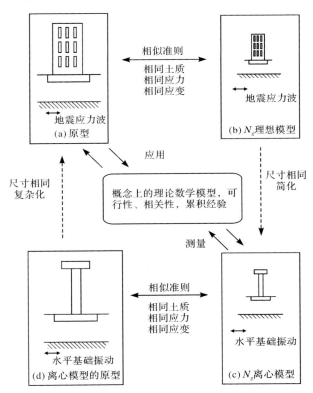

图 4-13　原型与离心模型关系

（2）模型的模拟。

在使用不同重力水平的模型和不同的比尺因子来表征同一实体进行模型验证之后，又有人提出了"模型的模拟"（modeling of model）技术。该技术是验证离心模拟相似比尺的正确性和推求新物理量离心模拟相似比尺的有效方法。如图 4-14 所示，对于地基上路堤模型，采用不同的离心加速度（75g/100g）进行模拟，则得到两个不同的模型。试验时,对于不同模型,在相对原型相同的位置测量同一物理量,会得到两个不同的数值。然后将所测到的数值经相似比尺反推,会得到原型的真实值。原则上通过这两个模型得到的真实值应是相同的,若不相同,则说明相似比尺不正确。

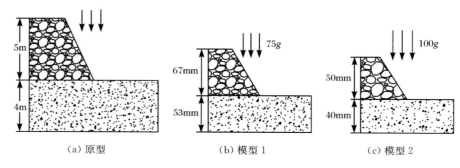

图 4-14　模型模拟原理

（3）离心模拟比尺因素。

为了保证模型能够反映原型的性状,在试验中离心模型各项参数应与原型有一定的相似关系,这种相似关系称为比尺关系。相似比尺的确定一般有两种方法:依据控制方程进行量纲分析和按照力学相似规律分析。通常在确定相似比尺时,这两种方法会同时应用,互相补充。表 4-4 列出了离心模型试验中基本的离心模型相似率。

表 4-4　离心模型相似率

内容分类	物理量	量纲	模型与原型的比例
几何量	长度	L	$1:N$
	面积	L^2	$1:N^2$
	体积	L^3	$1:N^3$
材料性质	含水量	—	$1:1$
	密度	ML^{-3}	$1:1$
	容重	$ML^{-2}T^{-2}$	$N:1$
	不排水强度	$ML^{-1}T^{-2}$	$1:1$
	内摩擦角		$1:1$
	变形系数	$ML^{-1}T^{-2}$	$1:1$
	抗弯刚度	ML^3T^{-2}	$1:N^4$
	抗压刚度	MLT^{-2}	$1:N^2$
	渗透系数	LT^{-1}	$N:1$
	质量	M	$1:N^3$

续表

内容分类	物理量	量纲	模型与原型的比例
外部条件	速度	LT^{-1}	$1:1$
	加速度	LT^{-2}	$N:1$
	集中力	MLT^{-2}	$1:N^2$
	均布荷载	$ML^{-1}T^{-2}$	$1:1$
	能量、力矩	ML^2T^{-2}	$1:N^3$
	频率	T^{-1}	$N:1$
性状反应	应力	$ML^{-1}T^{-2}$	$1:1$
	应变		$1:1$
	位移	L	$1:N$
	时间	T	
	惯性(动态过程)		$1:N$
	渗流、固结或扩散		$1:N^2$
	蠕变、黏滞流		$1:1$

因为压强的量纲与应力相同,所以压强的相似比尺为1,所有的压强(包括液压)在模型和原型中应是相等的。例如,离心机中 1m 的水头在 100g 的条件下,相当于在 1g 条件下 100m 的水头,即 1MPa。因此,随着离心加速度的提高,土样可以达到很大的压强。

① 固结问题。

固结微分方程可表示为

$$\frac{\partial^2 u}{\partial x^2} + \frac{\partial^2 u}{\partial y^2} + \frac{\partial^2 u}{\partial z^2} = C_v \frac{\partial u}{\partial t} \tag{4-57}$$

式中,u 为孔隙水压力;C_v 为固结系数。

由式(4-57)可知,孔隙水压力消散是土体固结过程中的关键问题,因此通过对水压力消散过程进行量纲分析,可以获得相应的固结问题相似比。衡量超静孔隙水压力消散程度的指标是固结度,而固结度与固结时间因子直接相关,其时间因子的定义为

$$T_v = C_v \left(\frac{t}{H^2} \right) \tag{4-58}$$

式中,t 是固结时间;H 为排水路径长度;T_v 是无量纲数。模型和原型具有相同的数值,即

$$C_{vm} \left(\frac{t_m}{H_m^2} \right) = C_{vp} \left(\frac{t_p}{H_p^2} \right) \tag{4-59}$$

所以

$$\frac{t_{\mathrm{m}}}{t_{\mathrm{p}}} = \frac{C_{\mathrm{vp}}}{C_{\mathrm{vm}}}\left(\frac{H_{\mathrm{m}}}{H_{\mathrm{p}}}\right)^2 \tag{4-60}$$

由于 $H_{\mathrm{m}}/H_{\mathrm{p}}=1/N$，而且在通常情况下，模型与原型采用相同的土样，即具有相同的固结系数，因此固结时间的相似比为

$$\frac{t_{\mathrm{m}}}{t_{\mathrm{p}}} = \frac{1}{N^2} \tag{4-61}$$

由此可知，原型固结时间为模型时间的 N^2 倍。固结过程中由于原型和模型的所有应力相等，而模型尺寸为原型的 $1/N$，渗透路径为原型的 $1/N$，因此超静水压力的比例为原型的 N 倍。于是，模型的固结历时为原型的 $1/N^2$。对于实际中需要 1 年完成的固结，若在离心机中采用 $100g$ 的离心加速度，则只需 $52\mathrm{min}$ 就可完成。如果模型土样与原型土样不同，那么时间相似比就需要计算。

值得注意的是，离心试验中固结过程的加速，实际上是模型几何尺寸减小的结果，这一点与室内小尺寸固结试验类似。室内固结试验的完成时间与实际场地完成时间的比尺为两种情况下排水路径比尺的平方。

② 渗流问题。

对于大多数与渗流相关的岩土工程问题，渗流坡降较小，一般都属于层流范围，符合达西定律。以达西定律为基础可以推导出渗流问题的相似比。饱和土体中渗流达西定律可表示为

$$v = ki \tag{4-62}$$

式中，v 为渗流速度；k 为饱和土体渗透系数；i 为渗流坡降。土体渗透系数可以通过土体固有渗透系数 K 以及液体黏滞性得到，即

$$k = \frac{K\rho g}{\eta} \tag{4-63}$$

式中，ρ 为流体密度；η 为动力黏滞系数；K 为土体颗粒的形状、大小以及排列的函数。若模型(m)和原型(p)采用相同的土样，则 $K_{\mathrm{m}}=K_{\mathrm{p}}$。当模型和原型采用相同的流体，即 $\eta_{\mathrm{m}}=\eta_{\mathrm{p}}$ 时，土体渗透系数 k 将是离心加速度的函数，渗透系数比尺为 $N:1$，即 $k_{\mathrm{m}}=Nk_{\mathrm{p}}$。有学者曾以不同离心加速度进行渗透试验，测量到的渗透系数基本正比于离心加速度，说明土体固有渗透系数及流体动力黏滞性系数是不随离心加速度变化的。

设渗流场中 A、B 两点间的渗透坡降为 i_{AB}，按定义可表达为

$$i_{AB} = \frac{\Delta H_{AB}}{\Delta L_{AB}} = \frac{\frac{\Delta u_{\mathrm{w}}}{\gamma_{\mathrm{w}}} + \Delta Z}{\Delta L_{AB}} \tag{4-64}$$

式中，ΔL_{AB} 为两点间渗流路径的长度；ΔH_{AB} 为两点间的总水头差，其值等于两点间位置水头差 ΔZ 和压力水头差 $\Delta u_{\mathrm{w}}/\gamma_{\mathrm{w}}$ 之和。由于压力水头差、位置水头差以及渗流路径的相似比均为 $1:N$（模型：原型），因此渗透坡降相似比为 $1:1$。由式(4-62)可知，渗流速度相似比为 $N:1$（模型：原型），又因为渗流时间满足

$$t = \frac{L}{v} \tag{4-65}$$

因此渗流时间相似比为 $1 : N^2$。渗流和固结问题均是考虑渗透力的问题,故两者的时间比尺相等。

③ 蠕变问题。

对于任何力,均有

$$\frac{F_p}{F_m} = \frac{\sigma_p A_p}{\sigma_m A_m} = N^2 \tag{4-66}$$

式中,F_p、F_m、A_p、A_m 分别代表原型力、模型力、原型面积、模型面积。对于层流问题,主要考虑黏滞力,由流体力学可知

$$F_v = \mu \frac{dv}{dn} A \tag{4-67}$$

式中,F_v 代表黏滞力;μ 代表黏滞系数;dv/dn 代表速度对流线法线方向的微分;v 代表速度。设模型比满足

$$f_v = \frac{F_{vp}}{F_{vm}} \tag{4-68}$$

则有

$$f_v = \frac{\mu_p \dfrac{dv_p}{dn_p} A_p}{\mu_m \dfrac{dv_m}{dn_m} A_m} = \frac{\mu_p}{\mu_m} \frac{dv_p}{dv_m} \frac{dn_m}{dn_p} \frac{A_p}{A_m} \tag{4-69}$$

因为

$$\mu_p = \mu_m (\text{物理特性不变}), \qquad \frac{dn_m}{dn_p} = \frac{1}{N}, \qquad \frac{A_p}{A_m} = N^2 \tag{4-70}$$

假设

$$\frac{dv_p}{dv_m} = \frac{L_p/T_p}{L_m/T_m} = \frac{L_p}{L_m} \frac{T_m}{T_p} = N\tau \tag{4-71}$$

其中

$$\tau = \frac{T_m}{T_p} \tag{4-72}$$

得

$$f_v = N\tau \frac{1}{N} N^2 = N^2 \tau \tag{4-73}$$

由式(4-66)可知

$$f_v = N^2 \tag{4-74}$$

可得

$$\tau = 1 \tag{4-75}$$

$$T_m = T_p \tag{4-76}$$

即考虑黏滞力的时间比例尺为 1。

④ 惯性力问题。

由牛顿第二定律有

$$F_i = ma \tag{4-77}$$

设

$$f_i = \frac{F_{ip}}{F_{im}} \tag{4-78}$$

则

$$f_i = \frac{m_p}{m_m} \frac{a_p}{a_m} = N^3 \frac{a_p}{a_m} \tag{4-79}$$

因为

$$\frac{a_p}{a_m} = \frac{L_p/T_p^2}{L_m/T_m^2} = N\tau^2 \tag{4-80}$$

所以

$$f_i = N^4 \tau^2 \tag{4-81}$$

由式 (4-66) 可知

$$f_i = N^2 \tag{4-82}$$

所以

$$\tau = \frac{1}{N} \tag{4-83}$$

即

$$T_m = \frac{1}{N} T_p \tag{4-84}$$

式 (4-84) 表明,原型时间为模型时间的 N 倍。

对于大多数物理量,模型和原型的比值是相同的。但对于时间比例尺,不同的物理现象具有不同的比例关系。对于同一时间比例尺,力的比例关系是不一致的,这和原型与模型的力呈平方关系的原则相矛盾。因此,离心模拟技术也不是完全准确地模拟原型,只能大致获得起主导作用的物理量。

⑤ 非饱和土相似比。

随着科学研究的深入,需要考虑非饱和土体的情况也逐渐增多,如边坡稳定性研究等。对于非饱和土,需要考虑的相似比主要包括毛细水上升高度、速度、时间的相似比,以及含水量和吸力大小分布的相似比等。

研究柱形内竖直细管的毛细水上升时,依据水柱的平衡条件,可以得到毛细水上升的最大高度为

$$h_c = \frac{2T\cos\delta}{\rho g r} \tag{4-85}$$

式中，T 为表面张力；δ 为液体与管壁形成弯液面接触角；ρ 为液体密度；r 为毛细管半径，相当于土体中的孔隙半径。液面处形成的吸力为

$$u_{\mathrm{a}} - u_{\mathrm{w}} = \frac{2T\cos\delta}{r} \tag{4-86}$$

当模型与原型采用相同的土体和液体时，$T_{\mathrm{m}} = T_{\mathrm{p}}$，$\delta_{\mathrm{m}} = \delta_{\mathrm{p}}$，$\rho_{\mathrm{m}} = \rho_{\mathrm{p}}$，$r_{\mathrm{m}} = r_{\mathrm{p}}$，则毛细水上升高度比尺为 1∶$N$（模型∶原型）。因此，毛细水上升高度的比尺与离心试验一般线性比尺一致。

有学者采用竖直细管内毛细水上升模型，分析了毛细水上升现象，推导了毛细水运动方程，经过数值分析得出毛细水上升的时间比尺为 1∶N^2（模型∶原型），而速度比尺为 1∶N（模型∶原型）。对于倾斜或水平毛细管的情形，进行验证后得出与竖直管有相同的比尺关系。有学者采用两种砂土，在不同密度和不同离心加速度下进行模拟，试验结果验证了上述关于毛细水上升高度、上升时间和速度的比尺关系。

⑥ 含水量和吸力分布。

对于非饱和土，土体中含水量和吸力分布是研究土体特性的关键要素之一。这种分布规律可以用不同土体深度处的含水量来描述，相应的比尺关系即为含水量比尺以及相同含水量的分布深度比尺。通过模型试验中对吸力及含水量的测量，在不同加速度条件下，测得模型深度与含水量的关系，得出含水量比尺为 1∶1，相同含水量分布深度比尺为 1∶N（模型∶原型）。

5）离心模型试验误差

（1）不均匀加速度场。

模型在离心加速过程中，任一点的受力均为螺旋上升过程，直至离心机的角速度恒定时，受力达到平衡，此时模型在平面内做匀速圆周运动。假设模型顶部的中点为坐标原点，其距转轴中心距离为 r_{t}，x 轴指向模型底部即离心机旋转的径向，y 轴为离心加速度切线方向，若不考虑科氏加速度的影响，则模型中任一点 $P(x,y,z)$ 的加速度为

$$a = \sqrt{\omega^4\left[(r_{\mathrm{t}} + x)^2 + y^2\right] + g^2} \tag{4-87}$$

离心机中力场如图 4-15 所示，即等势线为以离心机转轴为中心的圆弧状。由于原型建筑物相对于地球尺寸要小很多，因此可假定力线、等势线等基本平行。

① 离心场径向误差。

模型在离心机运转过程中受到离心力的作用，当离心机做匀速转动时，离心场的加速度随着转动半径的增大而增大。假设模型土样沿径向高为 H，若考虑离心场沿径向的变化，则在模型任意深度 z 处的径向应力为

$$\sigma_{\mathrm{m}} = \int_0^z \rho\omega^2(r_{\mathrm{t}} + x)\,\mathrm{d}x = \rho\omega^2 z\left(r_{\mathrm{t}} + \frac{z}{2}\right) \tag{4-88}$$

若假设离心力场的径向加速度恒定，有效半径为 r_e，则

$$Ng = \omega^2 r_e \tag{4-89}$$

此时，模型任意深度 z 处的径向应力与原型实际深度处的应力相等，即

$$\sigma_p = \rho \omega^2 r_e z \tag{4-90}$$

以 z、σ 为坐标轴，见图 4-16。假设 h_i 处两者相等，由式(4-88)和式(4-90)得

$$r_e = r_t + \frac{h_i}{2} \tag{4-91}$$

将式(4-90)与式(4-88)相减后得到绝对误差：

$$\Delta_\sigma = |\ \sigma_p - \sigma_m\ | = \left| \rho \omega^2 z \left[r_e - \left(r_t + \frac{z}{2} \right) \right] \right| \tag{4-92}$$

将式(4-91)代入式(4-92)，得

$$\Delta_\sigma = \left| \frac{\rho \omega^2}{2} (z h_i - z^2) \right| \tag{4-93}$$

由此可知，当 $z < h_i$ 时，原型应力大于模型应力水平，而且当 $z = \frac{h_i}{2}$ 时，两者相差最大，即 Δ_σ 最大，假设此时相对误差为 R_1，有

$$R_1 = \frac{\Delta_\sigma}{\sigma_p} = \frac{\dfrac{\rho \omega^2}{2}(z h_i - z^2)}{\rho \omega^2 r_e z} = \frac{h_i}{4 r_e} \tag{4-94}$$

当 $z > h$ 时，原型应力小于模型应力水平，而当 $z = H$ 时，两者相差最大。假设此时相对误差为 R_2，同理可得

$$R_2 = \frac{H - h_i}{2 r_e} \tag{4-95}$$

由此，离心模型自重应力的绝对误差累积值可表示为

$$\begin{aligned}
S &= \int_0^H (\sigma_p - \sigma_m) \mathrm{d}z = \int_0^H \rho \omega^2 \left[r_e z - \left(r_t + \frac{z}{2} \right) z \right] \mathrm{d}z \\
&= \rho \omega^2 H^2 \left(\frac{r_e - r_t}{2} - \frac{H}{6} \right) = \rho \omega^2 H^2 \left(\frac{h_i}{4} - \frac{H}{6} \right)
\end{aligned} \tag{4-96}$$

若令 $S = 0$，则应力误差最小，此时有

$$\begin{cases}
h_i = \dfrac{2}{3} H \\
r_e = r_t + \dfrac{H}{3} \\
R_1 = R_2 = \dfrac{H}{6 r_e}
\end{cases} \tag{4-97}$$

即有效半径为离心机中轴到距模型顶面 1/3 高度处的距离，在距模型顶面 2/3 高度处模型和原型的应力相等。

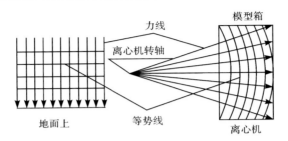

图 4-15　离心机及地面上的力线和等势线

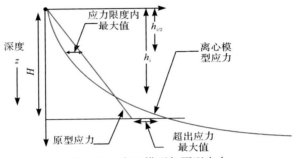

图 4-16　离心模型与原型应力

② 离心场切向误差。

在模型长度方向上,即离心场切向,模型箱的底部一般呈直线形,所以当离心机绕主轴匀速旋转时,由于运动轨迹为圆弧形,模型中间部位的转动半径小于同水平方向模型的两端,导致中间部位的径向加速度相对偏小。

假设模型顶部距主轴的距离为 R,模型径向高度为 H,切向宽度为 W,如图 4-17 所示。

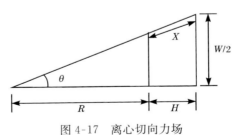

图 4-17　离心切向力场

由图 4-17 可得

$$\begin{cases} \tan\theta = \dfrac{W}{2(R+H)} \\[2mm] \cos\theta = \dfrac{H}{x} \end{cases} \tag{4-98}$$

因此,产生的误差为

$$\varepsilon = \left(\frac{x-H}{H}\right)\times 100 \tag{4-99}$$

例如,假设离心机的直径为 1.4m,模型高度为 200mm,即 $H=0.2$;宽度 W 为 300mm,即 $W=0.3$,则 $R=0.5$m。由式(4-99)可得 $\varepsilon=2.27\%$。

对于相同的模型,离心机的半径越大,切向的不均等性产生的误差就越小。为了减小这一误差,常将模型箱的底部改成弧形。一般情况下,针对模型进行加载和物理量测量时,产生的误差是可以忽略的。

(2)离心机启动和制动误差。

离心机启动及制动过程中的加速、减速将引起离心机切向加速度的变化,对试验结果具有一定的影响。若启动、制动过快,离心机受到惯性力作用,对模型的稳定性会产生不利的影响。若启动、制动过慢,则模型的受力状态与原型之间也会出现一定差异,引起试验误差,故应依据不同的试验合理选择离心机启动、制动速度。

离心机启动一般采用逐渐加速方式,其角加速度为

$$\varepsilon = \frac{\omega}{t_a} \tag{4-100}$$

式中,ε 为离心机启动过程中的角加速度;ω 为给定的试验角速度;t_a 为离心机允许的启动时间。离心机启动过程中的切向和径向加速度分别为

$$\begin{cases} a_\tau = r_e\varepsilon = r_e\dfrac{\omega}{t_a} \\ a_n = r_e\left(\dfrac{\omega t}{t_a}\right)^2 \end{cases} \tag{4-101}$$

式中,a_τ 为切向加速度;a_n 为径向加速度;r_e 为试验旋转半径;t 为离心机启动历时。在离心机启动过程中,其切向与径向加速度之比为

$$\frac{a_\tau}{a_n} = \frac{t_a}{\omega t^2} \tag{4-102}$$

假设离心机的旋转半径为 0.6m,离心加速度为 $100g$,离心机启动时间为 600s,由此进行计算,结果如图 4-18 所示。从图中可以看出,在离心机启动瞬间,a_τ/a_n 值极大,但随着启动历时的增长,其值骤降,当 $t=60$s 时,降为 0.41%。

(3)边界效应。

离心模型通常模拟半无限空间中的局部变化过程。由于采用有限尺度的模型箱,因此其边界条件与实际岩土环境存在差别,由模型箱边界约束所产生的试验误差称为边界效应。

对于静态问题,一般要求再现固结条件,力争使模型箱侧壁的摩擦尽可能小,水平刚度尽可能大。有时通过在侧壁粘贴乳胶膜并涂抹凡士林来减少摩擦。不

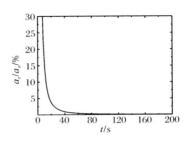

图 4-18　离心机启动影响

过,当边界剪切位移增加时,膜张力会增加摩擦阻力。平面应变问题采用的模型宽度比较小,此时侧壁摩擦的影响明显,因此模型要有足够的宽度以减少侧壁摩擦的影响。通常沿着模型中心线进行测量以减小侧壁摩擦的影响。模型箱侧壁水平位移要小于土层高度的 0.1%,以减小对水平土压力的影响。对于二维、三维问题,模型箱宽度要 2 倍于土层深度,以减小边界效应。

对于动力问题,尤其是模拟地震,边界条件将更复杂。例如,对于基底振动作用下沉积的均匀饱和砂土,如果采用完全刚性的模型箱,模型箱侧壁将同样被激振,其侧壁约束会使模型内产生不均匀的剪应变。如果考虑更复杂的模型,如包含结构的非水平地基,那么此时波的传播不能简化为一维形式,需要控制波在模型边界的反射。目前,这个问题基本得到解决,如在箱壁加一层抑制振动的衬,类似的处理也被用在模拟爆炸和冲击荷载的试验中。另外,可以采用完全柔性的模型箱,即叠环式或铰接式模型箱。这样做,侧壁可以响应基底输入的振动加速度,在水平方向自由变形,侧壁约束很小。

(4) 粒径效应。

由于土体原型结构物的尺寸(设为 b)远大于土颗粒的粒径(设为 d_m),因此土体基本满足连续性及均匀性假设。在离心模型试验中,常采用实际的原型土样,缩尺后模型中结构物的尺寸 b 仅为原型的 $1/N$(N 为模型率)。因此,当原型是粗粒土时,b 相对 d_m 较大,此时土颗粒不均匀性及不连续性被明显表现出来,即存在粒径效应问题。为了避免粒径效应,结构尺寸与土体平均粒径之比不能小于 15,这仅是一个粗略估计。为了更合理地反映土体的结构特性,有时还要考虑剪切带宽度与平均粒径的比值,结构尺寸与土体平均粒径之比至少应大于 30。目前认为,当离心模型试验中采用的结构尺寸和土颗粒平均粒径之比大于 32 时,粒径效应产生的误差基本可忽略。

(5) 科氏加速度的影响。

离心机通过旋转形成加速度场,当在离心机中进行高速滑坡、爆炸或利用振动台进行地震模拟时,模型中的颗粒会产生相对于离心机的速度,此时颗粒会受到科氏加速度的作用。

科氏加速度 a_c 的大小与离心机角速度 $\boldsymbol{\omega}$ 及模型中物质相对于离心机的速度 $\boldsymbol{v}$ 有关,是一矢量乘积:

$$a_c = 2\boldsymbol{\omega v} = 2 \mid \omega \mid \mid v \mid \sin\theta \qquad (4\text{-}103)$$

科氏加速度的方向遵循右手螺旋法则,模型的惯性离心加速度 a 为

$$a = \omega^2 r_e = \omega V \qquad (4\text{-}104)$$

式中,V 为离心机运行时的切向速度。颗粒同时受到离心加速度和科氏加速度的作用,叠加的效果在模型中形成一个扭曲的加速度场。一般假定当 a_c/a 小于 10%、颗粒相对离心机移动速度较小($v < 0.05V$)时,科氏加速度的影响可忽略。

（6）局部模型的模拟。

对于某些规模过大的岩土工程,对原型进行整体模拟困难较大,一般针对所研究问题采用较大比例尺的局部模型,同时结合一定的数值模拟方法进行综合分析,或用不同的小比尺模型外延原型结果,此时通常假设不同比例尺的成果具有一定的相关性。

（7）材料模拟。

对于黏性土,模型一般采用原型土样。对于砂土,是否采用原型中的砂样取决于粒径效应。对于砾石、堆石等大颗粒料,需要对超径颗粒进行处理。试验前通常采用剔除法、等量替换法、相似级配法等配制模型材料。基本方法是:根据模型箱尺寸确定材料最大粒径,然后根据上述方法配置模型材料,尽可能减少原型和模型材料之间的差别。剔除法即剔除掉超粒径颗粒,将剩余的部分作为整体计算各粒组含量。该方法使材料细粒含量相对增加,如果剔除量较多,则可能会改变粗颗粒料的性质,所以一般仅适用于超径颗粒含量较少的材料。等量替代法是用允许最大粒径以内的粗粒,按比例等量替换超径颗粒,经替代后的土样保持了原粗、细颗粒的比例,但改变了土样中粗粒部分的级配,因此材料的不均匀系数和曲率系数也相应变化。相似级配法是根据所确定的最大允许粒径按几何相似原则等比例将原土样粒径缩小,即把颗分曲线按一定几何模拟比尺平移。这种缩尺方法保持了原土样的不均匀系数和曲率系数,但细粒含量有所增加,有可能改变土样的基本性质。上述三种缩尺方法都有应用,但均有一定的局限性和适用条件,需根据具体情况选用。

（8）多种物理现象的耦合。

多种物理现象耦合时,不同现象的相似比尺可能存在矛盾。例如,在地震等动荷载作用下,动力学问题和渗流固结问题同时存在,以冲击荷载、地震等动力学问题为主的模型时间比尺为 $1/N$,以渗流固结问题为主的模型时间比尺为 $1/N^2$,两者在时间比尺上出现矛盾。再以砂土地基液化问题为例,如果采用原型砂,孔隙水压力消散速度（属渗流固结问题）比孔隙水压力的增长速度大 N 倍,因此砂土

中残余孔隙水压力远小于应该发生的数值,由此就可能观察不到砂土液化现象。解决此类问题的方法有两个:①对于砂土,可采用硅油等黏滞系数大的液体代替水,将砂土的渗透系数降低为原来的 $1/N$,但此时砂土必须是不含黏土和粉土颗粒的干净砂,否则会出现"结团"现象;②在原土体中渗入细粒土以降低渗透性,但需注意,不能明显改变原土体的其他力学性质。

此外,在模拟土体中多相介质流动和热交换等物理过程时,根据相似准则,浓度系数、流动系数、分子扩散系数、毛细升高系数和吸附系数是相似的,而 Reynold 数、Peclet 数和热交换 Rayleigh 数不满足相似性。研究表明,对于不能满足相似的无量纲数,需要满足一定的条件,如要求模型中渗流为层流时,需满足 Reynold 数小于 1.0;为满足分子扩散为主的溶质运移,要求 Peclet 数小于 1.0;热交换过程中,要求 Rayleigh 数小于 $4\pi^2$。

(9) 量测系统误差。

离心机中可以实现对加速度、孔隙水压力、荷载、应力、位移、浓度和温度等物理量的定量量测,测试元件的精度、大小、布置方式对测试结果影响较大。传感器引线和传输线需沿其长度方向逐点定位,以支撑其重量,避免高加速度下引线被拽拉,传感器位置变化及引线被拉断。埋入土中的传感器尺寸要小,比重应与土样接近,且表面有足够的粗糙度。若传感器比土重,表面较光滑,则试验中传感器可能发生竖向移动,使测点位置不准确。此外,传感器方向要布置合理,以减少对土样的作用。传感器引线在土样中要松弛柔软,其走向垂直于主要运动方向。

孔隙水压力测量一般采用 DRUCK 微型孔隙水压力传感器,试验时将其预先埋入土体中。尽管其长度仅有 12mm,直径仅为 6mm,但在离心机中经比尺关系放大后,犹如一根锚杆。若与研究对象相距较近,则会明显地改变研究对象的边界条件和动力响应过程。若孔隙水压力传感器没有被固定,则试验中其会随土体变形发生位移,故试验后需要仔细校对传感器的位置。孔隙水压力传感器在试验前要饱和,排除内部气体,并做严格的标定。测试饱和土孔隙水压力时,如果土体饱和度降低,其中的空气会阻碍水压力传递,那么会明显影响测试数据的可靠性。孔隙水压力传感器具有规定的量程,试验前要预先估算模型中可能出现的最大孔隙水压力,并严格限定在规定的量程内,以避免损坏传感器。

位移传感器通常采用接触式传感器和非接触式传感器(激光位移传感器)。接触式传感器在测量竖向位移时,传感器本身的重量在高离心加速度下变为荷载,对测试结果有影响。测量水平荷载时,要确保传感器端部针头与测量点保持接触。荷载采用高精度拉压传感器,量程为 10~125kN 不等,能够测量试验过程中的压力和拉力。

以上对土工模型试验存在问题进行了详细讨论,目的是对离心机模型试验成果的相对性形成更深刻的理解和认识。必须清楚,再完美的方法,也难以准确测定土体在荷载作用下的变形。但不管怎样，终究可以借助这一最为接近真实的科学方法，从另一角度洞察土体变形的复杂规律，因而仍然是一条十分宝贵和不可多得的探究真理的科学途径。

迄今，土工离心机在结构上已发展为臂式离心机和鼓式离心机两类。世界上现有的 100 多台土工离心机中，大多是臂式离心机，鼓式离心机数量较少，而且后者是近几年才出现的。对于机场跑道这样大面积平面场地的试验研究，选择哪种类型的离心机是一个重要的应用问题，需要分别讨论。

3. 臂式离心机

臂式离心机的主要试验设备包括土工离心机、模型箱、各类传感器、控制及量测系统，现以 NHRI-89 型土工离心机为例，其主要技术指标及模型箱内尺寸见表 4-5，外形如图 4-19 所示。

表 4-5　NHRI-89 型土工离心机主要技术性能指标

关键指标	性能
载荷能力	400g·t
转臂半径	5.50m（吊篮平台至旋转中心）
最大离心加速度	200g
模型箱内尺寸	1100mm×400mm×550mm

图 4-19　NHRI-89 型土工离心机

微型孔隙水压力传感器如图 4-20 所示。沉降测量采用激光位移传感器，这是一种理想的非接触式位移测量传感器。例如，德国威格勒（Wenglor）公司的 YP11MGVL80 传感器的量程为 50mm，相应的精度为 20μm，如图 4-21 所示。

图 4-20　微型孔隙水压力传感器　　　　图 4-21　高精度激光位移传感器

离心模型试验量测系统中的关键设备是数据采集系统,这是获得试验数据的最主要途径,反映了离心模型试验的系统水平和试验精度。目前,一般使用 50 $g \cdot t$ 离心机配套的主从式数据采集系统。该系统快速、准确、可靠,主要特点是突破了经集电环传送数据的传统方法,数据采集仅利用前端机,前端机与主机间传送的是 EAI 电平的数字信号。前端机以工控机为核心,由信号调理放大、A/D 转换及数字通信等部分组成,整个电路放置在紧靠离心机主轴的屏蔽铁盒内,以便前端机中元器件能承受高速旋转所产生的离心力作用。主机采用带有 RS-232C 通信接口的系统微机,实现系统控制、转速测量、数据处理、显示打印等功能。

4. 鼓式离心机

相对于臂式离心机,鼓式离心机(图 4-22)可完成更大模型尺寸的试验。表 4-6 列出了现有的鼓式离心机性能。鼓式离心机的中央操控平台可以实现与模型槽的相对运动,同时操控平台能够根据需要随时停止。因此,在许多方面,鼓式离心机具有独特的优势,尤其是在机场场道工程、港口工程和海洋工程的特殊结构中具有一定的优势,具体特点如下:

(1)土样为环形,因而能够实现同一土层平面位置加速度恒定,适应长条形地基沉降变形分析,同时可进行超高加速度加载。

(2)有利于消除边界效应,适用于深入研究长大线性结构物,如海底管线、深海滑坡在波浪等非常规环境荷载作用下的动力响应。

(3)易于安装造波和消能装置,能实现无反射造波,进而适合研究海床液化及结构物-波浪-海洋地基的耦合问题。

(4)便于在不更换土样的前提下,通过独立升降的操控平台实现多组对比试验,避免土样在重塑过程中因物理参数变动造成试验误差。

（5）装样鼓槽整体旋转，避免模型箱或鼓槽因重力场的作用产生竖直向偏移，减少不平衡力矩。

图 4-22　鼓式离心机

表 4-6　各国鼓式离心机性能一览表

编号	直径 /m	鼓槽尺寸 (径向×竖向)/m	有效荷载 /t	最大离心 加速度/g	载荷能力 /g·t	所在地	建成时间 /年份
1	0.25	0.025×0.120	0.006	1000	6.1	爱丁堡,英国	1971
2	1.20	0.130×0.230	0.200	650	145	戴维斯,美国	1979
3	0.80	0.100×0.300	0.195	150	43	宇都宫,日本	1986
4	2.00	0.150×1.000	～1.700	400	～675	剑桥,英国	1988
5	0.74	0.115×0.185	0.130	416	～50	广岛,日本	1995
6	0.74	0.120×0.180	0.130	400	～50	剑桥,英国	1995
7	1	0.170×0.250	0.200	450	90	里约热内卢,巴西	1996
8	1.2	0.150×0.300	0.600	484	290	佩斯,澳大利亚	1997
9	2.2	0.200×0.800	～3.700	440	～1600	东洋大学,日本	1998
10	2.2	0.300×0.700	2.000	440	880	苏黎世,瑞士	1999
11	1.4	0.270×0.350	0.750	600	450	大连理工大学,中国	2006

现以大连理工大学自英国引进的我国首台土工鼓式离心机 GT450/1.4 为例，主要探讨机械系统、驱动控制系统、数据采集系统、作动器及部分专用附属配套装置的特点和性能，以便深入了解试验的大致过程和基本原理。鼓式离心机的主要技术参数见表 4-7。可以看出，其特点尤其适合开展针对类似机场跑道长条类地基沉降的模拟，因而是预测机场人工岛地基沉降变形最可能用到的土工试验设备。臂式和鼓式两种离心机的特点对比见表 4-8。

表 4-7　GT450/1.4 鼓型离心机主要技术参数

最大加速度	600g
鼓槽几何尺寸	4.4m×0.35m×0.27m
最大转数	875r/min
鼓槽体积	0.42m³
最大加载重量	750kg
小型模型箱	2 个独立
工作台电机	7.5kW
工作台最大加载重量	120kg
工作台尺寸	0.75m
鼓槽最大不平衡力	8kg·m
工作台最大不平衡力	1kg·m
用户水环供应	2 通道气环,水环,油环,10～50℃

表 4-8　两种离心机特点对比

	优点	缺点
鼓式离心机	①侧壁不受限制,边界误差效应较小; ②适合模拟长条形基础的不均匀沉降(原型长度最大可达 2639m); ③可以进行条形基础整体试验; ④在不更换土样的前提下进行多组对比试验	①转动半径相对较小,模拟土层厚度较薄(162m 左右); ②重力模拟误差相对较大; ③不适合模拟范围较小的高大建筑物; ④国内缺少试验经验
臂式离心机	①转动半径较大,可以模拟较厚土层(300m 左右); ②重力模拟误差相对较小; ③适合模拟范围较小的高大建筑物; ④国内试验经验丰富	①侧壁受限,边界误差效应较大; ②不适合模拟长度较大的条形基础变形; ③只能进行控制点的试验

1) 机械系统

机械系统由转动系统(鼓槽、中轴)、传动系统(电机、齿牙履带等)、电滑环、操控平台等组成,如图 4-23 所示,具体参数如下。

鼓槽尺寸:1.4m(直径)×0.35m(竖向宽度)×0.27m(径向深度),载荷能力 450g·t,重 1300kg,体积 0.335m³。鼓槽最大转速 875r/min,此时外侧离心加速度 600g,内侧 369g,最大允许不平衡力 67.1kN,最大允许径向集中荷载 10kN。若采用全鼓进行试验,试样厚 150mm,试样表面最大加速度 471g,有效加速度 514g(有效半径 0.6m),可模拟的原型尺寸 1775m(长)×179m(宽)×77m(高)。鼓槽上部固定有 2 个进水口,侧壁具有排水孔,连通底部的虹吸管,以便精确控制鼓槽内的水位。

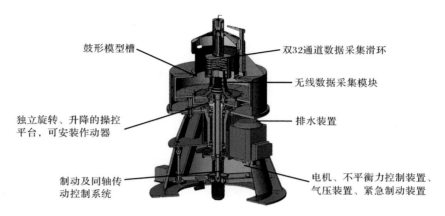

图 4-23　鼓型离心机试验系统示意图

在操控平台和外轴底部安装有上、下两接触式电滑环,额定电流为 7.5A。底部电滑环为 36 通道,主要满足环形鼓槽的信号传输和供电,包括 6 个视频监视信号传输通道、2 个供电通道、4 个试验数据传输通道及 24 个 USER 预留通道。上部电滑环为 48 通道,主要满足操控平台的信号传输和供电。除此之外,在操控平台的顶端配有光纤旋转接头,试验数据也可采用光纤传输。操控平台直径为 0.75m,上端配有 2 个液(气)体旋转接头,连接电滑环内部的通道,以此满足环形鼓槽内部供水(油、气)的要求,通道可承受的最大压力为 1MPa。操控平台通过其下部内空的套管与中轴结合,借助升降杆可实现相对鼓槽的独立升降,同时操控平台上可安装不同形式的作动器(图 4-24)。

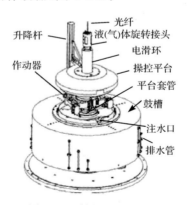

图 4-24　鼓槽及操控平台

2) 驱动控制系统

土工鼓式离心机驱动系统采用交流电机驱动变频调速系统,动态响应速度快，调速精度高，抗干扰能力强，主要包括电机驱动、转速调节、转速反馈、运行监控等。利用 PLC 控制器，结合加速度计、应变计、接近开关、继电器、逆变器等对离心机进行运行控制与监视，可实现离心机运行参数设置、监测离心机运行状态、故障报警、紧急停止等功能。其中，离心机的开启、停止、加速度改变、水位控制等均由控制室内的控制触摸屏实现(图 4-25)。离心机鼓槽及操控平台上自带 50MHz 的高带宽监控视频，可在离心机高速运转时，检测鼓槽内模型的实际状况。

图 4-25　离心机控制室

3) 数据采集系统

数据采集系统由测量传感器、采集器、信号传输设备、数据采集计算机等组成。由于受模型比尺及离心力的影响，对试验传感器的结构、体积、精度等要求较高。配备的传感器主要有微型孔隙水压力传感器、接触式位移传感器、激光位移传感器、荷载传感器等。

(1) DAQ(data acquision)数据采集。

数据采集系统分别位于鼓槽和操控平台上。采集分辨率为 16bit，最多可记录 32 个信号，鼓槽和操控平台各占一半。系统采用数字信号传输，由串行接口经机械触点滑环或光纤传输至控制室数据采集计算机。数据处理采用 Acqlipse 专业软件。采集器为 IOTech 公司的 DaqOEM 系统，安装于环形鼓槽中间平台或操控平台上，能够将传感器的微弱模拟信号预处理为数字信号，数据转换率为 5μs，线性误差为 ±1bit，最大取样频率为 200kHz，零点偏移为 ±10ppm/℃，增益偏移为 ±30ppm/℃。

(2) 无线采集系统。

如果要进行爆破、海底滑坡、地震等发生时间极短的试验，那么常规的接触式传输数据采集系统不能满足数据采集的要求。为此，引入由网络交换机、信号处理器(5 个)、无线路由、数据采集计算机等组成的无线数据采集系统。该系统能够避免数据传输过程中由于机械摩擦、振动及噪声等产生的影响，提高数据的可靠性。

信号处理器(图 4-26)为无线数据采集系统的核心部件,集数据采集、放大、处理等功能于一体,同时能够实现低频(10Hz)、高频(1MHz)信号采集的自动触发和转换。每个信号处理器配有 1 个供电接口及 8 个传感器接口,每个接口可一次记录 12.8 万条数据,采集精度为 16bit,信号增益范围为 1～1000,数据采用固态硬盘存储。

(3) 作动器。

作动器(图 4-27)是鼓式离心机的特殊装置。GT450/1.4 土工鼓式离心机配备有 2 个作动器,加载幅值均为 5kN,行程分别为 150mm 和 300mm,可实现 0～10mm/s 的无级变速调节。作动器可独立或借助操控平台与中轴相连,能够实现径向和圆周向二维运动。径向运动由 Parker 无刷伺服电机驱动,控制精度为 3 弧秒/步,圆周向运动通过中轴的旋转实现。作动器推进板上安装有荷载传感器、T-bar 强度测试仪、位移传感器等,借助视频监控系统,由计算机按照设定程序控制。作动器可发挥机械手的作用,实现打桩、拔桩等过程。

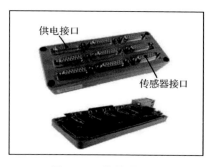

图 4-26　信号处理器

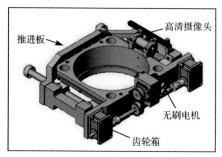

图 4-27　作动器

4) 专用附属及配套设备

为了能更好地满足离心模型试验的要求,GT450/1.4 土工鼓式离心机配备了各种传感器标定设备、黏土真空搅拌器、固结仪、装样器、图像采集系统等专用设备。

(1) 模型制作装置。

对于黏性土,一般采用原型土样重塑。首先将原型土样由真空搅拌器在负压条件下充分搅拌。搅拌器容积为 500L,能满足离心机全鼓装样的要求。土样搅拌均匀后,通过 DGJ-30 离心机固结仪在 1g 条件下固结或者在离心机中直接固结。

搅拌完的土样由装样器(图 4-28)输入离心机鼓槽。装样器由进管漏斗、8 通道滑环、套筒、喷嘴、控制柜等组成,固定在离心机外防护罩上,利用喷嘴插入鼓槽内,借助套筒与离心机中轴相连,通过滑环与中轴一起实现圆周向运动。同时,在装样器上装有伺服马达,也可由控制柜实现喷嘴的竖向运动控制。

(2) 图像采集检测系统。

测量土样变形时,由于土样具有不透明性,因此对土样内部变化的测量,以常规的测量方法难以实现,需要利用图像采集粒子成像测速技术解决此类问题。GT450/1.4 鼓式离心机配有两个图像采集箱子(图 4-29),箱子一侧为有机玻璃,并安有相机支座,采用相机通过 USB 实现计算机操控拍照。

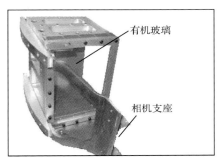

图 4-28 装样器   图 4-29 图像采集箱子

(3) T-bar 强度测试仪。

T-bar 强度测试仪(图 4-30)主要用来测量软土的不排水抗剪强度。相对于传统的强度测试仪器,T-bar 具有明显的优势:①能够不断地进行自身标定,确保仪器的可靠性;②通过作动器,能够在离心机旋转的情况下测试土样强度,避免离心机停止时产生土样回弹;③能够兼顾土样浮力对测试仪器的影响;④与土样有更多的接触面积,测试结果更加准确;⑤仪器尺寸相对较小,可减小检测仪器本身对试验的影响。

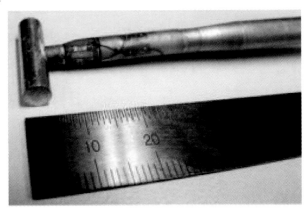

图 4-30 T-bar 强度测试仪

T-bar 强度测试仪包括圆柱杆和与之垂直的直杆，通常，圆柱杆直径为 5mm，直杆长度为 20mm。圆柱杆上贴有应变片，用以测量贯入阻力。土样的不排水抗剪强度计算公式为

$$S_u = \frac{q}{N_t} \tag{4-105}$$

式中，S_u 为土样不排水抗剪强度；q 为读取的贯入阻力；N_t 为影响因子。由塑性极限分析可得，N_t 的取值范围为 9.14～11.94，通常取 10.5。

4.1.4　土体微结构

1. 结构机理

土体微结构的研究是当前土力学理论的前沿课题之一。土体的工程性质在宏观上所表现出来的非连续、不均匀、各向异性和不确定性等复杂特征，本质上源自土体微结构的非连续性和不确定性。可以说，土体的复杂性是其介质结构与组分非线性的直接体现。因此，对土体微结构及其模型的研究，必然是土力学理论的核心工作之一。科学地构造土体演化的结构控制模型，进而建立基于土体微结构演化机制的土力学模型和本构关系是土力学理论具有开创性的方向。

所谓土体微结构，是指土体内土颗粒的大小、形状、表面特征、颗粒之间的连接及排列方式等的总体构成。在外界环境条件影响下，土体所表现出的各种特性，都是其内在微观结构发生变化的外在反映，故微观结构对土体性质的变化起着决定性作用。太砂基提出土体微结构概念，为土力学的发展开辟了一条新途径，使人们对土体力学特性的认识上升到了一个全新阶段，引导人们探索土体发生变形、失稳的根本原因。

研究土体微结构大致包括以下几个方面：①形态学特征，即结构单元体或孔隙的大小、形状、表面特征及其定量化的比例关系，如结构单元体或孔隙的粒径、孔径、周长、总面积以及其平均值，结构单元体的圆形度、椭圆度、矩形度、二角形度，结构单元体或孔隙的短长轴之比等；②几何学特征，指结构单元体或孔隙的空间排列状况，如结构单元体椭圆形长轴与 x 轴夹角、结构单元体长轴在 x 轴上的投影长度、结构单元体的各向异性率等；③能量学特征，指结构单元体的联结特征及结构总能量。微观结构的形态学特征和几何学特征通常被称为"组构"。

由于海域沉积物的来源不同，因此海相沉积土骨架颗粒形态多样。例如，有黄土状的粒状体、黏土状的片状体、原生矿物碎屑、微碎屑和黏胶粒凝成的刚性集粒、黏土"畴"形成的开放絮凝体和致密絮凝体，以及少量再生的矿物（黄铁矿）、生物残骸和硅藻等。一般的骨架颗粒本身便具有一定的刚性，但有些开放絮凝体和扁平状硅藻在外力作用下容易破碎或变形，对土体的工程性质具有一定影响。

海相沉积土的孔隙基本上可分为三类：大孔隙、粒间孔隙和粒内孔隙。大孔隙是比骨架颗粒大的贯通土体的孔隙；粒间孔隙存在于骨架颗粒之间，这是决定土体强度的主要因素，其大小取决于骨架颗粒的排列和连接方式；粒内孔隙是指骨架颗粒内部的孔隙，除开放絮凝体的孔隙较易变形外，一般不易变形。海相沉积土的连接方式较为复杂，一般分为胶结连接和链式连接两类。其中，胶结连接分为盐晶胶结和黏土胶结两种；链式连接根据链的长细比又分为长链和短链。一般情况下，胶结连接比链式连接的强度高，变形小；长链连接比短链连接强度差、变形大。

通过大量的显微照片分析，可将海相沉积土的微观结构类型分为四大类，根据胶结材料的性质、链的长短和骨架颗粒本身的疏密程度又进一步分为 10 个亚类，具体如下。

（1）粒状胶结结构。以集粒或粉粒为骨架，粒间颗粒基本上互相接触，粒间孔隙较小的土体结构。这类结构一般存在于渤海、黄海和南海沿岸的土层中，土体的孔隙比较小，属于低压缩性海相沉积土，分为粒状盐晶胶结结构和粒状黏土胶结结构 2 个亚类。

（2）粒状连接结构。以集粒或粉粒为骨架，颗粒间有一定的距离，粒间由黏土片或黏土"畴"构成的黏土链连接在一起，形成粒间孔隙较大的土体结构。这类结构一般存在于渤海和黄海的浅层中。根据连接链的长细比，又分为粒状长链连接结构和粒状短链连接结构 2 个亚类。

（3）絮状连接结构。以絮凝体为骨架，由黏土片或"畴"构成的黏土链把絮凝体连接在一起，构成絮状连接结构。这种结构与通常所说的絮凝状结构相似，一般存在于深度 6m 以上的淤泥质黏土中，在各个海域都有发现。根据絮凝体的疏密程度和连接链的长短，又分为致密絮凝长链结构、致密絮凝短链结构、开放絮凝长链结构和开放絮凝短链结构 4 个亚类。

（4）黏土基质结构。指含有大量黏土颗粒的结构。此类结构先由黏土颗粒叠聚而成黏土"畴"，继而由黏土"畴"凝聚成规则或不规则的凝聚体，然后进一步聚合在一起，形成更大的黏土团（块）。在这些黏土团（块）中，有的可辨别出各个凝聚体的轮廓，有的则模糊不清，偶尔有少数粉粒砂粒完全包埋在黏土基质中，称为黏粒基质结构。在此类结构中，经常会发现黄铁矿以及和黄铁矿共生的硅质碎壳。如果黏土基质中凝聚体内"畴"的排列比较紧密，而且由面-面叠聚而成，基质体内微孔隙较小且较少，那么称其为定向黏土基质。如果凝聚体内"畴"的排列比较疏松，而且是边-面-角的连接形式，基质体内孔隙大且多，互相贯通呈开放排列，那么称其为开放黏粒基质。这类结构在各个海域的浅层和深层中均有发现。

对于海相沉积土，微观结构类型如表 4-9 所示。

表 4-9　微观结构类型

颗粒形态		胶结和链接		结构类型	结构亚类
集粒或粉粒		胶结	盐晶	黏状胶结结构	粒状盐晶胶结结构
			黏土		粒状黏土胶结结构
集粒或粉粒		链接	长链	粒状连接结构	粒状长链连接结构
			短链		粒状短链连接结构
絮凝体	致密	链接	长链	絮状连接结构	致密絮凝长链结构
			短链		致密絮凝短链结构
	开放		长链		开放絮凝长链结构
			短链		开放絮凝短链结构
黏粒基质	致密	无链		黏粒基质结构	黏粒定向基质结构
	开放				黏粒开放基质结构

海相沉积土的微结构类型和其工程性质有着相当密切的关系。例如,高压缩性一般发生在絮凝的开放长链结构中,其中"长链"表示存在着大量不稳定粒间孔隙;"开放"表示存在较多粒内孔隙,具有这种结构的土体在一定的压力作用下会产生较大的压缩变形;高流变性主要发生在长链结构中,不管骨架颗粒是粒状还是絮凝体,在长期应力作用下都会发生流动变形。高灵敏性与开放结构中"畴"的排列方式有关,如果黏土"畴"呈边-面-角的空间网格排列,则这种排列具有一定的空间刚度;当这种结构被破坏时,强度便急剧降低,即表现为高灵敏性。盐晶胶结和短链连接的粒状结构也表现出一定的灵敏性。实际中,并不是所有海相沉积土的强度都较低,如粒状胶结结构和粒状定向基底结构的强度就较高,有的还可作为承受桩基的持力层。

2. 研究内容

目前,对土体微结构的研究主要集中在三方面:①微结构研究土样制备技术;②微结构特征定量化研究;③微观结构特征与宏观力学性质之间的关系。

关于微观结构备样技术,从过去的风干法、烘干法、置换法、临界点干燥法等已一步步发展到现在的真空冷冻干燥法。前四种备样方法由于很难保证土样的原状结构以及其他一些原因,目前已不常用。真空冷冻干燥法能够达到土样既能保持干燥又不会变形的目的,对土样扰动小,能更好地反映土结构的原始形态,因而被国内外学者普遍认为是一种十分有效的备样技术。真空冷冻干燥法对设备要求高,操作比较复杂。

在土体微结构定量化研究方面,主要是利用交叉学科的知识和技术手段获取结构要素,包括两方面:

（1）利用遥感图像的处理技术进行土体微结构图像处理，获取结构要素量化参数；

（2）利用 20 世纪 70 年代中后期发展起来的非线性科学成果，如分形理论进行土体结构定量化研究。

土体微结构模型指表征土体结构形态特征的典型图像。土体的微结构研究深度与所采用的观察手段密切相关。随着观察技术的不断提高，土体结构形态特征变得越来越清晰，因而才逐渐被人们所认识。国内外研究者已提出了一系列土体微结构模型，但深刻认知微观结构特征与宏观力学性质之间的关系还存在较多空白，在实际应用上尚有距离。

综合以上分析，研究土体微结构的内容有：

（1）为保证土体微结构的原状性，不断改进其备样方法；

（2）利用现代仪器对土体微结构进行定量分析；

（3）从微结构角度探讨土体的变形破坏机制；

（4）利用微结构开展土体的工程性质评价并对其分类。

尽管土体微结构研究在过去的几十年里确实取得了一定的进展，但发展速度还相当缓慢，有些还难以解决，这些问题主要集中在：

（1）扫描截面方法有待改进，传统的掰断法存在一定的缺陷，使得原本是颗粒的部位变成了孔隙，即使使用冷冻刀切割也会使土颗粒产生一定的滑移；

（2）技术上，除了进一步完善已有的结构量化信息提取手段如计算机图像处理、X 衍射等技术外，还需要继续开拓新途径，尤其是要解决结构连接与形态要素的联合测试问题；

（3）量化结构与力学模型的耦合问题需要深入研究。尽管人们已着手开展结构要素量化工作并取得了初步成果，但是结构要素的量化程度还相当有限，将它们与力学性质联系起来的工作也十分肤浅。在量化结构的同时，还缺乏与相应的力学模型进行适当耦合，进而推进研究的实际应用。

由以上分析可以清晰地看到，土体微结构的研究可能是深入开展人工岛机场地基沉降机理分析的一个有价值的突破口。由于土体微结构分析近年才受到重视，研究的时间还很短，新的发现值得期待。

4.2　案例评述

4.2.1　日本东京羽田国际机场

1. 沉降控制标准

根据人工岛的地质情况，在施工工艺和工期安排上，预估在施工期间完成

60%～80%的地基沉降变形。结合人工岛护岸、挡浪墙、地面跑道、地下管网等设施特点,制定施工期及工后人工岛地基沉降的控制标准,见表 4-10。

表 4-10　沉降控制标准　　　　　　　　（单位:m）

项目	控制指标	
	一、二期工程	三期工程
施工期间允许沉降量	≤0.5	≤0.5
使用后 10 年允许沉降量	≤0.5	≤1.5
使用后 50 年允许沉降量	≤1,部分≤0.7	≤2.0

2. 人工岛沉降预测

如前所述,东京羽田国际机场是经过长达半个世纪的不断扩建,逐步向海中推进形成的。填海区的水深随着向外海的推进逐渐增大,护岸大部分区段水深超过 10m,局部达到 20m。机场位于河流出海口,下部为冲积而成的深厚软土层。开始时,设计者将最先建设的 A 跑道区工后最大允许沉降控制值定为 0.5m,但实际上,在使用 10 多年后地基沉降达到了 1.6m,远超控制标准。鉴于这一现实,在制定三期工程的地基沉降控制指标时,将使用后 10 年的允许沉降值调整为 1.5m。D 跑道位于远离主场区的独立人工岛上,处于河流出口处,基础采用了桩基承台和直接回填的混合结构形式。预测建设结束时地基沉降 6.8m,30 年后残余沉降 0.9m,100 年后达到 1.1m(图 4-31 和图 4-32),监测点布置见图 4-33。

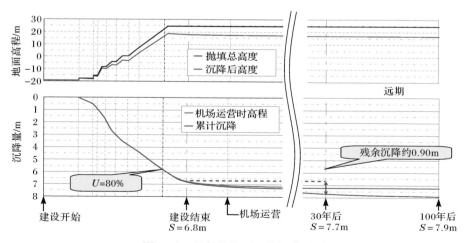

图 4-31　机场填海区土体沉降预测

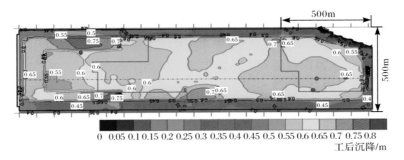

图 4-32 D 跑道地基沉降分布预测

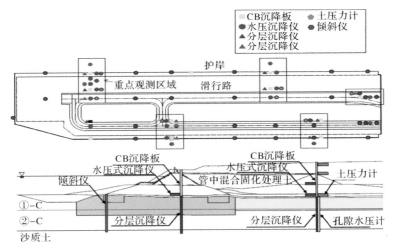

图 4-33 D 跑道区土体沉降监测点布置图

4.2.2 日本关西国际机场

可以说,工程界对人工岛机场地基沉降后果的深刻反省基本上是从关西国际机场建设发现的问题开始的。日本作为有着丰富填海经验和发达科技的国家,解决人工岛地基沉降问题似乎不应该有太大的问题,在前期研究上也可谓不遗余力,但结果却出人意料,人工岛建成后的实际沉降远超预期。实际上,意识到地基沉降严重并不是在工程完成若干年以后,而是在填海过程中填料刚出水面时便已发现填埋土体的沉降陡然加快。前面已经提到,作为应对措施,设计上临时增加了人工岛的填筑高程,致使实际工期比原计划推迟了 1 年半,工程总投资比预算增加了1.5倍。

1. 地基沉降预测

1）沉降机理

试验表明,关西国际机场人工岛地下冲积层黏土的含水量达到了 70%,即使是硬度较高的更新世黏土,含水量也达到了 40%。正是这些孔隙水的挤出效应引起了土体的最初变形,这一过程就如同含水海绵受到挤压后水体被挤出一样,海绵体积的变化与挤出的水体体积直接相关。也就是说,在人工岛上部荷载的挤压下,黏土层的最初变形主要是被挤出的水体体积。由于土体本身对水分具有亲和作用,黏土中的水分并不容易被挤出,因此这一过程相当缓慢,全部完成可能需要若干年的时间,面积（体积）越大,所需时间越长,这是此前人们没有经历过的（图 4-34）。

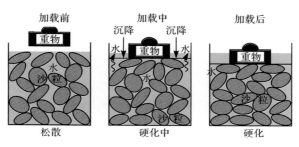

图 4-34　黏土沉降过程示意图

按照以往的认识,更新世黏土层一般十分坚硬,即使上部荷载很大,也不会发生值得关注的土体变形,因而这部分地基沉降在理论上通常被忽略。但这一可忽略的假定实际上有一定的适用范围,在土体承压荷载不大时可以这样考虑,一旦荷载超过极限,情况就会发生变化。关西国际机场人工岛回填土的厚度达到了创纪录的 33m,一期工程 5km² 人工岛地基承受的荷载超过 2 亿 t,这一荷载量级很可能超过了土体结构所能承受的极限,因而导致了超预期沉降。

2）沉降预测计算

回顾人工岛地基沉降预测的研究过程和各种成果,不管结果为何,对于当前总结经验教训具有特别重要的意义。在早期,曾预测一期工程的地基沉降变形大约为 6m,为了尽快完成此部分变形,采取打设大量砂井的方法加速排水固结,认为在人工岛建设期内可完成地基沉降总量的 90%。但实际上,正如后来所看到的,地基沉降变形并未如预测的那样发展,其结果相差甚远（图 4-35）。

为什么最初预测与实际情况会有如此大的差异？这个问题很值得思考。在后续分析中,人们逐渐认识到,更新世黏土层的次固结变形有可能是产生这些额外沉降的主要因素之一。因条件所限,设计人员只监测到人工岛施工期的地基沉

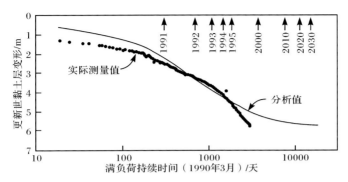

图 4-35　由更新世黏土层固结引起地基沉降的预测与实测结果对比

降,对土体变形的深层次原因还没有深刻认识。人们所熟知的传统土力学理论认为,土体在固结最后阶段的变形速度应逐渐趋缓,一般几年后便会基本停止,但实测的结果却发现地基沉降似乎遥遥无期。戏剧性的是,每当通过实测结果调高了地基沉降的预测值后,很快就发现后续的实际沉降量又超过了预测,如此反复修改追加多次,按以往经验的确很难相信会有如此严重的结果。

　　根据土力学理论,地基沉降通常分为 3 个阶段,即瞬时沉降、固结沉降和次固结沉降。瞬时沉降的性质主要是三维固结,存在一定的侧向应变,而且因表层土的孔隙水压力消散很快,尤其是含水率较高的软土层,对瞬时沉降更为敏感。对于黏性土,沉降变形的速率在很大程度上由排水路径的长短决定,理论上,两个黏土层之间若存在砂层即可视为排水层。然而,令人费解的是,在关西国际机场人工岛地下的更新世黏土层中夹有大量砂层,但这些砂层似乎并未起到预期的排水作用。能够解释这一现象的说法是,由于人工岛面积过大,因此下部的砂层其实是断断续续的,或者被更大范围的黏土所包围,这些晶体状砂层在整体上失去了消散孔隙水压力的作用,连续十多年的监测数据似乎证明了这一点。另一个说法似乎也能够提供佐证:因为人工岛范围过大,间断的砂层发挥了排水作用,但排水效应不均匀,使得人工岛地面出现了不均匀沉降。

　　此外,人们还认识到,土体固结并不是决定黏土层沉降变形的唯一控制因素。监测表明,即使土体中孔隙水压力基本消散,土体的沉降变形仍然在持续,即出现所谓的蠕变或次固结现象。在主固结接近结束时,次固结的作用会越来越明显,表现为主固结已基本结束的土体还处于变形中。

　　显然,所有这些因素在以往的研究中并没有被充分地考虑到,今后要认清这些问题,也不是一件容易的事。

　　为了吸取教训,有必要总结此类研究中的一些分析方法。

（1）观察法。

实践中，预测土体沉降变形的不确定性因素主要有如下两点：

① 对土质属性和孔隙水排水空间的动态性难以掌握；

② 作为预测分析的重要参数，试验得出的固结系数 C_v 和次固结系数 C_a 存在一定的局限性。

要解决以上问题，一个有效的方法是利用土体沉降监测数据进行逆分析，即利用实测数据对土体变形进行反推，然后以此为基础进行预测，这种方法称为观察法。针对人工岛地基沉降变形进行反推分析是目前科研人员进行远期预测的重要方法，砂层排水效果如图 4-36 所示。

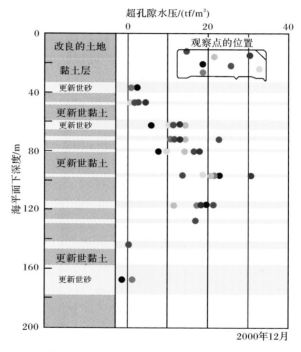

图 4-36　砂层排水效果（1tf/m² ＝ 9.8kPa）

（2）一维固结分析。

海相沉积的一个重要特征是各土层通常呈层状分布，它们由交替的砂层和黏土层组成，厚度由地质形成的历史条件决定。如前所述，饱和黏性土的变形沉降按时间发展进程分为瞬时沉降、由孔隙水压力消散引起土体孔隙减小的主固结沉降和蠕变几个阶段，土层总沉降为各阶段沉降之和，其表达式为

$$\rho_r(t) = \rho_t + \rho_c(t) + \rho_s(t) \tag{4-106}$$

式中，ρ_t 为瞬时沉降；$\rho_c(t)$ 为主固结沉降；$\rho_s(t)$ 为次固结沉降。

① 瞬时沉降。

理论上，饱和黏土层的瞬时沉降量应该为零，这是因为土体的孔隙很小，孔隙水不能瞬间从土体孔隙中挤出。由于存在侧向应变，因此瞬时沉降实际上是三维问题。但在砂层与黏土层相间分布的地质条件下，瞬时沉降可简化为一维问题，砂层的存在可使土体的孔隙水压力快速消散。假定砂土层的厚度为 H，由压力增量 $\Delta\sigma$ 引起地基土体快速沉降变形的计算公式为

$$\rho_t = H\frac{\Delta\sigma}{M_\varepsilon^{\text{ued}}} = H\frac{(1+v)(1-2v)}{E(1-v)}\Delta\sigma \tag{4-107}$$

式中，$M_\varepsilon^{\text{ued}}$ 为砂土的一维固结系数；E 为砂土层的杨氏模量；v 为砂土层的泊松比，通常取 $v=0.2$ 或 0.3。

由式(4-107)可见，当砂土层泊松比 $v=0.5$ 时，土体变形为 0。瞬时沉降通常在施工过程中发生，因此，虽然土体回填的方法可能不同，但它一般并不会影响工后土体变形的总体结果。

② 主固结沉降。

在主固结沉降阶段，当厚度为 H 的分层土压力增量 $\Delta\sigma$ 引起压力增加时，对于正常固结的黏土层，最终产生的沉降量可表示为

$$\rho_{\text{inf}} = \frac{H}{M_E^{\text{clay}}}\Delta\sigma \quad \text{或} \quad \rho_{\text{inf}} = \frac{H}{1+e_0}C_c\lg\frac{\sigma_0'+\Delta\sigma}{\sigma_0'} \tag{4-108}$$

式中，σ_0' 为有效垂直应力；e_0 为建造前的原位孔隙比；C_c 为压缩指数；M_E^{clay} 为黏土的一维抗压模量。

M_E^{clay} 的关系式为

$$\frac{1}{M_E^{\text{clay}}} = \frac{C_c}{1+e_0}\cdot\frac{\lg(\sigma_0'+\Delta\sigma')-\lg\sigma_0'}{\Delta\sigma'} \tag{4-109}$$

固结沉降随时间的变化见图 4-37。压力增量 $\Delta\sigma$（不随时间变化且同深度的分布一致）开始时可由孔隙水压力代替，这时，在黏土层至排水边界将形成压力梯度，引起土体的孔隙水流向这些边界。在这一过程中，多余的孔隙水压力 $\Delta u(t)$ 将消散，更多的荷载通过压力 $\Delta\sigma'(t)=\Delta\sigma-\Delta u(t)$ 转向土体结构，引起土体的固结和变形。

针对上述问题，Terzaghi(1943)提出的解析式为

$$U_m(T_v) = \frac{\rho_c}{\rho_{\text{inf}}} = 1 - \sum_{m=0}^{\infty}\frac{2}{M^2}\exp(-M^2 T_v) \tag{4-110}$$

式中，$U_m=\dfrac{\rho_c}{\rho_{\text{inf}}}$ 为固结平均值；$T_v=\dfrac{C_v t}{d^2}$ 为无量纲时间因素，d 为排水路径长度，对于具有上下排水路径的土层，其排水距离可视为土层厚度 H 的一半，$C_v=\dfrac{kM_E^{\text{clay}}}{\gamma_m}$ 为固结系数（k 为渗透系数；γ_m 为水的单位重量）；$M=\dfrac{\pi}{2}(2m+1)$，$m=0,1,2,\cdots$，并有

以下公式：

$$T_v \approx \frac{\pi}{4}U_m^2, \quad U_m \leqslant 0.526 \tag{4-111}$$

$$T_v \approx -0.933\lg(1-U_m)-0.085, \quad U_m > 0.526 \tag{4-112}$$

由以上分析，可以描述固结沉降随时间的变化为

$$\rho_c(t) = \rho_{inf}U_m = \rho_{inf}\sqrt{\frac{4T_v}{\pi}} = \rho_{inf}\frac{2}{d}\sqrt{\frac{C_v t}{\pi}}, \quad U_m \leqslant 0.526 \tag{4-113}$$

$$\rho_c(t) = \rho_{inf}U_m = \rho_{inf}\left(1-10^{-\frac{C_v t/d^2+0.085}{0.933}}\right), \quad U_m > 0.526 \tag{4-114}$$

对于层状土层，总沉降可大致认为就是各土层沉降之和，即

$$\rho_c(t) = \sum_{t=1}^{n}\rho_c^t(t) \tag{4-115}$$

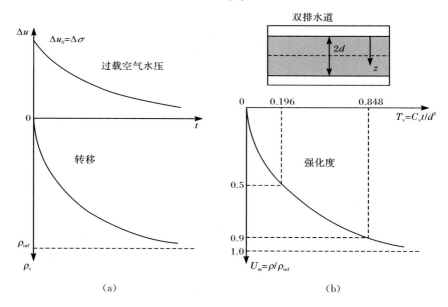

图 4-37　固结沉降随时间变化的过程

③ 次固结沉降。

在主固结沉降期间，次固结沉降便已存在。当主固结沉降趋近结束时，次固结逐渐上升为主要因素。此时，可用以下公式进行计算：

$$\rho_s(t) = \frac{C_a}{1+e_0}H\lg\frac{t}{t_p} \tag{4-116}$$

式中，C_a 为次固结系数；t_p 为假定次固结开始的时间。

④ 总沉降。

由式(4-113)~式(4-116),除瞬时沉降以外的总沉降随时间的变化采用下式估计:

$$\rho_T(t) = \rho_l + \rho_{inf}\frac{2}{d}\sqrt{\frac{C_v t}{\pi}}, \quad 0 \leqslant t \leqslant 0.217\frac{d^2}{C_v} \tag{4-117}$$

$$\rho_T(t) = \rho_l + \rho_{inf}(1 - 10^{-1.072C_v t/d^2 - 0.091}), \quad 0.217\frac{d^2}{C_v} < t \leqslant t_p \tag{4-118}$$

$$\rho_T(t) = \rho_l + \rho_{inf}(1 - 10^{-1.072C_v t/d^2 - 0.091}) + \frac{C_a}{1+e_0}H\lg\frac{t}{t_p}, \quad t > t_p \tag{4-119}$$

式中,ρ_l 为初始沉降;t_p 为假定次固结开始的时间。

沉降与时间的关系见图 4-38。

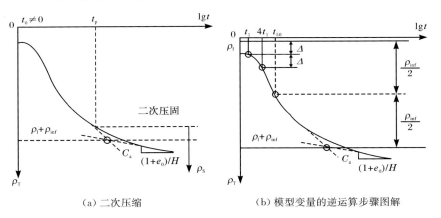

（a）二次压缩　　　　　　　　　　　（b）模型变量的逆运算步骤图解

图 4-38　沉降与时间关系图

⑤ 反推沉降量。

在式(4-117)~式(4-119)中,各项参数可以通过图示表示的沉降监测数据进行反算,见图 4-38(b)。具体方法如下:

(a) 测量任意两个时间段的沉降差 Δ 并与 $\rho(t_1)$ 相加,利用沉降曲线初始阶段的抛物线特性,可得到初始沉降的预测为

$$\rho_l = \rho(t_1) + [\rho(t_1) - \rho(4t_1)] = 2\rho(t_1) - \rho(4t_1) \tag{4-120}$$

(b) 沿初始沉降曲线和二次沉降曲线作切线,将其交点定义为 $\rho_l + \rho_{inf}$。利用前面得到的 ρ_l,可以求出 ρ_{inf};

(c) 设二次压缩曲线的切线斜率为 C_a;

(d) 在曲线的点 $\rho(t_{50}) = \rho_l + \rho_{inf}/2$ 处,取 $U_m = 0.5$,给出 t_{50},得到 $C_v = 0.196d^2/t_{50}$。

3）建模与计算

（1）模型构建。

现以采用打设砂井的方法加速上部黏土层固结为例，设更新世黏土为 10 层，每层厚 12m；砂层为 11 层，每层厚 4m；黏土层和砂层相互交错布置，如图 4-39 所示。

当发现更新世黏土产生额外沉降时，便应计算此部分的沉降量，相应的分析结果见图 4-35 中的实线。假设上述参数相对合理，便可得到用于预测的简化模型。

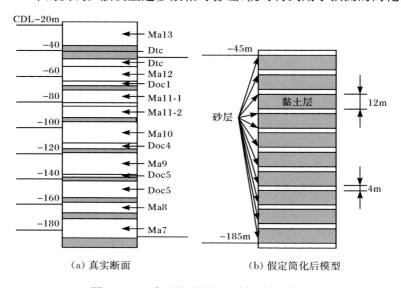

（a）真实断面　　　　　　　　（b）假定简化后模型

图 4-39　上部更新世黏土层剖面简化模型

设机场人工岛分布在海床上的面积为 $(4.0 \times 1.25) \mathrm{km}^2$，土体厚度 $H = 33\mathrm{m}$，其中低于海平面的部分 $h_\mathrm{w} = 29\mathrm{m}$，土体单位重量为：砂石填料 $\gamma_\mathrm{island} = 21\mathrm{kN/m}^3$，海底黏土 $\gamma_\mathrm{seabed} = 18\mathrm{kN/m}^3$。由于更新世黏土层的超固结比随深度呈线性增长（Akai et al.，1995），因此，假设位于模型底部的更新世黏土在填海过程中保持超固结，即认为不会被压缩。模型上部的更新世黏土可视为正常固结，其固结参数 $e_0 = 1.5$，$C_\mathrm{c} = 0.6$，$C_\mathrm{v} = 1.67 \times 10^{-7}\mathrm{m}^2/\mathrm{s}$，与固结试验的结果基本吻合。设受力的上部更新世黏土层是由 11 层 4m 厚的砂层和 10 层 12m 厚的黏土层叠加构成，垂直排水路径的平均长度 $d = 6.0\mathrm{m}$，砂层和更新世黏土层的厚度呈均匀分布，计算时主固结沉降和次固结沉降都同时兼顾。虽然这一模型十分理想化，但得到的结果与现实情况的确较为接近。

（2）原预测结果重现分析。

使用上述简化模型，便可以重现对土体沉降的预测结果，见图 4-35 中的实线。综合以上分析，全新世黏土层在施工结束前的瞬时沉降约为 6m，此后，随着时间的增加,瞬时沉降已微不足道。

由更新世黏土引起的固结沉降量可用下式进行计算:

$$\rho_{\mathrm{inf}} = \sum_{i=1}^{i=9} \Delta\rho_{\mathrm{inf}}^i = \sum_{i=1}^{i=9} \Delta H \frac{C_c}{1+e_0} \lg \frac{\sigma'_{0i}+\Delta\sigma}{\sigma'_{0i}}$$

$$= \sum 12 \times \frac{0.6}{1+1.5} \lg \frac{8D_i+403}{8D_i} = 5.6\mathrm{m} \qquad (4\text{-}121)$$

式中,$\Delta\sigma = \gamma_{\mathrm{island}}(h-h_{\mathrm{w}}) + (\gamma_{\mathrm{island}}-\gamma_{\mathrm{w}})h_{\mathrm{w}} = 21\times4+11\times29 = 403(\mathrm{kPa})$;$\sigma'_0 = \gamma'_{\mathrm{island}}D_i = 8D_i$;$D_i = 31\mathrm{m}+16(i-1)\mathrm{m}$,即从海底表面开始第 i 黏土层的中间深度。

更新世黏土层最后的 5.6m 固结沉降也是由 Endo 等(1991)预测的,并且是一个较为接近实际的估计(Akai et al.,2005)。这一预测的特点在于:它除了计算出固结沉降的最后结果,还预测出不同时间的沉降值。根据 Endo 等(1991)的研究,有一半的新世黏土沉降量应该发生在 490 天以后,90% 应在 2120 天之后,这一计算结果可通过前述的简化模型得到:

$$t_{50} = \frac{T_{\mathrm{v}(50)}d^2}{C_\mathrm{v}} = \frac{0.196\times6.0^2}{1.67\times10^{-7}} \frac{1}{24\times3600} = 490(\text{天})$$

$$t_{90} = \frac{T_{\mathrm{v}(90)}d^2}{C_\mathrm{v}} = \frac{0.848\times6.0^2}{1.67\times10^{-7}} \frac{1}{24\times3600} = 2120(\text{天})$$

但是,实际的监测结果还是超出了上述预测,固结过程持续了更长时间。到 1999 年,即在填海完成后 3200 天,地基沉降变形已超过 6m,加上施工期,总的沉降超过 12m,而且,直到 6000 天以后,这一沉降还在持续中。

(3)主固结沉降量修正。

从土体固结的早期监测可以发现,更新世黏土层的沉降量比预期结果要大许多(图 4-40),因而需要进行修正:当 $t_1=20$ 天时,$\rho_{t1}=1.25\mathrm{m}$;当 $t_2=4t_1=80$ 天时,$\rho_{t2}=1.60\mathrm{m}$;故 $\rho'=2\rho(4t_1)=2\times1.25-1.60=0.90(\mathrm{m})$。

设初始沉降为 0.90m,则经修正后的预测见图 4-40(b)。

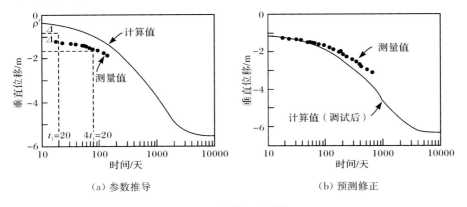

(a)参数推导　　　　　　　　　　　　　(b)预测修正

图 4-40　初始沉降的修正

（4）对排水路径长度的修正。

固结度由固结系数 C_v 和排水路径的平均长度 d（或前述模型的砂层数 n）确定。由于超孔隙水压力消失很慢，排水路径的平均长度 d 有可能大于假设的几何长度，而方程中 d 对于时间因素 T_v 是平方关系，因此 d 对固结度的影响程度可能存在较大误差。

假设由更新世黏土固结导致的最终沉降 $\rho_{\text{inf}}=5.6\text{m}$ 的预测是正确的（Akai et al.，2005），那么，50%固结沉降（即当总沉降 $\rho_{50}=\rho_{\text{I}}+\rho_{\text{inf}}/2=3.7\text{m}$）的形成时间应为 1000 天（图 4-41），而不是远藤等（1991）预测的 490 天。

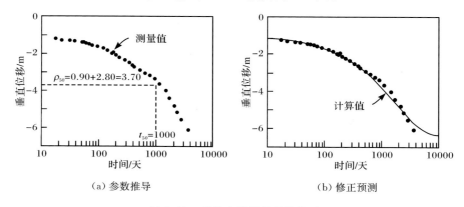

图 4-41　对排水路径长度的修正

由以上分析，排水路径的平均长度 d 和同等数量的黏土层 n 应该做如下调整：

$$d=\sqrt{\frac{t_{50}C_v}{T_{v(50)}}}=\sqrt{\frac{1000\times24\times3600\times1.67\times10^{-7}}{0.196}}=8.57(\text{m})>6(\text{m}) \tag{4-122}$$

$$n=\frac{H}{2d}=\frac{108}{2\times8.57}=6.3<9 \tag{4-123}$$

于是，修正后的排水路径平均长度 $d=8.57\text{m}$。

（5）次固结修正。

如前所述，对于固结最后阶段的持续沉降，主要原因是次固结沉降，特别是当有效应力超过固结压力的临界值时（Akai et al.，1999），便会出现较大的次固结沉降。更新世黏土层的固结试验结果见图 4-42。由图 4-42 可见，沉降与荷载的相关性明显，因而意味着过多地加高人工岛的地面高程会引起更大的地基沉降。如果调整后的预测与实测结果相近，那么对于进行远期判断将是十分有价值的。

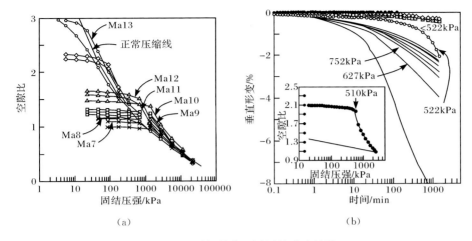

(a)　　　　　　　　　　　　　(b)

图 4-42　更新世黏土层固结试验结果

设 t_p 为实测结果与理论预测发生偏离的开始时刻,即例中 $t_p=1800$ 天。参数 C 从预测值($C=0$)(当 $t>t_p$ 时)与实测位移之间的偏差 S 中取得。例如,在 $t=3200$ 天时,$\Delta\rho_s=0.37\mathrm{m}$,因此有

$$C_a=\frac{\Delta\rho_s(1+e_0)}{H\lg(t/t_p)}=\frac{0.37\times(1+1.5)}{108\times\lg(3200/1800)}=0.034,\qquad \frac{C_a}{C_c}=\frac{0.034}{0.6}=0.057$$

由结果可见,后者取 0.057 是合理的,但对于黏土来说仍偏高,这一偏差很可能是因黏土本身构造引起的,这是 Akai 等(1999)通过观测更新世黏土沉降变形时做出的判断。

当 $t_p=1800$ 天、$C_a=0.034$ 时,二次压缩修正见图 4-43,预测的修正结果见图 4-43(b)。这种预测方法简化了计算模型,因而比较适合于有一些实测数据时分析使用。

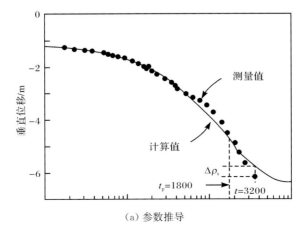

(a) 参数推导

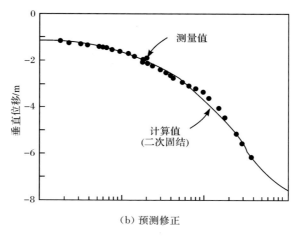

(b) 预测修正

图 4-43　二次压缩修正

（6）整体沉降预测的调整。

假设关西国际机场使用了 50 年,按此时间得到的蠕变沉降量为

$$\rho_s = \frac{C_a}{1+e_0} H \lg \frac{t}{t_p} = \frac{0.034}{1+1.5} \times 108 \times \lg \frac{50 \times 365}{1800} = 1.5(m)$$

这样,预计机场运营 50 年后人工岛地基的工后总沉降量很可能为

$$\rho_T^{Pl} = \rho_I + \rho_{inf} + \rho_s = 0.9 + 5.6 + 1.5 = 8.0(m)$$

如果再加上机场运营前的施工期产生的土体变形,那么可得

$$\rho_T = 8.0 + 6.0 = 14.0(m)$$

机场建设前与经实测数据调整后的预测结果比较见图 4-44。

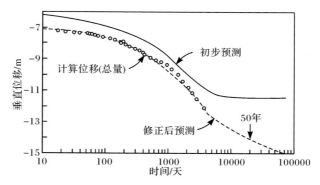

图 4-44　机场建设前与经实测数据调整后预测结果比较

假设上述分析是对的,而在人工岛建设之初曾预测地基沉降为 11.6m,这样,若干年之后的机场地面高程将由原设计的 +4m 降低到 +1.6m（按沉降 14m 计

算）。显然,这一高度将使人工岛自然排水困难,产生严重后果。不同荷载下机场人工岛地基沉降预测见图 4-45,人工岛地面高程变化见图 4-46。

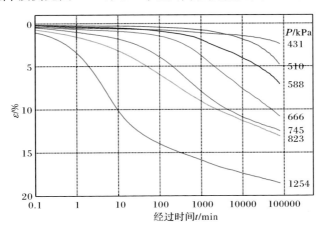

图 4-45 不同荷载下机场人工岛土体沉降预测

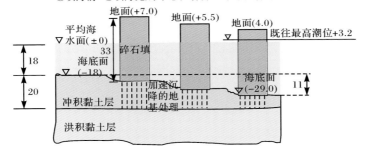

图 4-46 机场人工岛地面高程变化示意图(单位:m)

综合以上分析,可以发现简化后的模型在沉降预测中确实具有一定的可信性。但是必须看到,由于预测模型是一维的,因此只解决了垂直沉降预测,还无法分析土体的空间变异性、三维应力和应变分布等问题,尤其是没有考虑固结时间对黏土压缩特性的影响。

2. 应对方案

1) 应对黏土层沉降的措施

如前所述,关西国际机场人工岛的地基沉降,主要是因为全新世黏土层的压缩变形。不管采取什么技术措施,企图阻止地基沉降是不可能的。但是,却可以反向努力加速这一过程,即想办法创造条件让全新世黏土层的变形尽早、尽快、尽可能地提前结束。采取这一做法的原因是人工岛完工后，上部机场设施的施工还会持续几年才能完成，因而在客观上为等待地基完成大部分沉降变形赢得了时间，可大大降低地基沉降对机场营运期的不利影响。加速土体沉降有多种方法，关西国际机场的解决方案是打设砂井排水，即在人工岛下面每隔 2.5m 打 1 个砂井(长 20m，直径 40cm)，一期工程共布置 100 万个；二期工程布置了 120 万个。这一规模，在日本海洋工程的历史上是空前的。据统计，砂井排水法自 1952 年开始在日本应用以来，直至关西国际机场建设前的 35 年里，日本全国完成的砂井数量总和也不过 90 万个，其数量之大可见一斑。

后来的监测数据显示，使用砂井排水法对全新世黏土层的固结十分有效，加速了地基的沉降过程，同时硬化了黏土层。经过 1 年的沉降，地基沉降的速度明显减少，收到了预期效果。如果不采取这一方法，初始的地基沉降可能会持续若干年。但是，开采海砂对环境影响较大，因此他们不惜长途运输，千里迢迢地从我国的青岛、舟山和宁波等地购买。

全新世黏土层的沉降过程主要发生在机场施工期，机场营运后出现的地基沉降主要来自地下更深处的更新世黏土层。更新世黏土层十分坚硬，且处于深层，因此不能像处理全新世黏土层一样对其进行改造。监测数据显示，在填海初期，因为海水的浮力减小了砂石的重量，地基承受的荷载较小，因而下卧层的沉降变形并不显著。但是，一旦人工岛升出海面，上部荷载迅速增加，更新世黏土层的变形便开始发生。这说明，土体上部荷载的大小是更新世黏土层变形的主要原因，解决的对策是尽量减少填筑荷载，如降低填土厚度、选用比重较小的填充物、减少上部设施的重量等。

吸取前两期工程的经验，三期工程对回填土的选择做了重要调整。由于三期工程所在位置水深更深，回填形成的上部荷载更大，地下软基也更厚(图 4-47)，因此会加大基础沉降及成本等，所以计划采取吹填疏浚土再结合打砂桩排水固结的方法处理(图 4-48)。

2) 解决不均匀沉降的对策

如果人工岛机场地面的沉降是均匀的，那么对机场设施造成的影响会相对较小，但如果沉降量随平面位置的不同而不同，就会有较为严重的后果。对此，可考虑采取以下措施。

(1) 筏式基础。地面采用混凝土大板结构型式，这样，即使下部土层存在少量的不均匀沉降，在地面也能部分缓解，使之趋近于均匀变形。

(2) 将回填层夯实。加大回填层的夯实密度，可以使回填砂土不会在地震时发生液化，减少震陷危害。对于机场设施，除航站楼以外，由于均为低矮建筑，因此当这些分布广大的荷载传递到深层土体时，应力一般已变得十分均匀。即使一些不均匀变形，也是在允许范围之内。

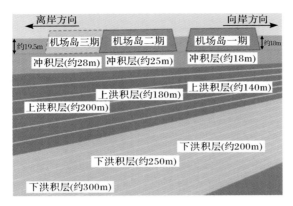

图 4-47　一期、二期和三期地质状况对比

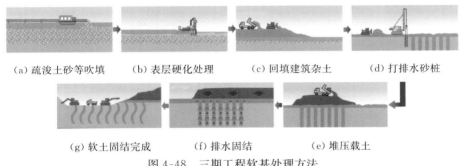

（a）疏浚土砂等吹填　　（b）表层硬化处理　　（c）回填建筑杂土　　（d）打排水砂桩

（g）软土固结完成　　　（f）排水固结　　　　（e）堆压载土

图 4-48　三期工程软基处理方法

（3）改变填料密度，平衡上部荷载。根据地基沉降变形的预测结果，可以有计划地对预计变形较大的地方减少回填料，或利用不同密度的回填料调整荷载，使不同部位的地基沉降趋于相同。针对航站楼高低相间建筑的荷载分布具有突变性这一特点，关西国际机场特地回填了不同密度的填料以平衡荷载，减少了地基的差异沉降。航站楼基础处理如图 4-49 所示。

（a）排土重量 17t/m²　　　　　　　　　　（b）航站楼地基荷载安排计划

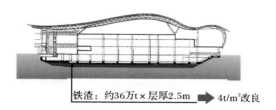

铁渣：约36万t×层厚2.5m　➡　4t/m²改良

（c）为使地基荷载保持均匀，垫上铁渣加大重量

图 4-49　航站楼基础处理

　　（4）人工调整支柱受力。为了解决因地基沉降使得建筑支柱产生悬空的现象，关西国际机场在其航站楼底部安装了 900 个千斤顶，当地基沉降使部分支柱底座出现空隙时，向其缝隙插入钢制垫板，同时调整千斤顶的高度，以使所有支柱的受力保持均匀（图 4-50 和图 4-51）。图 4-52 为报警装置。

　　（5）预留修缮位置。基础沉降的存在，使航站楼各部分如墙壁、楼梯等的修缮不可避免。对此提前进行预留，可大大减少工作量（图 4-53，图 4-54）。

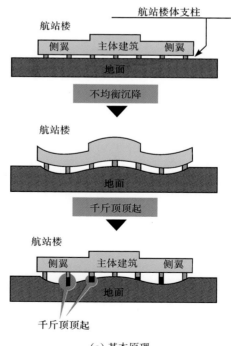

（a）基本原理

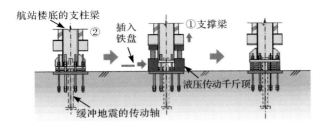

（b）设施断面

图 4-50 航站楼底部顶起系统示意图

（a）航站楼底部垫板现场

（b）千斤顶正在进行顶起作业

（c）往缝隙中插入钢板

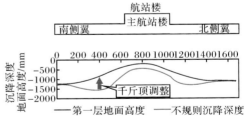

（d）地基不均匀沉降示意图

图 4-51 航站楼基础变形调整

图 4-52　安装在航站楼支柱上的位移传感器，能够随时报警

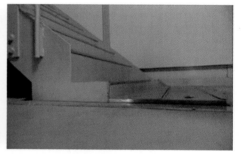

图 4-53　墙体设置上下两段，方便维修　　　图 4-54　楼梯起步台阶预留加高位置

　　总之，关西国际机场人工岛的如下建设经验值得我们汲取。

　　（1）不确定性及未知因素的存在，使得地基沉降的预测会有很大误差。实验室得到的参数只能作为设计的初始条件使用，预测的时间越长，误差就越大。

　　（2）人工岛地基深处土层孔隙水排水通道错综复杂，如存在砂层被黏土包围的可能，其排水效果无法从理论上予以解释。此时，需要注意监测砂层中孔隙水压力的消散情况，重新确定其排水能力。

　　（3）对土体次固结的作用应予以重新认识。对于超大规模人工岛的地基变形，土体固结并不是引起沉降的唯一原因，即使土体孔隙水压力完全消失，也可能还会产生持续沉降。从主固结开始到接近尾声，次固结效应随之由弱变强。主固结完成后，次固结便成为土体变形的主因。

　　（4）在地基沉降的分析中，利用沉降监测数据进行反演计算，是较为有效的方法。引起土体变形的原因具有不确定性，只有随时分析现场获得的各种监测数据，对先前完成的预测模型不断更新调整，才有可能看清未来的发展趋势。

4.2.3 中国香港国际机场

1. 地基处理

香港国际机场人工岛采取将软土层挖除,再通过船舶运输海砂填筑。对回填海砂的密实处理采取压载或振冲方法(图 4-55)。压载的目的是加快地下黏土层的固结和蠕变,振冲密实是为了使填砂更紧密,减少工后沉降量。

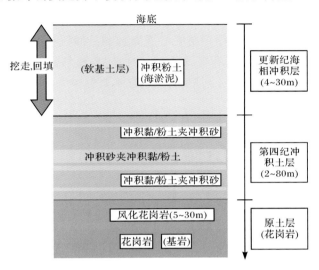

图 4-55 地质断面及处理

由于工期紧迫,机场人工岛的设计与施工基本上同时进行,这带来很多不便,有些问题甚至在现场解决,方案随着工程的进程和需要不断调整。

2. 沉降分析

香港国际机场人工岛地基沉降预测以 2040 年为时限,持续时间 50 年,假定 50 年后地基沉降对机场的影响可忽略。同其他人工岛一样,香港国际机场的沉降分析主要由三部分组成:填海过程中的瞬时沉降、冲积黏土层的主固结沉降和蠕变。

冲积黏土层的主固结沉降是沉降变形的主要部分,预计占总沉降量的 70% 以上。根据实验室压密试验的结果,预测主固结沉降量相对容易,预测其沉降速率有一定的困难。沉降速率通常是由压密试验中的固结系数 C_v 决定。一般情况下,利用由实验室得到的 C_v 值计算出的固结度会偏低,因此预测得到的固结沉降量并不准确。

监测机场人工岛土体沉降的内容包括：①边界条件下的孔隙水压力；②冲积层的超孔隙水压力以及消散过程；③超孔隙水压力消散率和沉降的关系，以此计算主固结剩余的沉降量；④冲积黏土层的蠕变量；⑤填海材料本身的压缩变形等。

分析残余沉降考虑的因素有：①侧向和垂直冲积层的特性变化；②填海材料的变化；③工程建设顺序的影响；④地基处理和其他建设活动对地基性质造成的影响等。

1) 沉降分析的不确定因素

填海材料本身会形成冲积层固结的上侧排水边界。地下水位会受到潮汐波动的影响，其波动会随着与护岸距离的增加而减弱。冲积层下部砂砾层会形成下侧排水边界，但排水边界的效果难以确定。因此，大致判断自机场人工岛大部分区域完成时起，冲积黏土层的主固结沉降可能会持续5～10年。

2) 沉降预测

经测算，预计机场运营到2040年，人工岛基础的累积沉降量会为0.4～1m。部分土体各阶段沉降及预测结果见图4-56和表4-11。

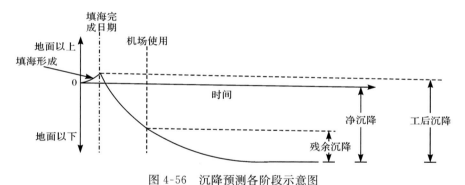

图 4-56　沉降预测各阶段示意图

表 4-11　土体沉降预测

位置	CPT	时间/星期			沉降量/m		
		填海开始	填海结束	移交	工后沉降(总沉降)	净沉降	残余沉降
A	C16	10	40	70	0.273	0.221	0.029
A	C37	40	70	70	0.238	0.216	0.161
B	GM71	25	40	90	0.237	0.221	0.109
B	GM74	40	60	90	0.314	0.299	0.185
C	C13	5	50	50	0.150	0.139	0.032
D	C55	50	70	115	0.239	0.187	0.032
D	GM16	70	90	115	0.260	0.241	0.133

续表

位置	CPT	时间/星期			沉降量/m		
		填海开始	填海结束	移交	工后沉降（总沉降）	净沉降	残余沉降
D	GM78	30	50	115	0.212	0.189	0.056
E	C65	70	100	100	0.331	0.311	0.238
H	C10	90	100	135	0.289	0.272	0.190
H	C68	85	95	135	0.232	0.213	0.188
H	C75	95	110	135	0.339	0.244	0.054
H	GM79	115	125	135	0.159	0.120	0.048
H	GM91	110	120	135	0.393	0.327	0.178
H	P06	120	130	135	0.335	0.317	0.317

注：表中位置详见参考文献 Plant G W, Covil C S, Hughes R A. Site Preparation for the New Hong Kong International Airport. London: Thomas Telford Publishing Ltd. , 1998.

　　香港国际机场人工岛的最大问题是地基的不均匀沉降，这是由于该机场建于两座天然小岛之间，下卧层基岩起伏很大。在不到 20m 的距离里，黏土层的厚度由 10m 变化到 15m，这一地质特点决定了地基沉降量不会像关西国际机场人工岛那样十分明显，但不均匀沉降将会很大，这对飞机跑道保持平整度是更大的挑战。地基沉降预测的分布结果见图 4-57 和图 4-58，沉降过程实测结果见图 4-59。

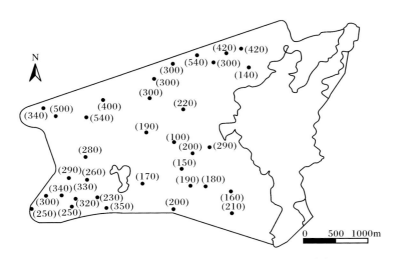

图 4-57　各设置点土体沉降预测值（1997～2040 年，单位：mm）

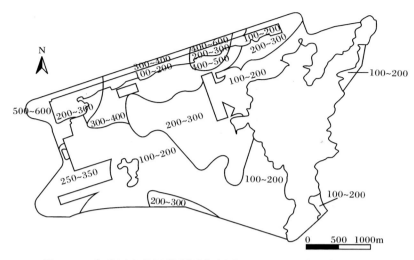

图 4-58　各分区土体沉降预测分布图(1997～2040 年,单位:mm)

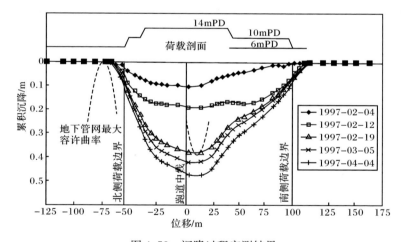

图 4-59　沉降过程实测结果

4.2.4　日本中部国际机场

日本中部国际机场人工岛所在海域水深最浅－3m,最深－10m,平均水深－6m左右,约为关西国际机场海域平均水深(－18m)的三分之一,但海底地形却远比关西国际机场复杂。该人工岛自东南角到中间部位的海底有显著的潮沟,冲积砂层与冲积黏土层交错堆积。冲积黏土层厚度为0～5m,最厚处为20m左右,为海底潮流冲积而成,厚度变化极大(图4-60)。这与关西国际机场海底平坦、土层极为均匀有着明显的差异,因而发生不均匀沉降和海底冲刷等问题将更为突出。经预测,机场人工岛地下黏土层沉降量会达到 3m,沉降不均匀变形可达 2m (图 4-61)。主要应对办法是对不同区域分别采取不同的地基处理技术以改善其不均匀沉降,预计施工期可完成 90% 的沉降量。

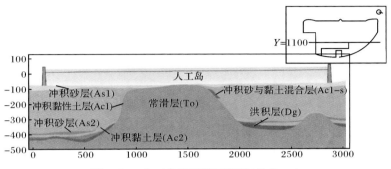

图 4-60 人工岛地下断面情况(单位:m)

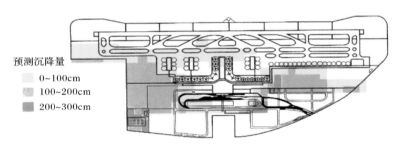

图 4-61 人工岛沉降预测

4.2.5 中国大连国际机场

1. 地质调查

1) 地质勘探

为了有利于人工岛地基沉降变形分析,对场道区等重要部位利用水上钻探平台进行了原位测试。这一方法工艺复杂,成本较高,在我国并不多见,其具体做法如下。

沿每条飞行区道槽区纵向各布置 1 排钻孔,每排设等距离勘探孔 3 组,每组钻孔由一个钻探取土孔(兼旁压试验)和静力触探试验孔组成。钻探取土孔钻至中风化岩 1m,静力触探(双桥)探至风化岩或设备的最大探入深度。同一组孔间距 5m。钻探取土孔要求对软土、细粒土、砂土按 1.5m 间隔采取原状土样用于土工试验。旁压试验的旁压器测量腔保持在同一土层内。为了避免相邻试验点应力影响范围重叠,试验点垂直间距取 1.5m,且每层土测点不少于 1 个。

(1)取土、室内试验。

取样前仔细清孔,同时防止孔底土层扰动,孔底残留土厚度不大于取土器废土管的长度。采用多种新型取土器取土,软土采用薄壁取土器,硬土采用两种类型的取土器:一种为内环刀厚壁取土器,直接获得试验用环刀土样,避免制样时的二次扰动;另一种为前置衬筒加固型硬土薄壁取土器,取土衬筒置于取土器的前端,以减少取土器壁厚对试样的扰动。

(2)旁压试验。

试验采用法国生产的 G-AM 型高压旁压仪,以高压氮气作为压力源,最大试验压力可达 10MPa。旁压探头为 NX 型,直径为 74mm,长度为 700mm,由中间的量测腔和上下保护腔组成,量测腔的有效长度为 230mm,初始体积为 786cm^3。

试验时,加荷等级采用预期临塑压力的 1/5~1/7,每级压力维持 1.0min,加荷后分别在 15s、30s 和 60s 时测读变形量。当量测腔的扩张体积相当于其固有体积或压力达到仪器允许的最大压力时,终止试验。

旁压试验方法见图 4-62,旁压试验与室内试验相关曲线对比见图 4-63(图中,E_{s1-2} 是指 100~200kPa 压力下的压缩模量),试验结果与室内有关数据的对比见表 4-12,旁压试验计算地基土允许承载力成果见表 4-13。

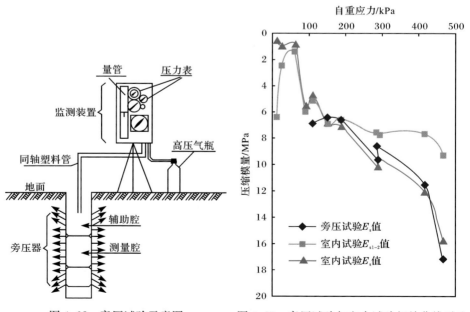

图 4-62　旁压试验示意图　　　图 4-63　旁压试验与室内试验相关曲线对比

表 4-12 旁压试验与室内试验变形指标对比表

内容		旁压试验		室内试验	
土层	土层平均 自重应力/kPa	旁压剪切 模量 G_m/MPa	E_s/MPa	压缩模量 E_{s1-2}/MPa	自重应力 下的 E_s/MPa
①₁ 粉土混淤泥	10.75	—	—	6.56	0.67
①₂ 淤泥质土	24.59	—	—	2.48	1.00
①₃ 淤泥	61.73	—	—	1.36	0.91
② 黏土	88.20	—	—	6.04	5.64
③ 黏土	109.93	1.91	6.90	5.10	4.76
④₁ 粉质黏土	148.67	1.73	6.44	6.99	6.88
④₂ 黏土	187.72	1.81	6.64	6.63	7.14
⑤₁ 粉质黏土	288.35	3.00	9.65	7.83	10.29
⑤₂ 黏土	285.04	2.61	8.67	7.63	9.49
⑥₁ 粉质黏土	414.83	3.77	11.58	7.67	12.11
⑥₂ 黏土	466.01	5.99	17.18	9.31	15.85

注:室内试验自重应力下的 E_s 值是根据实测的各土层综合压缩曲线插值获得。

表 4-13 旁压试验计算地基土允许承载力成果表

土层	初始压力 P_o/kPa	临塑压力 P_f/kPa	极限压力 P_L/kPa	临塑荷载法 计算地基土 允许承载力 f/kPa	极限荷载法计算 (安全系数 F 取 3) 地基土允许承载力 f/kPa
③ 黏土	28.8	399.9	774.9	371	249
④₁ 粉质黏土	41.4	472.2	874.2	431	278
④₂ 黏土	43.4	457.9	837.9	414	265
⑤₁ 粉质黏土	97.2	662.1	1170.3	565	358
⑤₂ 黏土	58.4	609.0	1086.6	551	343
⑥₁ 粉质黏土	137.1	810.2	1326.9	673	397
⑥₂ 黏土	115.0	825.2	1439.0	710	441

(3) 静力触探。

静力试验在海上钻探平台上采用井下测试方法完成。现场测试前,把反力装置固定在钻探平台上(图 4-64)。静力触探设备为国产双缸液压静力触探仪,最大压力为 20t,附有自动采集系统和数显设备。探头采用双桥探头,探头圆锥截面积为 15cm²,锥角为 60°。

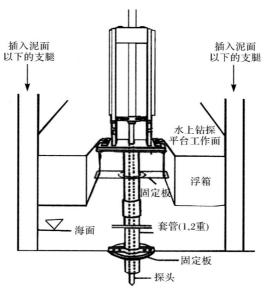

图 4-64　静探设施示意图

海上静力触探试验的难点是提供稳定反力和控制探杆垂直度。

① 试验反力问题。与陆地不同,静力触探作业在海上很难提供稳定且足够的试验反力。试验时将反力系统固定在钻探平台上,与平台自重(45t)和平台支腿(入土 3～5m)共同形成反力。固定在海床上的钻探平台不受风浪摆动影响,反力系统稳定。动力由 20t 液压机提供,可以满足试验所需的 30m 深度要求。

② 探杆垂直问题。海上进行静力触探时探杆有较长的临空(水)段,导致探杆受压时稳性差,容易偏斜。现场钻探平台表面距离泥面约 8m,泥面以下还有 10m以上的软土。为了避免失稳,采用多重套管导向的方法,即在探杆外再放置套管(外径 60mm),给探杆以水平约束;当稳性不够时,在套管外再加更粗套管(外径107mm)。试验过程中保持套管竖直,防止探杆倾斜。该方法适宜于探杆总长小于 40m 的地层试验。当探杆过长时,试验操作烦琐,同时探杆与其外层护管易产生摩擦,影响试验精度。

利用以上方法,保证了试验的顺利进行。试验中,采用准静力(相对于动力触探而言,没有或很少冲击荷载)将内部装有传感器的触探头匀速压入土中,由传感器将探头所受阻力通过电信号输入记录仪中记录下来,再利用贯入阻力与土的工程地质特征之间的定性关系和统计得出的经验公式,换算出土层的物理力学性指标,划分土层剖面,确定土体变形参数。静力触探指标计算的承载力如表 4-14所示。

表 4-14　静力触探指标计算的承载力

土层	锥头阻力/MPa	侧壁摩阻力/kPa	计算基本承载力值/kPa
①₂ 淤泥质土	0.21	8.69	33
①₃ 淤泥	0.36	11.45	52
② 黏土	1.40	93.98	190
③ 黏土	1.23	41.99	175
④₁ 粉质黏土	1.62	46.41	208
④₂ 黏土	1.51	61.16	199
⑤₁ 粉质黏土	1.71	60.83	214
⑤₂ 黏土	1.85	102.24	225

（4）波速测试。

波速测试技术是地震勘探方法之一，通过波速试验，可获得与波速有关的岩土参数，用于地质分层、划分场地土类别、砂土液化判别以及深层地基的动力参数等。

此次波速试验采用 XG-I 型悬挂式波速测井仪（图 4-65）。该仪器是一套三通道高分辨率、数字化的测井仪器，具有分时采样、叠加、滤波、信号增强、抑制噪声、现场实时计算、显示实测波形和测试结果等功能。XG-I 型悬挂式波速测井仪主要由主机、井中悬挂式探头及连接电缆等组成。井中配有悬挂式探头，主要由全密封（防水）电磁式激振源、两个独立的全密封检波器及高强度连接软管等组成。

图 4-66 为地质勘探平台作业现场。

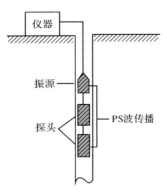

图 4-65　波速测井仪

（a）勘探作业现场

（b）波速试验

（c）静探试验

（d）旁压测试（右一为作者）

图 4-66　地质勘探平台作业现场（2011 年）

2）地基土层性质分析

（1）地基土应力历史。

为了探明地基土固结状态和应力历史，对各土层进行了先期固结压力试验。计算结果表明，表层软土层呈欠固结状态，其下部各黏性土土层呈超固结-正常固结状态，各层土的超固结比（over-consolidation ratio，OCR）指标如下。①$_3$ 淤泥层 OCR＝0.66，为欠固结土；②黏土层 OCR＝4.29；③黏土层 OCR＝2.54；④$_1$ 粉质黏土层 OCR＝2.03；④$_2$ 黏土层 OCR＝1.76。以上 4 层土为超固结土。⑤$_1$ 粉质黏土层 OCR＝1.46；⑤$_2$ 黏土层 OCR＝1.44。以上两层，为轻微超固结土。⑥$_1$ 粉质黏土层 OCR＝1.06；⑥$_2$ 黏土层 OCR＝1.06，这两层土为正常固结土。OCR 随深度的变化曲线见图 4-67。

从先期固结压力试验成果来看，场地应力历史沿深度呈明显的规律性。上部软土和下部黏性土具有明显的应力历史差别。近代沉积的软土呈欠固结状态，下

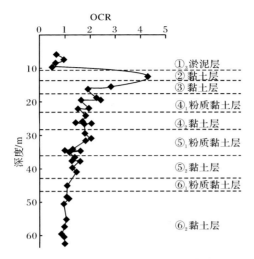

图 4-67　OCR 随深度变化的曲线

部黏性土层沉积年较老,并以超固结状态为主,其超固结比随深度由大变小。这种分布的合理解释是该场地在历史上受到较大的短期荷载作用,深层土未能在短期的荷载条件下完成超固结。该场地以黏性土和基岩为主,缺少透水层,深层土固结排水路径较长,固结速率较慢。④₂黏土层次固结系数随压力的变化见图 4-68。不同试验方法压缩模量对比及推荐模量见表 4-15,主固结条件下各土层固结指标见表 4-16,地基土次固结特性指标见表 4-17,岩土层允许承载力见表 4-18。

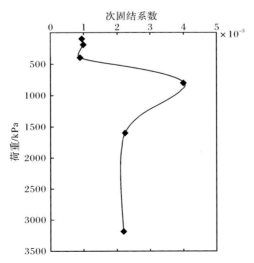

图 4-68　④₂黏土层次固结系数随压力的变化

表 4-15　不同试验方法压缩模量对比及推荐模量

土层介绍		室内试验		旁压试验		静力触探	推荐模量
土层	土层平均自重应力/kPa	压缩模量 E_{s1-2}/MPa	E_s/MPa	旁压剪切模量 G_m/MPa	E_s/MPa	E_s/MPa	E_s/MPa
①₁ 粉土混淤泥	10.75	6.56	0.67	—	—	—	0.67
①₂ 淤泥质土	24.59	2.48	1.00	—	—	0.71	1.00
①₃ 淤泥	61.73	1.36	0.91	—	—	1.51	0.91
② 黏土	88.20	6.04	5.64	—	—	7.06	7.09
③ 黏土	109.93	5.10	4.76	1.91	6.90	6.16	6.28
④₁ 粉质黏土	148.67	6.99	6.88	1.73	6.44	8.24	8.15
④₂ 黏土	187.72	6.63	7.14	1.81	6.64	7.65	7.63
⑤₁ 粉质黏土	288.35	7.83	10.29	3.00	9.65	8.72	9.65
⑤₂ 黏土	285.04	7.63	9.49	2.61	8.67	9.47	8.67
⑥₁ 粉质黏土	414.83	7.67	12.11	3.77	11.58	—	12.11
⑥₂ 黏土	466.01	9.31	15.85	5.99	17.18	—	15.85

注：表中 E_{s1-2} 是指 100～200kPa 压力下的压缩模量；E_s 是指自重应力下的压缩模量。

表 4-16　主固结条件下各土层固结指标

土层	超固结比	标准固结试验				
		先期固结压力	压缩指数	回弹指数	固结系数（$P=200$）	
	OCR	P_c/kPa	C_c	C_s	C_v /（$\times10^{-3}$ cm²/s）	C_h /（$\times10^{-3}$ cm²/s）
①₁ 粉土混淤泥	—	—	—	—	—	13.024
①₂ 淤泥质土	—	34.7	0.458	0.042	0.314	—
①₃ 淤泥	0.66	42.5	0.624	0.070	0.198	0.189
② 黏土	4.29	353.5	0.268	0.045	1.715	3.742
③ 黏土	2.54	287.9	0.481	0.063	1.259	1.058
④₁ 粉质黏土	2.03	295.8	0.223	0.021	6.930	5.519
④₂ 黏土	1.76	341.4	0.313	0.035	1.960	2.317
⑤₁ 粉质黏土	1.46	395.5	0.225	0.021	5.484	6.634
⑤₂ 黏土	1.44	395.3	0.265	0.032	3.058	2.733
⑥₁ 粉质黏土	1.06	407.5	0.218	0.028	4.364	4.685
⑥₂ 黏土	1.06	488.4	0.250	0.027	4.809	3.856

表 4-17　地基土次固结系数指标

土层	各级压力(kPa)下的次固结系数 C_a ($\times 10^{-3}$)					
	$P=100$	$P=200$	$P=400$	$P=800$	$P=1600$	$P=3200$
①₂ 淤泥质土	7.159	5.685	7.099	4.768	4.530	5.229
①₃ 淤泥	11.644	8.603	9.348	6.560	5.537	7.046
② 黏土	0.923	1.750	3.590	5.280	5.810	5.330
③ 黏土	1.211	2.553	4.692	7.030	6.622	5.721
④₁ 粉质黏土	1.018	1.165	1.432	1.543	1.803	2.112
④₂ 黏土	0.951	0.998	0.896	3.995	2.250	2.200
⑤₁ 粉质黏土	0.489	0.608	1.043	1.888	2.687	2.912
⑤₂ 黏土	0.736	0.851	1.153	1.785	2.755	3.268
⑥₁ 粉质黏土	1.295	1.015	1.054	1.740	2.348	2.254
⑥₂ 黏土	0.718	0.947	0.854	1.517	2.310	2.353

表 4-18　岩土层允许承载力

土层	土工试验所得地基土允许承载力 f/kPa	静探试验所得地基土允许承载力 f/kPa	旁压试验所得地基土允许承载力 f/kPa	综合推荐允许承载力值 f/kPa
①₁ 粉土混淤泥	70	—	—	70
①₂ 淤泥质土	50	33	—	50
①₃ 淤泥	40	52	—	40
② 黏土	170	190	—	190
③ 黏土	130	175	249	175
④₁ 粉质黏土	180	208	278	210
④₂ 黏土	180	199	265	200
⑤₁ 粉质黏土	200	214	358	220
⑤₂ 黏土	200	225	343	220
⑥₁ 粉质黏土	220		397	260
⑥₂ 黏土	220		441	260
全风化岩	300		—	300
强风化岩	500			500

（2）差异原因分析。

对于室内试验，尽管在钻探取样时采用高质量取土器，使土样扰动大大减小，大部分达到Ⅰ级标准，但土样扰动仍无法避免。对于结构性扰动的超固结性土，室内试验的压缩模量结果一般偏低。其次，试验测试点不连续，样本不足，室内试验边界条件不能完全模拟原位应力状态。

对于原位试验,旁压试验受孔壁扰动影响时,变形指标容易偏小,初始压力也会偏小,承载力偏大。试验中采用法国 G-AM 型高压旁压仪,测试过程严格按规范操作,试验地层主要为可塑至硬塑状黏性土,孔壁完整性好,测试压缩模量与室内指标(自重应力下的模量)基本一致,变形指标可靠性较高,但测试结果受到样本大小的影响,②、③土层较薄,测试数据偏少,因此也可能存在不确定性。静力触探试验的数据一般不易受外界干扰,但水上测试受场地设备条件限制,试验深度也会有一定的影响。

3) 软土物理、力学指标统计

为了揭示人工岛地下软土的物理和力学性质,进行了数百个钻孔的相关试验,统计了淤泥质粉质黏土、淤泥、黏土和粉质黏土等各种代表性土样的物理、力学指标,建立了土性特征及指标之间的相互关系。这些试验内容包括常规试验、固结试验、渗透试验、三轴试验和无侧限抗压强度试验等,各项试验操作依据《土工试验规程》严格进行,如采用烘干法测定土样的天然含水量,采用环刀法测定土样的天然密度,采用比重瓶法测定土样的比重,采用液塑限联合测定法测定土样的液限、塑限,通过压缩试验测定土样的压缩系数和压缩模量,通过快剪试验测定土样的黏聚力和内摩擦角等。

对于地基沉降预测,黏土的物理、力学指标最重要,黏土的物理指标统计见图 4-69,黏土力学指标统计见图 4-70。从统计结果可以看出,获取的数据量较大,能更好地反映场区黏性土的特性。

(1) 天然含水量相对较高。黏土天然含水量的变化范围为 22.2%～51.6%,且上部黏土离散性较大;液性指数均值为 0.470。从图中可见,上部黏土多处于软塑状态,下部黏土多处于可塑状态;塑性指数多变化为 16.5～31.4。

(2) 压缩性较大。黏土压缩系数一般为 0.146～1.242MPa^{-1},压缩模量为 1.77～11.71MPa,压缩指数为 14.77～56.42,属于中、高压缩性土。从图中可以看出,上部黏土有超固结现象。

(3) 天然重度、孔隙比。黏土天然湿重度变化范围为 16.68～20.01kN/m^3,天然孔隙比为 0.647～1.433。从图中可以看出,该土层密度较小,孔隙比较大,对沉降有一定的影响,且上部土层重度较小,孔隙比较大。

(4) 渗透性较小。黏土渗透系数大部分为 0.46×10^{-8}～400×10^{-8}cm/s,与同类型土体相比渗透系数较小。

(5) 抗剪强度较低。黏土在直剪试验中的黏聚力变化范围大部分在 5.0～126.0kPa,内摩擦角在快剪试验与固快试验中也相差较大,其中快剪试验为 0.5°～17.9°,固快试验为 13.0°～23.7°;三轴试验中 UU 试验黏聚力为 17.0～104kPa,内摩擦角为 0.5°～28.9°;CU 试验黏聚力为 8.0～32.0kPa,内摩擦角为 20.0°～

28.1°；CD 试验黏聚力为 23.0～42.0kPa，内摩擦角为 19.2°～28.9°；无侧限抗压强度为 14.5～377kPa。

总之，黏性土上部土层表现出较小的黏聚力。

4）深层剖面调查

为了解人工岛深处土层及基岩的分布，在结合工程地质钻探资料的基础上，开展了大范围深层剖面勘察工作，以便全面掌握工程范围内的土层分布特征，查明基岩面埋深及变化、区域内断裂、断层构造等情况。

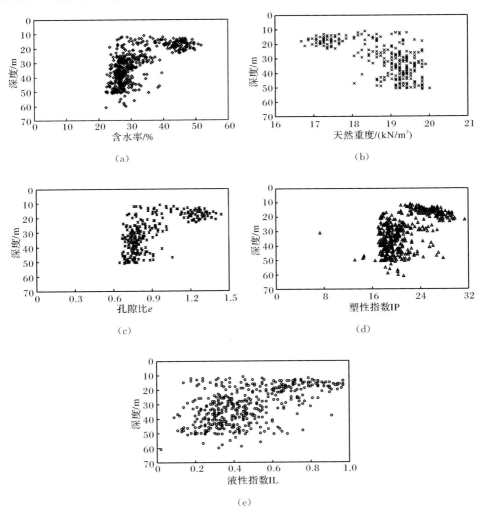

图 4-69　黏土物理性质指标统计

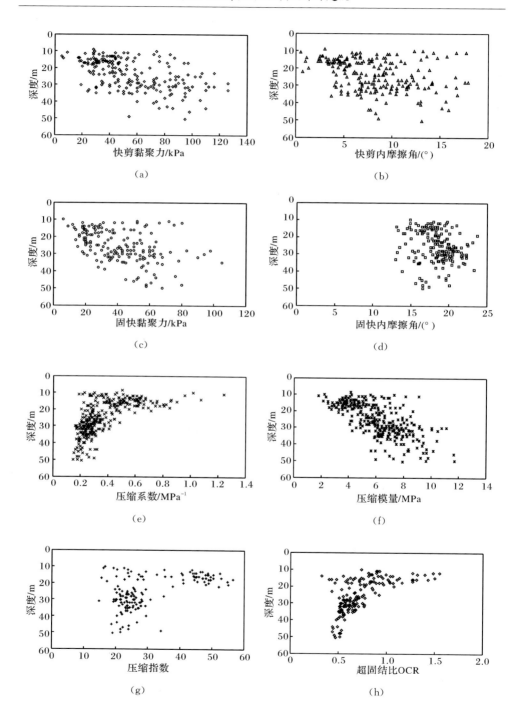

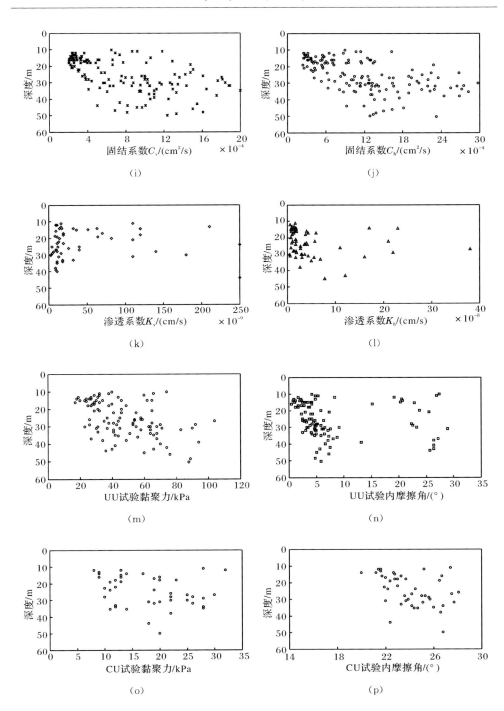

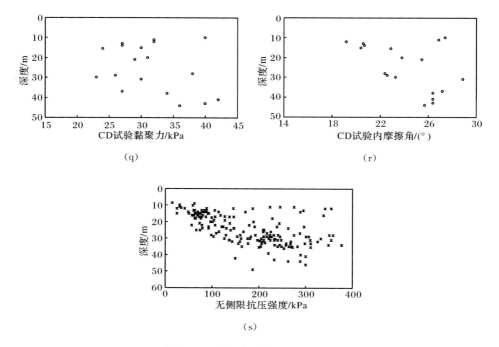

图 4-70　黏土力学性质指标统计

　　开展地质深层剖面调查意义重大,其原因是机场人工岛面积较大,尽管通过地质钻探能获得相对准确的土样数据,但只是单点数据,构成的地质断面并不连续,因而计算得到的地基沉降预测也是粗略的,以此判断飞机跑道地基不均匀沉降的误差必然较大,结合深层地质剖面调查可以有效弥补这一缺陷。以往的国内外机场人工岛在地质调查中未见到关于深层剖面调查的报告,对于深层(如100m)存在基岩的地方,这是一个很大的不足。

　　此次调查使用英国 AAE 公司生产的 Squid 2000 电火花地层剖面仪,其最大穿透深度为 500m,分辨率为 0.3m,安装在调查船上(图 4-71)。

　　(1)中-深地层剖面。

　　① 地层声速的选取。

　　声波在海水中的传播速度约为 1500m/s,在固结沉积层中的传播速度大于2000m/s,在变质岩和火成岩中的传播速度为 3500～5000m/s。关于声波在 100m之内未固结浅地层沉积物中的传播速度,国内外的取值很不一致,一般为 1500～1700m/s。我国在近海大陆架进行地层剖面调查时取 1600m/s,效果较好。考虑到测区内第四纪沉积物主要为淤泥、淤泥质黏土或粉质黏土等松软沉积物,声速偏小,因此进行声学剖面解译时,对淤泥、淤泥质黏土层选用的声速为 1550m/s,

黏土、粉质黏土层选用的声速为 1600m/s。

(a) 地层剖面调查船

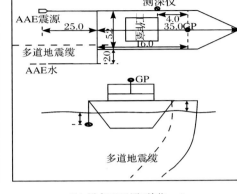
(b) 设备配置图(单位:m)

图 4-71 调查船及其配置图

② 声学反射界面。

在工程场区内,共完成地层剖面调查主测线 44 条、检查测线 6 条。依据地层剖面资料,测区内重要的地层反射界面从海底至基岩面依次为海底面 R_1、R_2、R_3、R_4(图 4-72),其特点如下。

(a) R_1 反射界面。R_1 反射界面的反射能量很强,遍布全测区,且可以连续追踪到,与下伏地层的层间反射界面呈角度不整合接触关系。海底面至 R_1 反射面之间的层间反射能量也较强,颜色很深,呈平行或近于平行反射形态,与海底面平行,基本沿水平方向展布。层序底部逆下伏倾斜面逐层终止,表示在水域不断扩大的情况下逐层超覆的沉积现象。测区物源丰富,主要受潮流作用的控制和影响,处于较强沉积环境,存在较厚的近岸浅海相沉积层。R_1 反射界面埋深 8～16m,从测区东南向西北依次变深。

(b) R_2 反射界面。R_2 反射界面的反射能量比较强,也遍布全测区,可以连续追踪到。但岩性的变化,使得反射能量并不均匀,各处反应不一。R_2 反射界面与下伏地层的层间反射界面呈假整合或角度不整合接触关系。R_1 与 R_2 反射界面之间的层间反射能量很强,颜色较深,以平行或近于平行反射为主,与水平方向约呈 12° 角展布,但也经常有一些透镜状反射,丘状上超充填或发散状充填以及杂乱反射等,应属河湖冲积、洪积相沉积层。R_2 反射界面在测区大部分地区埋深较均匀,为 18～22m。局部地区由于古洼地或古湖泊的存在致使该反射界面埋深明显变深,最深可达 32m。

(c) R_3 反射界面。R_3 反射界面的反射能量很强,界面较清晰,可以在全区内连续追踪到,其最大特点是局部地区反射界面的产状和结构特征与周围沉积物存在明显不同。R_3 反射界面与下伏地层的层间反射界面呈假整合或角度不整合接触关系。R_2 与 R_3 反射界面之间的层间反射能量很强,反射结构比较复杂,能够识别的反射结构主要有近水平的波状反射、丘状上超充填或发散状充填以及杂乱反射等。R_2 与 R_3 反射界面之间应属滨海相与河湖冲洪积相的复合沉积层。R_3 反射界面为沉积层与下伏基岩全风化层(或坡积层)的分界面,受基岩界面及风化程度的控制,R_3 反射界面在测区内的埋深变化幅度较大,为 28~56m。

由上述古环境演化过程可知,地层主要分为上部的全新世海相沉积层、中部的晚更新世陆相(湖沼相)沉积层和基岩三大层。在第二大层中,又存在一个较清晰、连续的沉积界面,因而第二大层又可细分为两层。由此,大连海上人工岛机场地下的地层大致分为四层。

(d) R_4 反射界面。R_4 反射界面为基岩与基岩全风化层(或坡积层)的分界面,反射能量较弱,时有时无,呈断线状,但可分辨、追踪到。R_3 与 R_4 反射界面之间的层间反射需分上下两部分进行分析:上部由于风化程度较强,已经完全风化为黏土,可见能量较强的波状反射;往下至基岩面能量逐渐变弱,波状反射结构变得较为模糊。R_4 反射界面起伏变化大,反映了基岩界面的起伏状况,测区内埋深变化剧烈,为 31~85m(图 4-72 和图 4-73)。

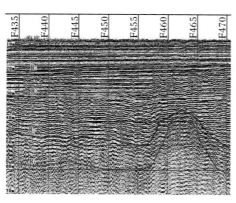 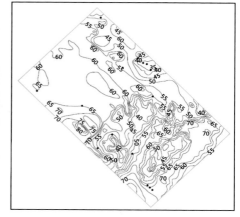

图 4-72　R_1、R_2、R_3、R_4 声学反射界面　　　　图 4-73　基岩高程图

③ 声学地层。

根据反射界面和层间结构特征及与工程地质钻探资料对比分析,得到海底面以下地层从上到下依次分为 A、B、C、D 共四层,具体分析如下。

(a) A 层。该层为淤泥、淤泥质粉质黏土,海底面与 R_1 反射界面之间包含的地层属全新世浅海相沉积,又称为"现代沉积层",是自全新世海侵以来逐渐沉积的地层。该层的层间反射平行于海底面,底界面连续,基本无起伏变化,但向西北方向倾斜,倾角约为 $12°$,与下伏地层呈角度不整合接触关系。根据工程地质钻探资料,该层为灰黑色淤泥或淤泥质粉质黏土,饱和,流塑状态,土质均匀,偶见贝壳碎片,局部夹透镜状及薄片状粉细砂。此外,该层顶部尚有局部地区(近海底处)沉积了薄层粉砂。测区内 A 层厚度分布规律明显,从西北到东南由厚逐渐变薄,厚度为 8～16m[图 4-74(a)]。

(b) B 层。该层为黏土、粉质黏土层,局部夹薄层粉砂或粉细砂,为 R_1 与 R_2 反射界面之间包含的地层,底界面与下伏地层的层间反射界面呈假整合或角度不整合接触关系。从层间倾斜层理和复杂层理的结构组合中,可分辨出古洼地或古湖泊形态,这些结构的形成与湖沼相沉积有关。根据工程地质钻探资料,该层为灰褐色黏土、黄褐色的黏土、粉质黏土层,稍湿,可塑至硬塑,含铁锰质氧化物,局部夹薄层粉砂或粉细砂。经判断,B 层为更新世晚期或全新世早期(海侵以前)的河湖冲积、洪积相或沼泽相沉积层,它被上覆海相层逐层上超。测区内 B 层厚度为 8～15m,A+B 层厚度为 17～32m[图 4-74(b)]。

(c) C 层。该层为黏土、粉质黏土层,局部夹薄层粉砂,为 R_2 与 R_4 反射界面之间包含的地层。C 层可被反射界面 R_3 细分为 C_1 和 C_2 两个亚层。上部 C_1 层为 R_2 与 R_3 反射界面之间的地层,层间反射复杂,以水平或近水平的波状反射为主,同时也有一些丘状上超充填或发散状充填反射、杂乱反射以及絮状反射等,可能属滨海相、河湖冲洪积相或其复合沉积层;下部 C_2 层为 R_3 与 R_4 反射界面之间的地层,为基岩全风化层(或风化坡积层)。根据工程地质钻孔资料,C_1 层为黄褐色黏土、粉质黏土层,稍湿,可塑至硬塑,含有铁锰质氧化物,局部夹薄层粉砂;C_2 层为粉质黏土层,硬塑,可能为下伏基岩的全风化层或坡积层。测区内 C 层厚度变化较大,为13～63m,A+B+C 层厚度为 31～85m[图 4-74(c)]。

(d) D 层。R_4 反射界面以下为 D 层。根据工程地质钻孔资料,测区内基岩为板岩或灰岩,浅黄色至黄褐色,板状或层状构造,节理裂隙很发育,测区内基岩界面变化剧烈[图 4-74(d)]。

(2) 灾害地质分析。

对于机场人工岛而言,海底面以下浅地层中的灾害地质主要包括是否埋藏古河道、古湖泊或古洼地、浅断层及活动性断层等力学性质极不均衡的地质体。在地质学中,大陆架上的古河道、古湖泊或古洼地沉积的上、下界面均为不整合,曾经历地史上的暴露风化或海水进侵淘选,物质结构疏松,是天然的物性界面。在外力作用下,土层容易引起层间滑动,稳定性差。其间的沉积物和充填物等以粗碎屑砂砾石为主,孔隙度较大,层间水循环快,具有较强的渗透性,在地层中形成长期的侵蚀、冲刷,在上覆荷载下容易引起局部塌陷,破坏地层的原始结构,造成基底不稳定。此外,古河道纵向切割深度不同,横向上沉积相变迅速,在近距离范围以内存在完全不同的力学支撑,如河床砂体和河漫滩泥质沉积物等,显然具有不同的

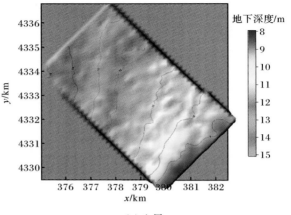

（a）A层

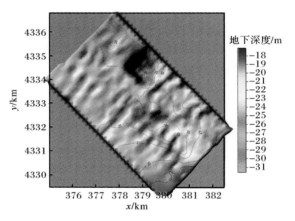

（b）A＋B层

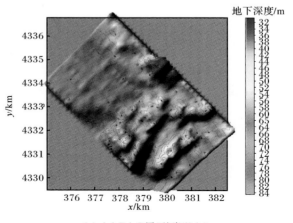

（c）A＋B＋C层（基岩以上）

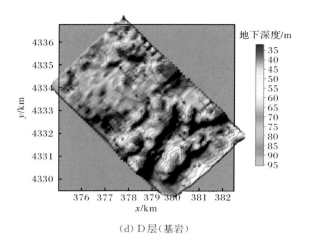

（d）D 层（基岩）

图 4-74　地层高程分布三维图

抗剪强度。黏土沉积在不均匀压实或受重力和地震力的作用下，极易产生蠕变，引起滑坡，导致地质灾害。

通过地层剖面识别，发现人工岛机场的地下埋藏了古河道、古湖泊或古洼地，层间反射结构以强振幅、变频率的杂乱反射为主，同相轴短，常有严重扭曲、不连续，有丘状突起或槽形凹陷的结构形态。此外，同相轴有分叉或者归并现象，形成小型的眼球状结构。在河道顶部，普遍有同相轴突然中断的现象，为明显的上超顶削。上覆为中振幅、中频率、连续或较连续的水平反射层，呈海侵夷平面，区域上与古河道沉积呈不整合或假整合接触。较大规模的古湖泊或古洼地会有叠瓦状反射结构，表现为小型相互平行或不规则的倾斜同相轴（图 4-75）。一般情况下，湖泊与河道共生，仅从剖面形态上区分它们很困难，依据其分布情况暂定为埋藏

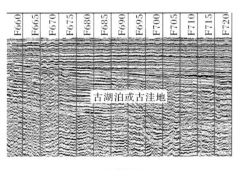

（a）断面 1

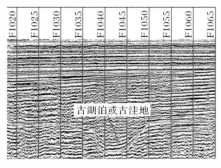

（b）断面 2

图 4-75　地下古湖泊或古洼地断面图

古湖泊或古洼地,其位置在 B 层之内,分布于人工岛东北部,面积约为 0.88km²,顶界埋深为 21～23m,底界埋深最深处为 31.3m,其平面正处于北跑道中部最不利位置。此外,还发现基岩在 80m 以下呈波谷状,对中间的软土层形成双向不均匀挤压。相对于深厚均匀土层,这种地质特征对于地基的不均匀沉降更为敏感,处理起来也更为困难。以上地质特点对机场跑道构成隐患,其最终结果值得密切关注。

2. 地震调查

1) 基本分析

大连海上人工岛机场所在的金州湾位于金州岩石圈深大断裂部位,岩石圈深大断裂近期有活动迹象,拟建工程场地土类别为软弱土,场地类别为Ⅲ类～Ⅳ类,为建筑抗震不利地段,因此有必要开展地震调查。

地震调查采用人工方法激发地震波,在向地下传播时,遇到介质性质不同的岩层分界面后地震波将发生反射与折射,通过检波器接收反射地震波,收到的地震波信号与震源特性、检波点位置、地震波经过的地下岩层性质和结构有关。具体方法为:根据勘探目的层的不同,采用气枪或电火花震源激发地震波,以多道接收电缆接收反射信号,再由数字地震仪进行放大和记录,从而完成对海底反射界面的覆盖。

调查中,为了提高反射波能量并压制地震观测中的干扰(尤其是多次反射),提高其可靠性和精度,采用了多次覆盖技术,即共深点反射,也称为共深点水平叠加。它通过缩短震源激发间距并增加激发次数,来实现对海底反射界面的多次覆盖观测(图 4-76)。数据采集时,对不同的震源位置,取其相同反射点(CDP)信息,将不同接收段的记录相加到一起,取得对该反射点的多次覆盖记录。根据叠加原理,多次覆盖技术能使具有共同反射点的信号得到加强,其他干扰受到压制,从而提高地震资料的采集质量。

2) 调查设备

(1) 采用荷兰生产的 GEO-SPARK1000,电火花震源(图 4-77)的发射功率为 100～1000J(多挡可选);发射间隔为最大 4 次/s;工作电压为 3kV;震源脉冲宽度≤0.5ms。

(2) 24 道模拟接收电缆(图 4-78),主要性能指标为:通道数为 24 道＋1(附加道);频率响应为 10Hz～10kHz,平直,波动为±3dB;前置放大器为低噪声型;通道间距为 3.125m。

(3) 24 通道高分辨率模拟地震采集系统(图 4-79),采用我国研发的 24 道工程地震仪,主要技术指标为:通道数为 24 道＋1(附加道);A/D 转换为 24 位;采样间隔为 0.05～50ms;样点数为 1024～32k/道;动态范围为 132dB;频带范围为 0.1～

10kHz;噪声水平≤1μV。

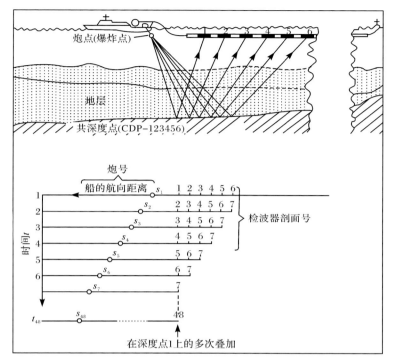

图 4-76 共深度点多次叠加示意图

图 4-77 震源设备

3）调查过程

海上多道地震探测为走航式测量,测量过程中接收电缆拖曳于船舶后方一侧,电火花震源发射阵拖曳于船舶后方的另一侧。测量船以 4～5 节的速度沿测

图 4-78　接收电缆

图 4-79　采集系统

线航行,每航行一定距离时电火花震源便激发一次,产生的地震波向下穿透并沿不同的界面反射上来,由多道电缆接收,再经采集系统进行采样、记录。工作中,控制系统利用全球定位系统(global positioning system,GPS)定位数据进行定距触发震源,同时将炮点定位信息写入记录文件中。

　　调查前,首先进行 CSP-D2400 电火花震源穿透深度测试。试验表明,CSP-D2400电火花震源在 $300\sim400$J 的能量时,可形成近 200m 的地层穿透能力,分辨率较高。由上述试验结果,考虑到激发能量的选择原则,即在满足勘探深度的情况下尽量使用小能量以保证较高的分辨率。由勘探深度要求确定采样间隔、记录长度以及最佳偏移距,根据船体和电缆噪声特点决定震源发射电缆的释放长度。海上是多道地震调查示意图如图 4-80 所示。

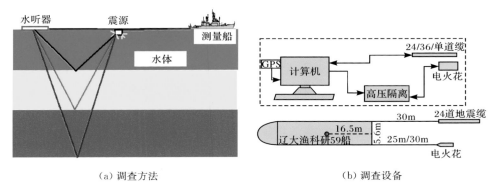

（a）调查方法　　　　　　　　　　　　　（b）调查设备

图 4-80　海上多道地震调查示意图

4）调查结果

根据测区周边区域的构造地质特点、分布特征和现场实际情况布设多道地震测线。由地震反射相特征,结合地震地层划分原则,在测区识别出 4 个主要地震反射界面,从上至下分别为 SB、T_0、T_1 和 T_g。以上述 4 个主要界面为界,自上而下划分了 4 套地震层序,分别为 A（SB～T_c）、B（T_0～T_1）、C（T_1～T_g）、D（T_g 以下）。多道地震剖面地层划分示意图如图 4-81 所示。经综合分析,4 个层序分别与第四系海相沉积层（Q_4^m）、海陆交互相沉积层（Q_4^{mc}）、陆相沉积层（Q_4^{al}）和基岩层相对应。

以上述 4 个主要界面为界,自上而下划分了如下 4 个地震层序。

（1）A 层序,该层序对应于全新世沉积,为一套弱振幅、连续性较好的反射层组,以平行反射地震相为主,该层厚度为十几米,全区较为稳定。

（2）B 层序,为一套中频、中等振幅、连续性中偏好反射层组,厚度变化和分布受基岩起伏控制,沉积时代未作定论。

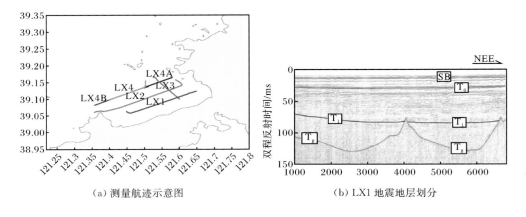

（a）测量航迹示意图　　　　　　　　　　（b）LX1 地震地层划分

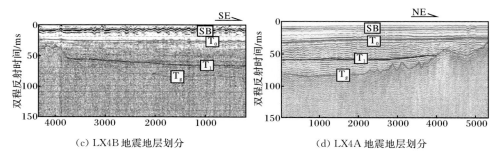

(c) LX4B 地震地层划分　　　　　　　　(d) LX4A 地震地层划分

图 4-81　多道地震剖面地层划分示意图

（3）C 层序，为一套中等振幅、连续性较好的平行反射层组，厚度变化大，分布受基岩起伏控制，从 4 条多道地震剖面上的分布得到多道测线布设范围整体为一洼陷，沉积时代未作定论。

（4）D 层序，以中等振幅、连续性较差的杂乱反射为主。

3. 场地动力反应分析

由于测区属于地震活动区，因而有必要研究场地土层动力反应，给出土工结构内的应力、变形分布，根据这些结果评价其稳定性，进而进行液化分析。

1）计算参数

场区土体震前静力分析采用 Mohr-Coulomb 模型，土体动力反应分析采用等价线性模型，计算参数来自中国地震局工程力学研究所共振柱试验成果。在数值分析中，抛石挤淤和回填块石的计算参数参考同类工程经验值，部分参数见表 4-19。

考虑到场地类别基本为Ⅲ类场地，采用美国 EI-Centro 地震波，持续时间为30s。图 4-82 和图 4-83 分别是 EI-Centro 地震波曲线和傅里叶谱变化曲线，从中可以看出地震波频谱成分比较复杂，主要频率集中在 5Hz 以内。

表 4-19　场区土体静力计算参数

土体位置	材料名称	弹性模量 E/kPa	黏聚力 C/kPa	内摩擦角 $\Phi/(°)$	泊松比	饱和容重 $\gamma/(\mathrm{kN/m^3})$
西护岸	①₁ 淤泥	5430	10.5	10.6	0.38	16.6
	② 粉质黏土	14790	35.0	14.7	0.35	19.6
	④₁ 粉质黏土	15630	32.1	16.0	0.35	19.6
	⑥ 粉质黏土	18120	34.1	16.2	0.35	19.3

续表

土体位置	材料名称	弹性模量 E/kPa	黏聚力 C/kPa	内摩擦角 Φ/(°)	泊松比	饱和容重 γ/(kN/m³)
北护岸	① 粉土	22950	10.0	28.5	0.36	19.1
	①₁ 粉质黏土混砂	17100	18.0	28.4	0.34	18.7
	①₂ 淤泥质粉质黏土	8700	15.0	24.8	0.37	17.6
	①₃ 淤泥	4530	10.0	23.2	0.38	16.0
	①₄ 淤泥质黏土	7320	13.0	25.1	0.37	17.2
	② 黏土	14160	16.0	22.9	0.35	17.9
	②₁ 粉质黏土	18120	26.0	27.1	0.35	19.6
	③₁ 黏土	20700	22.0	25.2	0.35	19.1
	③₂ 粉质黏土	22170	29.0	27.7	0.35	19.7
	③₃ 黏土	24150	15.3	24.5	0.35	19.3
东护岸	②₁ 淤泥	5700	6.7	13.8	0.38	16.3
	②₃ 淤泥质粉质黏土	7055	6.8	16	0.37	16.7
	③₁ 粉质黏土	15359	42.4	13.9	0.35	18.3
	③₂ 黏土	12600	38.9	14	0.35	18.4
	③₄ 粉质黏土	15300	44.4	16.1	0.35	18.9
	④₂ 粉质黏土	20400	49.3	22.3	0.35	18.6
	④₄ 粉质黏土	17489	49.3	22.3	0.35	19.1
	④₃ 黏土	14510	38.9	14.0	0.35	17.9
全岛	表层砂	40000	0.0	32.0	0.33	17.0
	深层砂	70000	0.0	35.0	0.33	19.0
	直接回填块石	150000	0.0	38.0	0.33	20.0
	爆破挤淤块石	180000	0.0	40.0	0.33	20.0

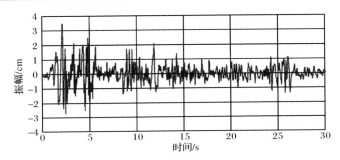

图 4-82 EI-Centro 地震波

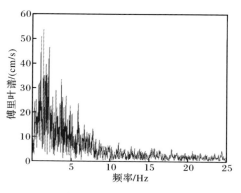

图 4-83　傅里叶谱曲线

2) 计算模型

根据区域范围和功能特点,沿机场人工岛长度方向截取 1 个断面,宽度方向截取 5 个断面,其中 X4 断面和 Y3 断面位于整个场地中心,X1、X2、X7 和 X8 断面可以兼顾护岸区、跑道区和直接回填区。为了精确和详细掌握整个场区液化和软土震陷分析情况,在护岸区和跑道区增加 4 个局部断面,分别为 H1、H2、H3 和 P1 断面,具体断面位置见图 4-84。结合工程区域地下断层调查给出的场区岩土层分布和基岩面位置图,综合建立有限元数值分析模型。限于篇幅,仅选择有代表性的 X7 断面进行分析,共剖分 12183 个单元,12825 个节点,其整体模型(高 80m,长 4000m)、两侧护岸断面模型以及有限元网格见图 4-85。

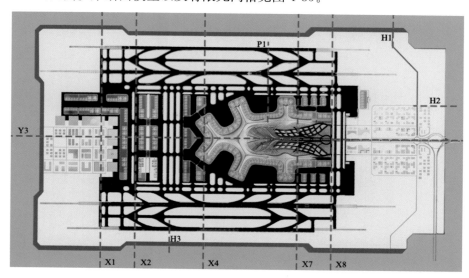

图 4-84　场区计算断面示意图

3）计算结果

（1）静力计算。

利用增量分析方法模拟机场人工岛填海的施工过程,本构模型采用 Mohr-Coulomb 模型。具体计算时,采用两侧水平约束、竖向自由的边界;原海底面以下部分作为初始应力条件,原海底面以上部分采用分层激活单元来模拟护岸区、跑道区和直接回填区的填筑过程。通过有限元静力分析,给出动力分析前的场地震前应力分布。

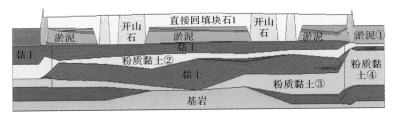

（a）整体模型图（$X : Y = 1 : 10$）

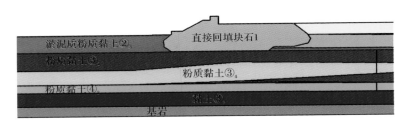

（b）西护岸分析模型（$X : Y = 1 : 1$）

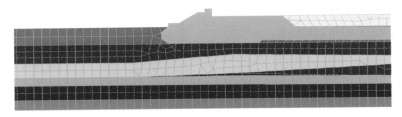

（c）有限元网格图（$X : Y = 1 : 1$）

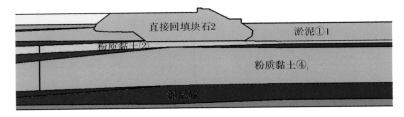

（d）东护岸分析模型（$X : Y = 1 : 1$）

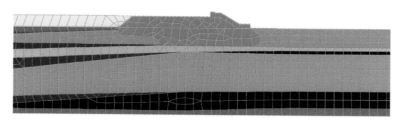

（e）有限元网格图（$X:Y=1:1$）

图 4-85　X7 断面

图 4-86 给出了不同断面震前应力分布和固结比分布。从图中可以看出，场地回填后，在各土层范围内，不同断面的地基覆盖层厚度各有不同，最大有效应力为 650～750kPa，最小有效应力为 280～350kPa，土层固结比大部分为 1～2。

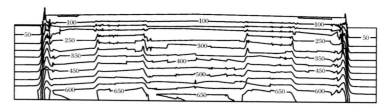

（a）断面大主应力分布（$X:Y=1:10$）

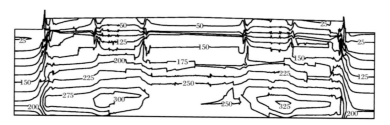

（b）断面小主应力分布（$X:Y=1:10$）

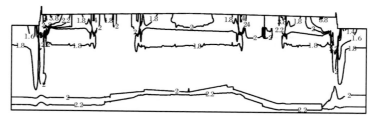

（c）断面固结比分布（$X:Y=1:10$）

图 4-86　X7 断面震前应力分布和固结比分布

（2）动力分析。

动力分析计算采用美国 EI-Centro 地震波软件,基岩地震动峰值加速度考虑 0.10g、0.15g 以及 0.20g 三种情况,分别对应 7 度、7.5 度和 8 度地震烈度。

图 4-87～图 4-89 给出了 X7 断面在三种地震加速度输入下的地震加速度响应和大、小主应力分布。从图中可以看出,不同地震加速度作用下,计算断面大、小主应力均有不同程度的增加,增加幅度在 10% 左右。地基土层加速度自底部向上逐步放大,场地顶部加速度最大。在 0.10g 地震加速度作用下,护岸和跑道顶部加速度放大约 2.0 倍,直接回填区顶部加速度放大约 2.8 倍;在 0.15g 地震加速度作用下,护岸和跑道顶部加速度放大约 1.8 倍,直接回填区顶部加速度放大约 2.3 倍;在 0.20g 地震加速度作用下,护岸和跑道顶部加速度放大约 1.5 倍,直接回填区顶部加速度放大约 2.0 倍。

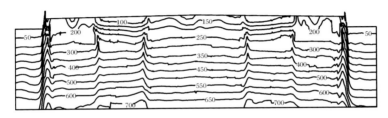

(a) 0.10g

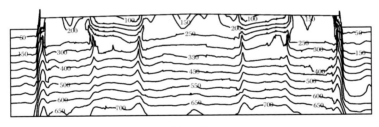

(b) 0.15g

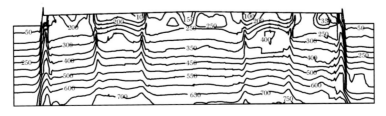

(c) 0.20g

图 4-87　X7 断面动力大主应力分布($X:Y=1:10$)

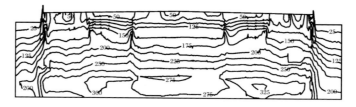

(a) 0.10g

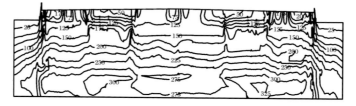

(b) 0.15g

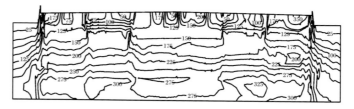

(c) 0.20g

图 4-88　X7 断面动力小主应力分布($X : Y = 1 : 10$)

(a) 0.10g

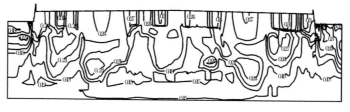

(b) 0.15g

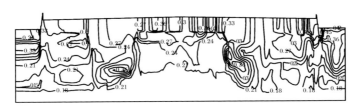

(c) 0.20g

图 4-89　X7 断面地震加速度响应($X:Y=1:10$)

4. 场地液化分析

1) 分析程序及参数

计算采用加拿大 GeoStudio 岩土工程专业有限元软件和美国 FLAC3D 软件。液化分析计算参数主要依据中国地震局工程力学研究所砂土动三轴液化试验成果,表 4-20 和表 4-21 给出了不同地震烈度下浅层砂和深层砂的液化参数。

表 4-20　不同地震烈度下浅层砂液化应力比

地震烈度		7.0	7.5	8.0
等效振动次数		12	20	30
液化应力比	$k_c=1.0$	0.132	0.121	0.113
液化应力比	$k_c=2.0$	0.166	0.150	0.137

表 4-21　不同地震烈度下深层砂液化应力比

地震烈度		7.0	7.5	8.0
等效振动次数		12	20	30
液化应力比	$k_c=1.0$	0.165	0.150	0.139
液化应力比	$k_c=2.0$	0.191	0.170	0.153

2) 计算结果

计算分析模型与动力分析模型一致,在场地地震动力反应基础上进行砂土液化判别。

(1) 初步判别。

依据《水运工程抗震设计规范》(JTS 146—2012)对场区浅层砂土和深层砂土进行液化初步判别(表 4-22)。判别结果表明,在 7 度抗震设防下,绝大部分浅层砂土(20m 以上)发生液化,部分深层砂土(20m 以下)发生液化。

(2) 数值计算。

进行有限元液化分析时,采用输入 EI-Centro 地震波,分别考虑 7 度、7.5 度和

8度三种抗震设防烈度。根据场区岩土工程勘察报告,砂土分布范围不均匀,为此选取沿机场人工岛宽度方向在中部停机坪部位(X4 断面)进行砂土液化分析。图4-90 给出了主要砂土层的动剪应力比分布;图 4-91 和图 4-92 分别给出了固结比为 1.0 和 2.0 条件下采用总应力方法得到的液化区分布;图 4-93 和图 4-94 分别给出了同样条件下采用有效应力方法得到的液化区分布。

表 4-22　场区砂土液化判别表(7 度抗震设防)

土层名称	钻孔编号	锤击数基准值 N_o	标准贯入点深度 d_s	水位深度 d_w	锤击数临界值 N_{cr}	锤击数实测值 N_i	液化初判	液化指数 I_{1E}	液化指数平均 I_N
粉砂	AA3	6	12.30	0	12.78	5	液化	0.39	0.39
		6	13.80	0	13.68	6	液化	0.44	
		6	15.30	0	14.58	6	液化	0.41	
		6	16.80	0	15.48	5	液化	0.32	
		6	18.30	0	16.38	6	液化	0.37	
		6	19.80	0	17.28	7	液化	0.41	
	AD10	6	12.30	0	12.78	7	液化	0.55	0.65
		6	13.80	0	13.68	7	液化	0.51	
		6	15.30	0	14.58	10	液化	0.69	
		6	16.80	0	15.48	11	液化	0.71	
		6	18.30	0	16.38	11	液化	0.67	
		6	19.80	0	17.28	12	液化	0.69	
	AE11	6	12.30	0	12.78	7	液化	0.55	
		6	13.80	0	13.68	10	液化	0.51	
		6	15.30	0	14.58	11	液化	0.75	
		6	16.80	0	15.48	12	液化	0.78	
		6	18.30	0	16.38	12	液化	0.73	
中砂	AE8	6	16.80	0	15.48	13	液化	0.84	0.83
		6	18.30	0	16.38	13	液化	0.79	
		6	19.80	0	17.28	15	液化	0.87	
	A1	6	24.65	0	20.19	14	液化	0.69	0.67
		6	26.15	0	21.09	13	液化	0.62	
		6	27.65	0	21.99	16	液化	0.73	
		6	29.15	0	22.89	15	液化	0.66	
		6	30.65	0	23.79	16	液化	0.67	
		6	32.15	0	24.69	14	液化	0.57	
		6	33.65	0	25.59	17	液化	0.66	
		6	34.65	0	26.19	21	液化	0.80	

续表

土层名称	钻孔编号	锤击数基准值 N_o	标准贯入点深度 d_s	水位深度 d_w	锤击数临界值 N_{cr}	锤击数实测值 N_i	液化初判	液化指数 I_{1E}	液化指数平均 I_N
中砂	A2	6	18.15	0	16.29	10	液化	0.61	0.67
		6	19.65	0	17.19	12	液化	0.70	
		6	21.15	0	18.09	13	液化	0.72	
		6	22.65	0	18.99	13	液化	0.68	
		6	24.15	0	19.89	14	液化	0.70	
		6	25.65	0	20.79	14	液化	0.67	
		6	27.15	0	21.69	13	液化	0.60	
		6	28.65	0	22.59	14	液化	0.62	
		6	30.15	0	23.49	16	液化	0.68	
		6	31.65	0	24.39	17	液化	0.70	
		6	33.15	0	25.29	18	液化	0.71	
		6	34.70	0	26.22	17	液化	0.65	
	AE31	6	15.85	0	14.91	13	液化	0.87	0.79
		6	18.65	0	16.59	13	液化	0.78	
		6	21.10	0	18.06	15	液化	0.83	
		6	22.55	0	18.93	15	液化	0.79	
		6	24	0	19.8	16	液化	0.81	
		6	25.45	0	20.67	14	液化	0.68	
		6	27.05	0	21.63	17	液化	0.79	
		6	28.75	0	22.65	17	液化	0.75	

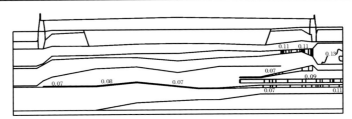

(a) 0.10g

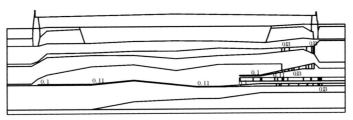

(b) 0.15g

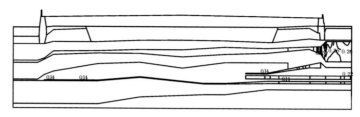

(c) 0.20g

图 4-90　X4 断面动剪应力比分布图(X：Y＝1：10)

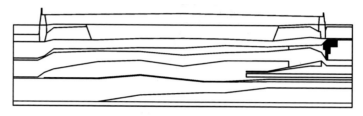

(a) 0.10g

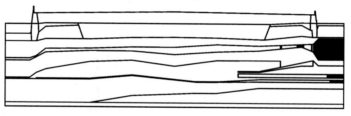

(b) 0.15g

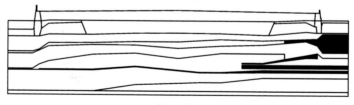

(c) 0.20g

图 4-91　固结比为 1.0 条件下 X4 断面砂土液化区分布(总应力法/X：Y＝1：10)
图中深色部分为液化区,下同

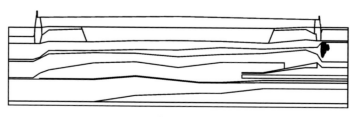

(a) 0.10g

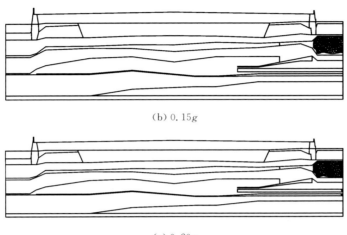

(b) 0.15g

(c) 0.20g

图 4-92 固结比为 1.0 条件下 X4 断面砂土液化区分布(有效应力法/X：Y＝1：10)

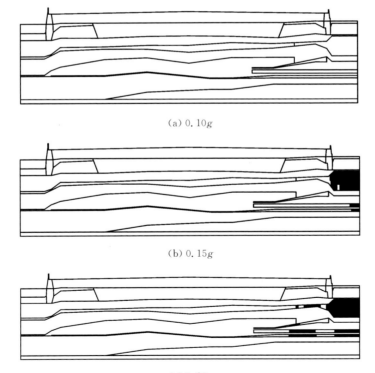

(a) 0.10g

(b) 0.15g

(c) 0.20g

图 4-93 固结比为 2.0 条件下 X4 断面砂土液化区分布(总应力法/X：Y＝1：10)

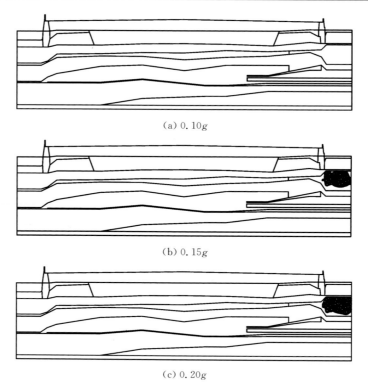

(a) 0.10g

(b) 0.15g

(c) 0.20g

图 4-94　固结比为 2.0 条件下 X4 断面砂土液化区分布(有效应力法/$X:Y=1:10$)

从图 4-91～图 4-94 中可以看到,砂土层主要分布于该断面的右侧中上部及深层,采用两种判别方法得出的整个断面砂土层的液化趋势是一致的,总应力方法得到的液化区面积要大于有效应力方法得到的液化区面积,不同固结比条件下砂土的液化范围有较大差别,具体分析如下。

在固结比为 1.0 条件下,采用总应力法判别时,0.10g 地震作用下该断面右侧中上部砂土层发生小范围液化,深层砂土不液化;0.15g 地震作用下,该断面中上部砂土层发生大范围液化,深层砂土发生轻微液化;0.20g 地震作用下,该断面中上部和深层砂土全部液化。采用有效应力法判别时,0.10g 地震作用下,该断面右侧中上部砂土层发生小范围液化,深层砂土不液化;0.15g 地震作用下,该断面中上部砂土层发生较大范围液化,深层砂土不液化;0.20g 地震作用下,该断面中上部砂土层发生大范围液化,深层砂土基本上不液化。

在固结比为 2.0 条件下,总体液化区范围面积减小。采用总应力法判别时,0.10g 地震作用下,该断面所有砂土层不液化;0.15g 地震作用下,该断面中上部砂土层发生大范围液化,深层砂土发生轻微液化;0.20g 地震作用下,该断面中上部砂土层发生较大范围液化,深层砂土发生中等程度液化。采用有效应力法判别时,$0.10g$ 地震作用下该断面所有砂土层不液化;$0.15g$ 地震作用下,该断面中上部砂土层发生较大范围液化,深层砂土不液化;$0.20g$ 地震作用下,该断面中上部砂土层发生大范围液化,深层砂土基本不液化。

总体来说,有效应力方法得出的液化趋势与总应力法基本一致,分析结果汇总于表 4-23。

表 4-23 有限元液化分析结果

断面	砂土层部位	固结比	0.10g		0.15g		0.20g	
			总应力法	有效应力法	总应力法	有效应力法	总应力法	有效应力法
X4	右侧	1.0	轻微	轻微	中等	中等	严重	严重
		2.0	无	无	中等	中等	严重	严重
	深部	1.0	无	无	轻微	无	严重	轻微
		2.0	无	无	轻微	无	中等	无

注:根据《工程场地地震安全性评价》(GB 17741—2005),将液化等级划分为严重、中等、轻微和无 4 个等级。

(3) 有效应力液化结果验证。

上述有效应力液化分析采用的是孔压应力模型,现同时采用 Martin 等(1989)提出的孔压应变模型,以场区中砂土层较厚的东护岸为例进行对比。

孔压应变模型的基本思想是:将饱和砂土在不排水条件下的孔隙水压力增量与在排水条件下的体积应变增量之间建立联系。不排水条件下周期剪切一周时所引起的孔隙水压力增量为

$$\Delta u = \overline{E}_r \Delta \varepsilon_{vd} \tag{4-124}$$

式中,$\Delta \varepsilon_{vd} = C_1(\gamma - C_2 \varepsilon_{vd}) + \dfrac{C_3 \varepsilon_{vd}^2}{\gamma + C_4 \varepsilon_{vd}}$。

利用孔隙水压力压力模型或者应变模型,对求出的有效应力进行判别。有效应力为零的,则认定该土体单元发生液化,液化单元连接在一起时形成液化区。参考同类工程的经验数据,图 4-95 给出了砂土循环次数和体应变的关系曲线,图 4-96 给出了有效应力和回弹模量关系曲线,其中,取 $C_1 = 0.72, C_2 = 0.60, C_3 = 0.21, C_4 = 0.49$。

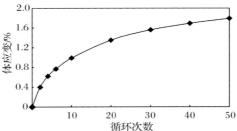

图 4-95 循环次数和体应变关系曲线

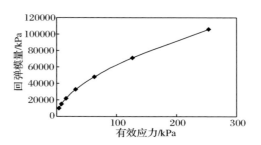

图 4-96　有效应力和回弹模量关系曲线

图 4-97 给出了采用孔隙水压力应变模型得到的东护岸砂土液化结果。可以看出,计算结果与前述固结比为 2.0 时的液化结果趋势基本一致。

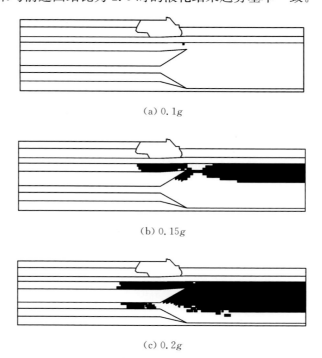

(a) 0.1g

(b) 0.15g

(c) 0.2g

图 4-97　采用孔隙水压力应变模型得到的砂土液化结果

(4) 三维数值分析液化结果。

除了上述二维液化数值分析外,还应进行三维液化数值分析,作为二维分析的补充。三维分析采用 FLAC3D 程序,这一程序可以进行动力与渗流的耦合分析,能够模拟砂土在动力作用下孔隙水压力积累直至土体液化,并采用 Finn 模型来描述这种孔压积累效应。Finn 模型的实质是在 Mohr-Coulomb 模型的基础上增加了动孔压的上升模式,并假定动孔压的上升与塑形体积应变增量相关。

设有效应力为 σ_0' 时砂土的一维回弹模量为 E_r',则不排水条件下孔隙水压力的增量 Δu 与塑性体积应变增量 $\Delta\varepsilon_{vd}$ 的关系为

$$\Delta u = \overline{E}_r \Delta\varepsilon_{vd} \tag{4-125}$$

FLAC3D 提供的 Finn 模式和 Byrne 模式的基本原理如下。

① Finn 模式。

试验表明,塑性体积应变与循环剪应变幅值之间的关系与固结压力无关。塑性体积应变增量 $\Delta\varepsilon_{vd}$ 仅是总的累积体积应变 ε_{vd} 和剪应变 γ 的函数,即

$$\Delta\varepsilon_{vd} = C_1(\gamma - C_2\varepsilon_{vd}) + \frac{C_3\varepsilon_{vd}^2}{\gamma + C_4\varepsilon_{vd}} \tag{4-126}$$

式中,C_1、C_2、C_3 和 C_4 为模型常数。

② Byrne 模式。

Byrne 模式是一种更简便的计算塑性体积应变增量方法:

$$\frac{\Delta\varepsilon_{vd}}{\gamma} = C_1\exp\left(-C_2\frac{\varepsilon_{vd}}{\gamma}\right) \tag{4-127}$$

式中,C_1、C_2 在大多数情况下存在如下关系:

$$C_2 = \frac{0.4}{C_1} \tag{4-128}$$

由于 Finn 模型的基础是 Mohr-Coulomb 模型,因此 Finn 模型参数包含了 Mohr-Coulomb 模型的所有参数,如 bulk、shear、cohesion、friction、tension 以及用于计算孔压增量的参数。

基于以上理论,结合工程区域地下断层调查给出的场区土层分布和基岩面位置图,构建有限元数值分析模型。该模型高 71m、长 500m、宽 125m,共剖分 51322 个单元、10568 个节点,如图 4-98 所示。

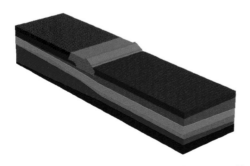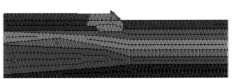

图 4-98　三维验证分析模型

为了准确模拟实际场地中地震波的传播过程,需要在模型中设置人工边界。黏性边界是发展最早而且简单实用的人工边界,其构想是在边界上设置独立阻尼

器,由阻尼器提供法向和切向黏性阻力,以此消除地震波在模型边界上的反射效应,吸收或消耗传往边界外的波动能量,以便真实地反映地震波的传播过程,其表达式为

$$t_n = -\rho C_p v_n \tag{4-129}$$
$$t_s = -\rho C_s V_s \tag{4-130}$$

式中,v_s、v_n 分别为边界上速度的法向和切向分量;ρ 为材料密度;C_p、C_s 分别为纵波和横波速度。

在模型各个侧面,需要假定其边界条件为自由场运动。通过在模型四周生成网格的方法来实现这种自由场的边界条件,柱体网格的侧边界通过阻尼器与自由场网格进行耦合,自由场网格的不平衡力施加到主体网格边界上,得到的三维动力分析模型见图 4-99。

图 4-99　三维验证动力分析模型

一般应力条件下,砂土液化的判定准则为砂土从固态转变为液态。当不考虑液体黏滞力时,其抗剪强度为 0。按此定义和特征表示动荷载作用过程中广义剪应力 q 和有效球应力 p 的变化时,有

$$q = \frac{1}{2}\sqrt{(\sigma_1'-\sigma_2')^2 + (\sigma_2'-\sigma_3')^2 + (\sigma_3'-\sigma_1')^2} = 0$$
$$p = \frac{1}{3}(\sigma_1'+\sigma_2'+\sigma_3') = 0 \tag{4-131}$$

满足式(4-131)的解只能是

$$\sigma_1' = \sigma_2' = \sigma_3' = 0$$

式中,$\sigma_i'(i=1,2,3)$ 为液化时的 3 个有效主应力。当各向有效应力均为零时,饱和砂土发生液化。

根据有效应力原理,上式还可改写为

$$\sigma_1 = \sigma_2 = \sigma_3 = u$$

在数值计算中,由于计算精度的影响,常用超孔压比的概念来描述液化。在三维数值计算中,超孔压比 r_u 定义为

$$r_{u} = 1 - \frac{\sigma'_{m}}{\sigma'_{m0}} \tag{4-132}$$

式中, σ'_{m0} 为动力计算前单元的平均有效应力; σ'_{m} 为动力计算过程中单元的平均有效应力,其定义为

$$\sigma'_{m0} = \sigma'_{10} + \sigma'_{20} + \sigma'_{30}, \quad \sigma'_{m} = \sigma'_{1} + \sigma'_{2} + \sigma'_{3}$$

式中, $\sigma'_{j0}(j=1,2,3)$ 是动力计算之前应力张量的 3 个主应力; $\sigma'_{j}(j=1,2,3)$ 为动力计算过程中应力张量的 3 个主应力。简言之,当超孔压比大于等于 1 时,可判定该处砂土液化。

三维液化分析采用与二维分析相同的地震波,图 4-100 给出了沿护岸宽度方向 $y=7.8\mathrm{m}$ 处截面,在 $0.1g$、$0.15g$、$0.2g$ 地震加速度作用下的液化结果(图中蓝色部分为无液化区域,紫色部分为液化区)。可以看出,地基中砂土层部分发生液化。随着地震加速度的增加,液化区的面积也将增加,相对而言,浅层砂土较易发生液化,深层砂土液化滞后。通过与二维数值计算和规范方法比较,发现该结果与前面得到的结果基本一致。

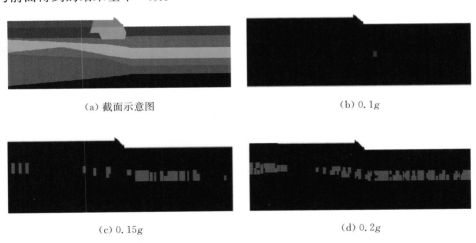

(a) 截面示意图   (b) 0.1g

(c) 0.15g   (d) 0.2g

图 4-100 截面($y=7.8\mathrm{m}$)液化结果

5. 地震残余变形分析

大量的震害调查和研究表明,土体横向残余位移和竖向沉降引起的岩土构筑物损坏占有相当大的比例。岩土构筑物抗震设防的重点不再是强度问题,而是以变形为主的控制标准。基于变形的设计方法是目前最重要的抗震设计理论之一。

1) 计算参数

依据中国地震局工程力学研究所动三轴试验成果,这里给出地震残余变形主

要计算参数,见表 4-24。

表 4-24　地震残余变形主要计算参数

土样类型	k_1	k_2	λ_{max}	N	C_1	C_2	C_3	C_4	C_5
淤泥	6.0	76.8	0.16	0.76	0.006206	1.0691	0	0.9671	1.1869
淤泥质粉质黏土	6.0	115.3	0.16	0.72	0.000650	1.2194	0	0.8156	2.5189
浅层砂	6.0	659.7	0.12	0.44	0.014072	0.8671	0	1.4129	1.0876
深层砂	6.0	849.1	0.12	0.45	0.006868	0.9848	0	3.0196	1.1747
粉质黏土	6.0	421.1	0.15	0.84	0.000608	0.7403	0	0.8745	1.7854
黏土	6.0	370.5	0.16	0.50	0.000530	0.9357	0	0.2599	1.4881

2) 计算模型

计算分析模型与动力分析模型一致,即在场地地震动力反应基础上进行地震残余变形分析。

3) 分析结果

(1) 规范方法初判。

根据岩土工程勘察报告钻孔揭露,机场人工岛场地海相沉积层厚度为 9.9～16.5m,主要为淤泥,大多呈流塑状,属高压缩性、低强度软弱土。按照《建筑抗震设计规范》、《岩土工程勘察规范》以及《软土地区工程地质勘察规范》的有关内容,初步判定机场人工岛场地在地震时有产生残余变形的可能。

(2) 有限元数值计算。

图 4-101 给出了不同地震作用下 X1 断面的有限元残余变形分析结果。从图中可以看出,最大残余变形发生在两侧护岸附近。在 0.10g 地震作用下,场区残余变形较小,最大水平变形约为 5cm,最大竖向变形约为 3cm;在 0.15g 地震作用下,场区最大水平变形约为 25cm,最大竖向变形约为 14cm;在 0.20g 地震作用下,场区最大水平变形约为 45cm,最大竖向变形约为 29cm(图 4-102)。表 4-25 汇总了不同计算断面在不同地震作用下的残余变形。

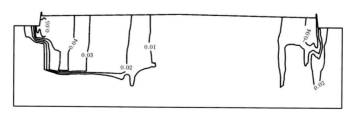

(a) 0.10g

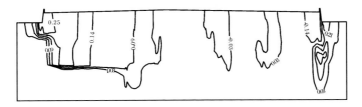

(b) 0.15g

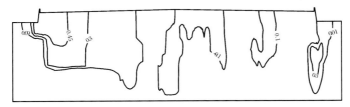

(c) 0.20g

图 4-101　X1 断面水平方向残余变形分布($X : Y = 1 : 10$)

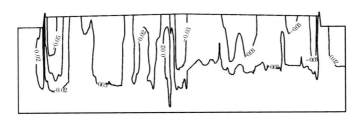

(a) 0.10g

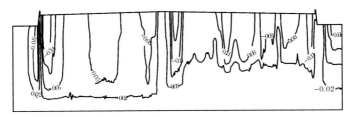

(b) 0.15g

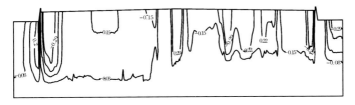

(c) 0.20g

图 4-102　X1 断面竖直方向残余变形分布($X : Y = 1 : 10$)

表 4-25　有限元残余变形分析结果汇总　　　　　（单位:cm）

断面	0.10g		0.15g		0.20g	
	水平	竖直	水平	竖直	水平	竖直
X1	5	3	25	14	45	29
X2	4	3	24	21	38	31
X4	6	4	34	21	54	30
X7	4	4	22	16	32	27
X8	6	5	32	18	48	26
Y3	4.5	3	22	19	42	31
H1	7	3.5	38	20	66	31
H2	6	3	32	21	61	30
H3	3	2	18	14	30	24
P1	—	5	—	18	—	25

6. 土工数值计算

1) 荷载分析

（1）软土层上部荷载分析。

随着潮涨潮落，人工岛的荷载实际上是一个动态循环过程。高潮时，浸于海水中的土体增加，水体的浮力会使荷载减少；低潮时，裸露出水面的土体增加，基础下软基所受的荷载也随之增加。大连海上人工岛机场所在的金州湾最大潮差约 4m，所以，因浮力不同导致荷载变化的幅度还是不小的。

但是，从荷载长久的总体效应来看，由于循环荷载的变化是对称的、有规律的，因此为简化计算，只取循环荷载的平均值，即以平均海平面作为浮力的计算平面。根据我国《重力式码头设计与施工规范》（JTS 167-2—2009）中的"一般计算规定"，建筑材料的重度依据表 4-26，填料重度依据表 4-27。

表 4-26　建筑材料重度 γ 标准值

材料名称	重度 $\gamma/(kN/m^3)$	
	水上	水下
浆砌块石	22～25	12～15
混凝土	23～24	13～14
钢筋混凝土	24～25	14～15

表 4-27 填料重度 γ 的标准值

填料名称	重度 γ/(kN/m³)	
	水上(湿重度)	水下(浮重度)
细砂	18.0	9.0
中砂	18.0	9.5
粗砂	18.0	9.5
砾砂	18.5	10.0
碎石	17.0	11.0
块石	17.0～18.0	10.0～11.0

人工岛各功能区荷载的计算结果如下。

① 护岸区。根据设计,护岸部分需清淤换填,原泥面标高平均为－7m,清淤后回填料至＋4.1m,底标高平均为－20m;挡浪墙为高约4m的L形混凝土结构,横截面积约为12m²,底边宽度约为5m。选取淤泥浮重度为5.6kN/m³;回填料为碎石,其湿重度为17kN/m³,浮重度为11kN/m³;混凝土重度为23kN/m³,得到上部荷载约为270kPa。

② 跑道及机坪区。取整个场区坡比为2‰,跑道中心线距离护岸约为800m,跑道及机坪区的回填顶标高为＋5.7～＋6.5m。跑道下的淤泥层平均厚度约为10m,按设计需清淤换填至－17m。建设跑道的混凝土重度为23kN/m³,平均厚度约为1m,由此计算得出跑道及机坪区的上部荷载为250kPa。

③ 航站区。航站区位于机场中心位置,考虑坡比后回填顶标高为＋7.5～＋8.5m,该区段预计采用17m长的振冲碎石桩对10m厚的淤泥进行置换。上部航站楼的荷载预计为110kPa,得到航站区的荷载总计约为370kPa。

④ 建筑区。建筑区回填顶标高平均为＋7.5～＋8.5m,回填深度为－7m,建筑荷载平均为50kPa,计算得到建筑区的荷载约为260kPa。

⑤ 土面区。机场土面区为直接回填,回填顶高程平均值为＋5.0～＋6.5m,底高程为－7m,加上一定的土壤覆盖层或碎石层,计算得到土面区的荷载约为180kPa。

以上各功能区的分布见图4-103。由于上述荷载的估算存在不确定性,因此在地基变形分析中将荷载设为一个变化区间,共分为4个级别,见表4-28。其中,荷载分布方案二的可能性较大,因而是分析的重点,其他荷载方案用于对比。

(2) 计算断面设计。

从机场人工岛各区域对地基沉降的敏感性出发,重点分析机场主跑道与护岸区沉降,其基本构思如下。

表 4-28　人工岛下部软土荷载分级表　　　　（单位:kPa）

荷载方案	护岸区	跑道及机坪区	航站区	建筑区	土面区
一	220	200	320	210	130
二	270	250	370	260	180
三	320	300	420	310	230
四	370	350	470	360	280

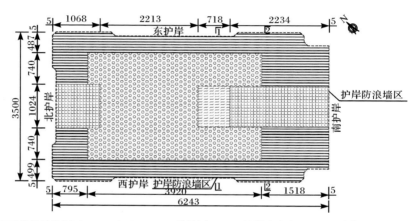

▨跑道及机坪区　▤土面区　▨航站区　-----护岸防浪墙区　▦建筑区

（a）人工岛功能分区示意图（单位:m）

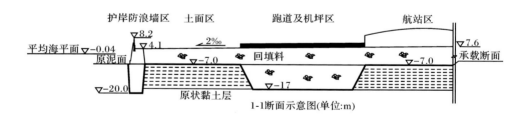

1-1断面示意图(单位:m)

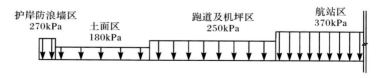

（b）1-1断面荷载分布

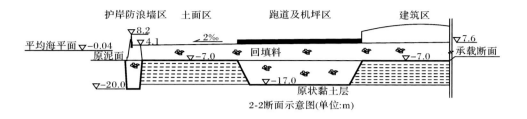

2-2断面示意图(单位:m)

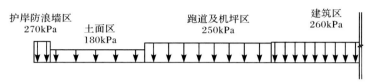

(c) 2-2 断面荷载分布

图 4-103 人工岛下部软土荷载分布图

① 在主跑道轴线上,选择 2～3 个典型断面,建立相应的数值计算模型,考虑纳泥区、回填区、清淤换填区、护岸等对主跑道沉降的影响,对主跑道基础的沉降变形进行数值模拟。

② 在主跑道轴线上,选择 1～2 个典型断面,建立考虑土体蠕变特性的二维数值计算模型。该计算模型不仅要分析主跑道轴线两侧不同构筑物或不同土层侧向位移对主跑道基础沉降变形的影响,而且分析土体蠕变对主跑道沉降的影响,并与不考虑蠕变特性下的沉降结果进行对比分析,考察蠕变对深厚软土层沉降的影响。模型中所使用的蠕变参数由流变试验给出。

③ 在护岸位置,选择 2 处典型剖面,分别建立二维沉降计算模型,分析临海侧与护岸内回填土层对护岸沉降的影响,建模时考虑土体蠕变对护岸基础沉降的影响。

④ 选择护岸转角位置,建立护岸三维计算模型,分析边界条件发生变化时护岸基础沉降的变化。

2) 一维沉降数值分析

(1) 计算方法。

根据地质勘察报告提供的钻孔柱状图,建立的一维沉降分析模型见图 4-104。具体计算时,采用分层总和法给出不同计算点的沉降,工后残余沉降主要包括地基土体的主固结沉降和次固结沉降。主固结沉降采用 e-p 曲线计算,固结度计算采用微分方程数值解法,在此基础上绘制整个场区填筑竣工结束后不同年限的沉降和固结度分布图。

对于不同土层按其固结状态(超固结土、正常固结土与欠固结土)选用不同的

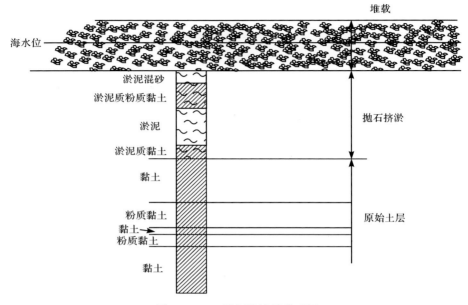

图 4-104 一维沉降计算模型图

计算公式,分别为:采用规范方法计算均质地基(单、双面排水)的平均固结度,以太砂基一维固结理论(微分方程方法)计算单层、多层地基土的固结度;地基的最终沉降量采用经验法(经验系数×主固结沉降)或公式法(瞬时沉降+主固结沉降+次固结沉降)计算,最终得到工后不同基准期的土体沉降变化曲线。

（2）计算结果。

现以最接近实际的荷载方案二为例给出沉降计算的详细结果。考虑到其他三种荷载方案也有其可能性,为了观察荷载与沉降之间的规律,一同将沉降预测结果汇总于表 4-29。

表 4-29　100 年后不同荷载方案沉降预测　　　　　（单位:m）

荷载方案	护岸区	跑道及机坪区	航站区*	普通建筑区	土面区
一	0.5~0.6	0.7~0.8	1.4~1.5	1.5~1.6	1.3~1.4
二	0.6~0.8	0.8~1.0	1.6~1.7	1.7~1.8	1.5~1.6
三	0.8~0.9	1.0~1.1	1.9~2.0	2.0~2.1	1.8~1.9
四	0.9~1.0	1.1~1.2	2.2~2.3	2.3~2.4	2.2~2.3

注:＊表示假定航站区位于淤泥换填区。

图 4-105 和图 4-106 分别绘出了不同时期地基沉降分布图和场区不同断面沉降变化图。从图中可以看到,在荷载方案二作用下 100 年后,跑道及机坪区基础

的沉降变形预计为 0.8～1.0m,护岸区沉降变形预计为 0.6～0.8m,土面区沉降变形预计为 1.5～1.6m,航站区沉降变形预计为 1.6～1.7m,建筑区沉降变形预计为 1.7～1.8m。

另外,图 4-107 给出了场区竣工 100 年后不同土体深度处的固结度分布,从图中可以看到,自海底起 40m 以下土层固结度仍较小,说明土体内部仍有超孔隙水压力没有消散,场区还将缓慢下沉,只是变得更加缓慢。图 4-108 给出了不同荷载方案的工后沉降变化预测。

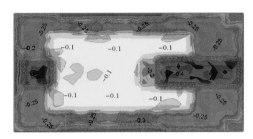
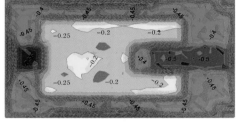

(a) 2 年　　　　　　　　　　　　　(b) 5 年

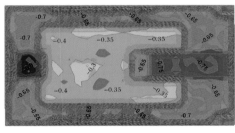
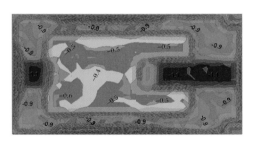

(c) 10 年　　　　　　　　　　　　　(d) 20 年

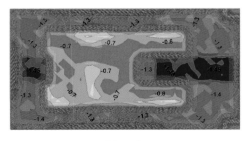
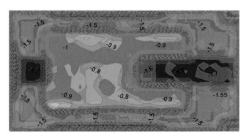

(e) 50 年　　　　　　　　　　　　　(f) 100 年

图 4-105　工后不同时段沉降预测分布(荷载方案二)

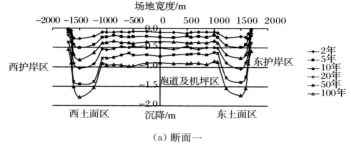

（a）断面一

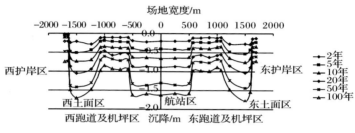

（b）断面二

图 4-106　各功能区工后沉降分布（荷载方案二）

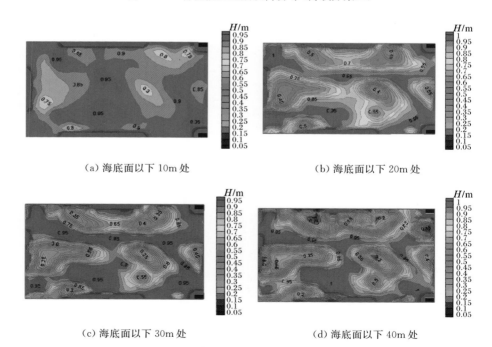

（a）海底面以下 10m 处　　　　　　　　　（b）海底面以下 20m 处

（c）海底面以下 30m 处　　　　　　　　　（d）海底面以下 40m 处

图 4-107　100 年后各土层固结度分布（荷载方案二）

（a）荷载方案一

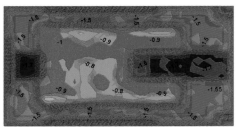
（b）荷载方案二

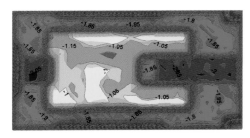
（c）荷载方案三

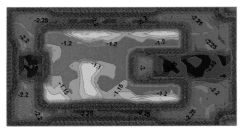
（d）荷载方案四

图 4-108　100 年后不同荷载方案沉降预测

3）二维沉降数值分析

（1）计算方法。

二维沉降数值模拟主要采用软土固结蠕变模型来模拟整个场区的固结沉降和次固结沉降。该模型是基于 24h 加载固结试验得到的一维蠕变扩展模型，模型参数从蠕变试验中得到。软土蠕变模型参数包括干容重 γ_{unsat}、饱和容重 γ_{sat}、水平渗透系数 K_h、竖向渗透系数 K_v、修正压缩指数 λ^*、修正膨胀指数 κ^*、修正蠕变指数 μ^*、黏聚力 c、摩擦角 φ 和膨胀角 ψ。分析程序采用荷兰 Plaxis 岩土工程有限元软件。

在数值分析中，淤泥、淤泥质粉质黏土、黏土、粉质黏土等各种黏性土均采用软土蠕变模型，砂土和回填块石采用 Mohr-Coulomb 模型，砂土和回填块石的计算参数参考同类工程经验取值。软土蠕变模型中的蠕变指标依据经验取相应土体压缩指数的 1/25。

在计算断面的选择上，与场地动力反应分析一致，在宽度方向选取 X7 断面进行分析。建立模型时，依据地质剖面图，结合工程区域海上断层调查给出的场区土层分布和基岩面位置，综合后建立有限元数值分析模型。

图 4-109 给出了 X7 断面的二维有限元沉降计算模型。采用三角形六节点单元，模型高 80m、宽 4000m（由于模型较长，仅展示关键部位），共计 18338 个单元、

37693 个节点。

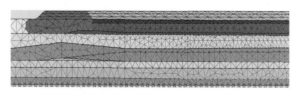

（a）西护岸和土面区

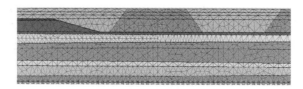

（b）西侧跑道机坪区

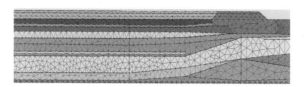

（c）东护岸和土面区

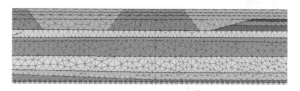

（d）东侧跑道机坪区

图 4-109　X7 断面二维有限元沉降计算模型

（2）计算结果。

现以荷载方案二为例，给出详细的计算结果。其他三种荷载分布计算结果也一并列出，以用于比较。

表 4-30、图 4-110 和图 4-111 给出了荷载方案二下 X7 断面的沉降预测结果。从中可以看到，沉降量随着时间的增加逐渐增大，并渐趋平缓，机场竣工 100 年后，土面区、护岸区、跑道及机坪区和建筑区的预测沉降分别为 1.681m、0.594m、

1.182m和1.770m，与一维模型预测的结果相近。图 4-112 给出了 X7 断面各功能区及不同时段超静孔隙水压力的消散趋势。

表 4-30　工后不同时间沉降预测（荷载方案二）

时间 断面位置	沉降/m					
	2 年	5 年	10 年	20 年	50 年	100 年
土面区	0.241	0.452	0.678	0.958	1.370	1.681
护岸区	0.043	0.139	0.258	0.365	0.498	0.594
跑道及机坪区	0.097	0.206	0.353	0.556	0.896	1.182
建筑区	0.227	0.515	0.763	1.031	1.441	1.770

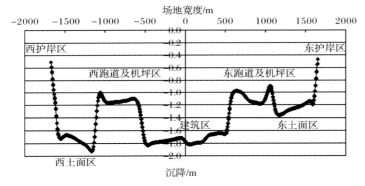

（a）断面分布

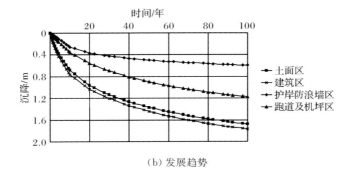

（b）发展趋势

图 4-110　X7 断面工后沉降趋势（荷载方案二）

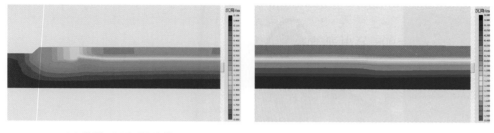

（a）护岸、土面区及跑道区　　　　　　　（b）建筑区

图 4-111　X7 断面 100 年后工后沉降分布预测（荷载方案二）

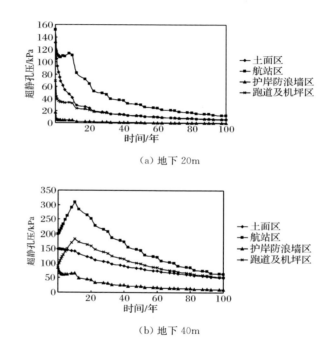

（a）地下 20m

（b）地下 40m

图 4-112　X7 断面超孔隙水压力消散趋势图（荷载方案二）

从图 4-112 中可以看到：对于护岸区，超静孔隙水压力消散较快，竣工 100 年后，超静孔隙水压力基本消散完毕，土体固结沉降基本结束；对于跑道区和直接回填区，超静孔隙水压力消散较慢，竣工 100 年后还有少量超静孔隙水压力没有消散，未消散的超静孔隙水压力约占总超静孔隙水压力的 20％左右，场区还可能会缓慢下沉。

四种荷载方案的各断面沉降预测见表 4-31。

表 4-31 四种荷载方案沉降预测汇总（X7 断面）

断面位置	100 年后沉降预测/m			
	荷载方案一	荷载方案二	荷载方案三	荷载方案四
土面区	1.552	1.681	2.064	2.414
护岸挡浪墙区	0.460	0.594	0.723	0.845
跑道及机坪区	0.965	1.182	1.361	1.533
建筑区	1.473	1.770	2.052	2.314

（3）参数敏感性分析。

计算参数的选取是否恰当将影响土体沉降分析结果的合理性。考虑到土体参数的离散特点，在二维沉降数值分析中还需开展土体主要力学参数变化对沉降影响的敏感性分析，以便从其变化特点判断计算结果的可靠性。为了分析蠕变指数取值对残余沉降预测的影响，现以荷载方案二和 X2 断面为例，对蠕变指数参数进行敏感性分析。

表 4-32 是蠕变指数分别取压缩指数的 1/20、1/25、1/30 时，场区不同位置及工后不同时间的沉降预测结果。可以看到，地基沉降预测计算值随着蠕变指数的增加而增加，增加幅度约为 15%，说明敏感性还是较大的。

表 4-32 蠕变指数变化对残余沉降的影响（荷载方案二，X2 断面）

蠕变指数与压缩指数比值	位置	沉降/m					
		2 年	5 年	10 年	20 年	50 年	100 年
1/20	土面区	0.213	0.430	0.657	0.890	1.331	1.730
	护岸挡浪墙区	0.073	0.198	0.407	0.598	0.864	0.106
	跑道及机坪区	0.087	0.220	0.432	0.670	1.060	1.361
1/25	土面区	0.225	0.405	0.593	0.787	1.152	1.463
	护岸挡浪墙区	0.068	0.162	0.336	0.485	0.689	0.836
	跑道及机坪区	0.088	0.207	0.386	0.591	0.923	1.171
1/30	土面区	0.189	0.361	0.528	0.682	0.955	1.190
	护岸挡浪墙区	0.046	0.125	0.276	0.383	0.529	0.634
	跑道及机坪区	0.067	0.169	0.336	0.508	0.778	0.968

根据地质勘察结果，地基中除淤泥、淤泥质粉质黏土等软土为欠固结土外，其余黏土和粉质黏土均为轻微超固结土，超固结比 OCR 基本为 1.1～1.4。为了研究土体应力历史对地基沉降的影响，仍以荷载方案二和 X2 断面为例，开展超固结比 OCR 参数的敏感性分析。

表 4-33 为当超固结比 OCR 分别取勘察报告原值、增大 25%、增大 50%

时,在场区不同位置及工后不同时间的沉降预测结果。可以看到,地基沉降值随着超固结比 OCR 的增加而减小。当 OCR 增大 25% 时,土体沉降预测值减小 20%～30%;OCR 增大 50% 时,土体沉降预测值减小 30%～40%,说明敏感性较大。

表 4-33　超固结比 OCR 变化对沉降预测值的影响

OCR 值	位置	沉降/m					
		2 年	5 年	10 年	20 年	50 年	100 年
原值	土面区	0.225	0.405	0.593	0.787	1.152	1.463
	护岸挡浪墙区	0.068	0.162	0.336	0.485	0.689	0.836
	跑道及机坪区	0.088	0.207	0.386	0.591	0.923	1.171
+25%	土面区	0.194	0.377	0.559	0.728	1.027	1.295
	护岸挡浪墙区	0.048	0.134	0.298	0.422	0.595	0.722
	跑道及机坪区	0.063	0.166	0.336	0.518	0.810	1.028
+50%	土面区	0.209	0.363	0.542	0.697	0.961	1.198
	护岸挡浪墙区	0.046	0.108	0.261	0.359	0.501	0.610
	跑道及机坪区	0.069	0.157	0.322	0.496	0.778	0.986

4) 数值计算结果汇总

比较一维和二维土体沉降预测数值,两种方法得到的结果及趋势基本一致。

对于荷载方案一,预测工后 100 年护岸区沉降 0.5～0.7m,跑道及机坪区沉降 0.9～1.1m,航站区沉降 1.5～1.7m,普通建筑区沉降 1.6～1.9m,土面区沉降 1.3～1.6m。

对于荷载方案二,预测工后 100 年护岸区沉降 0.6～0.8m,跑道及机坪区沉降 1.1～1.3m,航站区沉降 1.6～1.8m,普通建筑区沉降 1.7～2.0m,土面区沉降 1.4～1.7m。

对于荷载方案三,预测工后 100 年护岸区沉降 0.7～1.0m,跑道及机坪区沉降 1.2～1.4m,航站区沉降 1.7～1.9m,普通建筑区沉降 1.8～2.1m,土面区沉降 1.5～1.8m。

对于荷载方案四,预测工后 100 年护岸区沉降 0.9～1.2m,跑道及机坪区沉降 1.5～1.7m,航站区沉降 2.0～2.2m,普通建筑区沉降 2.1～2.4m,土面区沉降 1.6～1.9m。

以上结果详见表 4-34。

表 4-34　人工岛工后各功能区沉降值预测　　　　（单位：m）

荷载方案	护岸区	跑道及机坪区	航站区	普通建筑区	土面区
一	0.5～0.7	0.9～1.1	1.5～1.7	1.6～1.9	1.3～1.6
二	0.6～0.8	1.1～1.3	1.6～1.8	1.7～2.0	1.4～1.7
三	0.7～1.0	1.2～1.4	1.7～1.9	1.8～2.1	1.5～1.8
四	0.9～1.2	1.5～1.7	2.0～2.2	2.1～2.4	1.6～1.9

从固结度分布图和超静孔隙水压力消散图分析，在场区竣工后相当长的时间里，土体深层内部仍有少量超静孔隙水压力没有消散，理论上场区地基还可能下沉，但趋势会很缓慢。

7. 土工物理模型试验

根据人工岛设计方案，采用离心模型试验模拟深厚软土地基随时间变化的沉降历程，分别采用臂式离心机与鼓型离心机两种设备进行。重点考察在已定的回填方案下，采用模型箱和全槽通长分别进行土体变形试验。利用全槽装样模拟更贴近原状土的固结状态和排水条件特点，可用于对比分析跑道及停机坪区等关键位置的地基沉降预测结果。

采用两种离心机对同一工程开展联合试验，这在国内外尚属首例，目的是在不同种类离心机各有优势的基础上，将其试验结果进行对比分析，以便更好地对地基沉降预测结果的合理性做出判断。能够利用不同类型的离心机对同一工程进行模拟对比分析，实属不易。

1）臂式离心机模型试验

该试验使用南京水利科学院的 NHRI-89 型 400g·t 大型土工离心机完成。

（1）模型设计与制作。

① 模型比尺。

由于人工岛面积较大，无法进行整体模拟，因此只能选择 1～2 个最重要的断面进行，重点研究工后的远期沉降。假设模拟的原型软土地基厚度为 60m，清淤后地面高程−19.0m，人工岛表面标高＋2.85m。综合考虑土层厚度、回填厚度、模拟运行时间、边界效应等因素，确定试验模型比尺为 1/160。

② 地基土层模拟。

试验中对土层的模拟制备进行了合理简化，不模拟清淤面（即淤泥与黏土层界面）以上的淤泥层，只模拟制备清淤面（标高−19.0m）以下的深厚软土地基，厚度为 60m。按几何比尺换算，模型土层厚度为 375mm。离心模型专用的黏土制模设备——NHRI600 型固结仪见图 4-113（a）。参考原位十字板抗剪强度，使用袖珍贯入仪监测土体强度的操作过程见图 4-113（b）。以不排水强度 S_u（≈30kPa）作为土体固结制备的控制指标。

（a）固结仪

（b）袖珍贯入仪测量模型强度

图 4-113　模型制作

③ 过程模拟。

根据设计要求，人工岛回填料粒径不大于 30cm。先按相似级配法进行缩尺，再按等量替代法确定模型堆石料的颗粒级配，颗粒级配曲线见图 4-114，堆料采用石灰石及花岗岩，填筑密度为 2.18g/cm³。

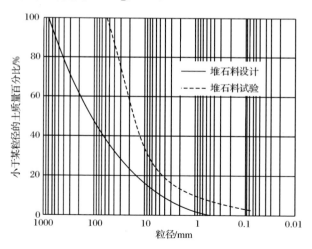

图 4-114　颗粒级配曲线

试验的另一项内容是施工过程模拟。试验模拟了两种陆域形成的施工速度，分别为：（a）快速施工（M_1），假定在 9 个月内完成施工，开展了 1 组快速施工及长期运行模拟模型，根据离心模型试验相似律，在 15.2min 的时段内，匀速升高模型加速度至 160g；(b)3 年内完成施工(M_2)，开展了 1 组正常速度施工及长期运行模型试验，按模型相似律在 61.6min 的时段内，匀速升高模型加速度至 160g。模型布置见图 4-115。

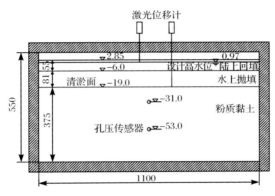

图 4-115　模型布置图(单位:mm)

④ 水位控制。

试验中水位始终保持在设定值。试验的研究重点是软土地基的长期变形，试验时土体的排水将可能导致水位上升。根据试验特点，采用溢流法控制水位，即在模型箱外侧与内部连通的排水管对应于控制水位高程的高度处钻孔，使土体排出的水可以从钻孔处溢流，以便保证模型箱的水位不会因为土体压缩后产生的排水而上升。

（2）试验步骤。

① 将取自工程现场的土样进行重塑制备，用分层固结法模拟制备地基，按强度标准控制。

② 在模型地基的清淤面以下，按设计位置埋设孔隙水压力传感器，水位按照设计高水位控制；将模型置于离心机中，施加初始应力。

③ 停机，取出模型，将模型地基土面调整至清淤面高程。

④ 在清淤面上回填碎石，模拟水上抛填、陆上回填，形成人工岛地表面；海面高程按设计高水位，采用溢流法控制；安装激光位移传感器，完成模型制备。

⑤ 将模型置于离心机中，按设计速率施加离心力场，模拟特定的回填施工速率；达到设计加速度 160g 后，稳定运行 5.5h，模拟时间约为 16 年；用激光位移传感器监测地表沉降。

图 4-116 记录了正常施工后人工岛表面的沉降过程。

（3）试验结果。

通过试验，得到以下主要结果。

① 施工期结束时，正常施工下人工岛地表面下沉约 3120mm。

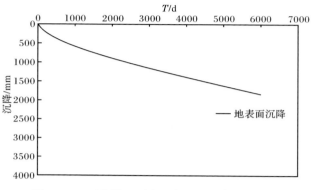

图 4-116　正常施工下人工岛工后沉降时程曲线

② 运行 5772 天（15 年 9 个多月）后，正常施工下人工岛地表面工后沉降达到了 1794mm；运行 6036 天（16 年 6 个多月）后，正常施工下人工岛地表面工后沉降达 1832mm。

③ 经过长时间运行，人工岛地表面沉降仍然未达到稳定，表明地基土体内孔隙水的消散还未完成。

与数值模拟分析结果对比，试验得到的土体沉降预测结果基本相近。

2）鼓型离心机模型试验

该试验使用大连理工大学引进的由英国 Thomas Broadbent & Sons 公司制造的大型土工鼓型离心机。图 4-117 为试验现场。

（a）试验开始（中间为作者）　　　　　　　（b）离心机试运转（左一为作者）

图 4-117　物理模型试验现场（2010 年 5 月 29 日）

（1）试验假设。

试验土样采用工程现场粉质黏土，忽略清淤过程对粉质黏土层及回填层变形的影响，将回填层自重及竣工设计荷载换算为对粉质黏土层的等效荷载，直接施加于重塑固结完成的粉质黏土层,然后观测粉质黏土层的工后沉降。同时,通过离心机的不同加速速率,实现不同施工速率的模拟。

综合考虑地层分布、土层厚度、回填厚度、离心机尺寸、边界效应等因素,试验模型比尺 N 最大为 200。结合离心机及模型箱尺寸,重塑固结后土样尺寸为 31cm(长)×29cm(宽)×15~23cm(高);模型比尺 N 为 200 时,模拟的实际尺寸为 62m(长)×58m(宽)×30~46m(高)。同时增设对比试验,土样高度为 15cm,以研究不同土层深度对沉降的影响。

鼓式离心模型试验分为 5 组进行,其中全鼓整体沉降观测 2 组、模型箱试验 3 组。模型箱试验采用不同固结方法、不同土层厚度进行对比验证,结果见表 4-35。

表 4-35　离心机加载试验结果

试验编号	APT-5	APT-6	APT-7	APT-8	APT-9
模型箱	BOX-3	BOX-6	BOX-4	BOX-5	BOX-1
加载铁球质量/g	10	10	12	17	8.2
土样高度/cm	23	15	23	23	21.5
有效加速度/g	200	220	200	200	200
施加荷载/kPa	185	218	223	315	155
试验时间/min	750	750	571	571	330

（2）试验过程。

考虑到机场跑道区下黏土层很厚,而鼓型离心机模型箱和鼓槽很薄,因此在固结阶段采用高加速度进行试验,预计为 150~300g。具体回填过程中,加速度调整至 200g。为了进行对比,同时运转 4~6 个模型样盒进行试验,每个样盒上方布置 2 个激光位移传感器和 2 个 LVDT 位移传感器,土样内部放置 2 个 PPT 孔压传感器。全鼓装样时,在周长 4.396m 的鼓中装样,作动器上对称布置 4~6 个位移检测装置,同时在鼓槽深度方向布置阵列式孔压传感器,作动器上安装 T-bar 等原位强度测试仪仪器。

① 土样重塑。将现场土样风干后碾碎,剔除较大颗粒,测定样土液塑限,按含水量为 1.2~1.5 倍的液限用真空搅拌器搅拌土样制备泥浆(图 4-118)。为了保证试验质量,尽可能一次性搅拌。搅拌桶内黏土试样越多,上部空气越少,越便于试样饱和。搅拌过程中,通过真空泵保持搅拌桶内 80kPa 的负压。

② 固结。利用鼓型模型试验中的模型箱进行试验,采用两种办法固结:一种与臂式离心机模型箱试验方法相同,采用预压进行固结,排水通道采用底部排水孔排水或土工布侧向排水,上部荷载板为特殊定制,与大型固结仪配套使用;另一种方法采用真空负压固结,用 4~6 个模型箱同时接通真空泵,同步进行排水固结,此种方法可得到正常固结状态。

（a）黏土真空搅拌器　　　　　　　　　　（b）砂土/黏土旋喷装置

图 4-118　制备泥浆设备

　　为了模拟机场跑道的整体变形状态，试验过程中进行 2～3 组全鼓装样模拟试验。采用黏土旋喷装置进行自动装样，通过编程命令控制电机，实现注浆管三维运动，泥浆与鼓壁呈正弦运动，以保证注浆均匀。随后，泥浆在 200～300g 加速度下旋转 4～7 天，通过观测孔隙水压力的变化趋势及 T-bar 原位强度测试判断土样的固结状态。

　　由于黏土固结的持续时间较长，为了缩短离心机的使用时间，试验采用 1g 条件预先固结与离心机再次固结相结合的方法。1g 条件下土样的固结包括两种方法：负压固结及离心机加载设备固结。

　　① 负压固结。对负压固结方法的研究表明，通过试验得知负压固结方法能够有效实现自重固结过程。负压固结原理如图 4-119 所示。设底部由真空泵产生负压 p_d，假设土颗粒高度为 L_s，比重为 G_s，空隙比为 e，泥浆高度为 L，水比重为 γ_w，$h = h_1 + h_2$，则

$$\gamma' = \frac{G_s - 1}{1 + e} \gamma_w \tag{4-133}$$

$$L_s = \frac{L}{1 + e} \tag{4-134}$$

底部总应力为

$$\sigma = \gamma' L + \gamma_w h_1 = L_s (G_s - 1) \gamma_w + \gamma_w h_1 \tag{4-135}$$

有效应力为

$$\sigma' = L_s(G_s - 1)\gamma_w + \gamma_w h \tag{4-136}$$

由有效应力图可知,负压固结的方法和实际情况基本相符,能够较好地满足模拟实际工况的要求。试验过程中的具体布设如图 4-120 所示。

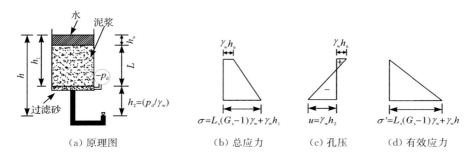

(a) 原理图   (b) 总应力   (c) 孔压   (d) 有效应力

图 4-119 负压固结原理

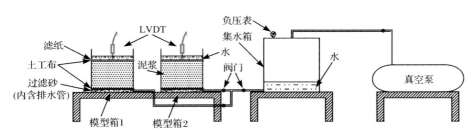

图 4-120 负压固结试验布设图

② 加载设备固结。土样固结布设如图 4-121 所示。首先向 6 个相同的模型箱内装填土样,埋设过滤砂层、滤纸、孔隙水压力传感器、位移传感器(LVDT)等。使用 DGJ-30 型离心机固结加载设备(图 4-122)进行固结,一次性同时固结 6 个模型箱,按强度标准控制。加载等级依据固结仪的规模和模型箱的尺寸依次施加,加载稳定标准为 12h 内沉降小于 1mm。

固结完成后,利用袖珍贯入仪(图 4-123)测定土体强度,并与地勘报告中相应土层的物理力学指标对比,确定固结效果。贯入力计算公式如下:

$$P = K(R + b) \tag{4-137}$$

式中,R 为贯入仪读数。当 $R < 126$ 时,$b = 0$,$K = 0.794\text{N}/0.01\text{mm}$;当 $R > 126$ 时,$b = -15$,$K = 0.906\text{N}/0.01\text{mm}$。

不排水抗剪强度为

$$S = 1.11P/a \tag{4-138}$$

式中,a 为锥头面积,小锥头为 0.3217cm^2,大锥头为 0.7088cm^2。

③加载。按照设计土样高度，用刮板除去多余土样，将模型箱放置离心机中初步旋转，施加初始应力，使土样再次固结。运行一定时间后停机，测试土样强度。

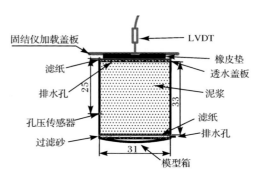

图 4-121　土样固结布设图（单位：cm）

图 4-122　离心机固结加载设备

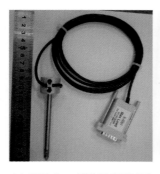

（a）CPT-Cone 原位强度测试仪　　　　（b）T-bar 原位强度测试仪　　　　（c）微型孔压传感器

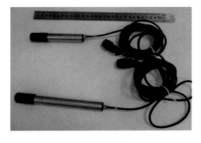 

（d）LVDT　　　　　　　　　　　　　（e）袖珍贯入仪

图 4-123　部分检测仪器

按照设计荷载,运用离心比尺换算求得所需施加的铁球质量,从模型箱顶部漏口灌入土体表面,以此施加柔性荷载,试验过程通过有机玻璃实时监测,模型试验加载装置如图 4-124 所示。土样表面安装 LVDT,离心机逐级提速至设计速度后稳定运转,试验中检测孔隙水压力和土体表面的变化。

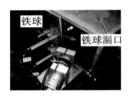  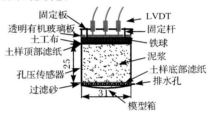

（a）模型箱实景　　　（b）部分附属设备实景　　　（c）模型箱示意图(单位:cm)

图 4-124　模型试验加载装置

④ 试验过程。在鼓式离心机试验中,采用直径为 2～5mm 的铁球代替回填料荷载。依据设计地面及海平面标高,确定模型箱溢水水位标高。研究抛填层以下20m 黏土区沉降变形情况,黏土层上部荷载为 285kPa(数值计算中选用荷载方案二),用 4～6cm 厚、直径为 2～5mm 的铁球代替荷载。

试验过程中,无论是模型箱,还是全鼓试验,均采用砂土/黏土旋喷装置进行回填料喷砂,喷洒量及时间严格按照设计方案执行。喷砂回填料间隔期间或回填完毕后,停止中轴转动,安装激光位移传感器等量测装置。然后,使鼓式离心机在200g 的加速度下,稳定运转 6h,中间每 10min 测量一次,得到沉降与时间的变化关系,预估出最终沉降量。

（3）试验结果。

① 模拟时间达到 55 年时,地基工后沉降 1.5～2.5m。

② 地基不均匀沉降为 0.2～0.9m。

详见表 4-36。

表 4-36　模拟试验结果汇总

试验编号	APT-5	APT-6	APT-7	APT-8	APT-9
模型箱编号	BOX-3	BOX-6	BOX-4	BOX-5	BOX-1
有效加速度/g	200	220	200	200	200
荷载/kPa	185	218	223	315	155
施工沉降/m	1.725	0.464	1.209	1.691	0.592
工后时间/年	54.83	54.83	27.54	27.54	23.9
工后沉降/m	1.495	2.56	1.23	1.36	1.045
全部沉降/m	3.221	3.026	2.439	3.051	1.637
最大不均匀沉降/m	0.27	0.51	0.99	0.26	0.34

（4）存在的问题。

试验中，有如下问题尚需解决：

① 对于较厚软黏土的固结，负压固结方法的可行性还需进一步论证；

② 固结压缩理论与实际离心模型试验结果之间的差异还有待于探索；

③ 使用大型离心机固结加载设备时，对土体强度的有效控制还需进一步研究。

8. 土体蠕变试验

开展室内蠕变试验与常规三轴试验，目的是获取压缩指数、回弹指数、弹性剪切模量、临界状态应力比、土体蠕变特性参数等关键数据，为数值分析提供计算参数。这些内容包括常规固结-回弹试验及一维固结蠕变试验、常规三轴固结不排水试验、三轴固结不排水蠕变试验等。

1）试验设备

蠕变试验使用土体三轴流变试验机进行。内容有：在一定围压下，进行恒定压力下的蠕变试验和恒定应变下的应力松弛试验；在恒定压力下，施加低频动荷载；在试验过程中同时采集压力、变形、孔隙水压及排水流量。该设备由轴向力测量系统、轴向变形测量系统、轴向控制系统、围压控制系统、孔隙压力测量系统、孔隙水流量测量系统、计算机系统等组成（图 4-125），主要技术参数见表 4-37。

表 4-37　CSS-2901TS 型土体三轴流变试验机主要技术参数

指标	参数
最大轴向加载能力	10kN
围压室最大压力	2MPa
孔隙水流量测量范围	$0\sim20cm^3$
轴向变形测量范围	$0\sim20mm$
轴向力测量精度	$\pm1\%$示值

续表

指标	参数
围压测量精度	±1%F.S.
孔隙水压测量精度	±0.5%F.S.
孔隙水流量测量精度	±0.5%F.S.
轴向力和围压控制波动度	±1%F.S.
连续工作时间	大于500h

注:F.S.表示满量程。

（a）试验机外形

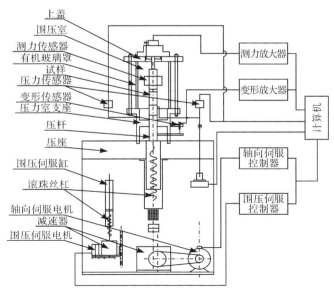

（b）原理结构示意图

图 4-125　CSS-2901TS 型土体三轴流变试验机

2) 试验荷载及加载方式

土体固结-回弹试验与一维蠕变试验采用的上覆压力为 50kPa、100kPa、200kPa、400kPa、800kPa、1200kPa。对于三轴蠕变试验,考虑到三轴试验机围压加载能力,选取 50kPa、100kPa、200kPa、400kPa 等较低围压,将相应结果外推,得到相关计算参数。

流变试验采用分级加载方式,即对土体试样先施加一级荷载,维持足够时间使蠕变完成,然后施加下一级荷载,直到达到设计荷载水平。分级加载的主要优点是可减少控制试样制样不均匀时对试验结果的影响,如图 4-126 所示。从图中可以看到,蠕变曲线随时间呈阶梯形变化,通常采用"坐标平移"法对蠕变曲线进行处理,即把每一加载时刻作为这一级荷载下蠕变曲线的初始时刻,而后的时间都从该时刻算起,即时间都往前推。采用这种方法的根据是假定土体满足线性叠加原理,即认为土体是线性流变体,任意时刻的流变量为前面时刻每级荷载或每级应变增量在此时刻流变量的总和。

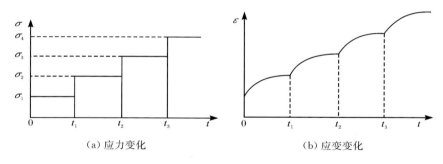

（a）应力变化   （b）应变变化

图 4-126　分级加载及蠕变曲线

3) 试验方法

（1）试样制备。

蠕变试验所用土样均为原状土,制备方法如下。

① 切好试样称量,准确至 0.1g,试样高度和直径用卡尺量测。测定切下余土的含水率,取平均值作为试样含水率。

② 将装有试样的饱和器置于无水抽气缸内进行抽气。当真空度接近 1 个大气压后,继续抽气 2h,然后缓缓向抽气缸内注水,并保持真空度稳定。待饱和器完全被水淹没后停止抽气,释放抽气缸的真空。试样在水下静止 10h 以上,取出并称其质量。

为减少水中盐浓度和 pH 值对土体变形特性产生的影响,采集工程所在海域的海水进行试验。

（2）固结-回弹试验。

① 试样安装完成后施加第一级荷载,立即向水槽中注水浸没试样。

② 施加每一级荷载后,按时间顺序记录试样的高度变化:6s、15s、1min、2min15s、4min、6min15s、9min、12min15s、16min、20min15s、25min、30min15s、36min、42min15s、49min、64min、100min、200min、400min、23h、24h,直至变形稳定。

③ 固结试验荷载达到 400kPa 时,进行回弹试验,测定土体回弹系数。

④ 固结试验每级荷载的稳定标准为每小时变形小于 0.01mm,流变试验的稳定标准为每天变形小于 0.01mm,稳定后施加下一级荷载。

⑤ 试验结束后吸去容器中的水,测定其含水率。

（3）固结不排水三轴剪切试验与三轴蠕变试验。

① 常规三轴固结不排水试验的围压等级分别为 50kPa、100kPa、200kPa 及 400kPa。常规三轴固结不排水试验的目的有两个:一是确定土样常规抗剪强度指标、变形模量等参数;二是确定不同围压下破坏偏应力 q_f,为三轴固结不排水蠕变试验分级加载提供依据。

② 三轴蠕变试验的围压等级同上,由①中所得破坏偏应力 q_f 确定各级偏应力增量。偏应力加载等级为 4 级,每级增量为 $q_f/4$。各级荷载稳定条件为连续 1 天变形量小于 0.01mm,若不满足试样进入等速蠕变而未达到加速蠕变条件时,选择连续观测 14 天施加下一级荷载。三轴固结不排水蠕变试验全过程温度控制在 (20 ± 1)℃。

4）海相沉积土蠕变试验

（1）单轴蠕变试验结果。

图 4-127 给出了海相沉积软土层逐级加载蠕变特性试验结果。

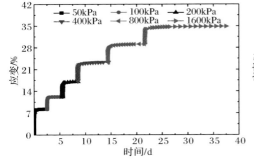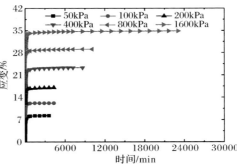

（a）应变-时间曲线

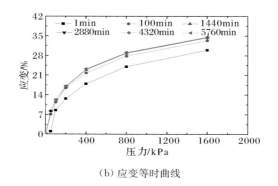

(b) 应变等时曲线

图 4-127　淤泥质黏土单轴蠕变试验(埋深 10m)

由单轴蠕变试验结果可知,海相沉积土的变形特性如下。

① 在同一深度内,荷载越大,瞬时变形差别越小,表明随着荷载级别的增加,土样被压密,变形模量增加,瞬时变形差别减小。对于淤泥质粉土,各级荷载作用下的变形差别并不明显。

② 在同一深度、不同荷载水平下,蠕变曲线斜率基本一致,最终趋近于稳定,表明在各级荷载下土体蠕变进入稳定蠕变阶段。

(2)三轴蠕变试验。

经三轴蠕变试验得到工程海域海相沉积土的蠕变特性如下。

① 海相沉积淤泥质土三轴蠕变特性取决于其应力水平,荷载水平相近时,不同围压下试样的蠕变特性基本一致。

② 当应力水平较低时,蠕变试验曲线呈衰减稳定特性,蠕变变形随着时间的增加而渐趋稳定。

③ 随着应力水平的提高,蠕变变形达到稳定的时间逐渐增加,所产生的变形也在增大。

④ 对比应变-时间曲线及排水量-时间曲线可以发现,应变的变化趋势与排水量基本一致,这表明在排水条件下,三轴蠕变变形以体积蠕变为主,剪切蠕变为辅。

⑤ 对于海相沉积淤泥质黏土,其三轴蠕变通常因变形太大,部分试样在某级荷载施加过程中已被视为破坏。

以埋深 11m 处的淤泥质黏土为例,其三轴蠕变试验应变-时间、排水量-时间曲线及相同应力水平下应变-时间曲线见图 4-128 和图 4-129。

5)海陆交互沉积土蠕变试验

(1)单轴蠕变试验。

图 4-130 给出了海陆交互沉积土层逐级加载单轴蠕变特性试验结果。由单轴蠕变试验得到海陆交互沉积土的变形特性如下。

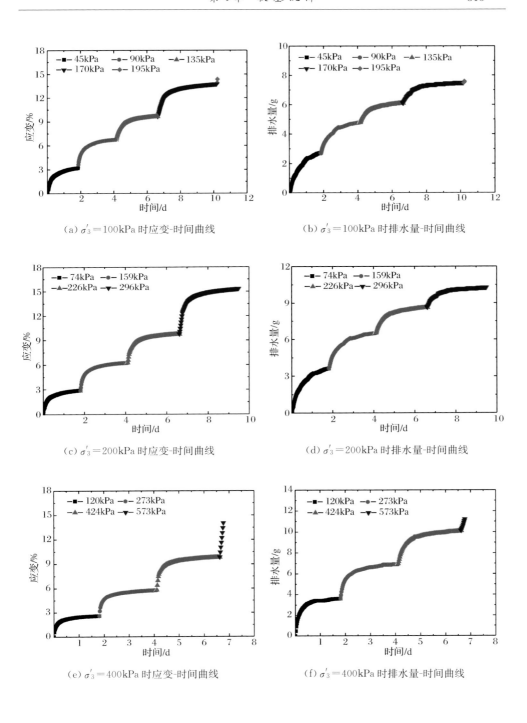

（a）$\sigma_3'=100\text{kPa}$ 时应变-时间曲线

（b）$\sigma_3'=100\text{kPa}$ 时排水量-时间曲线

（c）$\sigma_3'=200\text{kPa}$ 时应变-时间曲线

（d）$\sigma_3'=200\text{kPa}$ 时排水量-时间曲线

（e）$\sigma_3'=400\text{kPa}$ 时应变-时间曲线

（f）$\sigma_3'=400\text{kPa}$ 时排水量-时间曲线

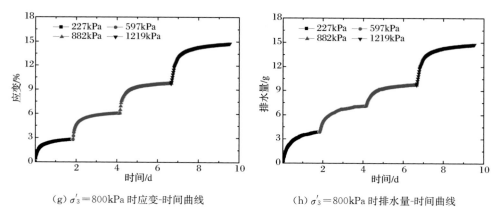

(g) $\sigma_3'＝800$kPa 时应变-时间曲线　　　　　　(h) $\sigma_3'＝800$kPa 时排水量-时间曲线

图 4-128　淤泥质黏土三轴蠕变试验（埋深 11m）

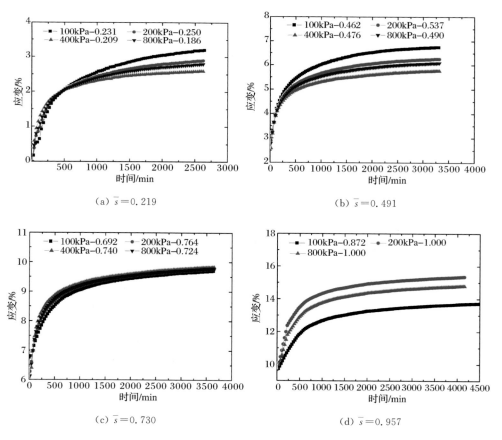

(a) $\bar{s}＝0.219$　　　　　　　　　　　　　(b) $\bar{s}＝0.491$

(c) $\bar{s}＝0.730$　　　　　　　　　　　　　(d) $\bar{s}＝0.957$

图 4-129　淤泥质黏土应变-时间曲线（埋深 11m）

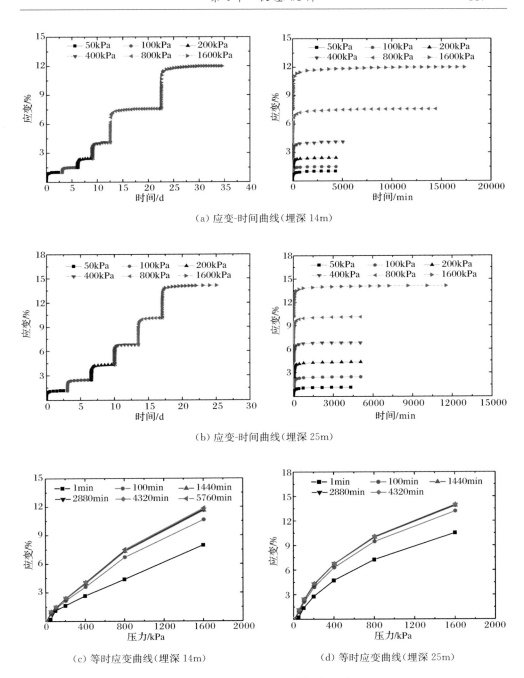

（a）应变-时间曲线（埋深 14m）

（b）应变-时间曲线（埋深 25m）

（c）等时应变曲线（埋深 14m）　　　　　　　（d）等时应变曲线（埋深 25m）

图 4-130　粉质黏土单轴蠕变试验

① 对于浅层(－14m)海陆相沉积黏土,在第一级荷载作用下,试样的压缩变形最大,之后各级荷载下的逐级压缩变形基本相等,无明显差别。对于深层(－25m)以海陆相沉积为主的黏土及陆相沉积为主的粉质黏土,其逐级压缩变形随着荷载水平的提高而逐渐增加,表明沉积土的沉积历史和沉积环境对其压缩变形有较大影响。

② 在同一深度不同荷载水平下,蠕变曲线斜率基本一致,最终趋近于稳定,表明在各级荷载下土体进入稳定蠕变阶段。

③ 由单轴蠕变应变-时间曲线可知,海陆交互沉积土的变形取决于其沉积历史及土体组分。以海相沉积为主的黏土总体变形及蠕变变形较大,总体变形可达36%;后面可以看到,以陆相沉积为主的粉质黏土总体变形及蠕变变形明显变小,仅有10%左右。

④ 由单轴蠕变-时间曲线可知,海陆交互沉积土的蠕变稳定时间有较大差异:以海相沉积为主的黏土蠕变稳定时间远大于以陆相沉积为主的粉质黏土。对于任一种海陆交互沉积土,其稳定变形时间随着荷载水平的提高而显著增加。

(2) 三轴蠕变试验。

根据三轴蠕变试验结果,海陆交互沉积土的蠕变特性如下。

① 海陆交互沉积土的三轴蠕变特性取决于应力水平,除围压 400kPa 的试样外,当应力水平相近时,不同围压下试样的蠕变特性基本一致。

② 当应力水平较低时,蠕变试验曲线呈衰减稳定特性,蠕变变形随时间增加而渐趋稳定。

③ 随着应力水平的提高,蠕变变形逐渐增大,部分试样可能进入蠕变破坏阶段,呈现非稳定蠕变的特征。

④ 对比应变-时间曲线及排水量-时间曲线可以发现,应变的变化趋势与排水量基本一致,表明在排水条件下,三轴蠕变变形以体积蠕变为主,剪切蠕变为辅。

⑤ 对于海陆交互沉积土,其三轴蠕变通常因变形太大被认为已经破坏,部分试样在某级荷载施加过程中即被破坏。

以埋深 26m 处的粉质黏土为例,其三轴蠕变试验应变-时间、排水量-时间曲线及相同应力水平下应变-时间曲线分别见图 4-131 和图 4-132。

6) 陆相沉积土蠕变试验

(1) 单轴蠕变试验。

由单轴蠕变试验结果可知陆相沉积软土层的变形特性如下。

① 对于陆相沉积的粉质黏土,其逐级压缩变形随着荷载水平的提高而逐渐增加。

② 在同一深度不同荷载水平下,蠕变曲线斜率基本一致,最终趋于稳定,表明在各级荷载下土体进入稳定蠕变阶段。

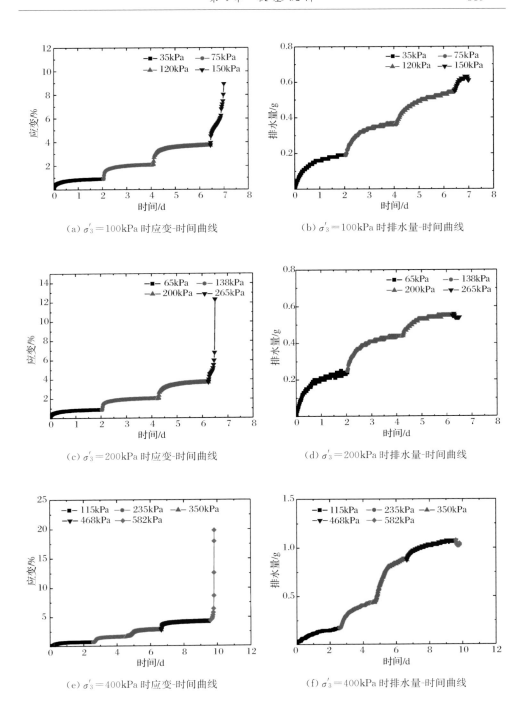

(a) $\sigma'_3 = 100\text{kPa}$ 时应变-时间曲线

(b) $\sigma'_3 = 100\text{kPa}$ 时排水量-时间曲线

(c) $\sigma'_3 = 200\text{kPa}$ 时应变-时间曲线

(d) $\sigma'_3 = 200\text{kPa}$ 时排水量-时间曲线

(e) $\sigma'_3 = 400\text{kPa}$ 时应变-时间曲线

(f) $\sigma'_3 = 400\text{kPa}$ 时排水量-时间曲线

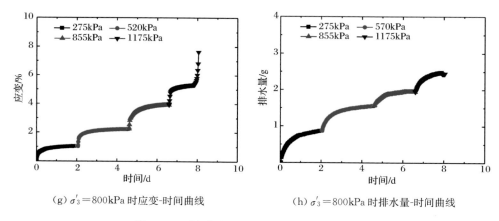

(g) $\sigma'_3=800$kPa 时应变-时间曲线　　　　(h) $\sigma'_3=800$kPa 时排水量-时间曲线

图 4-131　粉质黏土三轴蠕变试验(埋深 26m)

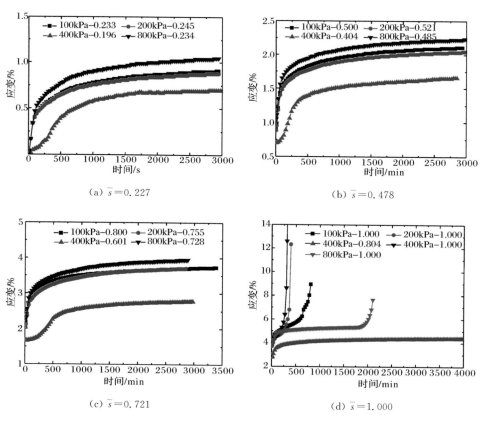

(a) $\bar{s}=0.227$　　　　　　　　　　(b) $\bar{s}=0.478$

(c) $\bar{s}=0.721$　　　　　　　　　　(d) $\bar{s}=1.000$

图 4-132　粉质黏土应变-时间曲线(埋深 26m)

③ 由单轴蠕变应变-时间曲线可知,陆相沉积粉质黏土的总体变形及蠕变变形均较小,在1600kPa加载水平下累计总体变形不超过试样高度的10%。

由单轴蠕变-时间曲线可知,在较低的各级荷载水平下,陆相沉积粉质黏土蠕变的稳定时间相差不大,但荷载达到1600kPa时蠕变稳定时间显著增加。

以埋深58m处粉质黏土为例,其单轴蠕变试验应变-时间曲线及等时应变曲线见图4-133。

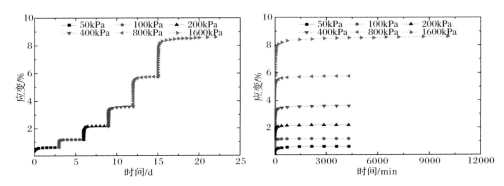

（a）应变-时间曲线

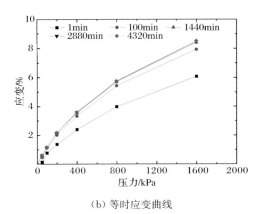

（b）等时应变曲线

图 4-133　粉质黏土单轴蠕变试验(埋深58m)

（2）三轴蠕变试验。

由三轴蠕变特性试验结果可知,陆相沉积土的蠕变特性如下。

① 当应力水平相近时,尽管应变在数量上有一定差异,但蠕变的变化规律相似,应变差异主要发生在应力加载期间。由此可知,三轴蠕变阶段的变形规律仍受其应力水平的影响。

② 当应力水平较低时,蠕变试验曲线呈衰减稳定特性,蠕变变形随时间增加

而渐趋稳定。

③ 随着应力水平的提高,蠕变试验的蠕变变形达到稳定的时间逐渐增加,所产生的变形也在增大。

④ 对比应变-时间曲线及排水量-时间曲线,可以发现应变的变化趋势与排水量基本一致;排水条件下,三轴蠕变变形以体积蠕变为主,剪切蠕变为辅。

⑤ 对于陆相沉积粉质黏土的三轴蠕变试验,往往是在应力施加过程中发生剪切破坏,因而未观察到试样进入非衰减蠕变或稳定流动阶段。

以埋深 52m 处的粉质黏土为例,其三轴蠕变试验应变-时间曲线、排水量-时间曲线及相同应力水平下应变-时间曲线分别见图 4-134 和图 4-135。

7) 分析与讨论

通过对机场人工岛海域沉积土有代表性的土样开展单轴、三轴蠕变试验,得到该海域沉积土的蠕变特性如下。

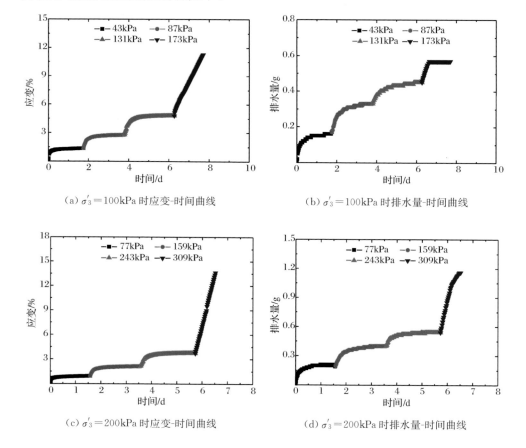

(a) σ'_3＝100kPa 时应变-时间曲线　　　　(b) σ'_3＝100kPa 时排水量-时间曲线

(c) σ'_3＝200kPa 时应变-时间曲线　　　　(d) σ'_3＝200kPa 时排水量-时间曲线

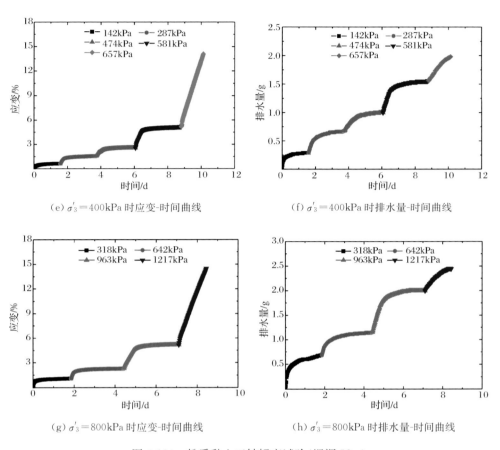

（e）σ'_3＝400kPa 时应变-时间曲线　　　　　　（f）σ'_3＝400kPa 时排水量-时间曲线

（g）σ'_3＝800kPa 时应变-时间曲线　　　　　　（h）σ'_3＝800kPa 时排水量-时间曲线

图 4-134　粉质黏土三轴蠕变试验（埋深 52m）

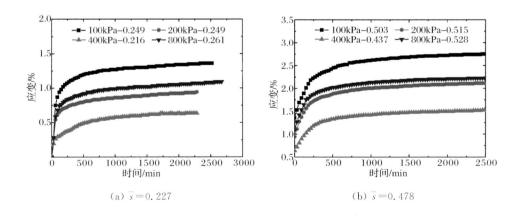

（a）$\bar{s}$＝0.227　　　　　　　　　　　　　（b）$\bar{s}$＝0.478

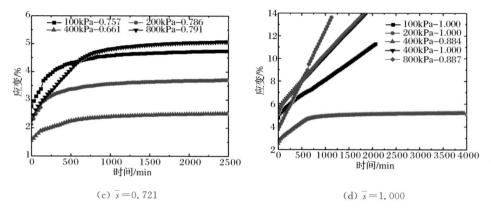

(c) $\bar{s}=0.721$　　　　　　　　　　(d) $\bar{s}=1.000$

图 4-135　粉质黏土应变-时间曲线(埋深 52m)

（1）对于海相沉积的淤泥质黏土、以海相沉积为主的黏土,其总体变形及蠕变变形均较大,最高可达 36%,且各级加载下的蠕变变形时间较长;对于以陆相沉积为主及陆相沉积的粉质黏土,其总体变形及蠕变变形较小,约 10%,且蠕变稳定时间较短。

（2）单轴蠕变试验表明,该海域沉积土蠕变变形随着荷载等级的提高而增加,稳定时间随着荷载等级的提高而延长。

（3）三轴蠕变试验表明,该海域沉积土的蠕变特性主要取决于其应力水平。应力水平相同时,相同深度的沉积土,其三轴蠕变特性相近。

（4）当应力水平较低时,三轴蠕变变形较小,蠕变稳定时间较短;随着应力水平的提高,其蠕变变形增加,蠕变稳定时间延长。

（5）对于三轴蠕变试验,其应变-时间曲线与排水量-时间曲线规律近似,说明在排水条件下,试样蠕变变形主要受体积蠕变影响,剪切蠕变只是其中的一部分。

9. 土体微结构研究

1）研究目的

采用扫描电镜法(scanning electronic microscope,SEM)和 X 射线能谱分析法,选择具有代表性的淤泥、淤泥质粉质黏土、不同深度的粉质黏土、黏土等土样,观察一定放大倍率下的扫描电镜照片,得出土样元素含量的 X 射线能谱曲线,系统研究土体微结构特征与宏观力学性质之间的关系,揭示土体本身微结构特征及影响其变形和强度的本质因素,认识土体固结、渗透性以及剪切变形等机理。上述土样地下深度不同,形成机理不同,因而微观结构及元素含量差异明显,需要逐一研究。现选择有代表性的淤泥(−3.0～−3.5m)、淤泥质粉质黏土(−9.0～−9.5m)和粉质黏土(−47.1～−47.3m)进行分析。

2）土体微结构分析方法

（1）扫描电镜法。

扫描电镜法是目前研究土体微结构最常用的测试手段，具有视野广、放大倍数高、可以直接观察样品表面等优点。扫描电子显微镜利用具有一定能量的电子束轰击经过处理的样品表面，使其产生随样品表面形态起伏而变化的信号，这些信号经过放大处理后被输送到显示系统，形成所分析样品的扫描电子图像。

样品制备的方法是：先将原状土样切成小土块，在液氮中快速冷冻，使土样中液体成为不具膨胀性的非结晶态冰。然后，用冷干机抽至真空 8h 以上，使土中非结晶的冰直接升华并通过蒸汽抽走，从而达到土样既干燥又不变形的目的。

此次采用的扫描电子显微镜仪器规格为 20kV，放大倍数为 10000 倍。

（2）X 射线能谱分析（EDS）。

X 射线能谱分析技术是目前使用最广泛的分析表面及亚表面微区化学成分的方法之一，具有能实现成分分析和分辨率高的特点，可以得到周期表中除 H 和 He 之外全部元素的内层能级谱。所确定的这些内层能级具有足够的唯一性和极其精确的元素标识能力，能够准确显示土样中含有的各种元素，经过分析可粗略确定土体成分及其相应含量。

3）研究结果

利用上述方法，得到土样的 SEM 图、元素含量 X 射线能谱曲线、高倍显微镜下土体所含元素的电镜照片，其结果如下。

（1）−3.0～−3.5m 处淤泥（图 4-136）。整体呈现灰黑色，仅上面颜色稍浅。从高倍电镜照片看，土样以絮凝体为骨架并由少量黏土链将絮凝体连接在一起，构成絮状连接结构，孔隙主要以粒间孔隙为主，有少许大孔隙，说明该淤泥强度较低，压缩性、流变性、灵敏性相应较高。从元素组成看，主要含有氧、钾、铝、锗、硅、铁、硫七种元素，其中，硅、铝、氧三种元素含量占绝对优势。此外，还发现了少量钛元素。

（2）−9.0～−9.5m 处淤泥质粉质黏土（图 4-137）。此处淤泥质粉质黏土土样除上面呈现青灰色外，其他面均呈现黑色，土样中部有断裂。从高倍电镜照片看到土样以絮凝体为骨架的絮状连接结构，孔隙主要以粒间孔隙为主，与淤泥相比，孔隙减少且尺寸也相对较小，说明该土样强度虽低，但仍比淤泥高，而且压缩性、流变性、灵敏性相比也较低。从元素组成看，该土样各倍率电镜下均主要含有氧、钾、锗、硅、铁、硫六种元素，其中硅、锗、氧三种元素含量占绝对优势。

（3）−47.1～−47.3m 处粉质黏土（图 4-138）。整体呈现沙黄色，但颜色稍浅。经鉴定，该土样在所有土样中最粗糙且硬度最高。从高倍电镜照片上看，土样先由黏土颗粒叠聚而成黏土"畴"，再由黏土"畴"凝聚成规则或不规则的凝聚体，凝聚体再进一步聚合在一起，形成更大的黏土团（块）。有时，在这些黏土团（块）

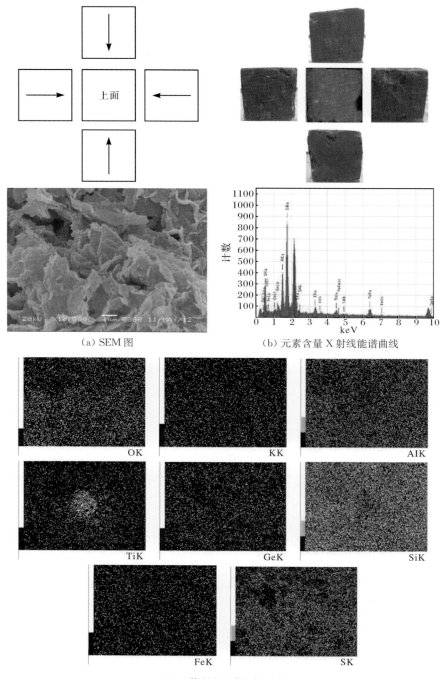

（a）SEM 图　　　　　　（b）元素含量 X 射线能谱曲线

（c）土体所含元素电镜照片

图 4-136　淤泥（−3.0～−3.5m）

中还可辨别出各个凝聚体轮廓,有的轮廓则模糊不清,偶尔有少数粉粒或砂粒被完全包裹在黏土基质中,形成黏粒基质结构。凝聚体内"畴"的排列比较紧密,由面-面叠聚而成,基质体内微孔隙小而少,形成定向黏土基质。从土样元素组成看,主要含有氧、钾、铝、硅、铁、锗、硫七种元素,其中,硅、铝、氧三种元素的含量占绝对优势。

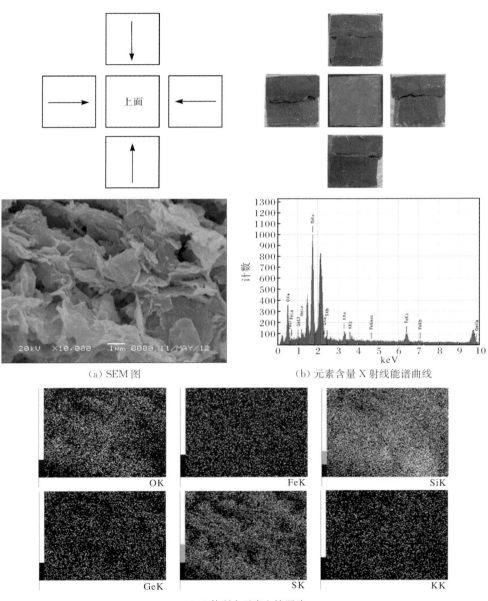

（a）SEM 图　　　　　　　　（b）元素含量 X 射线能谱曲线

（c）土体所含元素电镜照片

图 4-137　淤泥质粉质黏土(-9.0～-9.5m)

4）对比分析

研究不同深度土样的 SEM 图、元素含量 X 射线能谱曲线以及高倍显微镜下土样所含元素电镜照片，可以发现以下规律。

（1）淤泥以及淤泥质粉质黏土的微观结构均呈絮状连接结构，基本单元体之间架空，接触点数目不多，架空孔隙尺寸大，构成的柔性骨架十分松散，没有胶结连接，其架空孔隙不稳定。在一定的应力作用下易失去稳定，压缩性大，强度低；颗粒和孔隙分布定向性差，基本为各向同性，孔隙以粒间孔隙为主。尽管淤泥和淤泥质粉质黏土在宏观上颜色接近，但淤泥质粉质黏土强度要比淤泥大。从 SEM 图可见，两者虽均是絮状连接结构，但对于基本单元之间的架空孔隙尺寸，淤泥略大于淤泥质粉质黏土，且前者架空孔隙也较后者多，因此，淤泥质粉质黏土的强度大于淤泥是不言而喻的。

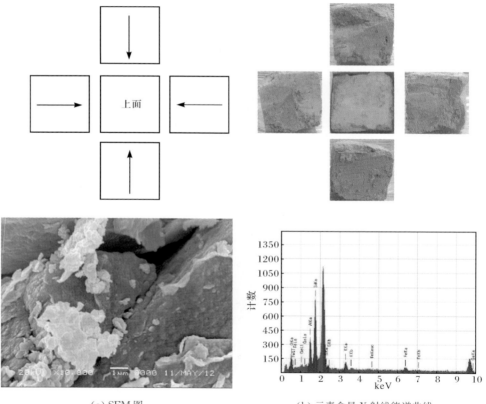

（a）SEM 图　　　　　　　　（b）元素含量 X 射线能谱曲线

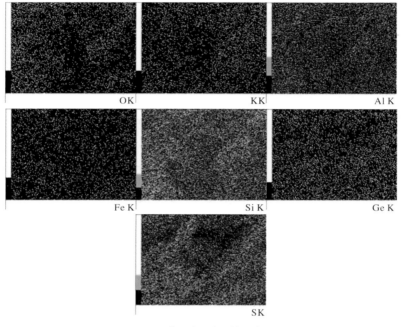

(c) 土体所含元素电镜照片

图 4-138　粉质黏土(-47.1～-47.3m)

　　较深处粉质黏土微观结构类型为黏土基质结构。黏土颗粒叠聚而成黏土
"畴"，再由黏土"畴"凝聚成规则或不规则的凝聚体。凝聚体聚合在一起后，形成
了更大的黏土团(块)。在此类黏土团(块)中，可辨别出各个凝聚体轮廓，但有的
轮廓模糊不清，偶尔有少数粉粒或砂粒被完全包裹在黏土基质中。颗粒团(块)以
面-面接触为主，个别为线-面接触，粒间孔隙较淤泥类土明显减少，骨架颗粒的连
接以黏土胶结为主。由此可以定性判断粉质黏土的强度明显比淤泥和淤泥质粉
质黏土要大，但定量分析还有待研究。

　　结合整个研究成果，其中包含不同深度处的粉质黏土，可以看到随着深度的
递增，宏观颜色呈现递减的趋势。对比相应的 SEM 图不难看出，孔隙逐渐减少，
密实性和结构性逐渐增强，其强度也逐渐增大。从元素含量 X 射线能谱曲线中看
出两者的矿物组成基本相同，但是含量上的差异使其颜色并不完全相同。

　　(2) 土体微结构特征的定量研究表明：土中孔隙和颗粒的微结构特征具有良
好的相似性。黏土颗粒以长条形和扁圆形为主，形状多不规则，填充率低。粉质
黏土颗粒基本以长条形和扁圆形为主，但较黏土颗粒更趋向于等轴型，填充率较
高。无论何种土体，其颗粒和孔隙的排列定向性较差，基本为各向同性。

（3）对土体微结构特征与宏观力学性质关系的研究表明：土体中孔径越小，颗粒排列越混乱，土颗粒越发育，颗粒级配越好，形成的土体骨架越稳定，土体就越表现出较高的抗压性能。土体中的孔隙越少，颗粒定向性越好，颗粒之间的胶结力越强，相应的凝聚力也就越大。当颗粒表面粗糙、孔隙小、级配好、形状不规则时，颗粒之间的咬合作用便会增强，相应的内摩擦角增大，表现出的摩擦力也增大。

（4）在各土样能谱图中，大致含有硅、铝、氧、钾、硫、锗、铁七种元素。随着测定部位以及放大倍数的不同，其含量会略有不同。但无论在何种条件下，硅含量基本为最高，且其中部分为生物硅（化学方法测定主要由硅藻、放射虫、硅鞭毛虫和海绵骨针组成），其他元素在含量上稍有不同。

经分析，土样中黏土矿物主要有伊利石、高岭石、蒙脱石和绿泥石，其中，伊利石的含量占绝对优势。伊利石矿物是黏土矿物中最稳定的物相之一，无论是在我国近海还是在世界各大洋，它都在组成上占据优势，是一种最常见的黏土矿物。非黏土矿物有石英、长石等。各土样矿物的组成相差不大，这是因为输入该海域的物质来源于同一气候带。不过，物质在深度、岩性等方面的差别，造成了矿物含量比率等方面的差异。

（5）在土工界，一般认为硅、铝、铁游离氧化物及其水合物是土颗粒的次要成分，但它对土的工程特性所起的作用不容忽视，特别是在土颗粒团聚中具有重要的胶结作用，能加强土颗粒之间的结构连接，所起的作用程度与其赋存状态和所处的酸碱度等物理化学环境密切相关。不过有些情况仍需进行具体分析，例如，当某种游离氧化物达到一定的含量且土体处于碱性环境时，由于游离氧化物的pH值一般较小，游离氧化物带正电荷的可能性也较小，于是起到胶结作用的可能性就不大，因而不会是构成土体结构强度的根本原因。

上述研究，对于揭示机场人工岛地基土体蠕变的本质原因具有重要意义。

10. 沉降预测结果比较

1）主要结论

综合以上地基沉降分析，可以初步判断，机场运营相当长时间后（如100年），地基沉降的情况可能是：护岸位置沉降100～200cm；跑道位置沉降80～150cm；航站楼位置沉降160～250cm。不同分析方法得到的结果见表4-38。

表 4-38　机场运营后地基沉降预测　　　　　（单位：cm）

方法	护岸区	跑道区	航站楼	主要完成单位
基于离心机物模试验	—	—	183～256	大连理工大学、大连海事大学、南京水利科学研究院
基于蠕变试验	198～231	145～150	201～221	大连理工大学、大连海事大学、同济大学

续表

方法	护岸区	跑道区	航站楼	主要完成单位
基于土力学理论	178～205	125～147	166～181	大连理工大学、大连海事大学
基于一维模型	60～80	80～100	160～170	大连大学、大连海事大学
基于二维模型	74～84	119～117	109～126	大连大学、大连海事大学
原位测试及公式法	—	120	—	中交水运规划设计院
综合估计	100～200	80～150	160～250	—

需要引起重视的是,离心机试验模拟显示工后地基沉降远期可能达到2.56m,而且土体内超孔隙水压力仍未完全消散,表明沉降还未完结。这或许是一次具有警示意义的试验,让我们认识到最不利的可能情况。

2) 问题与讨论

(1) 为摸清每层代表性土体的具体年代,作者与大连大学科研团队曾计划开展地质年代测试,以便更好地深入研究场区土体的力学特性。年代测定的方法有放射性碳(^{14}C)法、释光法、孢粉分析法等多种。曾将代表场区不同深度处的 6 个土样送至中国地震局地质研究所新构造与年代学实验室,希望进行地质年代测试。但测试时发现土样中碳 14 元素的含量太少,放射衰减性很差,很难做出准确年代的判断。随后,又将土样送至中国地震局地壳应力所,试图通过热释光法测定土体地质的年代,但由于场区大部分为黏性土,含有的石英或二氧化硅等矿物质非常少,不具备试验条件,最终未能完成测定。这一问题,还有待于今后科研设备的测定能力进一步提升后解决。至于土体年代分析对地基沉降预测会有多大帮助,也有待进一步研究。

(2) 日本关西国际机场人工岛地基出现超预期沉降的教训表明,对土体最终的蠕变效应还缺乏足够的认识,尤其是缺少对土体结构本身变形的研究。此次特地进行了土体微结构的分析,所做研究只是基本的,还有较多问题尚未解答。大连机场人工岛地基沉降变形是否如预测发展,还有待时间检验。

第 5 章　施工工艺与管理

5.1　基 本 问 题

5.1.1　软基处理

1. 存在的问题

自然界中,土的性质千差万别,处理的对象、技术要求及工程造价也各不相同,不同的软基处理方法有其不同的适应范围。由于土体的力学性质具有明显的非结构性,总体上还不能完全排除人的主观判断,因此工程完成后的监测分析和总结便成为判断软土地基处理方法是否有效的最主要途径,但时间上滞后是一大缺陷,使得应用时受到了限制。

导致地基发生沉降的最主要原因是持力层上部的荷载,主要来自土体,少量来自地面建筑,有时与地下水位也有密切的关系。当人工岛地下水位降低时,土体的浮力将随之减少,相当于承受的荷载增加,如日本关西国际机场人工岛一期工程地下水隔墙,以及上海浦东国际机场围场河的建设等都可能是加大地基沉降的原因。此外,作用于人工岛的动荷载也可能会对地基沉降产生影响,如飞机起降的冲击荷载以及由此产生的振动,而且是每年十几万次的循环作用。再如浮力变化,随着海洋潮汐的起伏,浮力作用也在有规律地增减:低潮时地基承受的荷载最大,高潮时荷载最小。日复一日的潮涨潮落,人工岛地基实际上承受的是循环荷载。假定潮差为 4m,则荷载级差大约会达到 4t,以每天两次潮计算,50 年中将循环 36500 次,这种循环荷载的量级约为海底原状土所受荷载的十分之一。所有这些对人工岛地基沉降会产生多大影响,我们不得而知。在土体瞬时变形、固结变形和次固结变形(蠕变)的各个发展阶段中,这些循环荷载影响程度如何,是否会引发其他连带问题,还有待观察。

挖除跑道下部的淤泥再置换成砂石填料当然是改造软基最为直接可靠的办法,但这一工艺特点除了工程造价较大外,最大的问题是要为弃土找到纳泥区,泥浆排放时海洋环境会被污染。另外,吹填而成的超软土必须进行专门的处理才能使用。近年来,国内针对此类地基土的工程特性和加固方法开展了大量研究,积累了一些工程经验,但对于在其上建设机场跑道,还缺乏实践的长期检验。

2. 软基处理方法比较

目前,我国工程界在软基处理上已形成了多种方法,如堆载预压法、真空预压法、真空联合堆载预压法、直排式真空预压法、浅表层地基处理法、换填法、复合地基(混凝土土搅拌桩)等。归纳起来,这些方法本质上无非是两类,一是挖走换填,二是土体排水固结、软土就地硬化。上述方法各有长短,需视情酌定。

1) 换填法

在淤泥厚度不大或工期紧、工程投资允许的情况下,可将淤泥基本挖除,全部换为砂石等不宜压缩的材料。这一方法解决问题彻底,也十分有效,如澳门国际机场、深圳国际机场扩建等均采取此方法,工后地基沉降大致控制在 50cm 以内,较为理想。近年来,在现代科技高度发展的背景下,机械化作业效率已今非昔比,这使得采取换填解决软基问题成为常用方法,在我国屡有采用。这一方法的最大问题是对海洋环境的负面影响较大,因此国外通常不使用此法。

2) 排水固结法

排水固结是一个土力学概念,具体操作上已发展有多种工艺方法,如插板堆载预压法、真空预压法、真空堆载联合预压法与静动联合排水固结法等。插板堆载预压法对淤泥、淤泥混砂地基的处理效果较好,但工期较长,一般需增加半年至一年的时间,而这常常成为不采用此方法的直接原因。真空预压、真空堆载联合预压法需要满足一定的地质条件,施工质量较难控制,容易失败,或固结不均,效果不佳,地基处理后可能会出现不均匀沉降,飞行场道区是否采用此方法需要做试验;对于工后沉降与差异沉降要求较低的区域,只要地质条件合适,可采用此方法。静动联合排水固结法用于处理含砂量较高的软土,该方法造价较低、效率较高,对于差异沉降、工后沉降和承载力要求较低的区域,在合适的地质条件下常采用此方法。

具体工法上,排水固结法以打设砂井或塑料插板最为常见。插板排水真空联合堆载预压法的基本原理和排水固结堆载预压方法一致,只是采用铺薄膜抽真空技术,相当于堆载预压。将抽真空和填土堆载联合使用,可以降低预压荷载,节省预压需要的土石方量,同时能缩短工期。在土石方资源有限、工期较紧的情况下,采用排水固结真空联合堆载预压法具有一定的优势。

3) 强夯与强夯置换法

所谓强夯,即利用重锤夯击压密土层,特别适用于填土、松散砂层等地基土的处理,具有造价低、施工进度快等特点。但对于软基,强夯法是否适用在理论上还存在较大争议。强夯置换法是通过强夯将软土挤出,换成或加入块石材料,处理深度一般不超过 7m,高能强夯可以达到 15m(详见 5.2.9 节),适用于两侧有挤淤空间的条形地带。

4）高真空击密法

高真空击密法是近年来在强夯法基础上发展起来的一种地基处理技术,其原理是通过多次高真空排水,结合数遍变能量强夯,达到击密土层、降低土体含水量、提高承载力、减少工后沉降的目的。该方法已有一些成功的案例,具有效率高的优点,但工艺复杂,较难掌握。

5）爆破挤淤法

爆破挤淤法在淤泥厚度不大、抛填面较窄的情况下十分有效,是一种施工简便、造价经济的方法。但在抛填面及淤泥层厚度较大时,抛填之后有可能形成淤泥包,不能保证抛填着底和地基处理的均匀性。借助爆破形成的强扰动性,能强迫淤泥产生定向滑移,使上部抛填物料顺势落底。这种方法造价低、施工进度快,在开山石料丰富的情况下,是一种较好的软基处理方法,缺点是对环境污染大,国外鲜有采用,我国使用也较慎重。

6）复合地基法

复合地基法是近年开发出来的一种新的软基处理方法,通过就地搅拌或掺入固结剂直接提高淤泥等软土的强度,达到硬化软基的目的,在我国已有成功的工程实例。具体方法是利用水泥、石灰等材料作为固化剂,通过特制的深层搅拌机械,在地基中就地将软土和固化剂(浆液状或粉体状)强制搅拌,利用固化剂和软土形成一系列物理化学反应,使软土硬结成具有一定强度的优质地基。按加固特点,水泥土搅拌法又分为块式、壁式、桩式等不同工艺。除了传统的水泥深层搅拌桩复合地基固结方法,还发展了低强度砼桩复合地基、环形砼桩复合地基等多种处理方法,此法的缺点是工程造价较高,工程量较大,优点是环保效果好,在日本应用较为普遍。

7）振冲法

振冲法包括振冲置换法和振冲密实法。

所谓振冲置换法,是利用振冲密实过程加填粗砾料,对原地基混入石料形成具有一定承载能力的桩体。振冲碎石桩除了振密作用外,成桩过程中形成的桩土复合地基也可使松散地基土的物理力学特性得到改善。

所谓振冲密实法,是利用振冲器的振密作用,使原来松散的地基土变密实,承载力、压缩模量和抗液化能力得到提高。振冲密实法适用于砂土、低塑性粉土地基,对开山碎石形成的地基效果也较理想。

不同软基处理方法的优缺点比较见表 5-1。

表 5-1　软基处理方法比较

处理方案	适用地质条件	优缺点	工期
换填法	淤泥厚度不超过20m	造价高,环境污染大	较长
插板堆载预压法	深厚软基,插板施工无障碍,需要预压土(石)方	工艺成熟,造价低	较长

续表

处理方案	适用地质条件	优缺点	工期
真空预压、真空堆载联合预压法	深厚软基,插板施工无障碍	有深厚的砂层时真空封闭较困难,施工质量较难控制	比堆载预压工期提前 1.5 个月
静动联合排水固结法	厚度较小、埋深较浅的软基	需要通过现场试验研究其适用性,造价低	比堆载预压工期提前 2.5 个月
高真空击密法	排水性能较好、厚度较小且埋深较浅的松软地层	需要通过现场试验研究其适用性,造价低	较短
水泥搅拌桩复合地基	深厚软基,软基和填土层中无块石等障碍物	施工简便,强度适中,质量较难控制,造价高	较短
爆破挤淤法	淤泥厚度一般小于 10m	造价低,环境污染大	较短
管桩(桩网)复合地基	克服软基和填土层中少量块石等障碍物,其余同水泥搅拌桩	施工快,强度高,质量易控制	较短
石灰桩复合地基	适用于高含水量软土	施工慢,强度低,质量较难控制	较长
强夯法	适合砂层、松散填土,厚度在 15m 以内	施工快,强度高,质量易控制	较短
砂石、碎石桩复合地基	适合松散砂层和填土层	施工快,强度高,质量易控制	较短

需要指出的是,尽管软基处理已有较多实践,在换填法、排水固结法、振冲法和深层水泥搅拌法等方面均有成功的经验,但海域与陆地不同,海相沉积与陆相沉积存在根本差异。由土层成因可知,海相软土层是经千百万年海洋动力的往复荡涤,使土颗粒筛分、沉积,形成了含水量较大、强度较低的深厚软土层。在这样的深厚软土层之上建筑体积庞大、重如"泰山"的人工岛,不是对陆地软基处理方法的简单模仿就能解决的。

我国填海机场采用的地基处理方法及效果见表 5-2。

表 5-2　我国部分填海机场地基处理方法及效果

机场名称	建造时间	地质条件	地基处理方案	工程效果
深圳宝安国际机场一期工程	1991 年	淤泥厚度 6~12m	跑道、滑行道大换填,联络道深层搅拌法,停机坪、站坪砂井预压	较好
温州永强机场	1991 年	黏土厚度 40m	排水固结堆载预压处理	较好
宁波栎社国际机场	1992 年	黏土厚度超过 30m	排水固结堆载预压处理	较好

续表

机场名称	建造时间	地质条件	地基处理方案	工程效果
珠海金湾机场站坪区	1993 年	黏土厚度超过 23m，有深厚可液化粉砂层	主要采用砂井堆载预压排水固结处理	较好
上海浦东国际机场	1996～2011 年	黏土厚度 20～30m	一跑道强夯，二跑道真空强夯击密处理，三、四、五跑道排水固结堆载预压处理	一跑道沉降较大，二、三跑道效果较好
香港国际机场	1997 年	淤泥厚度 15～20m	跑道、联络道大换填	较好
澳门国际机场	2001 年	淤泥质土厚度 30m	排水固结和换填结合	较好
深圳宝安国际机场一期站坪扩建	2003～2010 年	淤泥厚度 6～12m	管桩复合地基法	较好
深圳宝安国际机场二期	2006 年	淤泥厚度 6～12m	主跑道换填，联络道、滑行道、站坪和建筑区采用排水固结堆载预压	较好

5.1.2　填料获取

1. 陆地采矿

陆地采矿是人工岛填海不可缺少的工序，即使在砂源丰富的情况下，作为护岸的核心建筑材料，大块石通常是必不可少的。

目前的采矿方式，主要有大区位差爆破、临近边坡控制爆破等，这在我国大规模开山中均已常见。在爆破技术上，有多排孔爆破技术、空间间隔装药爆破和交替装填不同爆速炸药爆破法爆破。多排孔爆破技术炸药单耗稍高，但无飞石，且爆声爆震较小；空间间隔装药爆破适用于预裂爆孔，孔底装铵油炸药和起爆药包，用动力塞密封，中间为空隙；交替装填不同爆速炸药爆破法适用于铵油炸药露天台阶爆破，此方法能防止爆速低的铵油炸药在恶劣条件下出现爆速下降。

距离居民区较近的矿山开采，通常采用深孔微差爆破法。这一技术与多个药包齐发爆破不同的是，将多个药包爆破的时间以毫秒级间隔控制药包按顺序先后起爆，在先爆孔产生的地震波、冲击波消失之前，后爆深孔又产生新的地震波和冲击波，先后产生的波互相干扰，减弱了其强度。实践表明，深孔毫秒微差爆破技术是当前既提高爆破效果又有利于环境保护的爆破方法，在总装药量及其他条件相同的情况下，微差起爆的振动强度要比齐发爆破降低 1/3～2/3。该爆破方法不仅能增加一次爆破量，减少爆破次数，而且在环境保护方面具有积极的意义。

另外，近年来还出现了"清洁爆破技术"。该项技术是在爆破过程中，加入由水和特殊溶剂混合而成的特制水袋，使爆破时形成雾状混合剂，以中和爆破后产生的粉尘和有毒有害气体,达到爆破后空气相对清洁。这项技术采用注满水的特制水袋堵塞炮孔,利用水的不可压缩和弹性变形作用,可阻止炸药爆破时能量的迅速衰减,使破岩的爆炸能量增加,从而有效地利用了爆炸能量,不仅提高了经济性,也产生了很好的环境效益。

2. 海砂开采

海砂开采工艺多样,可分为挖吹、抛运吹、挖运抛、挖运抛吹四类。海砂开采工艺的适用性见表 5-3。

表 5-3　海砂开采工艺适用性

序号	工艺名称	适用条件
1	挖吹工艺	
1.1	绞吸直吹	取砂区距离吹填区较近,通常不超过 5～6km;施工工况适应能力强;适应疏浚大部分土质,但不适应疏浚石头、基岩等
1.2	绞吸接力吹填	通过泥泵接力,可以将吹距增加至 10～15km,其余同绞吸直吹工艺
2	挖运吹工艺	
2.1	耙吸船艏吹	取砂区距离吹填区较远,施工工况适应能力强,适宜各种土质,对周边海域环境影响较大;取砂区及航道水深较深;工程单价较高
2.2	挖运吹(斗式船)	分链斗船和铲斗船,一般适用于距建筑物较近,有块石、垃圾等障碍物,土质很硬等特殊情况的取砂区,施工效率较低
2.3	吸运吹	土质为砂性土,施工工况要求较高,尤其是中小型吸砂船在作业条件、泥驳靠离等方面对工况要求较高
3	挖运抛工艺	
3.1	耙吸船抛填	取砂区距离吹填区比较远,施工工况适应能力强,适应疏浚各种土质;取砂区、航道及回填区水深较深,围堰需留有船舶进出口,一般用于回填初期较深水域的填筑工程
3.2	挖运抛(皮带机)	土质为砂性土,施工工况较好,航道及回填区水深较深
3.3	挖运抛(泥驳)	土质为砂性土,施工工况要求较高,泥驳靠离有较高要求,航道及回填区水深较深
3.4	挖运抛(斗式船)	抓斗船和铲斗船一般在有特殊要求下使用;铲斗船作业条件要求较高,泥驳靠离对工况有较高要求
4	挖运抛吹工艺	
4.1	挖运抛吹(耙吸船+绞吸船)	除满足耙吸船抛填工艺要求外,还需要设置临时储砂区(适宜海域流速较小的情况)

续表

序号	工艺名称	适用条件
4.2	吸运抛吹 （吸砂船带泥舱＋绞吸船）	除满足吸运抛（皮带机）要求外，还需要设置临时储砂区
4.3	吸运抛吹 （吸砂船＋泥驳＋绞吸船）	除满足吸运抛（泥驳）要求外，还需要设置临时储砂区
4.4	挖运抛吹 （斗式船＋绞吸船）	因工艺烦琐、施工效率底、施工成本高，除特殊要求外，较少采用

5.1.3　陆域吹填

　　陆域吹填（又称吹填造陆）法是大规模填海造地效率最高的方法之一，这一方法的优势在我国南海诸岛短时间完成填海建设的实践中得到了充分体现。可以说，这一填海方法的出现，使得过去难度较大的海上施工成为轻而易举的事，不仅工期由过去的数年减少到几个月，而且单位造价也大大降低。这一颠覆性的变化，不熟悉情况的人一下子在概念上很难转过弯来。

　　上述原因使得我国的填海造地工程都尽可能地采取了陆域吹填或绞吸（耙吸）大开挖的方法。这一方法固然高效，但最大的问题是环境污染。据调查，机械式挖泥船作业时形成的羽状浑浊带可达 200～300m。有的吹填作业引起的水质污染可绵延半个海湾，后果不可小觑。

　　尽管如此，在环境保护方面，施工时还是可以找到一些有效的应对方法，如采用水密哈壳式抓斗挖泥船，其悬浮物浓度可减少 30%～50%；为了减缓吹填区内吹入泥浆的流速，加快沙土沉淀，采取在吹填区内设置多道子坎，将整个吹填区域分为多个沉淀分区。第一吹填区泥浆沉淀后，泥浆从泄水口流入第二吹填区继续沉降，当到达第三吹填区时，泥浆浓度已经很小。此外，在吹填区泄水口外围再敷设一圈一定长度的防污帘，将水中泥沙过滤后再排入海中。在特殊情况下，还可采用絮凝固化方法处理以加快泥浆沉淀。对现场水质的监测见第 7 章。

5.1.4　施工工艺的选择

　　实践中，节省工程投资与控制软基沉降之间存在两难的抉择，如何在满足飞机跑道及滑行道不均匀沉降控制标准的前提下，选择合理的施工工艺与方法，是亟须解决的关键问题。

　　现有人工岛建设大多沿用近岸填海造地工程的施工工艺，即先围海后填筑，这种工艺在我国较为普遍。此种施工方法将大量淤泥滞留于场区内，回填时因填料渐次推进，会产生大量的淤泥包，成为引起地基产生不均匀沉降的隐患。

1. 施工方法分析

1）水下爆夯技术

水下爆夯是一种对抛填层进行夯实加固的处理方法。基于工程爆破理论，结合深水环境特点设计水下爆破参数；通过现场试验，对设计参数进行调整与优化，建立爆破能级与密实度、加固深度、承载力之间的关系，分析与评价爆夯加固效果。本质上，水下爆破属于点接触技术，适用于沉箱类重力式结构基础处理，对于以面接触为主的场区基础处理是否适用还有待研究。

2）抛填挤淤—爆破挤淤工艺

近年来，爆破挤淤工艺在我国开始流行，已在防波堤等水下施工中积累了一定的经验，基本上达到了设计要求。在人工岛围堰施工时，利用水下爆破方法挤出淤泥以增加其稳定性是一种可行的办法。

从力学平衡原理出发，海底上部荷载与海底软土的承载力相平衡。当水深较大（如 5m 以上）、人工岛地面高程较大（如海平面以上 5m 或更高）时，会形成 15t/m² 以上的荷载。在这样的压力下，部分淤泥会被挤向一边，甚至出现淤泥隆起，俗称龙抬头。此时，就需要采用爆破挤淤工艺。当淤泥包过大、爆破方法难以推动淤泥包时，则需调整施工场地或方向，利用海洋动力产生的波能消解部分淤泥包，然后进行人工处理。据实测，在潮汐反复冲刷下几天内消散的淤泥量可达 50% 以上（图 5-1 和图 5-2）。

（a）淤泥挤出水深 5m 的水面　　　　　　　　（b）淤泥隆起形成滩涂

图 5-1　抛石挤淤现场（大连）

影响爆破挤淤效果的因素有很多，包括淤泥的物理力学指标、淤泥深度、石料块大小、覆盖水深、炸药种类等，其计算方法在相关规程中没有具体规定，通常参照抛石基床爆夯的计算方法确定。

关于爆破挤淤对海洋环境的影响将在后续章节中具体讨论。

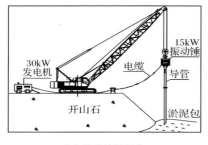

（a）爆破挤淤操作

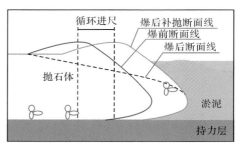

（b）爆前、爆后及循环抛填断面

图 5-2　水下爆破作业

3）淤泥絮凝固化处理

由于淤泥的含水率较高，力学特性差，吹填完成后，形成的陆地不能立即作为有效场地利用。施工时，水中悬浮物及各种有机物质、矿物质等会对周边区域造成二次污染。解决此问题的有效方法是快速分离出淤泥中的水分，自然风干后作为填充材料利用，同时保护水质环境。

试验发现，聚丙烯酰胺是水溶性的高分子聚合物，不溶于大多数有机溶剂，其分子链中含有一定数量的极性基团，能吸附水中悬浮的固体粒子，使粒子凝聚成较大的絮凝物，可加速悬浮液中粒子的沉降。作者曾进行过试验，将絮凝剂均匀撒入水中搅拌，搅速控制为 $100 \sim 300 \mathrm{r/min}$，适当加温（$< 60 ℃$），可加速溶解，出现絮凝物后，减慢搅速，絮凝物逐渐沉降（图 5-3）。

以上试验结果展示了一个新思路：在淤泥吹填施工时，适当添加絮凝剂，能实现泥浆中固体和液体的快速分离，从而提高排放水体的洁净度，在短时间内增加沉淀固体的强度，可作为对施工工期有特殊要求时的一种选择。为了减少泥浆流失，多保留填筑材料，也可采用此法。

（a）阴离子型聚丙烯酰胺样品

（b）使用量筒加入絮凝剂

（c）泥水分离后效果

（d）清水倒出后即为乳状絮凝团

（e）4h 后基本凝结

（f）3 个星期后初步硬化

图 5-3　淤泥絮凝固化试验

2. 填海物料运输

在所有的施工工序中，填海物料运输本身并不复杂，但因其对工期和成本影响最显著，所以通常是最有优化价值的内容。施工时，除了需要水上运输外，还要依靠陆路运送。最常见的困难是，当汽车的运输路线需要横穿公路、铁路，甚至城市市区时，由于运量巨大，需持续数年，社会为此要付出较高的代价，因此有时会成为否定的因素，较难抉择。

实际上，以当前的技术手段和国内外的实践来看，皮带输送也是一种可供选择的方式。目前已有应用案例显示长距离曲线带式输送机能弯曲运行绕开障碍物或不利地段，不设中间转载站即可实现运输。对于十几公里的距离，以带式输送机大运量连续输送，具有经济效益好、高效环保节能、可靠性和安全性高的特点。在日本、韩国采用带式运送机完成长距离运输建筑用土石方已较为普遍，从环保角度，这一运送方式应属最佳选择。

在我国，近年来皮带输送也开始出现。例如，天津港散货物流中心采用带式输送机输送煤炭，其输送能力可达 6000t/h，带宽 1800mm，皮带运行速度 5.6m/s，有水平转弯段 2 处（33.74°、29.23°），提升角度 10°，输送距离 8983.26m。辽宁鞍山矿业公司输送大块矿石的长距离水平曲线转弯皮带输送机，其输送能力 1200t/h，带宽 1200mm，速度 2.5m/s，水平转弯段 22.67°，提升角度 13°，输送距离 1552m。秦皇岛港的输送煤炭带式输送机，其输送能力 8000t/h，带宽 2200mm，速度 4.8m/s，提升角度 7°，输送距离 11295m。显然，在条件允许时人工岛填海采用此工艺输运较为适宜（图 5-4）。

（a）桁架结构为可重复利用标准构件

（b）桥面板可以是钢板或钢筋混凝土板

（c）可穿过建筑区、越过道路

（d）天气恶劣时不停产

（e）跨海运输

（f）散货运输

图 5-4　长距离曲线转弯带式输送机实例

5.1.5 施工管理

实践表明,机场人工岛施工管理的特殊性在于:①施工地点远离陆地,坐标系统涉及海、陆、空不同体系,测量精度实现困难;②工程区域内施工船舶作业密度高,整体上缺乏协调性;③存在大范围水下隐蔽工程,使得监管工程质量和核算工程量面临较大困难。

施工中如何进行定位,是人工岛建设管理的首要问题。海上机场因同时涉及空域、海洋和城市陆域,再加上我国平面坐标系历经多次调整,所以转换关系较为复杂。容易出错的原因主要是各坐标系的中央经线有所不同。即使同为某一坐标系统,中央经线的不同也会对平面尺度造成影响:距离中央经线越近,变形越小;距离中央经线越远,变形越大。因此,首先要明确坐标系统(参考椭球、投影方式、中央经线)的基本参数,否则设计图纸与实地尺寸便会产生偏差。一般情况下,城建坐标系空间尺度变形最小,城市规划和建筑等大都采用当地的城建坐标系,但机场设施是为飞机起降服务的,所以应以空域常用的坐标系为准。人工岛建设可能会因坐标系统的不同而使实际空间尺寸与图上尺度产生偏差,给后期工程的衔接以及验收带来不便。

人工岛机场建设对水域影响的范围一般较大,施工区域与商船、渔船航线可能大量重叠,相互间存在干扰。施工高峰时,海上施工船舶可能达到数百艘,分布面积可达 $30km^2$ 以上,航行区域覆盖 $100km^2$ 以上,海上作业安全问题十分突出。解决此问题,有时需开发基于海图的施工船舶交通管理系统,通过对过往施工船舶的定位、跟踪与航程分析等,实现工程现场的实时管理和记录,以避免海上交通事故的发生。

此外,由于海上新机场建设的工程主体主要在水下深处,因此工程质量是否达到要求、完成的土方计量等问题均难以准确核定,国外已采用激光测量的方法,而我国一般还采用钻探或地质雷达探测的方法进行粗略估算。

1. 坐标系换算

我国现行的坐标系统有多种,如"北京 54"坐标系、"西安 80"坐标系、世界大地测量坐标系统(world geodetic system,WGS)WGS-1984 坐标系和当地城市的城建坐标系等,这些坐标系统相互之间关系复杂,施工时必须搞清。

由于机场跑道定位的需要,我们有必要了解"北京 54"坐标系的渊源和基本情况。20 世纪我国采用的"北京 54"坐标系并不是按照椭球定位的理论独立建立起来的,而是采用克拉索夫斯基椭球参数,经过中国东北边境的呼玛、吉拉林、东宁 3 个基线网,同苏联大地网连接后建立起来的大地坐标系。因此,所谓"北京 54"坐标系,实际上是苏联 1942 年坐标系的延伸,其原点不在中国的北京,而是在苏联的普尔科沃。长期以来,我国地形图上的平面坐标位置都是以这个数据为基准推算的,作为平面坐标系统,其明显缺陷是无法准确定位空间位置,但因历史的原因和航空系统的特殊要求,故仍一直使用至今。

由于"北京 54"坐标系在计算和定位的过程中没有纳入我国的有关数据,因而在我国范围内的符合性并不理想,不能满足高精度定位以及地球科学、空间科学发展的需要。20 世纪 70 年代起,我国大地测量工作者经过二十多年的努力,完成了全国一、二等天文大地网的布测。经过整体平差,采用 1975 年国际大地测量和地球物理学联合会第十六届大会推荐的参考椭球参数,建立了"西安 80"坐标系,其原点设在陕西省泾阳县。陆域工程在确定位置时,大都基于此坐标系完成。

但是,当涉及海洋时,情况又有不同。美国于 1984 年建立的 WGS-1984 为国际上采用的地心坐标系,坐标原点为地球质心,其地心空间直角坐标系的 Z 轴指向国际时间局(BIH)1984.0 定义的协议地极(CTP)方向,X 轴指向 BIH1984.0 的协议子午面和 CTP 赤道的交点,Y 轴与 Z 轴、X 轴垂直构成右手坐标系,称为 WGS-1984 坐标系。这是一个国际协议地球参考系统(ITRS),在国际上统一采用。目前,GPS 接收机测量数据多以 WGS-1984 坐标系为基准,在海洋工程中广泛使用。

此外,为了与当地城市建筑档案衔接方便,实际中,还会遇到与所在城市自设的城建坐标系转换的问题。有的城市规定工程竣工的存档图纸必须标注当地的城建坐标信息。因此,为方便起见,在城市建设中,采用当地城建坐标系是通常采用的做法。

然而,不管坐标系统如何改进,都是为了更好地表达地球上任何一点准确位置及其与周边的相互关系。在本质上,各种坐标系无非为两种:一种是大地坐标(也称地理坐标),用经纬度坐标进行定位;另一种是投影坐标,即地球表面上的点投影到平面后的直角坐标(X、Y)。一个国家或地区在建立大地坐标系时,为了使地球椭球面更切合本国或本地区的自然地球表面,往往需要选择合适的椭球参数,确定一个大地原点的起始数据,并进行椭球的定位和定向。我国采用的"北京 54"坐标系和"西安 80"坐标系即为大地坐标系。所以,海上人工岛施工以及机场的定位需要建立 WGS-1984 坐标系和我国坐标系之间的转换模型,求得 WGS-1984 坐标系和我国坐标系之间的转换参数,进而得到对应的坐标数据,这项工作并不轻松。

需要注意的是,受技术条件制约,我国现行的 1980 年国家大地坐标系精度偏低,从事海上施工时,出现误差的可能性是存在的,其原因如下。

(1)二维坐标系统的局限性。"西安 80"坐标系是经典大地测量成果的归算及应用,它的表现形式为平面二维坐标,因而无法满足高精度、三维的要求。例如,将航空器飞行中的三维坐标表示在现有地图上,不仅会造成点位信息缺失(三维空间信息只表示为二维平面位置),也会有精度上的损失。

(2) 参考椭球参数的局限性。随着科学技术的发展,国际上对参考椭球的参数已进行了多次更新和改善。"西安 80"坐标系所采用的 IAG1975 椭球,其长半轴要比现在国际公认的 WGS-1984 椭球长半轴长 3m 左右,这一偏差可能会引起地表长度误差达 10 倍左右。

(3) 椭球短半轴的指向。"西安 80"坐标系采用指向 JYD1968.0 极原点,与国际上通用的地面坐标系如 ITRS 及 GPS 定位中采用的 WGS-1984 等椭球短轴的指向(BIH1984.0)不同。

由以上分析不难看出,天文大地控制网是现行坐标系的具体实现,也是国家大地基准服务于用户最根本最实际的途径。面对空间技术、信息技术及其应用技术的迅猛发展,需要一个以全球参考基准框架为背景、全国统一且协调一致的坐标系来处理以民航机场运营为中心的海洋工程定位等问题。单纯采用参心、二维、低精度、静态的大地坐标系统作为我国现行应用的测绘基准,可能会带来越来越多的不协调问题。为了使施工中的车载、船载实时定位能获得精确的三维坐标,准确地反映其精确的地理位置,选择最佳路径避让障碍、保障安全,采用地心坐标系已势在必行。鉴于以上原因,自 2008 年 7 月 1 日起我国全面启用了 2000 国家大地坐标系。

对于机场人工岛建设,不可避免地将涉及陆地、海洋、空域的坐标如何协调问题。例如,大连机场人工岛建设采用的是 3 度带投影,中央经线为 123°的"北京 54"坐标系,对应该市的城建坐标系中央经线为 121°30′。就工程本身而言,选择城建坐标系空间尺度变形最小,便于与城市规划设计衔接,使用"北京 54"坐标系可能会造成城市规划图和该工程设计图之间坐标系的不统一,为后期施工和工程衔接带来不便。由于目前我国空域仍沿用"北京 54"坐标系,为便于跑道及相关设施施工精确定位,选择"北京 54"坐标系作为机场建设的基准坐标系是有利的,但对于海上施工的定位十分不便。

2. 地质数据库三维建模

人工岛机场信息管理系统是以 GPS、地理信息系统(geographic information system,GIS)和遥感(remote sensing,RS)等空间信息技术为主要技术支撑,用于采集、量测、存储、管理、分析、显示、传输有关数据的数据库系统,是运营管理的重要基础。

三维 GIS 的核心和关键是三维空间数据模型的构建。三维空间数据模型理论和技术上的不成熟是影响三维 GIS 应用的瓶颈。目前,三维 GIS 仍面临一些技术挑战,如数据获取和三维重构、数据表示方法、空间数据库技术、三维可视化技术等。由于三维 GIS 具有海量数据和复杂的逻辑关系,而现有的数据库系统还难以支持三维空间数据的管理,因此,解决空间数据的管理和空间查询等关键问题以及综合考虑数据模型、空间数据库的应用等诸多要素,是今后需要开展的重要课题。

为了能够从三维角度研究地质构造的空间分布,我们的确非常希望能利用可视化手段再现人工岛地下的三维地质体,以便能够真实地观察地下各类空间结构,描述各地层的空间分布,模拟各类地质参数的变化趋势,分析地质现象的几何形态、相互关系以及分布。

1)三维地质建模的作用

实际中,地质工程中各种地质信息一般都是零散数据,技术人员很难根据这些数据对其他地质现象分布规律进行整体和直观把握。各种地质信息,包括地形、地下水位、地层界面、断层、节理、风化带分布等各种实测资料利用计算机建立三维地质模型后,可直观地表达地质数据的分布规律、提高对地质规律的认识。采用三维模型图形图像来表达、解释和管理庞大的信息资料,比依靠图表等常规手段显然更为有效。

从应用角度来看,通过三维空间数据建立起来的地质模型,能够有效地选择地基处理方法,解决各类技术问题,这是因为:①改善地质体的三维可视化,可以直观地观察地质体的空间形态与分布,从而避免不同专业背景的技术人员由于空间想象能力、理解能力和工作经验差异造成对同一地质现象的不同理解;②有效进行地质模型剖切,方便技术人员清楚地理解地质模型内部的各个细节,提供有价值的图形;③可进行钻孔轨迹设计,了解与钻孔轨迹相遇的地质目标和地质界面位置;④根据地质体三维模型,能够对地质块体积进行精确计算;⑤各种等值线图可自动生成,如剖面上地层分布等值线等。

2)三维数据模型可视化

三维图形及动画场景的形成,就是把所建立的三维空间模型,经过计算机的复杂处理,最终在计算机二维屏幕上显示出来的过程。建立三维模型以后,便可在地形地质数据不完整的情况下自动得到对应关系,将新建区域的钻孔数据组合为虚拟剖面,完成剖面连层以及同层区域的合并,判断出相邻剖面中对应区域的关系。地形地质条件比较复杂的,可采用手动建立对应关系,人工参与划出建模线,在对应关系中建立地质体、剖面对组、剖面的对应关系,创建三维地质模型,实现按工程需要完成地下三维模型的剖切、地层剥层、模型挖洞、模型栅格剖面化以及土方计算等可视化分析。

在以上技术基础上,建立工程地质数据库,进行相应系统软件的设计与开发,实现对数据信息的综合管理、数据挖掘与开发利用,按现行规范、标准,经归一化以及数字化处理,建成具有数据采集、数据维护、数据分析评价、查询检索等功能的工程地质应用系统,充分发挥其潜在的信息功能,为人工岛的规划、工程勘察、地下空间利用等提供决策依据,实现工程地质信息的有效利用及资源共享。

3. 信息系统构建

1) 安全监控信息系统

安全监控信息系统平台的内容主要包括：建立 B/S 架构（Internet 网络浏览）和移动架构系统（手机上网浏览），提供公众服务，在统一电子海图/地图平台上同时监管船舶自动识别系统（AIS）、GPS、闭路电视（CCTV）等多个系统的实时信号。不同类型的物体对象以不同的符号、边界颜色和填充颜色显示，船舶的航向、航速及最近航迹也以形象的方式展现，使管理者可以简单、快速、全面地进行监管。结合船舶动态信息和水域环境静态信息进行智能化电子警察监测，若发现船舶航行异常，即进行声光报警，并触发应急预案，辅助用户进行应急指挥。通过自定义电子巡航检测区域显示样式、多种检测规则（准许/禁止进入、准许/禁止离开、限速等）、检测时段及适用船舶（或种类），自动执行船舶航行状态检测，提高通航管理水平和效率，降低事故发生的概率。

具体做法是：整合 AIS、GPS、CCTV 等信息，在电子海图/地图界面上进行监控；建立海上作业安全环境数据库，利用电子信息化技术，实现海图电子化作业，满足海上作业安全环境的查询、统计分析、规划及修改等需求，为智能化指挥奠定基础。整合作业船舶的静态信息、工程安排信息和其他相关信息，使管理者能同时查看各作业船舶的状态，包括工程现场码头、锚地、航道等有关数据，为智能管理和统计分析提供静态依据，实现对海图上指定观测区域、时间范围内多条船舶的航程统计、历史航迹回放、流量统计等功能，完成动静结合的全方位监控和高效调度，这对于现场作业调度、分析事故责任等有着重要的作用。

2) CCTV 联动监控系统

对于周边为高度敏感海域的人工岛建设环境，如日本神户机场，其机场人工岛所在海域航运繁忙，船舶航线密集。这种情况就需要建立 CCTV 联动监控系统，在电子海图/地图平台上选择需要追踪的船舶，自动选择最近的 CCTV 联动摄像头对该船舶进行追踪。建立联动追踪关系后，即可在 CCTV 视频中看到以该船舶为中心的视频画面；当船舶驶出 CCTV 监控范围时，系统会自动选择其他能监控到该船舶的摄像头进行接力联动追踪。为了保证对海上工程作业的可视化监控，海面一般应建立至少 2 个船载 CCTV，2 个陆上移动 CCTV 监控点，随着工程的进展不断移动，对 CCTV 监控点进行补充。移动监控点采用基于多载波编码正交频分复用（COFDM）技术的双向无线网络传输设备，单基站无线覆盖距离不小于 10km。

3) 船载 AIS 监控系统

为了保证对海上作业的工程船舶进行有效监控，可在部分甚至所有的工程船上安装 AIS 船载终端，建立 AIS 船载基站，以实现对工程船的有效监控和管理。电子海图应符合国际标准，采用 MapInfo 或 ArcGis 格式，能够支持多种通航要素的标绘,同时支持点、线、面、文字的普通标绘。系统应支持海陆混合显示,至少达到同时显示 10000 个动态物标无闪烁。

总之,为了使参加建设的单位在任何网络环境下均可高效使用,上述系统应能同时支持 C/S、B/S 和智能移动终端三种访问方式。C/S 方式不但功能全、速度快,而且适合对功能要求较少的轻量级用户。B/S 方式提供了所有浏览功能,用户可根据功能需求选择适合的访问方式。智能移动终端可通过 3G 网络访问系统的方式,在智能手机上访问、观看 CCTV 及查看部分业务信息,满足移动用户的使用需求。

5.2　案例评述

5.2.1　日本东京羽田国际机场

1. 软基处理

东京羽田国际机场场址的前身曾是废弃物填埋地,由东京湾疏浚土和城市建设垃圾堆积而成。为了建成对地基沉降有严格要求的机场,相关部门进行了长达 11 年的地基改造。改造方法主要采用固结排水法,包括塑料板排水法(plastic drainage,PaD)、砂井(砂桩)排水法(sand drainage,SD)以及垫层砂井排水法等,其三期工程地基改造布置如图 5-5 所示。

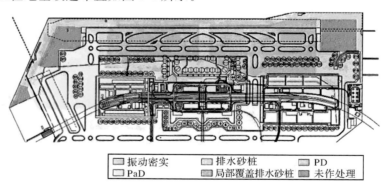

图 5-5　三期工程地基改造布置图

根据不同部位的地质情况和使用要求,除了以上方法外,部分填海区的地基处理还采用了深层混合处理和化学固结等多种方法(图 5-6～图 5-9)。为了应对土体沉降,在道面高程设计时对预计沉降较大的部位进行了抬高处理,跑道、滑行道采用柔性沥青混凝土道面(机坪采用水泥混凝土)。出于地基沉降的考虑,将道面的设计使用寿命确定为 10 年,10 年后根据实际情况进行维修。钢筋混凝土道面板厚 18cm,下设 12cm 厚的沥青碎石基层和 32cm 厚的碎石基层。

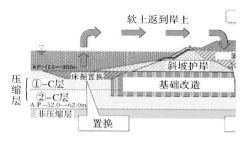

（a）抛填区斜坡护岸及施工过程

（b）一期工程地基处理现场

（c）二期工程地基处理现场

（d）三期工程地基处理现场

（e）填海区塑料排水板施工实景

（f）地基处理区毗邻机场跑道

图 5-6　地基处理现场

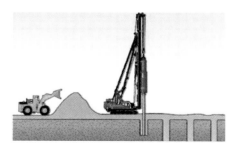

（a）打砂桩

（b）堆载

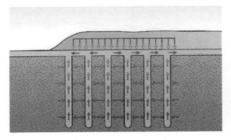
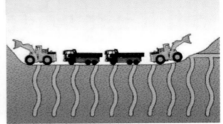

（c）排水固结　　　　　　　　　　（d）移走堆载

图 5-7　砂井预压施工示意图

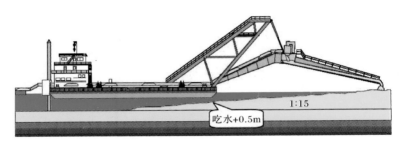

图 5-8　海上抛填示意图

（a）管道混合固化剂施工　　　　　　　（b）地基硬化处理

图 5-9　软土硬化处理

2. 施工管理系统

施工现场采用计算机管理系统实时监控，图 5-10 为统计跑道碾压次数和跑道垫层厚度的控制管理系统。

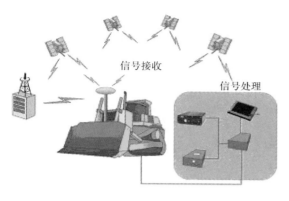
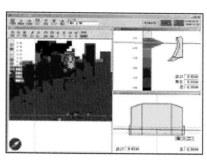

作业现场　　　　　　　　　　　　　　　　屏幕显示

（a）跑道垫层厚度管理

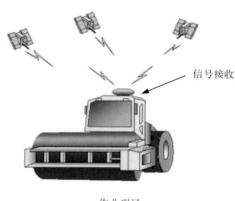

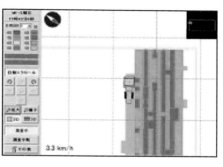

作业现场　　　　　　　　　　　　　　　　屏幕显示

（b）垫层碾压次数管理

图 5-10　碾压施工管理

3. D 跑道区人工岛施工

　　D 跑道区人工岛基础结构分为回填区和桩基梁板区两个部分。回填区依然采取砂井排水法进行软基处理。为了减少回填区和桩基梁板区之间过渡段的差异沉降，采取在填料中掺泡沫的方法改变上部荷载的分布，以便控制跑道的不均匀沉降，这种处理方法较为少见，对问题考虑得如此缜密，值得借鉴。填海施工现场如图 5-11 所示。

（a）D 跑道回填区软基处理施工

（b）D 跑道过渡段采用轻质材料填海

（c）D 跑道桩基梁板模块吊运

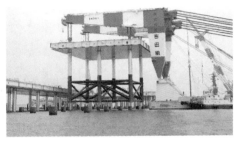

（d）D 跑道桩基梁板模块安装

（e）D 跑道扩建施工

（f）D 跑道桩基梁板区组装

（g）回填区抛砂作业

（h）D 跑道施工期间飞机起降

（i）D 跑道海上施工　　　　　　　　　　（j）护岸基础露出水面

（k）道面施工现场（右三为作者）　　　　　（l）与日方技术人员交流（前排右三为作者）

图 5-11　填海施工现场

5.2.2　日本关西国际机场

如前所述,关西国际机场选址于离泉州海岸（大阪南部）5km 的海域。此处水深较大,海底之下为深厚软土层。在这样的条件下建设人工岛,施工的艰难程度前所未有。

1. 护岸

护岸结构采用直立式和斜坡式两种:直立式结构对地基要求较高,投资较大;斜坡式属于柔性结构,适用于软土地基,略有沉降也不会损坏,投资较小。因此,护岸大部分采用斜坡结构,另外安排少量的直立式结构兼顾泊位使用。

斜坡式结构以混凝土构件护坡,再以预制混凝土块体构筑挡浪墙。在施工顺序上采取先合围方式,该工序用时两年。

由于护岸施工最先开始,如图 5-12 所示,主体结构在施工期的受力状态是前后两侧均承受波浪和潮流荷载,类似于防波堤,因此施工时受损的风险较大。

1）安放施工边界灯标

为了保证海上施工区域的航行安全,在施工海域安放了航标灯,标明施工区范围(图 5-13)。

2)块石抛填

现场选择使用抓斗船在海上分层抛填,石料在海水荡涤下缓慢散落至海底,达到荷载分布均匀的效果,但作业效率极低(图 5-14)。

图 5-12　先完成外围护岸　　　图 5-13　安装边界灯标(1999 年 7 月)

(a)海底抛砂(1999 年 12 月)　　　(b)抛砂完成后水上抛填石料(2000 年 5 月)

图 5-14　水上施工

3)护岸施工

人工岛西南和东南角为直立式护岸,水深 19m,共 240 个沉箱,沉箱采用起吊船就位,护岸施工如图 5-15 所示。

4)护面块石整平

斜坡式护岸护面块石具有承上启下的作用,既可以对下部级配石起到保护作用,同时又支撑上部的四角锥块体。每个护面块石平均重量为 1t,以插缝方式摆平(图 5-16)。

5)安装挡浪墙块体

采用预制长方形混凝土块体组装成挡浪墙,块体间设榫卯结构。在摆放好块体的基础上,利用配有全套拌和设备的驳船在岸边现浇混凝土,以增强结构的整体性(图 5-17)。

(a) 圆筒形直立护岸

(b) 吊装重力式沉箱

(c) 空中鸟瞰

图 5-15　护岸施工

(a) 水下摆放

(b) 地面摆放

图 5-16　平整护面块石(2001 年 4 月)

（a）底层挡浪墙块体设有榫卯结构

（b）吊装挡浪墙块体（2001 年 5 月）

（c）挡浪墙结构

（d）水上现浇混凝土（2002 年 2 月）

图 5-17　挡浪墙施工

6）摆放四角锥

二期工程共摆放四角锥 100000 个，采取有序排布（图 5-18）。

（a）采取水上吊装，基础是块石（2001 年 7 月）

（b）防护块体有序摆放

图 5-18　四角锥摆放

2. 填海施工

1）铺垫排水砂层

为了保持黏土层中砂井的排水功能,打设砂井前首先需要在其上铺垫均匀连续砂层。对于承载力极差的软塑淤泥,要做到这一点并不容易。如果驳船在水面上直接倾船抛洒,将很难形成均匀砂层。为此,采取水下泵布法和水下直抛法。所谓水下泵布法,是先将承载有砂料的驳船靠到砂泵船上,利用泵把砂子均匀"轻洒"到软土层上,使砂子有序落至海底。所谓水下直抛法,是在布砂船上以漏斗长管代替砂泵,利用砂子自身的重力均匀落至海底。水下均匀布料过程如图 5-19 所示。

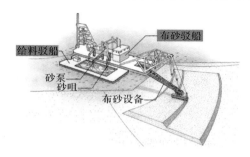

（a）移动布料管布料

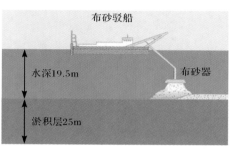

（b）铺垫 1.5m 厚排水砂层

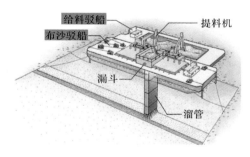

（c）移动船舶布料

（d）铺砂船正在作业中

图 5-19　水下均匀布料过程

2）打设砂井

上部砂层铺好后,打设砂井至全新世黏土层,形成在上部荷载挤压下的排水条件,促使黏土中孔隙水排出,过程如图 5-20 所示。大型砂井船可以一次性完成 12 个砂井,施工中需要与 3000m³ 驳轮联合使用。这一工序所需要的海砂在当地无法全部解决,其中一部分是从我国青岛、舟山和宁波等地采购运抵现场。为在短时间内完成 120 万个砂井的施工,共调用砂井施工船 8 艘,打设砂井施工如图 5-21 所示。

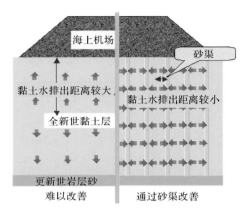

（a）工作原理示意图　　　　　　　　（b）施工断面示意图

图 5-20　砂井排水法

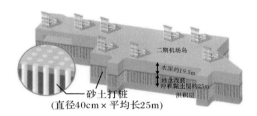

（a）砂井船作业示意图

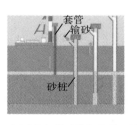

（b）用砂井船将砂井打入黏土层

（c）砂井船施工作业

（d）3000m³ 驳轮进入施工区域

（e）水上打砂井作业　　　　　　　　　　（f）地面出水后抛砂作业

图 5-21　打设砂井施工

3）抛填

除了供施工船舶进出口以外的护岸大致完成后，便进入填海工序。具体工艺是：利用大型全开口驳船直接向海床上抛填砂石，直到－6m 的水深，用底开口小型运砂船抛填到－3m 的水深，然后使用卷扬机填筑形成陆地，其过程见图 5-22 和图 5-23。

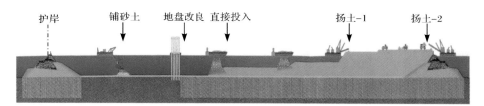

（a）抛填施工流程

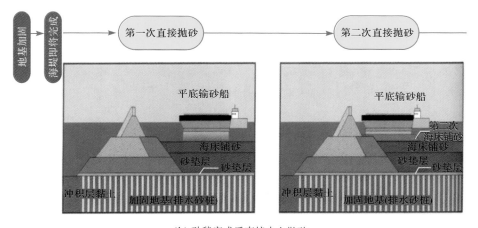

（b）砂毯完成后直接水上抛砂

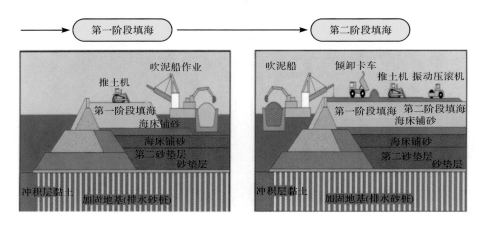

（c）水上过驳填筑

图 5-22　回填施工

（a）驳船由拖轮推进　　　　　　　　　　（b）驳船进入回填区

图 5-23　水上抛填

4）填料开采

人工岛主体部分的填充材料基本上是开山石，主要来自附近岛屿山脉，由汽车（或皮带机）将开山石由采石场运至岸边码头（图 5-24），然后使用大型驳船将其运送到工程现场，确定位置后，打开驳船底部，填料落入海底，这一工序历时 4 年（图 5-25）。

5）填料上岸作业

部分陆地形成后，使用驳船将填料从运输船上卸下，再由自卸车运送到指定地点。现场条件允许时，使用链式和斗式输送机将填料送上岸，或采用布料机直接回填成陆域（图 5-26）。

6）地面垫层施工

垫层填料由驳船运抵工程现场，利用卷扬机抛到已形成陆域暂时堆存，然后由汽车运至预定区域,用推土机推平,碾压机压实,每 0.6m 为一个碾压层,逐层完成,并结合其他施工方法处理地基(图 5-27)。

　　　(a) 开山料利用重力进行筛选　　　　　　　(b) 采用皮带机运至临时码头装船

图 5-24　石料开采及运送

图 5-25　填海施工进程

（a）利用卸船机卸料

（b）使用驳船将石料运到人工岛上

（c）连续型输送机与驳船联合作业

（d）斗式非连续型输送机与驳船联合作业

（e）使用布料机按顺序逐一回填

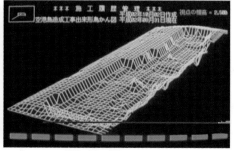

（f）填料情况以三维图形表示

（g）填海现场

（h）石料运送

（i）临时堆放

（j）搬运并铺平

（k）碾压

图 5-26　人工岛回填施工

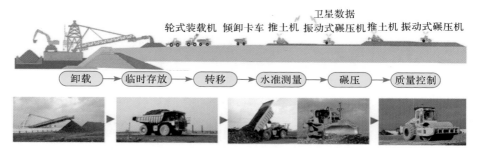

（a）施工顺序：临时存放→卡车搬运→倾倒→推平→压平

（b）强夯施工

（c）振捣机施工

（d）地面施工情景

图 5-27　地面施工

3. 机场基础设施

1）管沟施工

人工岛地下隧道的混凝土结构厚度为 1.8m，每段长 30m。为了减少混凝土凝固时产生大量热量引起混凝土开裂,配备了制冰混凝土搅拌船(图 5-28),使用与冰混合后的混凝土进行现场浇筑,管沟施工流程如图 5-29 所示。

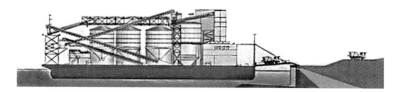

图 5-28　水上混凝土搅拌船

图 5-29　管沟施工流程图

2) 雨水管道施工

人工岛的成败取决于排水系统是否通畅,地下管道系统必须能够有效排出机场地面的雨水。二期工程共设置 21 个排水区,将各区雨水汇集后通过地下排水管道自行排入大海。排水设施施工如图 5-30 所示。

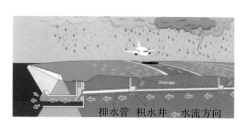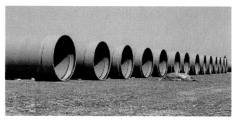

(a) 排水管网示意图　　　　　　　　(b) 待装排水管

（c）管道施工流程

（d）施工现场

图 5-30　排水设施施工

3）场道基础碾压

场道基础采用分层碾压方法施工（图 5-31）。

图 5-31　场道施工

4）跨海桥施工

跨海桥在岸上分段预制,然后在海上组装(图 5-32)。

（a）预制桥墩运抵现场

（b）运送预制桁架

（c）吊装桁架

（d）合龙作业

（e）桁架内部为轻轨

图 5-32　跨海桥施工

4. 施工管理

1）气象及水文观测

施工期间，二期工程设置了专用钢结构海上平台（图 5-33），其上装备有波高、波向、潮位、潮流、风向风速等观测仪器，可实现全天候观测。为了保证观测数据不受干扰，观测平台以桩基形式离岛布置，以船舶作为交通工具，平台上所需的能源取自太阳能，主要信息均自动记录。

图 5-33　海上观测平台

2）信息管理

关西国际机场工程管理信息系统共设有如下 6 个子系统。

（1）综合管理子系统：汇总其他各子系统提供的数据和信息，包括对工程成本、材料等的管理。

（2）施工管理子系统：根据施工计划对各施工作业的工程量进行统计分析，统计施工作业实际完成量。

（3）船舶及机械设备管理子系统：对各种施工船只的调度和作业进行管理。

（4）航运管理子系统：对工程区周边海域的各种过往船舶进行航行管理。

（5）地基沉降信息管理子系统：汇总人工岛基础变形实测资料，对护岸、回填区的土体沉降情况进行分析和管理。

（6）环境监测管理子系统：负责搜集整理通过监视人工岛周边海域水质情况的信息，特别是施工作业引起的海洋污染数据。

3）GPS 的利用

利用船载 GPS 提供船舶准确位置的信息，引导船舶到达指定地点；根据 GPS定位，采用超声波准确测量海底面高程和施工作业效果；对施工船舶、推土机和碾压机等装设 GPS 设备，随时掌握其作业的准确位置（图 5-34）。

4）船舶通航管理

关西国际机场设有专门的船舶航行管理中心，以确保施工水域 24h 作业船舶施工(图 5-35)。随着工程建设的进展,利用雷达、监控电视和无线电通信等对工程区及其附近作业船舶的运行状况进行监督和检查,不断发布工程水域作业船舶的船名、位置、船速等各种信息,下达各种航行指令。船舶航行管理中心使用的雷达比普通船舶使用的雷达具有更高的灵敏度,可以在显示器上随时看到船舶大小、航行方向,甚至船速。

(a) GPS 系统工作示意图

(b) 施工船舶装配 GPS 便于监控

(c) 跟踪推土机作业

(d) 记录碾压机作业轨迹

图 5-34 GPS 的应用

图 5-35 导航中心昼夜不停地监督航行安全

在船舶航行管理中心的命令和指引下,另配有专门的船舶在施工区及其附近区域进行巡逻。为了确保航行信息通畅,在施工区域设有雷达系统随时接收和发出各种船舶航行动态信息(图 5-36)。

(a) 与施工船舶时刻保持联系的雷达系统　　　(b) 海事监测中心随时注视海域动态

 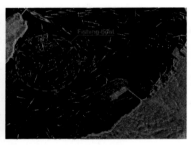

(c) 施工期进行 24h 监视　　　　　　　(d) 利用 GPS 和雷达跟踪船舶

(e) 巡逻船在施工水域巡逻　　　　　　　(f) 巡逻船在人工岛外游弋

图 5-36　施工区域安全管理

5) 质量控制

(1) 地面高程控制。施工过程中掌握填筑高程是一项十分烦琐、但又相当重要的工作。除了以常规方法进行测量外,通过施工驳船及布料机、推土机上 GPS 天线,随时获得所在位置及地面高度的各种数据。这些数据显示在驾驶室的监控器上供司机及工程人员使用,同时发到调度中心,供调度人员发布工作指令时参考。地面测量每完成 40m 进行一次,将测量区域分为以 40m² 为单位的若干区域,使用 GPS 计测车测量地面高程和平坦度(图 5-37)。

　　(a) 简易测量　　　　　　　　　　　　　　　(b) 接近完工时测量

图 5-37　使用 GPS 进行测量

　　(2) 作业进度控制。在进度控制方面,工程管理部门将整个填海区分解成若干个施工管理单元(如 200m×200m),每个管理单元分别记录填海时间、填料来源、驳船船名、工程量等信息。这些测量数据都记录在调度中心的计算机上,能够对填海层的厚度、建造历史等各种数据进行检索分析(图 5-38)。

　　(3) 垫层密实度控制。为了保证地面压实作业的施工质量,对碾压机配备了记录仪和 GPS,随时记录已完成的碾压次数和轨迹路线,判断地面压实度是否满足设计要求(图 5-39)。碾压机压实效果采用 RI 计测仪测量,该计测仪利用 γ 射线测量填料密度,测量范围可达到地下 30cm。

　　6) 施工监测

　　(1) 砂石抛填。排水砂层和回填料的抛填由 GPS 确定抛填位置(图 5-40),多束探测仪显示填筑效果。在二期工程施工高峰时,每天出动驳船 80 艘次,日抛填量达 240000m³。

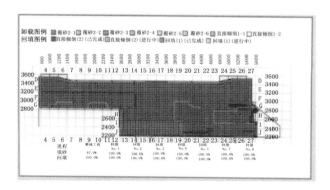

(a) 施工单元划分(200m×200m)

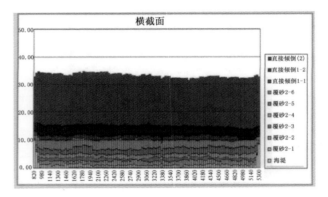

(b) 回填厚度剖面(厚度 40m)

图 5-38　作业进度管理

(a) GPS 系统显示作业位置　　　　　　　　(b) 记录仪协助司机操作

(c) 密实度计测议

图 5-39　碾压施工监督

（a）抛填作业

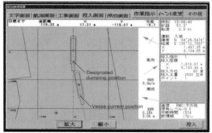

（b）海图跟踪

图 5-40　抛填船舶位置跟踪系统

（2）工程计量。工程量的计量采用了多种方法。在装船过程中，使用安装在装船机上的激光测量仪测量驳船上砂石的表面形状，由此计算出装载量（图 5-41）；对于抛填到海床上的砂石，则利用超声波回声探测器测量抛填层的厚度。

图 5-41　装船机上装有激光测量仪测量驳船装载量

7）施工顺序

关西国际机场人工岛的施工顺序采取先外后内，自下而上，原地压实软土层，填料全部采取水上船抛方式，施工过程见图 5-42。图 5-43 为二期工程填海完成后的场景。

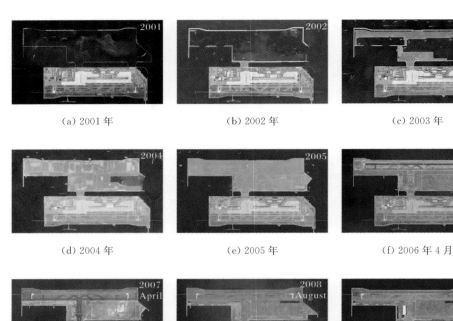

(a) 2001 年　　　　　　　　(b) 2002 年　　　　　　　　(c) 2003 年

(d) 2004 年　　　　　　　　(e) 2005 年　　　　　　　　(f) 2006 年 4 月

(g) 2007 年 4 月　　　　　　(h) 2008 年 8 月　　　　　　(i) 2009 年 3 月

(j) 2010 年 6 月

图 5-42　人工岛二期工程施工进程

5.2.3　中国澳门国际机场

1. 地基处理

1) 设计荷载及沉降控制标准

(1) 基本设计参数。

跑道设计顶标高＋7.55～＋8.00m。清淤底标高为－16.0～－20.0m,填筑形成的附加荷载为 200～230kPa。

图 5-43　二期工程填海完成后场景

（2）飞机荷载。

设计机型为波音 747，飞机最大起飞荷载为 3970kN，后轴 16 轮起飞时荷载占其总荷载的 95％；最大着陆荷载为 2560kN，基本重量为 1620kN。

（3）地基沉降。

人工岛地基可压缩土层最深－55m。跑道横坡、纵坡和滑行道的差异沉降均按≤0.15％控制。预测含施工期在内的地基总沉降为 50～121cm，工后残余沉降量为 20～40cm（实测结果见第 7 章）。

2）地基处理

关于跑道区软基处理，曾提出四种方案：桩基承台式方案、排水固结方案、部分清淤加排水固结方案和全部清淤加排水固结方案。

（1）跑道区桩基承台式方案。

此方案由葡萄牙某设计公司提出，主要设想是利用桩基结构控制跑道沉降。具体做法是：在软弱土层中钻孔至岩层，浇筑 1.8m 直径的混凝土灌注桩，桩顶浇制带翼板的整体式空箱纵梁，翼板在纵横向相互连接构成跑道道面，见图5-44。该方案与高桩码头类似，实际上是在海上架桥建设跑道，可大大减少地基沉降风险，缺点是工程造价较高，工期长。此方案工期预计 4 年。

在上述全桩基方案的基础上，还有所谓的混合结构方案，即在填海人工岛完成后，再在跑道区进行桩基施工。这一做法可减少水上施工，依托陆地完成。

（2）跑道区地基排水固结方案。

此方案由中交第三航务工程勘察设计院有限公司（简称三航院）提出，主要思路是在淤泥层打设排水板，然后填砂进行超载预压（图 5-45）。具体施工工序为：①在海底面上抛填 1m 厚的砂垫层；②在跑道和滑行道区打设塑料排水板；③吹填砂；④堆砂预压；⑤卸载。

以上方案与关西国际机场人工岛的做法基本类似（关西国际机场采用打设砂

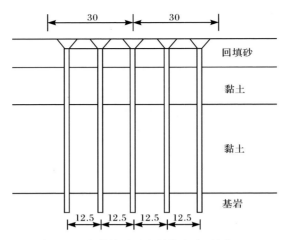

图 5-44　跑道桩基承台结构方案（单位：m）

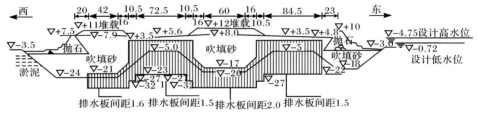

图 5-45　软基处理示意图（单位：m）

井排水），在理论和技术上没有不合理因素。由于不需要清除大量淤泥，因而对海洋环境的影响较小。实践表明，采取超载预压后，排水板周边的土体固结基本上可以很快完成，对于深层黏性土中尚存的残余沉降，可以采取预留土体厚度予以消化。缺点是淤泥固结时间较长，水上插板施工条件差，实施困难，不容易控制质量等。

（3）跑道区基础部分清淤加排水固结方案。

此方案是三航院提出的第二套方案，主要思路是将跑道区地基清淤至−12m左右，在余下的淤泥层中打入排水板，而后填砂预压。与前一方案比较，此方案挖除了部分软土层，地基沉降预期减少，但因增加了清淤和回填砂的工程量，施工工期加长，造价比前一方案略高。

（4）跑道区基础全部清淤加排水固结方案。

此方案也由三航院提出，主要思路是挖除跑道区地基下的全部淤泥，并在下卧黏土层中打设排水板，上部进行填砂预压。其工序为：①挖除跑道、滑行道范围内的全部淤泥层；②回填砂层至一定高程（满足陆上插板施工条件）；③打设排水板；④用振冲法和强夯法密实回填砂。此方案彻底清除了跑道基础下的淤泥层，并在下卧黏土层中通过打设排水板加快土体固结,是较为彻底的软基处理方法,造价比前几个方案要高,但地基的沉降变形会大大减少。从跑道对地基沉降的要求出发,最后采纳了这一方案。

清淤及排水固结等施工工艺为我国工程界所熟悉,清淤、吹填、抛填砂等工序可使用大型挖泥船。插排水板可使用液压链条传动式插板机,能够高效地穿过砂层插到35m深处。填沙密实工序可使用大功率振冲机,振冲后回填砂的静探贯入阻力可达到12MPa。施工中使用的海砂取自附近海域,从跑道基槽挖出的数百万方淤泥吹填至岸上造地。打设排水板结合堆载预压工艺成熟,固结效果可靠。此方案的难点是如何确定排水板插入黏土层的深度。由于将排水板往深打可以尽可能地多消除地基沉降,因此设计上要求将排水板插入压缩性已不是很大(压缩量约3cm/m)的黏土层中10m,即标高约-32m处。

护岸地基处理采用彻底清除基槽淤泥的方法。为了提高护岸的稳定性和减少沉降变形,采用外侧宽里侧窄的不对称基槽。护岸是整个人工岛施工期间的安全屏障,在施工初期,如果护岸内侧填砂进度跟不上,就有可能发生护岸内侧滑坡;如果堤内填砂速度过快,就有可能发生护岸外侧滑坡。

实际中曾遇到一些技术问题,如设计上对护岸内坡的基槽斜坡段未要求插排水板,结果土体发生了较大沉降,致使内侧抛石坡面产生了变形;由于滑行道面西侧边沿与护岸内坡存在搭接段,因此土体的不均匀沉降使道面产生了过大变形,导致开裂。如果滑行道的布置距离护岸更远一些,就可避免此问题发生。

2. 护岸施工

根据人工岛南端护岸的特点,护岸各抛石工序基本上是水上施工,以开体驳抛填水下部分,用翻斗汽车运输并抛填水上部分,反铲上堤理坡。

1)堤心石施工

(1)-2.0m以下部分抛填。

水下堤心石抛填采用开体驳,可大大提高效率,但定位困难,因此尽可能使用开体驳多抛堤心石,减少出水后堤心石的抛填量。具体方法为以1800t横鸡笆或600t方驳顺基槽方向驻位(船长方向同护岸纵向轴线平行)对标粗定位,在陆上测量控制点支立全站仪,在定位船的船头、船尾设置两个反射棱镜,利用极坐标方法对其进行细定位,使船定位于预定位置,然后用拖轮拖带1000m³或500m³开体驳或开底驳靠舶定位船,用全站仪重新调位后抛石。为了方便开体驳靠舶定位,每一船抛石从内坡向外坡依次进行。

(2)-2.0m~+4.0m堤心石抛理。

此工序是护岸施工的关键,这是因为该工序处于水位变动和波浪影响区,是台风发生时可能破坏的主要部位,所以需要快速成型及时护面。为此,投入大量的船舶、机具同时跟进内坡倒滤层、土工布，外坡垫层护面的施工。这时，施工船舶之间相互干扰严重，需全面统筹安排，制定合理的施工流程开展流水作业。

① 堤心石出水。实践表明，要充分发挥横鸡笼和平板驳反铲机组的作用，需要在不同的位置选择不同的船舶才能提高效率。横鸡笼吃水深，扒杆悬外跨距大，落石点高，抛石效率低；平板驳反铲机组吃水浅，抓斗悬外跨距小，落石点低，抛石效率高。针对两种船舶的特点进行合理安排，对未出水潜堤用平板驳反铲机组从内向外依次抛填堤心石，尽量多抛，以减少横鸡笼的抛石量，然后用横鸡笼使其全面出水。若安排不当，会因平板驳反铲机组的局限性而降低施工效率，加大横鸡笼的抛石工作量，减少横鸡笼在其他工序的投入数量，影响工程进度。

② 堤心石戗台施工。在堤心石完全出水或基本成型时进行戗台施工。戗台施工应尽量选用平板驳反铲机组，因船舶吃水较小，可趁高潮时将平板驳在戗台上从内向外倒退施工，在船边用水铊测水深的方法控制其高程，既保证质量又能提高效率。横鸡笼一般只能在戗台外侧施工，需要有辅助船舶配合测水深，质量控制有一定的难度。

③ 堤心石加高和加宽。堤心石全部出水后，用横鸡笼补抛堤心石使其满足高程和设计宽度，用反铲边平整边补石，避免石料多抛或少抛。堤心石补石可同戗台施工穿插进行，也可内外坡分别驻位同时施工。

④ 理坡。所有理坡工序均用反铲理坡，包括堤心石内外坡、垫层块石、倒滤层等。受反铲臂长的限制，理坡通常至－1.0m左右，其下部分采用水下抛理方式。

水下理坡：采用横鸡笼抛理水下坡面，用抓斗边测水深边抛石，偏低则补石，超高则抓石[图 5-46(a)]。

水上理坡：水上理坡工序采用反铲理坡方法，包括堤心石内外坡、垫层块石、倒滤层。在坡肩处每隔 10m 设置一坡比架，以此来控制坡肩位置和坡面坡比，反铲在坡顶据此进行理坡。使用反铲时，应最大可能地增加理坡坡面长度，减少水下理坡工作量[图 5-46(b)]。实践证明，选择反铲理坡工艺对保证工程质量、加快工程进度起了很大的作用。

(3) ＋4.0m 以上堤心石抛理。

为了防止护岸抛石时内坡圆弧滑动，不采取一次抛石到顶，而是先施工至＋4.0m 高程，待内侧填砂到－3.0m 高程时再进行加高。此时外坡垫层石和勾连块体已基本结束，外坡和内坡均无法驻船，因而采用陆上汽车运输方法，使用横鸡笼装石到临时码头，再用装载机装车，通过堤顶临时道路运送到预定地点卸石，然后反铲理坡，此法成本高、进度慢。如果采取堤心石和垫层块石一次抛石到顶，受理坡反铲臂长的限制，仍需分上、下两层施工。＋4.0m 以下的堤心石、垫层块石、倒滤层、土工布施工完毕后再反铲理坡。

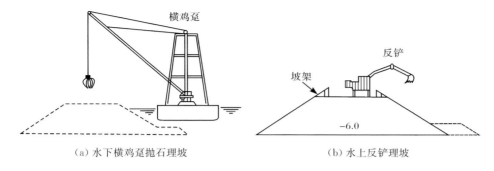

（a）水下横鸡笼抛石理坡　　　　　　（b）水上反铲理坡

图 5-46　护岸理坡施工（单位：m）

2）垫层块石施工

垫层块石的施工分层与堤心石的施工分层相对应，共分三层进行施工。施工时间根据前一工序完成的情况而定。施工期间应尽量缩短同上一工序的时间间隔，快速抛填垫层块石，保护堤心石不受风浪冲击。对于＋4.0m 高程以下部分，用横鸡笼驻位于外坡，先荒抛于戗台以上坡面，然后用堤上反铲整平、理坡。戗台及以下部分则利用横鸡笼定位定量抛石。对于＋4.0m 高程以上至坡肩部分，与同层次堤心石的施工方法相同。堤顶部分的垫层块石要待堤顶的防浪胸墙施工完毕后施工，其方法是利用翻斗汽车运石卸于专用吊斗中，用吊机从胸墙内侧吊往外侧，利用外侧的反铲抛理、整平。

3）护底碎石和块石施工

护岸外侧施工有护底碎石和护底块石两道工序。通过试验计算每个抛石点所能抛到的范围、厚度及所需抓斗的抛填次数，以此控制船舶移动、落石点的间距和点位抛石量。当抛石落点在船边时，平板驳反铲机组比较适用；横鸡笼的抛石效率相对降低，但也能较好地完成施工控制，在护底碎石、块石的施工中均有使用。此外，护底碎石施工还利用了自卸船，该类船舶配有液压装置，能自动卸石，使用方便。

4）倒滤层施工

原设计中，在护岸内坡设有两层倒滤层，分别为 15cm 厚的碎石垫层和 65mm 厚的混合倒滤层。这一安排在施工中比较困难，将两层倒滤层改为一层 100mm 厚的倒滤层后，施工大为简便。对于＋4.5m 以下的倒滤层，选择用皮带机自卸船在内坡驻位，区域性定量抛石。碎石理坡比较容易，可使反铲理坡的范围增加，因此能直接理至－3.0m 处。－3.0m 以下部分用皮带机移动补石，用反铲从水上挖石撒于水下，使整个坡面保持平顺，达到预期的坡比和厚度。此方法效率较高，且施工质量容易控制。对于 4.5m 以上的倒滤层，待堤顶的胸墙块进入施工后开始进行，其方法仍采用皮带机船运抛石料。皮带机船在外坡驻位，但外侧已安装有勾连块体,皮带机无法直接输送到位,因此在堤顶的胸墙块外侧设置了移动溜槽,将碎石溜放到位,再用反铲理坡。

5）土工布施工

把 ϕ100mm 长 8.6m 的套管插入成捆土工布的管中,使其同堤上特制的人工卷扬装置和驻位于内坡方驳上的滑轮组连接,以控制土工布的收放速度和铺设方向。铺布从堤顶开始,逐渐放松堤上的卷扬绳索,拉紧方驳上的滑轮绳索,边铺布边压砂袋。土工布入水后,潜水员下水控制铺布、压砂袋,然后拉起卷筒铺放下一块土工布。

3. 跑道地基施工

1）基槽清淤

跑道下清淤深度为－16～－20m,滑行道下清淤深度为－20～－24m,基槽边坡在－12m 标高以上的坡度为 1：3,－12m 以下的坡度为 1：2,底宽60m;滑行道基槽与西护岸基槽连为一体,基槽底宽度为 85m。根据地质资料,跑道基槽清淤后,基槽底下还有一定厚度的可压缩性土层存在,在荷载作用下其沉降量估计为 40～120cm,通过打设深层塑料排水板和堆载预压加速完成。

2）塑料排水板布置

跑道、滑行道基槽底下排水板间距为 1.8～2.0m,呈正方形布置,打设深度为 27～32m。板上端埋入基槽砂层内 3m,以确保排水通道畅通。为了减少水上施工干扰,将排水板施工从原设计水上施工改为吹填达到 3.5m 高程后在陆上施工。

改在陆上施工后虽然方便,但增加了难度,其困难是要将排水板穿透 19.5～27.5m 厚的换填砂层(换填砂的标准贯入锤击数 $N＝8～15$),再进入下卧黏性土层 8～10m($N＝10～16$),打设阻力较大,这与在水上将排水板打入淤泥和淤泥质土层的情况有着很大不同。为了克服以上问题,先后使用了两种排水板打设机。

（1）振动式打设机,振动锤为 VM-500ElV 型、CM-120s 型,激振力为 405kN;打设架高 43m;打设管为 ϕ140mm 的无缝钢管,壁厚 16mm;打设效率为 60～100根/台班。

（2）液压型打设机,主机由 HD-1880SE 液压反铲改装,架高 38m;液压电动机为 SE508BD-126-3702KL 或 SX506BM 型;2 条链条为 ANSLN0160 型,传静压力大于 200kPa;插管外形尺寸为 50mm×(130～140)mm,壁厚 12mm;机架产生的反力和液压马达所产生的动力应大于 200kPa;施工效率为 200 根/台班。

实践表明,上述两种打设机以液压型打设机为优,成本低、效率高。

3）跑道、滑行道区地基振冲密实

跑道、滑行道区砂厚度一般为 24～32m,跑道振冲宽度为 80m,滑行道振冲宽度为 59m。施工中曾计划使用国产振冲器在原设计高程＋3.5m 处打完排水板后进行振冲(振冲范围为＋3.5～－12m),然后吹填至＋8m 后进行强夯,再堆载＋12m 预压。此法工序较多、工期过长。为了缩短工期,引进国外振冲器进行一次性深层振冲,取消强夯。做法为:在高程＋3.5m 处打完排水板即吹填至高程＋8m,然后堆载预压,堆载高程＋13.5m(预留砂基密实沉降量 150cm);在高程＋13.5m 堆载顶部再进行振冲(振冲深度为 25.5m),省去强夯工序,其结果也达到了设计要求。

4)跑道滑行道区堆载预压

跑道区堆载预压在吹填砂至＋8.0m 后进行,堆载高度至＋13m,顶宽 80m;滑行道堆载高度至＋12m,顶宽 54m,堆载预压时间为 4 个月。预压完成后,将堆载料再卸至其他区域。实施中,把跑道区的堆载预压和监测分成 13 段,每段分别堆载 2 个月。堆载结束和浇筑混凝土道面之前,根据检测数据进行沉降量分析,再决定卸载日期。尽管跑道区的回填厚度达 32m(海砂置换淤泥 20m,从海底－4m填到＋8m),但地基沉降仍较明显,详见第 7 章中的案例述评。

4. 施工管理

1)施工特点

(1)工程处在开敞海域,1993 年出现台风 4 次,给施工船舶的安全作业及护岸工程的施工造成一定的威胁。

(2)施工水域锚泊条件较差,船舶要增加锚重和锚链长度。护岸施工时在靠护岸一侧要增设足够重的锚坠才能解决泊船作业。西南护岸距路环岛仅 300m,此处为水泥厂、油品码头、路环码头进出船舶航道,同时又是机场施工船舶的通行海域,相互间干扰大,给作业增加了难度。

2)施工组织

为了加快工程进度,采取南北两端同时并进、先东后西、分段流水、提前预制、早围早护、防滑防台等方法,施工进程见图 5-47。整个工程从南到北划为 12 个流水段,每段约 300m,实施中东堤提前半个流水段施工,以形成对西堤和中部跑道施工的掩护。

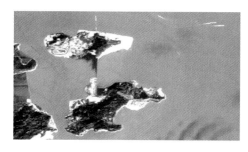 

　　　(a) 1992 年 10 月 18 日　　　　　　　　(b) 1993 年 10 月 5 日

(c) 1994 年 10 月 24 日　　　　　　　　　(d) 1995 年 9 月 9 日

(e) 1996 年 11 月 14 日　　　　　　　　　(f) 1997 年 11 月 1 日

图 5-47　施工进程

3）施工船舶

施工高峰时，作业船舶达到 340～410 条，其中，耙吸式挖泥船 12 条，绞吸式挖泥船 7 条，抓斗及反铲挖泥船 10 条，链斗式挖泥船 1 条，泥驳 34 条，开底泥驳 6 条，起重船 3 条，方驳 17 条，拖轮 21 条以及打桩船、混凝土拌和船等，另外有民船 140 条，场面可谓壮观。

5.2.4　中国香港国际机场

香港国际机场人工岛依托于 2 座天然岛屿扩展施工，天然岛屿间的清淤作业主要使用绞吸式挖泥船和抓斗挖泥船。绞吸船在清淤深度上可控，工作起来较为精确，并且能"切"掉较为坚硬的软土层；抓斗挖泥船设备简单，在驳船上装上起重机和抓斗即可挖掘施工，抓斗容量为 6～20m³ 不等，使用较多的是 8m³ 抓斗。建设中将天然岛屿的山丘削平后作为填料，采取向海中逐步推进的方法形成人工岛。人工岛施工见图 5-48。图 5-49 为施工中航空测量及摄影。图 5-50 为施工进程。

（a）绞吸式挖泥船在现场作业

（b）施工水域狭小

（c）B3 段直立护岸施工（1994 年 3 月）

（d）自升式平台和钻井船进行地质勘探

（e）构筑直立式护岸

（f）开山取土

（g）填料直接入海

（h）块石筛选

(i) 挖泥船作业

(j) 绞吸船作业

(k) 水文调查船作业

(l) 使用探锤测量水深

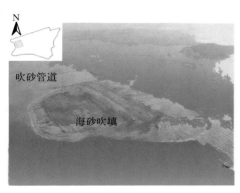

(m) 海砂吹填

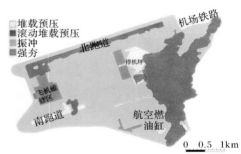

(n) 地基处理布置

(o) 振冲与强夯

(p) 软土搅拌固化

（q）打设排水板施工

图 5-48　香港国际机场人工岛施工

（a）正在测量及摄影的飞机及测量员　　　　　　　　（b）地面测量控制点

图 5-49　施工中航空测量及摄影

（a）1992 年 10 月 18 日　　　　　　（b）1993 年 10 月 05 日　　　　　　（c）1994 年 5 月 17 日

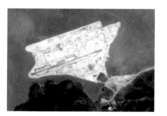

（d）1994 年 10 月 24 日　　　　　　（e）1995 年 12 月 30 日　　　　　　（f）1996 年 11 月 14 日

(g) 1997 年 11 月 1 日　　　　(h) 1998 年 10 月 19 日　　　　(i) 1999 年 11 月 15 日

图 5-50　施工进程

5.2.5　日本中部国际机场

中部国际机场人工岛建设的最大特点是与港口航道疏浚工程联动,接收名古屋港约 1000 万 m³ 的疏浚土,节省了填筑材料,加快了施工速度。这些疏浚土主要为淤泥及黏土,含水率较高。为了提高疏浚土强度,现场采取"管内混合固化处理法"进行改良,即通过绞吸船真空泵吸入淤泥及黏土,在管道输送过程中不断添加固化剂,边输送边搅拌,吹填至人工岛北侧的纳泥区,形成大片建筑用地(图 5-51)。该法效率高,软土硬化快,但需要大量固化剂,工程造价较高。人工岛于 2000 年 8 月开始施工,2003 年 2 月填海基本完成,施工进程见图 5-52。

5.2.6　中国上海浦东国际机场

上海浦东国际机场的地基基本上为深厚软黏土,整个区域约有一半位于 1959 年前后建的人民塘以外的滩涂上,一半建在原有的农田和村庄的塘内。实际上,农田及水塘陆地早年也是滩涂,都是千百年冲积而成的,机场平面如图 5-53 所示。

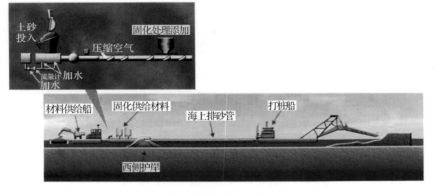

(a) 疏浚土固化处理过程

（b）加入固化剂施工现场　　　　　　　　　（c）检查固化处理效果

图 5-51　疏浚土固化处理施工

（a）施工开始（2000 年 8 月）　　　（b）轮廓初显（2000 年 12 月）　　　（c）分区形成（2001 年 2 月）

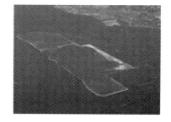

（d）护岸基本完成（2001 年 3 月）　　（e）填海跟进（2001 年 8 月）　　（f）建筑区填海（2001 年 11 月）

（g）上部设施同时建设（2002 年 1 月）　　（h）跑道区填海（2002 年 3 月）　　（i）填海大部完成（2002 年 8 月）

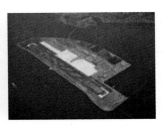

(j) 护岸基本合拢(2002 年 10 月)　　(k) 填海基本完工(2003 年 2 月)　　(l) 跑道形成(2004 年 5 月)

图 5-52　填海施工进程

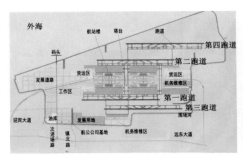

(a) 已建 4 条跑道位置　　　　　　　　(b) 人民塘大致走向(图中红线)

图 5-53　机场平面

　　地质勘探显示,上海浦东国际机场地下软土层厚度约为 280m,其中 65m 范围内主要由黏性土、粉性土和沙土组成,属全新世 Q_4 时期以来的河口、滨海、浅海、沼泽、溺谷相沉积层,具有水平向层理。按沉积时代、成因类型及其物理力学性质,地质划分为 6 个主要层次,其中第①、②、③、⑤、⑥层又分为若干亚层或次亚层。根据第⑥层的分布情况,可将场地分为古河道分布区和正常地层分布区。场地中部土层由淤泥质黏土层组成,该层组主要为具有高含水量、高压缩性、低强度的黏性土和局部夹粉性土。当该层组结构受破坏后,强度恢复缓慢,在长期附加应力作用下,容易产生较大沉降。场区内有两条古河道:1 条位于场地北面,推测和一、二期航站楼、磁悬浮车站区域的古河道连通,最深处约 60m,宽度为 700～1200m,往入海口方向呈逐渐变宽的喇叭口形态;另外 1 条位于场地南面,最深约 57m,宽度为 700～1400m。场区内各土层物理力学性质指标见表 5-4。

表 5-4　土层物理力学性质

层号	土名	层厚 /m	天然含水量/%	重度/ (kN·m⁻³)	孔隙比	内摩擦角/(°)	内聚力 /kPa	压缩模量 /MPa
②	粉质黏土	1.4	28.8	18.7	0.84	17.5	18	4.42
③₁	淤泥质粉质黏土	1.6	39.4	17.7	1.11	24.0	12	2.75
③₂	砂质粉土	5.9	29.2	18.7	0.83	33.0	4	11.50
④	淤泥质黏土	9.7	50.8	16.8	1.44	11.5	14	2.15
⑤₁	黏土	11.5	40.1	17.6	1.14	15.0	16.3	25
⑤₂	粉质黏土	12	37.4	17.8	1.07	19.0	18.4	12
⑤₃	粉质黏土夹粉砂	4.9	30.4	18.3	0.90	27.5	12	6.30
⑤₄	粉质黏土	—	21.8	19.7	0.65	20.0	43	7.28
⑥₁	粉砂	—	30.1	18.7	0.84	33.0	0	13.20
⑥₂	粉细砂	—	27.2	19.0	0.76	34.5	0	14.99

注:内摩擦角和内聚力取自直剪试验的固结快剪峰值。

　　场地地下水分为潜水、微承压水和承压水三种类型。潜水补给来源主要为大气降水及地表径流。勘探测得地下水埋深一般为 0.40～2.00m,相应标高为 −3.78～ −0.75m。微承压水分布于第⑤₂层,属层间水。承压水分布在该场地的第⑥₁层以下沙土层。(微)承压水头呈周期性变化,埋深一般为 −3～−11m。由于地基土层夹沙的原因,一般水平向渗透系数要大于垂直向渗透系数。第②₃层和第③₂层浅层地基土沙性较重,具有较高的渗透系数。

　　地基处理方法比较见表 5-5。

表 5-5　地基处理方法比较

地基处理方案	优点	缺点	位置	造价/ (元/m²)	工期 /月
堆载预压 (不插板)	技术可靠、工序少、造价低	需要预压土方,处理时间长	第二跑道 第四跑道	320	36～48
堆载预压 (插板)	技术可靠、工序简单、造价适中、时间可控	需要预压土方、插设排水板	第二跑道试验段 第四跑道 第五跑道	408	8～20
真空预压	不需预压土方	工序繁多、工艺复杂;需设置密封墙,人为造成地基不均匀;改变了地基土层原排水通道;较堆载预压可靠性差	第三跑道	441	3～6

续表

地基处理方案	优点	缺点	位置	造价/(元/m²)	工期/月
深层搅拌法（复合地基）	技术可靠、施工速度快、处理效果好	水泥用量大、造价高、施工质量可控性差	第五跑道过渡段	530	10
强夯（静动联合排水固结）	设备简单、施工方便、工期短，可通过调整夯击能量处理不同深度土层	软黏土含水量较高时，处理效果不显著；加固深度小，一般不超过 6～8m；对淤泥等软土处理效果有较大争议	—	200	8

1. 地基沉降分析（第一跑道）

1）工程概况

第一跑道原地面标高＋3.5～＋4.0m，地下水位埋深 0.5～1.0m，水位标高＋2.5～＋3.5m。②$_2$、③$_1$、④等软土层的土体沉降变形最大，是地基处理的主要对象。由于当时勘探深度有限（约 25m），没有发现存在古河道，因此对跑道地基采用"垫层＋2000kN·m 强夯"处理，于 1996 年 9 月施工，1997 年 10 月竣工。跑道采用 46cm 厚的混凝土道面，其下为三层 18cm 厚的二灰碎石层，结构层总厚度为 100cm，1998 年 2 月道面工程竣工。此后通过附近站坪及二期工程的勘察资料，发现该跑道在距离北端 940～1420m 处跨越了 1 条宽度约 480m 的古河道。

2）软基处理及问题

理论上，强夯并不是解决地基软土沉降的有效方法，对第一跑道软土地基采用强夯法进行处理一直存有争议。有人认为采用强夯加固后，浅层土被压缩后沉降量减小，下卧淤泥质软土层受到扰动，导致场道地基的总沉降量更大。尽管强夯法在机场软土地基处理中的适用性有待商榷，但对后来的第二跑道采取吹砂补土、堆载预压再强夯的总体效果进行判断，强夯法对机场地基密实还是有一定的作用。

抽取地下水引起上海地区地面沉降，这已被事实证明。据统计，1921～2001 年期间，上海中心城区平均累计下沉了 1.93m。2005 年以来，通过加强对地下水的开采管理和回灌，使城市地面年均沉降量由 2005 年的 8.4mm 减少到 2009 年的 5.2mm，可见地面沉降与地下水位关系密切。上海浦东国际机场是上海的一部分，因而有理由推断地下水位与跑道地基沉降不会没有关系。建设第一跑道时，在周围开挖围场河，引起该区域地下水位下降，因而推断其是引起地基沉降的原因之一。

关于飞机起降的动荷载是否会对地基沉降产生影响，目前还缺乏统一的认识，在场道地基设计中一般只考虑道面静载。但基于实际观察，发现飞机动荷载引起的沉降也是存在的,在一些特定的地质条件下不应忽略。

　　3) 地基沉降分析

　　(1) 沉降监测。

　　此次监测自 1998 年 2 月起,至 2009 年 2 月结束。具体内容为:1998 年,从跑道北端点(P200)开始,每隔 50m 设 1 个观测横断面;2002 年 8 月以后,每隔 200m设 1 个观测横断面,在跑道横断面上中心点两侧每隔 5m 设 1 个观测点,每个断面共设 13 个观测点。

　　观测结果显示,跑道中心线测点的沉降趋势十分明显(图 5-54),沿跑道中心线沉降分布基本均匀,古河道区段处的沉降量较大,最大沉降为 788mm,比其他位置 490～626mm 的沉降量显著偏大(图 5-55);横断面沉降从道面边线向中心点逐渐增大,中心点处沉降比道面边线处沉降大 50～150mm(图 5-56)。在工后的 11年中,道面平均沉降 54cm,远超当初预测的 10cm。

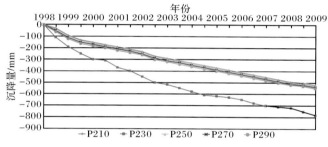

图 5-54　跑道中心线测点沉降历时曲线

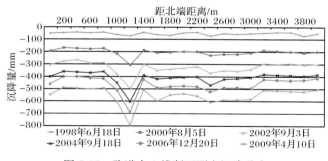

图 5-55　跑道中心线断面测点沉降分布

　　(2) 沉降原因分析。

　　要分析跑道沉降的原因,首先要回顾荷载施加的过程。1998 年 2 月开始观测沉降时,场道上部荷载已全部施加完毕。从跑道竣工后至 1999 年 10 月通航前的实测结果来看,场道地基的沉降已趋于平缓。跑道运营后,承接的最大机型为 E 类飞机,飞机主起落架外轮外侧边间距为 9～14m。观测发现,在距道面边线 10～30m 线测点之间出现了差异沉降,与飞机起降的轨迹相吻合。结合图 5-57 可以看出:1998 年 2 月至 2000 年年底,地基荷载只有道面静载;1999 年 10 月通航后,至 2000 年下半年航班数量逐步增加,动载加强,此类荷载持续 2～3 年;2001 年下半年,围场河全线贯通,水位下降,因而此后跑道的地基沉降很可能与地下水位下降及飞机动荷载有关。

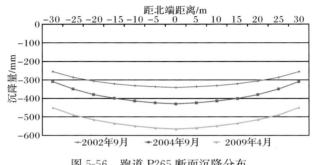

图 5-56   跑道 P265 断面沉降分布

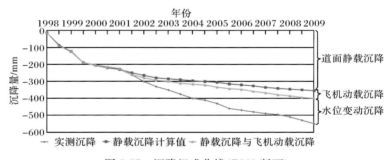

图 5-57   沉降组成曲线(P265 断面)

无法确定的是,在观测第一跑道道面沉降时未同时做地下水位观测,因而还没有确切掌握地下水位与道面沉降的关系,但通过研究上海浦东国际机场排水系统的设计,大致推断出围场河的排水可能使距东侧 200～400m 的第一跑道地下水位下降了约 1m,这或许是引起地基沉降的原因之一。

2. 真空预压处理软基试验(第三跑道)

第三跑道地基处理的重点是解决地下 20m 处的古河道问题,采用冲击加振动碾压工艺只能处理浅层地基,对真空预压法是否适用于深层地基处理需进行现场试验确定。

1) 真空预压试验

(1) 设置真空膜不少于两层,膜下真空度保持在 600mmHg(1mmHg =

0.133kPa)以上,相当于 80kPa 以上的等效预压荷载。滤管间距 7m,埋设于砂砾石排水垫层中部。

(2)在周边打设封墙。为了对比效果,设置了两个试验区,分别采用淤泥搅拌桩和水泥搅拌桩制作密封墙,具体如下:

① 淤泥搅拌桩桩长 7m,淤泥掺入比为 25%,桩径为 70cm,搭接为 20cm;

② 水泥搅拌桩桩长 7m,采用 32.5 号普通硅酸盐水泥,掺入比为 10%,桩径为 70cm,搭接为 20cm。

(3)卸载标准:真空预压 90 天,沉降速率连续 5 天不大于 1.5mm/d。

2)监测结果

(1)水泥搅拌桩气密性措施效果明显,能够使膜下真空度长期保持在 80kPa 以上;

(2)经过真空预压,试验区中部的平均沉降量为 21.8cm,最大沉降量达到 27.3cm(除去回弹的 1.5cm),沉降速度较快;

(3)淤泥质黏土的分层沉降占总沉降量的 60% 左右,十字板不排水抗剪强度提高了 29.4%,静探比贯入阻力提高 18.5%,表明真空预压工艺达到了有效处理深部软弱土层的目的。

3. 软土地基堆载预压沉降监测(第四跑道西平滑道)

1)堆载预压方案设计

第四跑道西平滑道部分区域位于古河道区,为了加速土体固结,按常规应打设排水板。但由于距跑道围界很近,插板机支架的高度会影响飞机的起降安全,故取消打设排水板工艺,采用不同堆载高度预压解决不均匀沉降问题,具体做法如下。

(1)预压技术参数。

① 预压时间(不含施工期)18 个月;

② 要求荷载超载 60%。

(2)堆载高度。

以地面平均标高 +3.5m 为堆载起始高程,各区域的堆载高度分别为:一般区域堆载高度为 +5.5m;古河道区堆载高度为 +6.1m。

2)监测结果

观测内容包括地面沉降、土层分层沉降、孔隙水压力、地下水位、土压力、水平位移等。监测自 2011 年 1 月 17 日开始,到 2012 年 8 月 21 日截止,历时 19 个月(包括堆土施工期)。结果显示,经过堆载预压,地基沉降显著,处理效果较为理想。受暗浜分布差异影响,各地表监测点累计沉降量有所不同,暗浜、古河道分布区域累计沉降量较大,累计沉降量最大为 1026.05mm,最小为 378.32mm。土体分层沉降最大值为 782mm(位于地下 4m 处)。预压处理效果随深度的增加而衰减,有效处理深度在 20m 以内。

3）工后沉降预测

利用实测数据得出沉降与时间的关系，采用双曲线法进行预测，得到土体平均沉降约为 807.53mm，其中工后沉降约为 165.3mm。古河道区经处理后的平均沉降为 950.4mm，其中工后平均沉降约为 163.94mm。

5.2.7　中国深圳宝安国际机场

1. 机场扩建历程

1）机场跑道（1990 年）

一期工程跑道采用大换填方法。先在跑道两侧边线范围之外由抛石强夯形成两道拦淤堤，在拦淤堤中间采用机械挖淤的方式清淤，然后换填开山石。换填淤泥深度为 6～9m，清出的淤泥堆放在场区晾干后作为填料摊铺在滑行道和跑道之间。经过多年使用，工后沉降约 30mm。

2）停机坪和站坪（1990 年）

一期工程停机坪和站坪的软基处理采用排水固结堆载预压法。此处淤泥的厚度为 7～9m，采用砂井竖向排水，堆载强度为 70kPa，预压时间为 6 个月。软基经处理之后，站坪和停机坪的工后沉降均控制在设计要求范围。使用 10 年后，实测最大沉降小于 50mm。排水固结法使淤泥得到就地处理，节约了大量填海土石方，相比大换填处理方法造价经济，但工期较长。

3）站坪扩建工程（1997 年）

机场扩建站坪软基采用强夯块石墩的复合地基处理方法。在淤泥地层中设置块石墩，深度达到持力层，块石墩和软土共同作用形成复合地基。实践中发现，在处理面积和淤泥厚度较大的情况下，强夯块石墩会引起大量淤泥上冒，造成清淤困难，当淤泥厚度小于 6m 时效果较好。

4）一期工程联络道和站坪扩建工程（2003 年）

根据填海区用途，施工中主要采用换填和插板排水两种工艺。对地基沉降要求较高的跑道区采用换填法，即用绞吸船把海底的淤泥全部挖除，直至海底硬质层，再填上符合技术标准的细砂。施工高峰时，多条船一字排开同时向换填区吹砂。填砂粒径在 0.075mm 以上，含泥量低于 5%。

各种填料来源及价格估算如表 5-6 所示。

表 5-6　各种填料比较

填料名称	可利用方量/万 m³	到场单价/(元/m³)	备注
海砂	>1500	25	海运、陆运
土方	300	35	陆路运输

填料名称	可利用方量/万 m³	到场单价/(元/m³)	备注
开山石	1500	45	陆路运输
石料	不限	60	海运
淤泥	不限	15	吹填

一期工程站坪和联络道连接部以及站坪扩建工程的软基采用水泥深层搅拌桩复合地基法处理,对于与已有场道连接带部位采用分层注浆固结,处理效果较好,但工程造价较高,是一般排水固结处理方法的 3～5 倍。

2. 第二跑道扩建

第二条跑道位置基本上位于海域范围,水深 2～3m,填砂厚度为 3～4m。先进行振密处理,然后插板和分层填筑开山石。实践表明,采用吹砂填海的方法施工进度较快。第二跑道填筑方案如图 5-58 所示。

对于土面区,利用场地南侧扩建码头的港池挖泥和航道疏浚吹填。疏浚地点距第二跑道土面区距离不超过 5km,由绞吸船直接吹填进场。

（a）将跑道区淤泥吸掉

（b）淤泥输送至纳泥区作为土面区填料

（c）跑道区淤泥挖除后水上抛砂

（d）对抛填砂层振冲密实

图 5-58　第二跑道填筑方案

1）护岸施工

机场外围护岸长 15km,下卧层存在 2.0～11.0m 厚的第四系全新统海相沉积淤泥层。该层淤泥具有高含水量、高压缩性、低强度及高灵敏度等特点,属于超软弱土层,不能作为护岸持力层。曾考虑以沉井式直立护岸、抛石护岸排水固结处理软基、大袋砂护岸排水固结处理软基、抛石护岸爆破处理软基以及抛石护岸挖淤处理等多种施工方案。经筛选对比,选择抛石重力式斜坡堤为护岸建设方案,堤顶设挡浪墙。对于淤泥厚度小于 4.0m 的地段,采用抛石挤淤法施工;淤泥厚度大于 4.0m 时,采用抛石爆破挤淤法施工。临时性护岸和隔堤采用抛石挤淤方法施工(图 5-59)。

（a）施工前场景　　　　　　　　　　（b）护岸布置

（c）采用抛石挤淤法施工护岸　　　　　（d）采取水下爆破方法夯实基础

图 5-59　护岸施工

2）填海及软基处理

（1）填海方案。

综合填料来源、运输途径、工程造价以及方便后续软基处理和建筑施工等因素,借鉴深圳地区 20 年来软基处理经验,采取的原则如下。

① 合理利用海砂。据调查,珠江下游海砂可采资源丰富,总量上能够满足填海需求。在开采和运输能力上,日进砂一般为 2 万～3 万 m³,所以海砂利用要考虑工期上的可行性。

② 填石材料采取集中开采陆路运输以及海运进场两种方式。陆路运输受道

路交通限制,日进场运量有限,即使修建专用道路,平均日运量也不会超过 5 万 m³。受此限制,在采用填石方案时,尽量合理安排和利用填石用量,对有承载力要求的飞行区和场道区的道面基础安排填石,其他区域如建筑区等不安排开山石填料。

③ 由于福永码头及南侧新建码头需要疏浚航道和港池,结合场地的使用功能和开发次序,合理利用疏浚泥吹填造地,以节约工程投资。

各功能区的填料及软基处理技术要求见表 5-7。

表 5-7　各功能区填料及技术要求一览表

功能分区	填土设计标高/m	填料要求	技术要求
道面、道肩区	+3.00	交工面以下 1.5m 为填石	① 工后沉降≤15cm;差异沉降≤1.5‰ ② 交工面地基承载力≥140kPa ③ 土基顶面反应模量≥80MN/m³ ④ 土基顶面平整度≤30mm
土面区	+3.00	填料酌定,表层 0.2～0.3m 覆盖耕植土	① 工后沉降≤25cm;差异沉降≤1.5‰ ② 密实度≥0.90
建筑区	+3.40	限制填石	① 工后沉降≤20cm;差异沉降≤2‰ ② 地基承载力≥100kPa ③ 密实度≥0.85
预留区	酌定	考虑后期软基处理的可行性	

(2) 基础设计。

① 技术要求。道槽区填石层要求如下:

(a) 地基顶面反应模量不小于 80MPa;

(b) 填石压实后固体体积率不小于 78%,折合填石干容重为 2.1t/m³;

(c) 土基顶面以下 1.5m 范围内填筑级配良好的石料,其中,在地面 0～0.3m 深度内粒径不大于 15cm;在地面 0.3～1.5m 深度内粒径不大于 40cm。

② 回填材料。底基层材料要求采用级配良好的开山石料,开山石料抗压强度不小于 20MPa,遇水不软化,粒径＞5mm、颗粒含量≥65%,最大粒径小于层厚的 2/3。

(3) 排水固结堆载预压。

排水固结堆载预压设计包括沉降估算、填筑方法、插板间距、堆载预压时间和堆载强度等内容。根据规范要求和插板深度,选用 B 型板作为该工程插板材料。插板间距根据堆载强度、卸载固结度和工后沉降、差异沉降的设计要求综合确定。排水固结与堆载预压施工如图 5-60 所示。

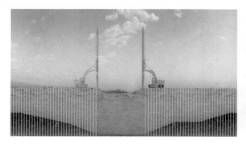

（a）打设插板

（b）插板施工现场

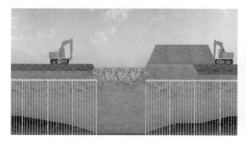

（c）堆载预压

（d）堆载预压施工现场

图 5-60 排水固结与堆载预压施工

飞行区（站坪和停机坪）、规划建筑区的场地原为鱼塘区，塘底标高 0～ −1.5m，填砂厚度为 1.5～3.0m。原有的鱼塘塘埂有利于形成人工排水条件，排水后人工填砂（图 5-61）。在填砂之上打设排水插板，地面填土（石）采用分层振动压实的方法填筑。

（a）将鱼塘水排净

（b）排水后进行平整

图 5-61 鱼塘区填筑

（4）吹填砂。

① 吹填砂施工。地基处理前先吹填砂出水面（＋1.5m），然后进行插排水板

及堆载预压。根据勘测资料,大部分海域的地面标高为 $-1\sim-3.5m$,吹填砂厚度为 $3.0\sim5.0m$。由于吹填时场地条件与吹填材质的差异,吹填砂的密实度会有较大不同。工程区为 7 度地震设防区,因而存在产生液化的可能。

② 处理标准。填料为中粗砂时,砂层密实度能达到稍密状态,标准贯入锤击数为 $10\sim15$ 击(砂层较浅处取低值);对于粉细砂,适当提高标准,标准贯入锤击数为 $13\sim15$ 击。处理标准对处理方法的选择影响较大,其工程费用也有一定的影响,因而有时需要进行现场试验,以便解决吹填砂密实度、验收标准和处理方法等问题。

③ 处理方法。根据场地条件,采用振冲密实与振动碾压相结合的处理方法,对深层砂采用振冲方法,对砂层表面或薄层砂采用振动碾压方法。

在鱼塘区,采用先排水铺土工布后填砂的方法填筑砂垫层。砂垫层和填砂按照干容重 $1.65g/cm^3$ 控制填砂标准。土工布施工如图 5-62 所示。

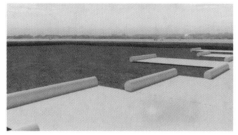

(a) 土工布铺设　　　　　　　　　　(b) 铺设现场

图 5-62　土工布施工

(1) 土面区填筑。

土面区填筑分为如下三种情况:

① 原状为海域。淤泥厚度大于 $5.0m$,泥面标高 $-1.5\sim-3.5m$,填筑厚度超过 $5.0m$,填筑方案以吹砂和吹淤为主。

② 现有机场土面区。地面标高 $+1.5\sim+3.0m$,下卧淤泥层厚度为 $5.0\sim9.0m$,补填土石方为 $0.4\sim1.0m$。

③ 原状为鱼塘。地面标高为 $0m$,淤泥厚度为 $5.0\sim9.0m$,填筑方案为回填土石方至设计标高约 $+3.0m$。

图 5-63 为回填现场。

填海区域的土面区采用插板排水固结方法处理。由于土面区上部没有荷载,故未采用堆载预压,仅靠填土自重荷载。

(2) 建筑区填筑。

建筑区的建筑主要有航站楼及导航站。由于部分场区采用桩基(图 5-64),有基坑开挖的要求,因此建筑周边的范围尽量避免填碎石土,而以填砂和土方为主。

图 5-63　回填现场

（a）桩基布置

（b）桩基施工

（c）桩基完成

图 5-64　场道桩基

　　建筑区其他部分的填筑和软基处理方法与飞行区一致,堆载预压强度为 30kPa。

　　各场地填筑和软基处理方案汇总见表 5-8。

表 5-8　各区填海及软基处理

功能区	场地原状	淤泥平均厚度/m	填料	软基处理方法
场道区	海域	6.4	填砂、填石	振冲、插板堆载预压
土面区	海域	8.4	填砂或吹淤填土(石)	插板预压
场道区	鱼塘	8.5	填砂、填土(石)	插板堆载预压
场道区	陆域、护岸	7.5	填砂、填石	与一跑道连接段为桩网复合地基,过渡段为超载预压,护岸段采用砂井堆载预压
航管站	海域	10.0	填砂、填土	振冲、真空预压

3) 工后沉降预测

假定土石方填筑完成后 1 年投入使用,工后沉降预测如表 5-9 所示。

表 5-9　工后沉降预测

原状	总沉降量/m	1 年固结度/%	20 年固结度/%	工后沉降/m
海域	1.45	19.2	80.6	0.89
鱼塘	1.32	26.9	82.0	0.73
陆域	0.32	19.2	80.6	0.20

从计算分析结果可以看到,填海区原有淤泥层较厚,又普遍吹填了 5m 厚的淤泥,需要进行软基处理以消除部分工后沉降。飞行区场地位于鱼塘区,是整个机场淤泥分布最厚的区域,采用填砂并结合插排水板进行处理。

填海施工进程见图 5-65。

　(a) 2007 年 7 月 24 日　　　　(b) 2008 年 7 月 26 日　　　　(c) 2009 年 2 月 3 日

　(d) 2010 年 9 月 18 日　　　　(e) 2011 年 2 月 25 日　　　　(f) 2012 年 11 月 2 日

图 5-65　填海施工进程

5.2.8 中国厦门国际机场

1. 工程概况

厦门国际机场拟建场地的原始地貌为海域或滨海潮间带。2010～2012年底，已在约 $3km^2$ 鱼塘区吹填疏浚软土 1100 万 m^3。由于填料来源复杂，承载力差异较大，为适应机场建设要求，随后开展了大规模的软基处理工作。

2. 软土力学性质

场地自上而下为吹填土层、海积淤泥层、粉质黏土层、黏土层等，局部有粉砂层，其中，吹填土层和海积淤泥层是需要处理的主要对象。吹填淤泥因人工扰动，含黏土颗粒增多，其力学性质和压缩性指标见表 5-10。

表 5-10 吹填淤泥和海积淤泥的物理性质和压缩性指标

土层	密度/ (g/cm^3)	孔隙比	含水率 /%	液限 /%	塑限 /%	压缩系数 $/MPa^{-1}$	压缩指数
吹填淤泥（插板排水堆载预压区）	1.50	2.51	95.70	51.70	27.60	1.72	0.65
吹填淤泥（真空联合堆载预压区）	1.46	2.74	105.00	53.20	28.50	—	0.70
海积淤泥	1.63	1.68	62.14	48.20	27.34	1.69	0.52

3. 地基处理

为了对比真空联合堆载预压和插板排水堆载预压两种软基处理方法的效果，进行了现场试验，具体做法如下。

1）插板排水堆载预压

插板采用 SPB100-B 型整体式排水板，插板间距 1.0m，正方形布置，预压荷载强度取 80kPa，土堆高度为 5m，如图 5-66 所示。

2）真空联合堆载预压

插板型号同上，插板间距 0.9m，正方形布置，满载后抽真空 180 天，填土荷载按砂垫层以上至土基交工面所有填土高度核算，如图 5-67 所示。

4. 软基处理效果

1）沉降观测

插板排水堆载预压区共设 12 块沉降板。满载预压 5 个月后，测得各沉降板的沉降量为 896～2831mm，平均为 1615mm。卸载前 1 周沉降板的平均沉降速率为

0.5mm/d,沉降-时间曲线见图 5-68。

真空联合堆载预压区共设 7 块沉降板。满载预压 6 个月后,测得各沉降板的沉降量为 979～2182mm,平均为 1315mm,卸载前 1 周沉降板平均沉降速率为 0.4mm/d,沉降-时间曲线见图 5-69。

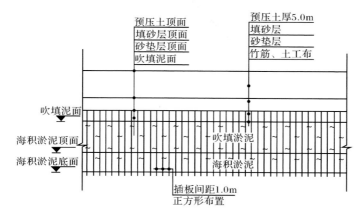

图 5-66　插板排水堆载预压处理断面

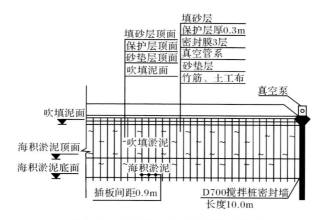

图 5-67　真空联合堆载预压处理断面

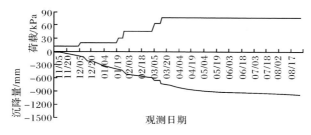

图 5-68　插板排水堆载预压沉降-时间曲线

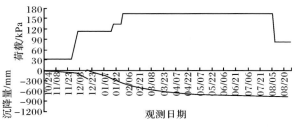

图 5-69　真空联合堆载预压沉降-时间曲线

由图 5-68 和图 5-69 可以看到,地基沉降过程总体上分为两个阶段:①填筑施工期沉降约占总沉降量的 65%,对应于每一级加荷都随之发生一定的沉降,表明淤泥对荷载极其敏感。在加载过程中,地基沉降仍以圆滑曲线逐渐发展,并未与加载台阶相对应;②满载预压后沉降约占总沉降量的 35%,其变形以抛物线形式发展,满载预压 5 个月后,沉降速率已经小于 0.5mm/d,沉降速度趋于平缓。

2) 软基处理方法比较

现场对试验结果进行了钻孔取样检测和原位测试。检测孔间距 30m×30m,钻孔取样和原位测试孔各一半,原位测试采用十字板剪切试验。钻孔取出的吹填淤泥土样能成型,指压有一定的强度。插板排水堆载预压和真空联合堆载预压的淤泥性质对比见表 5-11。由表 5-11 可见,真空联合堆载预压与插板排水堆载预压相比各有优缺点:

(1) 插板排水堆载预压法简单,质量容易控制;真空联合堆载预压法相对复杂,质量易受停电、密封膜破损、密封效果有限等因素的影响;

(2) 在同样的预期效果下,插板排水堆载预压法比真空联合堆载预压法的工期长;

(3) 插板排水堆载预压法处理后的地基均匀,真空联合堆载预压法处理时因分区的需要,尚有密封沟的处理问题;

(4) 插板排水堆载预压法适用于淤泥层,造价为 480.4 元/m²,费用较低;真空联合堆载预压法适用于底部无连贯砂层的淤泥层,造价为 561.2 元/m²,费用较高。

表 5-11　不同方案处理后淤泥性质

处理方法	地层	含水率/%	孔隙比	三轴不固结不排水试验		十字板剪切强度/kPa
				黏聚力/kPa	内摩擦角/(°)	
真空联合堆载预压	吹填淤泥	56.7	1.45	13.5	0.87	27.4
插板排水堆载预压	吹填淤泥	56.8	1.46	13.5	0.87	25.0
	海积淤泥	41.0	1.03	14.2	0.76	32.2

综上,在堆载预压材料可以重复利用的情况下,插板排水堆载预压法造价较低,而且该方法施工质量易于控制,应优先考虑。当土石方材料缺乏或者堆载材料不能周转利用时,对于差异沉降要求不严格的区域,可采用真空联合堆载预压法处理。

机场填海范围、施工现场以及进程见图 5-70～图 5-72。

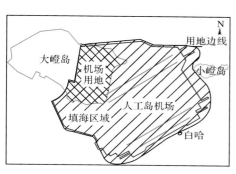

（a）新机场与岛屿关系

（b）填海范围

图 5-70　机场填海平面图

（a）清理泥滩

（b）修筑护岸

（c）抛填海砂

（d）填砂造陆

（e）现场远景 　　　　　　　　　　　　　　（f）陆地形成

图 5-71　机场填海施工现场

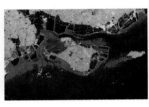

（a）2011 年 2 月 4 日 　　　　　（b）2012 年 5 月 21 日 　　　　　（c）2013 年 8 月 4 日

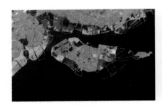

（d）2014 年 9 月 8 日 　　　　　（e）2015 年 10 月 13 日 　　　　　（f）2016 年 4 月 22 日

图 5-72　填海施工进程

5.2.9　中国大连国际机场

1. 人工岛填筑施工

1）地基处理标准

综合考虑所处区域工程的地质条件，各功能区地基处理标准如下。

（1）飞行区。

① 使用期 20 年内残余沉降≤30cm，差异沉降≤1.5‰；

② 地基承载力≥140kPa；

③ 地基顶面反应模量≥80MN/m³；

④ 填石压实要求：0～1m 回填层的固体体积率≥81%；1～4m 的固体体积率≥80%；4m 以下的固体体积率≥78%；

⑤ 地基顶面平整度≤30mm。

（2）建筑区。

① 使用期 20 年内残余沉降≤50cm；

② 地基承载力≥100kPa。

2）人工岛填筑方式

大连国际机场人工岛建设按机场使用功能，将陆域形成分为直接填筑区、清淤换填区和淤泥吹填（纳泥）三类，如表 5-12 所示。

表 5-12　人工岛填筑施工方案

分区及使用功能		施工工艺	后续地基处理预案
直接填筑	航站区、辅助建筑区	不清淤，直接填筑开山石至陆域设计标高；根据现场情况可先填筑形成网格，再进行网格内回填；或者从一侧直接推进回填	振冲置换＋强夯
清淤换填	2 条跑道、滑行道、停机坪、联络道等	将淤泥层清除，吹填至纳泥区；清淤后陆上填筑开山石至设计标高形成陆域	强夯
淤泥吹填	远期预留跑道区	利用清淤淤泥吹填形成陆域	插排水板、真空预压处理
	预留发展用地	利用清淤淤泥吹填形成陆域	插排水板、真空预压处理
	航标灯区	利用清淤淤泥吹填形成陆域	不进行大范围地基处理，航标灯基础单独考虑

（1）直接填筑区。

直接填筑区是机场建筑对基础沉降要求不高或可进行有针对性地基处理的区域，面积约为 391.6 万 m²。采用不清淤直接陆填开山石方式，以自卸汽车运输，装载机及推土机平整，不分层直接从陆上回填，施工现场见图 5-73。对于淤泥隆起部分待具体使用要求明确后进行相应处理。

<table>
<tr><td align="center">（a）石场装车</td><td align="center">（b）车队下山</td></tr>
</table>

（c）集结进场

（d）洒水降尘作业

（e）100m 宽通道上的运载车队

（f）填料入海

（g）人工岛向海延伸

图 5-73　施工现场

（2）清淤换填区。

清淤换填的设计思想与澳门国际机场人工岛类似，即将位于人工岛中部、面积约 644.0 万 m² 的飞行区下部 10～14m 厚度的淤泥和淤泥质黏土全部清除。淤泥挖除后，换填为开山石，形成厚度为 20～23m 的回填层。挖除的淤泥土吹填至人工岛边缘处的纳泥区形成陆域，用于机场扩建第 3 条、第 4 条跑道。

挖泥施工选用大型绞吸挖泥船,布设浮管、水下管和岸管,配备起锚艇进行协助,采用钢桩定位扇形横挖法施工,由离心式泥泵利用负压将绞刀绞松的泥土吸入泥泵,再通过排泥浆管线输送至纳泥区(图 5-74)。

（a）绞吸船定位

（b）泥浆由管道送至纳泥区

（c）泥浆吹填至纳泥区

（d）泥浆沉淀成为预留建设用地

图 5-74　挖泥吹填施工

（3）淤泥吹填(纳泥)区。

先进行围堰施工的目的是为护岸施工做依托,同时形成纳泥区和汽车运输通道。以自卸汽车运输开山石,装载机及推土机推平,堤心石直接抛填至顶标高,围堰长度为 20840m。

为了防止出现软基滑动,形成稳定堤身,堤头和堤侧爆破挤淤方法与回填同时进行。堤头爆填指在推填前方一定距离内,将药包埋入淤泥下,以爆炸动能推开淤泥形成爆坑,堤头填料瞬时塌落充满爆坑,落至持力层上,完成填料对淤泥的置换,如此边爆边进。侧向爆填指在堤身向前延伸 50～100m 后,再在堤身侧面爆填,以保证填料落底的深度。若堤身外侧出现较高的淤泥包,则采取二次侧爆处理。围堰施工现场见图 5-75。

(a) 围堰侧爆

(b) 堤头端爆

(c) 围堰延伸

(d) 分区并行施工

图 5-75　围堰施工现场

2. 地基强夯

1) 问题的提出

如前所述,大连国际机场人工岛主要以开山土石方作为回填料,回填厚度达23m左右。如何使回填层达到密实是一大难点。尽管强夯在各类工程中被广泛应用于密实碎石层,但影响深度一般只有10~12m,远达不到所需深度。大幅提高强夯能级是加大加固深度的关键。

目前,已有一些对于高能级强夯效果的研究,但主要集中在8000~12000kN·m能级的范围。由于强夯效果跟强夯能级、工艺、地质条件密切相关,因此更高能级的强夯对海上回填碎石地基的加固深度及效果还需要通过试验检验。

2) 强夯试验

根据现有的最大能力,在现场开展了18000kN·m、10000kN·m两个能级的强夯试验,这是目前所能采用的最高能级。强夯效果采用超重型动力触探试验和多道瞬态面波试验进行评价,通过地基反应模量试验、固体体积率和静载荷试验检测夯后的地基强度,试验共进行了38天。18000kN·m、10000kN·m两个试

验区面积均为 $7200m^2$（120m×60m），采用三遍点夯加一遍满夯的施工工艺。18000kN·m 能级的夯锤质量为 77.76t，落距 23.15m（图 5-76）。第一、二遍点夯夯点间距 10m×10m，每点夯击 18～20 击，控制最后两击平均夯沉量不大于 300mm，第三遍点夯夯点间距 10m×5m，等腰三角形布置，每点夯击 14～16 击，最后两击平均夯沉量不大于 200mm，总计 300 个夯点。10000kN·m 能级的夯锤质量为 61.98t，落距 16.14m（图 5-77）。第一、二遍点夯夯点间距 9m×9m，每点夯击 18～20 击，控制两击平均夯沉量不大于 200mm，第三遍点夯单点夯击能量为 6000kN·m，夯点间距 9m×4.5m，等腰三角形布置，每点夯击 14～16 击，控制最后两击平均夯沉量不大于 100mm，总计 300 个夯点。

试验现场见图 5-78。

　　（a）起吊设备（门架高度 33m）　　　　　　　　（b）夯锤（77.76t）

图 5-76　18000kN·m 能级强夯设备

　　（a）起吊设备（门架高度 27m）　　　　　　　　（b）夯锤（61.98t）

图 5-77　10000kN·m 能级强夯设备

（a）确定夯点　　　　　　　　　　　　（b）试夯

图 5-78　强夯试验现场

3）现场测试

（1）测试方法。

为了便于对比不同能级的强夯效果，两个试验区各设 1 个中心夯点埋设监测仪器，主要用于对第一遍和第二遍点夯的效果进行监测。监测内容包括夯坑夯沉量、夯坑周边地表沉降、土体深层水平位移、深层沉降、孔隙水压力以及地下水位等。

（2）强夯效果。

① 夯坑沉降变形。各能级单击夯沉量、累计夯沉量与击数关系的曲线见图 5-79 和图 5-80。由图中可以看到，随着击数的增加，各能级单击夯沉量均呈减小的趋势。18000kN·m 能级最后 2 击夯沉量分别为 29.4cm、17.5cm[图 5-79（a）]；10000kN·m 能级最后 2 击夯沉量分别为 49.4cm、34.9cm[图 5-79（b）]。监测点夯坑累计夯沉量增加值逐渐趋于收敛（图 5-80），表明地基土体在夯击能作用下逐渐趋于密实。18000kN·m 与 10000kN·m 能级监测夯点的最终累计夯沉量分别为 3.07m、2.91m。两者相比，18000kN·m 累计夯沉量比 10000kN·m 能级增加约为 5.5%。

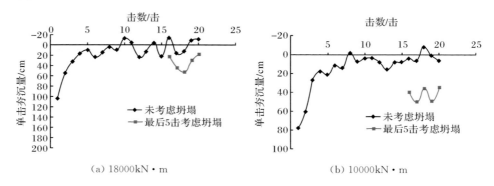

（a）18000kN·m　　　　　　　　　　（b）10000kN·m

图 5-79　单击夯沉量与击数关系曲线对比

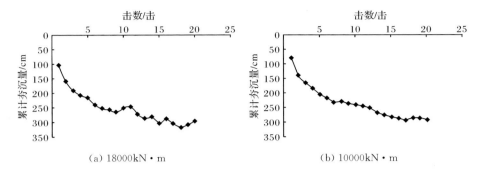

(a) 18000kN • m　　　　　　　　　(b) 10000kN • m

图 5-80　累计夯沉量与击数关系曲线对比

　　② 夯坑周边地表沉降变形。地表沉降监测发现,强夯施工中夯坑周边地表未发生隆起,仅出现了一定的沉降,离夯点中心越近地表沉降量越大。18000kN • m 能级夯点距中心夯点 5m 处的地表沉降约为 117mm[图 5-81(a)];10000kN • m 能级夯点距中心夯点 5m 处的地表沉降约为 155mm[图 5-81(b)],说明地基强夯能级较高时能量主要向下传递,向周边扩散较少;反之扩散较大。两者相比,18000kN • m 能级产生的周边扩散比 10000kN • m 能级减少约 24.5%。

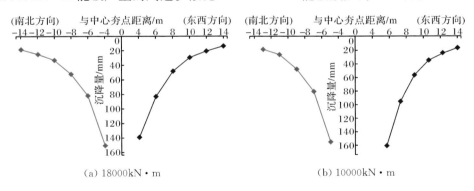

(a) 18000kN • m　　　　　　　　　(b) 10000kN • m

图 5-81　距中心夯点不同距离处地表沉降曲线

　　③ 深层土体水平位移。监测显示,距夯点不同距离、不同深度处的土体均发生了位移。在水平方向,离中心夯点越近,深层土体的水平位移越大,距中心夯点 6m 处,18000kN • m 能级和 10000kN • m 能级引起土体最大水平位移分别为 132.5mm 和 99.5mm;距中心夯点 12m 处,土体最大水平位移分别为 19.84mm 和 5.38mm(表 5-13)。18000kN • m 能级夯点的深层土体最大侧向位移发生在地下 −6.0～−7.5m 处,10000kN • m 发生在地下 −4.5～−6.0m 处(图 5-82)。两者相比,18000kN • m 能级比 10000kN • m 能级增加 20%～25%。在垂直方向,地

下约−2m深度范围内土体产生指向夯点方向的位移，−2m深度以下的土体则发生远离夯点方向的水平位移，且位移量随着深度的增加而增加。18000kN·m能级的夯点在地下−6m处达到最大，10000kN·m能级的夯点在地下−5m达到最大，之后随着深度的增加逐渐减小至零。

表 5-13　深层土体水平位移及对应深度

距中心夯点距离/m	能级/(kN·m)	位移最大值/mm	相应深度/m
6	18000	132.45	−6.0
	10000	99.51	−5.0
8	18000	55.71	−6.5
	10000	42.28	−6.0
10	18000	32.04	−6.5
	10000	18.22	−7.0
12	18000	19.84	−7.5
	10000	5.38	−6.5

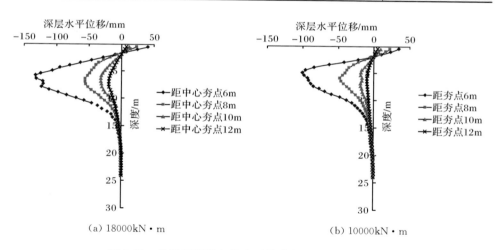

图 5-82　各能级深层土体水平位移与深度的关系曲线

④ 深层沉降。测量显示，各能级夯点下−12m、−16m、−20m深度沉降板的累计沉降量见表5-14。18000kN·m能级第一、二遍点夯引起的地表平均沉降量分别为950mm、650mm；10000kN·m能级第一、二遍点夯引起的地表平均沉降量分别为820mm、440mm（表5-15）。据此可以得出：强夯引起的地基土沉降主要发生在地下约−12m深度范围内；其中，18000kN·m能级强夯产生的地下−12m深度范围内土体平均压缩量约为11cm/m，−12～−16m深度范围内土体平均压

缩量为 5cm/m；10000kN·m 能级强夯产生的地下－12m 深度范围内土体平均压缩量约为 9cm/m，－12～－14m 范围深度内土体平均压缩量约为 4cm/m。两者相比，18000kN·m 能级比 10000kN·m 能级提高 25%～30%。

表 5-14　深层沉降板监测结果

能级/(kN·m)	埋设深度/m	沉降量/mm		
		第一遍点夯	第二遍点夯	两遍夯后累计沉降量
18000	12.0*	167	153*	320
	16.0	64	67	131
	20.0	12	6	18
10000	12.0*	74	66*	140
	14.0	28*	28	56

注：*为估算值。

表 5-15　场地标高测量及场地平均沉降

测量阶段	18000kN·m		10000kN·m	
	平均标高/m	平均沉降量/m	平均标高/m	平均沉降量/m
点夯强夯前	+4.65	—	+4.62	—
第一遍点夯后	+3.87	0.78	+3.86	0.76
第二遍点夯后	+3.34	0.53	+3.50	0.36
第三遍点夯后	+3.10	0.24	+3.21	0.29
累计沉降量/m	—	1.55	—	1.41

⑤ 孔隙水压力。监测显示，碎石层中超静孔隙水压力消散很快，很难采集到其峰值，仅对第一、二遍点夯采集到的数据，分别按测头埋设深度整理后得出强夯引起的孔压变化最大值与深度的关系曲线(图 5-83)。其中，18000kN·m 能级最大孔压变化约为 140kPa，地下约－20m 深度处的孔压变化约为 40kPa[图 5-83(a)、(b)]，显示夯击影响已波及－20m 的深处；10000kN·m 能级强夯在地下约－15m 的深度范围内孔压变化明显，孔压变化峰值为 120～250kPa[图 5-83(c)、(d)]，然后随着深度迅速下降，显示夯击影响深度在－15m 处。两者相比，18000kN·m 夯击能的影响深度比 10000kN·m 增加约 33%。

（3）地基加固。

按标高对强夯前、后每 1m 范围内的动力触探锤击数进行统计，绘制的试验对比曲线见图 5-84。从图中可以看出，18000kN·m 能级在地下－4.0～－13m 深度范围内动力触探锤击数与夯前相比增长较为明显，平均增加 4.4 倍[图 5-84(a)]；10000kN·m 能级在地下－3～－10m 深度范围内增长较为明显，平均增加 4.3 倍

[图 5-84(b)]。强夯后各能级动力触探锤击数的对比见图 5-85。图 5-85 显示,在地下－5～－16m 深度范围内,18000kN·m 和 10000kN·m 能级的平均动力触探锤击数分别为 13 击与 10 击,18000kN·m 锤击数比 10000kN·m 提高约 30%。

（4）夯后地基强度。

① 固体体积率试验。各检测点固体体积率试验结果见表 5-16。表 5-16 的数据显示,18000kN·m 能级和 10000kN·m 能级的表层碎石土固体体积率平均值分别为 79.7%、81.0%。两者相比,18000kN·m 能级比 10000kN·m 能级提高1.3%。

② 地基反应模量试验。各检测点的地基反应模量检测结果见表 5-17。结果显示,18000kN·m 能级、10000kN·m 能级的表层碎石土地基反应模量平均值分别为 146.1MN/m³、98.4MN/m³,两者相比,18000kN·m 能级比 10000kN·m 能级提高 48.5%。

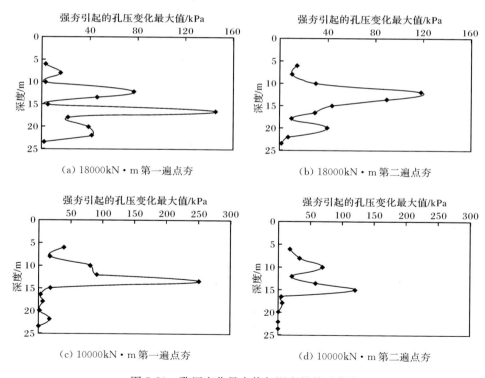

（a）18000kN·m 第一遍点夯

（b）18000kN·m 第二遍点夯

（c）10000kN·m 第一遍点夯

（d）10000kN·m 第二遍点夯

图 5-83 孔压变化最大值与深度的关系曲线

标高/m	锤击数/击 加固前	锤击数/击 加固后
3.0	7.1	—
2.0	17.4	3.6
1.0	4.2	5.5
0.0	3.5	17.3
−1.0	2.6	25.0
−2.0	2.8	16.5
−3.0	2.7	18.6
−4.0	2.2	13.8
−5.0	3.2	16.1
−6.0	2.2	14.0
−7.0	3.1	10.9
−8.0	2.8	9.1
−9.0	3.3	9.0
−10.0	4.0	8.2
−11.0	3.9	7.7
−12.0	4.2	7.9
−13.0	4.1	8.3
−14.0	4.7	8.0
−15.0	4.7	8.1
−16.0	4.6	8.9
−17.0	6.3	9.9
−18.0	10.0	9.5
−19.0	10.2	12.0
−20.0	9.3	8.1
−21.0		11.0

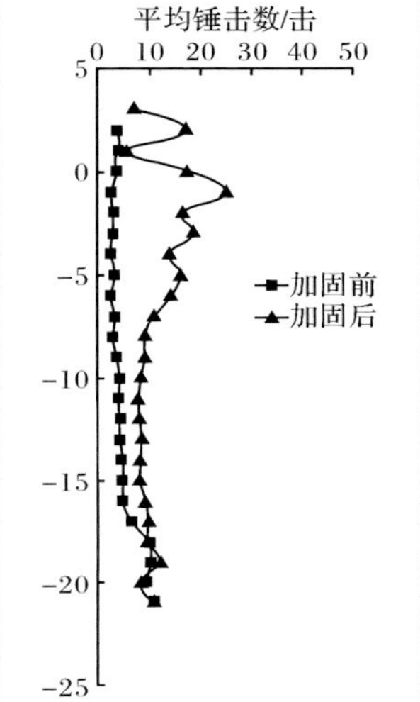

（a）18000kN・m

标高/m	锤击数/击 加固前	锤击数/击 加固后
3.0	4.9	—
2.0	12.6	2.9
1.0	6.9	17.7
0.0	3.1	18.4
−1.0	2.3	20.1
−2.0	2.0	17.7
−3.0	2.0	16.2
−4.0	2.2	10.0
−5.0	5.0	10.7
−6.0	5.5	9.1
−7.0	3.5	6.7
−8.0	3.2	6.8
−9.0	3.3	6.7
−10.0	3.4	7.1
−11.0	3.8	6.7
−12.0	3.5	6.5
−13.0	3.8	8.7
−14.0	4.1	7.9
−15.0	4.0	9.1
−16.0	4.7	9.7
−17.0	5.6	8.8
−18.0	7.2	13.0
−19.0	12.5	10.7
−20.0	11.1	12.1
−21.0		9.6

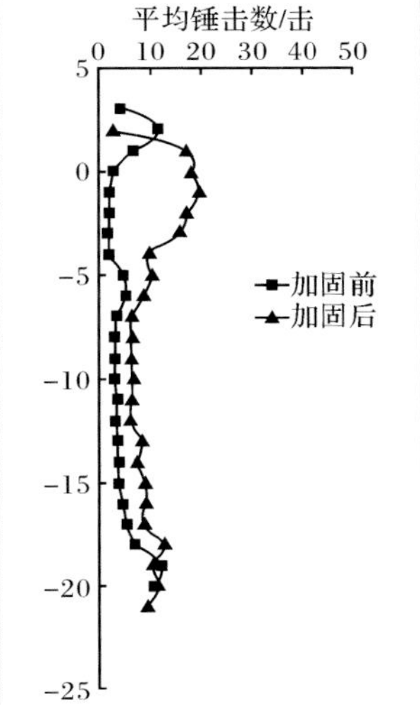

（b）10000kN・m

图 5-84　不同能级强夯前、后动力触探试验锤击数对比

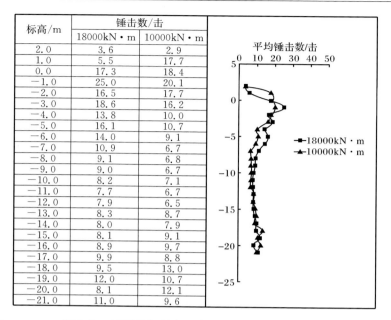

标高/m	锤击数/击	
	18000kN·m	10000kN·m
2.0	3.6	2.9
1.0	5.5	17.7
0.0	17.3	18.4
−1.0	25.0	20.1
−2.0	16.5	17.7
−3.0	18.6	16.2
−4.0	13.8	10.0
−5.0	16.1	10.7
−6.0	14.0	9.1
−7.0	10.9	6.7
−8.0	9.1	6.8
−9.0	9.0	6.7
−10.0	8.2	7.1
−11.0	7.7	6.7
−12.0	7.9	6.5
−13.0	8.3	8.7
−14.0	8.0	7.9
−15.0	8.1	9.1
−16.0	8.9	9.7
−17.0	9.9	8.8
−18.0	9.5	13.0
−19.0	12.0	10.7
−20.0	8.1	12.1
−21.0	11.0	9.6

图 5-85　不同能级强夯后动力触探试验锤击数对比

表 5-16　固体体积率试验检测值

能级/(kN·m)	测点编号	实测值/%	平均值/%
18000	GT1	80.9	79.7
	GT2	78.7	
	GT3	79.7	
10000	GT1	77.6	81.0
	GT2	82.8	
	GT3	82.7	

表 5-17　地基反应模量检测值

能级/(kN·m)	测点编号	计算值/(MN/m³)	平均值/(MN/m³)
18000	FY1	142.6	146.1
	FY2	145.4	
	FY3	150.3	
10000	FY1	86.7	98.4
	FY2	92.7	
	FY3	115.9	

3. 护岸施工

1）斜坡式护岸

护岸堤心石回填料采用开山石,海侧部分采用爆炸挤淤,陆侧采用陆填跟进。边坡补抛和理坡在陆侧采用装载机配合挖掘机进行,水上采用方驳＋反铲抛石船进行补抛。水上抛填护底块石、运输、安放扭王字块或栅栏板护面块体和雨水方涵等。护岸基础为透水结构,地下水位与潮汐变化基本同步,其关系曲线见图 5-86。挡浪墙及胸墙采用现浇混凝土,斜坡式护岸堤心及后方回填区一定范围内采用强夯方法。

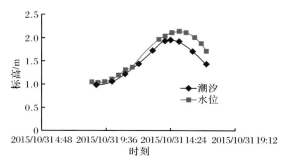

图 5-86 回填区地下水位与潮汐关系曲线（理论最低潮面起算）

2）直立式护岸

人工岛之所以设直立式护岸,其意图是为以后设置工作船泊位做准备,通常选择波浪隐蔽条件较好的位置。施工时采用抓斗式挖泥船进行基槽挖泥,在基槽换填块石抛填之前铺设土工格栅,水上抛填基槽块石,由爆破夯实。基床抛石后夯实整平,预制、拖运、安放矩形沉箱,其后回填二片石、混合倒滤层以及跟进回填开山石等。

该工程施工的最大特点是通过陆上运输方式填筑人工岛,以长 4.1km、宽 100m 的施工通道与后方陆地直接相连,大部分填料运距 15km 左右,工程造价较低,条件得天独厚,其他人工岛工程再很难会有如此便利的施工条件。经过约 7 年的建设,共完成长 6183m、宽 3440m、面积为 20.29km² 的陆域,其中清淤换填区 6.44km²,直接回填区 3.92km²,纳泥区 7.78km²。回填开山石约 1.9 亿 m³,清淤 6626 万 m³。建筑永久护岸 19075m,其中斜坡式护岸 18365m,直立式护岸 710m。

护岸块体预制现场见图 5-87。

4. 施工检测

斜坡式护岸采用钻孔探摸法和探地雷达法对堤身进行检测,内容包括检验护岸堤身、坡脚、护坦石的施工质量,查明各检测位置的块石落底深度、混合层厚度、下卧持力层等控制要素,对下卧持力层进行土工试验,在斜坡护岸安装扭王字块前进行高程测量及钎探抽检等。

(a) 扭王字块模具安装

(b) 混凝土浇筑

(c) 等待安装

(d) 直立护岸沉箱制作

(e) 栅栏板模具安装

(f) 现场交流(前排左三为作者)

图 5-87　护岸块体预制现场

1) 钻孔探摸

采用钻孔探摸法探明抛石体置换淤泥的落底状况、抛石体厚度和混合层厚度。钻孔通过抛石深入下卧持力层不少于 2m,并取土样进行室内试验,以判明各土层的物理力学性质。

钻孔探摸沿纵轴线每 250m 布置 1 个检测断面,按 A、B 两种形式布设。钻孔间隔分别采取从护坦向堤心方向返 22m 到轴线进行控制,其中,A 断面由海侧 2 个钻孔与先期堤心(45m 范围堤心钻孔)2 个钻孔组成,每个断面设 4 个钻孔;B 断面仅在海侧布设 2 个钻孔,沿轴线方向的 A 与 B 两个断面交叉布设。

2) 探地雷达检测

采用探地雷达法探明抛石体置换淤泥的落底状况。以纵、横断面布置测线,间距为 500m,与钻孔探摸断面交叉布置。

3) 多道瞬态面波(瑞利波)检测

采用多道瞬态面波(瑞利波)法探明抛石体位置及厚度情况,与钻孔探摸断面交叉布置。人工岛填海施工进程见图 5-88。

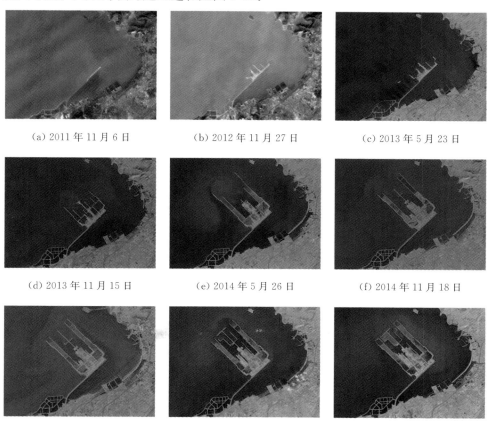

(a) 2011 年 11 月 6 日　　　　(b) 2012 年 11 月 27 日　　　　(c) 2013 年 5 月 23 日

(d) 2013 年 11 月 15 日　　　(e) 2014 年 5 月 26 日　　　(f) 2014 年 11 月 18 日

(g) 2015 年 5 月 26 日　　　(h) 2015 年 10 月 04 日　　　(i) 2016 年 5 月 8 日

图 5-88　人工岛填海施工进程

第 6 章　环境与生态

6.1　基 本 问 题

6.1.1　环境

海上人工岛机场建设规模之大史无前例,对海域及周边环境产生的影响深远,对海洋与海岸带生态系统自然属性的改变有的是永久性的。

归纳起来,人工岛机场建设对环境主要有如下影响。

(1) 施工期。①环境污染:抛石砂产生的悬浮物、挖淤泥产生的悬浮物、船舶生活污水、含油污水、陆域生产和生活污水;②固体废物污染:陆域、船舶生活垃圾和建筑垃圾;③声环境污染:施工机械噪声;④大气环境污染:场地堆料扬尘、汽车运输过程中的扬尘及尾气排放等。

(2) 运营期。①废水污染:机场作业污水、生活污水;②固体废物污染:航空垃圾、生活垃圾、污油及污水处理形成的污泥、绿化废物和修缮性建筑垃圾;③声环境污染:飞机起降噪声;④大气环境污染:运输扬尘、飞机起降及汽车尾气排放等。

(3) 渔业资源。对鱼类的影响大致分为三类:致死效应、亚致死效应和行为影响。主要表现为直接杀死鱼类个体;降低其生长率及其对疾病的抵抗力,干扰其产卵、降低孵化率和仔鱼成活率;改变其洄游习性,降低其饵料生物的丰度,降低其捕食效率等。有人曾做过试验,当水体悬浮物浓度达到 70mg/L 时,鱼类在5min 内会迅速做出回避反应,来不及逃离的会大批死亡。

除了污染工程海域,对周边的海洋生物构成威胁外,人工岛建成后还将改变附近海域的波浪、潮流等海洋水动力条件,使泥沙输移路径、海底地形地貌、周边岸线等发生改变。这种影响不仅具有长期性和渐变性,而且诸多因素之间还具有关联性和不确定性。从长远观点来看,能否科学、准确地评价、预测和监测海上人工岛工程完工后对周围水环境、海底地貌、周边岸线的影响,是民航机场从陆上走向海上的重要前提。

由于人类对海岸带生态系统复杂性的认识存在局限性,对海岸带生态恢复的研究还主要集中在单个生态因子上,有关海岸带生态系统的恢复技术仍处于探索阶段。例如,在填海工程施工中,污染防控主要是防止淤泥悬浮物的扩散,还未关注因施工产生的冲击波、噪声等对海洋生物造成的影响;在地理环境恢复方面,生态恢复技术在人工河流系、护滩、海岸带湿地等方面虽有一些进展,但缺乏离岸海洋系统的综合研究。景观型护岸结构形式研究在河道整治中已有一些应用,城市河流的景观型、亲水型护岸结构也有应用实例,但在海洋工程中,由于自然条件较为恶劣,目前采用较多的仍是大型护面块体结构,缺少具有景观效果及生态型的海上人工岛护岸结构。

为了保护海洋环境,世界各国对海岸带已采取了多种保护措施。早在 1972年,美国即颁布了《海岸带管理法》,韩国、日本、新加坡、英国等也先后制定了海岸带管理法律、法规。同时,为了减少资源破坏,避免生态环境进一步恶化,各国还增加了对已遭破坏和退化的海岸带进行生态恢复的具体要求。如何在生态文明建设的背景下推进人工岛机场建设,是未来要面对的最大挑战。

6.1.2　生态

无论从哪个角度看,连岸式填海机场对海洋流场、近岸生态系统以及岸线生态资源的影响都是十分明显的。

如前所述,连岸式填海机场采取由陆域推进的方式建设,原始岸线及近岸海域被彻底陆地化,千百万年形成的滩涂湿地被埋入地下,原有地形地貌发生了根本改变。现代科学已经证明,从生态角度看,海湾区域的营养源最丰富,是众多海洋生物赖以生存的家园,大规模的填海会使海岸失去补充氧气的天然资源,改变现存的生物结构,破坏海洋生物链。海湾环境因过度填海造地活动而改变,使得栖息生物的生态环境遭受严重损害,原有生物群落结构破坏和物种迅速减少,给海岸生态带来严重的后果。不仅如此,随着机场的投入运营,又会吸引城市人口迅速集中,进一步加速了对周边海域的污染。

2015 年 3 月 15 日,福建泉州石井镇附近海域发现 1 头死亡的中华白海豚,长2m,宽约 0.8m,躯体完整,腹部和背部各有一道伤口。中华白海豚在全国的总量仅有 1 千多头,有“水上大熊猫”之称。有媒体将白海豚的死因指向了附近厦门人工岛机场建设,尽管没有直接的证据,但至少可以给有关部门和决策者以警醒。

能否最大限度地保护原始的生态环境,是海上人工岛机场建设中一项十分艰难的工作。对于海洋而言,人工岛机场可谓外来入侵者,原始生态难免被侵扰。例如,香港国际机场所在的赤鱲角盛产体型如手指尖大小的卢文氏树蛙,赤鱲角可能是此物种的唯一栖息地。为了延续这一珍奇物种,香港当局在人工岛开工前将卢文氏树蛙通过人工移至南丫岛栖息,但是否成功尚不得而知。机场所在的大屿山北部海域本是中华白海豚游弋最多的水域,填海工程会使海域底的栖生环境发生变化,水质变差,可能会影响到中华白海豚栖息及觅食。在香港机场管理局提交的环境评估报告中,提出的保护措施包括:设立海豚管制区;设置淤泥屏障和气泡屏幕以及控制施工船舶航速等以减少对中华白海豚的滋扰;在大屿山西面水域敷设人工鱼礁,补偿因填海减少的海洋亚潮带生境和海豚觅食地,增加渔业资源的补给等。即便如此,实际结果也并不乐观。据机场建成后 2013 年的调查,出没于香港海域的中华白海豚已由最初的 154 条减少到 62 条,填海造地引起的海洋污染显然是其主因,机场营运的影响也难辞其咎。

海上人工岛机场的出现,对鸟类的影响程度到目前所知还甚少。通常情况下,海岸带滩涂是鸟类的乐园,那里有着丰富的食物。机场为飞机起降的安全需要驱赶周边鸟类。因此,在海岸带建设机场,不仅会因工程本身而改变地理面貌,而且不得不净化机场上空,这对于生存于周边或在往返迁移时途径的鸟类无疑有着重大的影响。

总之,不改变原始海岸线形态,最大限度地维持近岸海域的自然属性,保持海岸带原始的生态环境,是人工岛机场选址的理想愿望。由于离岸式人工岛机场与陆地完全分离,因此应是维持近岸海域的水体交换和生态系统以及保护浅海湾生物整体生存环境的较佳选择。人工岛机场离岸建设不但没有占用岸线,反而增加了新的人工岸线,为海洋生物提供了新的生存空间。事实上,通过对已建机场人工岛的回访发现,由于各种原因,机场人工岛周边水域已成为鱼类资源十分丰富的区域,海洋生态的恢复比预想的更好。

6.1.3　地形、地貌

从工程角度看,人工岛机场因填海需要,比陆地机场对土石方的需求量更大,有的达数亿 m^3(表 6-1)。即使海砂资源丰富,为抵御海浪冲击,所需的大块石料还是不可避免地要依靠开山获取。这一工程需求必然使山体直接损毁,沿海山脉消失。陆地地形、地貌的变化有可能引起城市小气候如降雨、风向甚至气温(如热岛效应)的改变。此外,人工岛本身直接侵占海域面积,挤占海洋生物的生存空间。图 6-1 和表 6-2 显示了日本关西国际机场二期工程部分土石方的来源和数量。

表 6-1　世界各国部分海上机场填海面积及土石方用料情况统计

机场		建设时间	土石方用料/亿 m^3	填海面积/km^2
新加坡樟宜国际机场		1975~1981 年	0.52	13.0
日本关西国际机场	一期	1987~1994 年	1.78	5.1
	二期	1999~2007 年	2.50	5.5
中国澳门国际机场		1992~1995 年	0.39	1.3
中国香港国际机场		1992~1998 年	1.60	9.4
日本中部国际机场		2000~2005 年	0.66	5.8

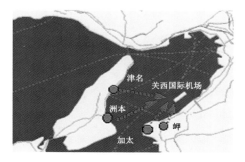

图 6-1　日本关西国际机场二期工程土石方来源分布图

表 6-2　日本关西国际机场二期工程土石方来源表

来源地	土方量/万 m³	地区
津名	3200	兵库县
洲本	6000	兵库县
加太	8500	和歌山县
岬	7000	大阪府
合计	24700	—

　　与跑道区对填海石料要求较为严格相反,机场土面区基本无荷载,对土体沉降也无严格要求,对其填料的要求也不苛刻。最佳的方式是结合附近港口建设和航道疏浚主动回收弃土,实现废物利用。图 6-2 显示了日本中部国际机场利用港口建设形成的疏浚土方案,大大减轻了获取土石方的环境压力,降低了工程成本。

（a）利用港口及航道疏浚土　　　　　　　（b）人工岛填料分区布置

图 6-2　日本中部国际机场填海填料安排

　　山体开采连带的另一个危害是对覆盖山体的森林等自然植被的破坏,导致一些野生动物失去觅食、栖息和活动区域。从生态系统的角度来看,森林还能够涵养水源,增加土壤孔隙率,截留天然降水,起到调节径流量的作用。在保持水土方面,森林可以通过枝叶和树干的截留作用,以及枯枝落叶与森林土壤持水能力和庞大根系的固土作用,大大减少水土流失。在调节气候方面,森林可以降低风速,调节温度,提高空气和土壤湿度,减少地表的水蒸发量,防止干热风、冰雹、霜冻等灾害,对区域性气候具有调节作用。尽管森林生态的防护性是森林群落在大环境下多种条件综合作用下产生的生态效能,局部损失对森林群落生态防护性的影响相对有限,但由于城市地区森林植被本来就十分贫瘠,林木被大面积砍伐后,很可能会引起城市气候的变化。这一问题的严重性,需要未来的实践来回答。

6.1.4　城市噪声

机场运营期间,飞机噪声对城市环境的影响是最突出的问题。飞机在起降、滑行和发动机启动时,产生的噪声具有强度大、波及范围广、呈间断性等特点。据调查,目前我国有15%的民用机场噪声对城市的影响比较严重,尤其是经济的快速发展,城市边界迅速扩大,主城区与机场日益贴近,机场周边的居住和工作人口急剧增加,使得机场噪声成为城市的一大公害。采用连岸式填海建设机场与陆域直接相连,在机场投入运营之后,其周边会迅速形成新的商业区和住宅区,飞机噪声仍无法解决。离岸式人工岛机场能有效规避机场噪声的影响,如日本关西国际机场距岸边市区5km,飞机噪声传到岸边市区时降低了14dB左右,对居民的干扰大为减小,日本中部国际机场、中国香港国际机场也是如此(图6-3)。

6.1.5　热岛效应

虽然在海上建人工岛机场对生态有不利的一面,但也有有利的一面,城市热岛效应就是其中一例。

所谓城市热岛效应,是指当人工建筑物大量增加,植物覆盖面积随之减少时,会出现城区气温较过去同期增高的现象。近几十年来,人们对城市环境生态的变化越发忧虑,城市热岛效应开始引起广泛的关注。城市热岛效应的存在,会在风速较小时形成城市热岛环流,使城市空气中的污染物难以扩散,当周边区域绿化率较低时,向市区输送新鲜空气的生态廊道功能便会降低,严重影响城市的环境质量。从形成机理来看,雾霾的形成可能与此有密切的关系。因此,减少城市热岛效应,是改善城市环境的重要措施。

形成城市热岛的原因较多,其中,城市混凝土建筑增加、地表植物覆盖面积减少是最主要的因素之一。城市内大量人工构筑物如铺装地面、各种建筑墙面等,改变了下垫面的热属性。人工构筑物吸热快而热容量小,在同样的太阳辐射条件下,它比自然下垫面(绿地、水面等)升温更快,因而其表面温度会明显高于自然下垫面。有学者以上海为例,研究了城市白天地面增温与下垫面类型的关系,认为

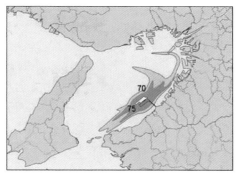 

（a）日本关西国际机场　　　　　　　　（b）日本中部国际机场

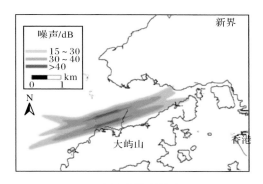

（c）中国香港国际机场

图 6-3　海上人工岛机场噪声分布

无论夏季还是冬季,人工构筑物对城市环境均具有增温作用;有学者从多个尺度研究北京不透水面空间格局对地表温度的影响,发现地表温度与不透水面呈正相关;有学者通过研究新加坡地表温度,证明城市下垫面温度随着土地利用的不同而不同,其中工业区和机场等区域均属高温区;有学者以深圳市为例,通过归一化植被指数、归一化裸地指数、归一化水体指数和归一化建筑物指数定量研究了城市热岛效应与土地利用的关系等。

　　民航机场是典型的超大型人工构筑物,是城市热岛效应的重要贡献源。从改善城市环境的角度出发,不能不考虑民航机场选址对城市热岛效应的影响。通过采用 Landsat-8 遥感数据,利用单窗算法反演地表温度,分析民航机场对城市热岛效应的贡献程度,可比较分析陆上和海上不同机场选址对城市热岛效应的影响,为研究民航机场建设与城市环境的关系提供技术支撑。

6.1.6　历史及文化

移山填海除了大规模地改变地表地形，还可能会影响到当地的人文环境。对历史和文化的影响是建设海上人工岛机场需要付出的另一代价。例如，香港国际机场占用的赤鱲角原本是一个有着悠久历史的岛屿，岛上古代遗迹众多，机场建设后该岛将大部分夷为平地。为了挽救岛上珍贵的历史文物，由香港赛马会拨款资助，香港考古学会于 1990 年起对该岛进行了考古发掘工作，前后历时 16 个月，对岛上进行了最后一次全面调查，将古墓、历史建筑物以及古时耕作等遗迹进行记录；对周边的深湾村、虎地湾、虾螺湾等多个考古遗址进行了抢救性发掘，出土了一批新石器时代中期至青铜器时代的陶器；将建于 1833 年、位于赤鱲角亚妈湾的天后庙拆运至东涌黄龙坑重建。岛上原有的赤鱲角村迁至东涌，取名为赤鱲角新村。尽管兴建机场需要大量土石方和建筑用地，但在削平赤鱲角高地时，仍有计划地留下东南面的观景山和白沙咀，保留了部分原始风貌。

6.2　案例评述

6.2.1　日本关西国际机场

1. 海洋环境保护

1）海底沉积物和海洋生物调查

根据海流情况，共设置 4 个点跟踪调查化学需氧量（chemical oxyen demand，COD）及硫酸含量等 9 项指标；7 个点调查浮游生物、鱼卵、鱼苗、深海生物数量等指标；3 个点调查海滩生物指标。调查表明，所有的调查数据都显示海上施工对环境没有明显的负面影响。

2）施工污染防护

为了防止施工期泥沙悬浮物污染海洋环境，施工时在水面上安装了漂浮性防污板，以防止被污染的海水扩散到施工区以外的水域，防污网的布置见图 6-4。

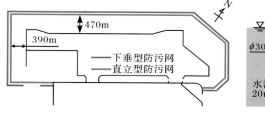

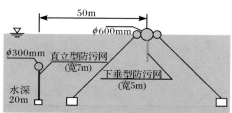

（a）防污网布置平面图　　　　　　　　　（b）防污网布置断面图

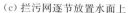
（c）拦污网逐节放置水面上　　　　（d）海上船舶作业　　　　（e）在水中的拦污网

图 6-4　施工时设置拦污网

3）生态恢复

（1）人工培育海洋植物。

为了恢复大阪湾的海洋生态环境，在斜坡式护岸底部放置了大量可附着海藻的人工礁及海藻培养基。通过养殖水藻吸收海水中的氮和磷，增加水中氧气，提高海水的自净功能，利于鱼虾产卵栖息。在一期人工岛长 11.2km 的护岸上，有 8.7km 设置了人工礁块体（约占总长的 78%），形成人工藻场 23hm²。二期人工岛又进一步扩大，形成的人工藻场达 44hm²。工程完工后，附着生长的海藻种类达到 63 种，取得了良好的效果，生态恢复设施布置见图 6-5。

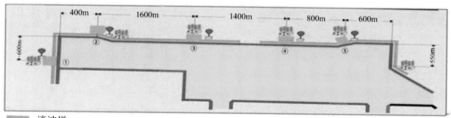

▓▓▓　消波墩

▓▓▓　海藻附着的混凝土墩(5个点)

　　　海藻孢子种植的土墩

　　　提供种子和带有包子袋的采样(大型褐藻和马尾藻)

图 6-5　生态恢复设施布置图

（2）具体方法。

① 混凝土块体。为了有利于海藻生根，在四角锥表面精心设计了适宜海藻附着的槽沟。这一特殊设计可延长孢子附着在块体表面的时间，增加生根的概率，具体见图 6-6。

  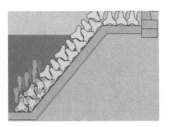

（a）外观示意图　　　　　　　（b）等待下水安装　　　　　　　（c）海藻生长

图 6-6　生态型混凝土四角锥

② 包子袋法种植海藻。如果仅依靠自然生长,那么海洋原有生态的恢复将会是一个较为漫长的过程。因此,需要进行人工干预,直接投放成熟海藻(图 6-7),或利用麻绳种植海藻(图 6-8)。

 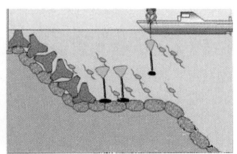

（a）投苗作业　　　　　　　　　　　　　（b）种植效果

图 6-7　向水下布撒海藻种苗

 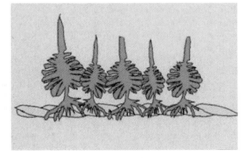

（a）利用海藻绳植入种子　　　　　　　　（b）海藻幼苗生成

图 6-8　利用麻绳种植海藻

4）海洋生物调查

2009 年和 2010 年两年的抽样调查结果显示,机场人工岛周边海域鱼况和海底生物均有了较大程度的增加,详见表 6-3 和表 6-4。

表 6-3 机场周边海域鱼况

年份	参数	5 月	8 月	11 月	平均数
2009 年	种类数	7	7	8	7.3
	个体平均数	4	14	7	8.3
	湿重量/g	391.1	94.5	659.3	381.6
2010 年	种类数	9	—	—	9
	个体平均数	5	—	—	5
	湿重量/g	741	—	—	741

表 6-4 机场周边海域海底生物情况

年份	参数	5 月	8 月	10 月	2 月
2009 年	种类数	77	66	47	42
	个体平均数	212	164	152	63
2010 年	种类数	71	—	—	—
	个体平均数	152	—	—	—

2. 鸟类保护

对于离岸式人工岛机场,远离海岸带,使得岸线和滩涂得以保留,因而对鸟类的不利影响大为减少。每年 4~8 月,工地现场会有一些鸟类飞来产卵,其中有的是濒临灭绝的鸟类。为了使鸟类保护与工程施工两不误,人工岛上分别建立了诱鸟区(图 6-9)和驱鸟区(图 6-10)。在诱鸟区,铺设海鸟喜欢的白色沙土,设置海鸟模型,播放海鸟的鸣叫声。在驱鸟区,设置乌鸦模型及障碍物,播放乌鸦的鸣叫声,并安排装有乌鸦模型的车辆巡逻。

(a) 以仿真鸟吸引同类　　　　　(b) 铺上鸟类喜欢的细沙

图 6-9　设置诱鸟区

（a）放置鸟类天敌模型　　　（b）铺设鸟类讨厌的障碍物　　　（c）驱鸟巡逻车

图 6-10　设置驱鸟区

实践表明，白色沙土吸引鸟类的效果明显，使用鸟类仿真模型、播放鸣叫声在初期也有一定的效果，但鸟类筑巢后效果减弱。设置驱鸟区对控制鸟巢密度也有效果，特别是乌鸦模型对驱散鸟类效果较好。经统计，从 4 月下旬开始到 8 月鸟类繁殖季节结束，到建设工地栖身的海鸟达 1900 羽，约有 1300 羽幼鸟繁殖成活（图 6-11）。

（a）现场发现鸟蛋后周边施工立即停止　　　　（b）幼鸟孵出后施工重新开始

（c）幼鸟由亲鸟陪伴　　　　　　　（d）幼鸟长大

图 6-11　建设工地上的鸟类生活

3. 人工绿化

建成后机场人工岛地面主要由砂砾石块组成,基本上不适宜植物生长。为了开展绿化,需要在地面覆盖腐殖土,并进行人工栽培。经过对适宜当地植物生长的土壤、物种等的调查和试验,特地从周边的大阪和歌山县的海滩上收集野生植物种子栽培试种,政府对此给予了财政资助(图 6-12)。

（a）野外调查和种子采集　　　　　　　　（b）野生植物原生地

图 6-12　植物采集

绿化的草坪草依据四季变化选取品种,如意大利黑麦草、高牛毛草适合于冬季生存,弯叶画眉草适应于夏季,紫花苜蓿则适应于春季等。先后有 18 个植物品种被选做试验对象,包括勋章菊和马鞭草等耐旱植物,现已种植在机场视野较好的位置上(图 6-13)。

6.2.2　日本神户国际机场

神户机场的规模不是很大,但在环境生态设计上却独领风骚,最大的亮点是在人工岛北侧设置了可供游客休闲的台阶式护岸。另一个亮点是在人工岛西侧

（a）植物培育区　　　　　　　　　　　（b）石竹花

(c) 意大利黑麦草　　　　　　　　　　　　(d) 弯叶画眉草

(e) 紫花苜蓿　　　　　　　　　　　　(f) "太阳魔二号"百慕大草

(g) 花盆培育试验　　　　　　　　　　　　(h) 播种培育试验

图 6-13　植物培育

建设 1.5hm² 的人工沙滩和 0.9hm² 的绿地,放养了一批适宜在当地生存的海龟等生物,形成了生态型人工岸线。人工岛上安排有交通旅游专线,可乘车环岛观光。在此之前,世界上已建的所有机场人工岛对外都是封闭的,在护岸四周设置铁网。日本神户国际机场人工岛对公众开放,与其他类似机场戒备森严形成鲜明的对照(图 6-14),这一新的理念和做法,值得我国借鉴。

（a）人工沙滩位置

（b）人工沙滩对外开放

（c）人工沙滩上的海龟

（d）人工岛自然景色

（e）阶梯式岸线

图 6-14　人工岛亲水岸线设计

6.2.3　中国大连国际机场

1. 海洋环境影响

在机场选址的最初阶段，最大的困惑是采用沿岸建设还是离岸建设，焦点是工程造价、施工工期和技术难度。离岸建设人工岛水深增大，水上施工量增加，其造价可能会数倍于沿岸机场，而且辅助建设用地也大大减少，因此在对海上施工还缺少深入了解的当时，对下决心建设离岸式人工岛机场存在较多顾虑。在若干个方案中，有代表性的是离岸式人工岛方案［图 6-15（a）］，工程区水深 5～8m，距岸最近处3km，通过跨海大桥与后方陆地连接；另一个是连岸式人工岛方案［图 6-15（b）］，由岸侧直接向海中填土，无须建桥，虽然填海面积较大，但位于浅水区，单位面积造价低，可提供大量的建设用地，经济效益明显。

为了认识离岸和顺岸（连岸）两种布置方法对海域环境的影响，通过构建水动力数学模型进行计算机仿真模拟，对两个方案在区域海洋水动力改变、海床冲淤影响以及施工水质污染等各个方面进行了分析比较，这是一项很重要的研究。

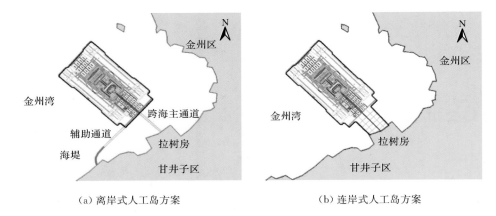

（a）离岸式人工岛方案　　　　　　　　　　（b）连岸式人工岛方案

图 6-15　平面布置方案

1）研究方法

（1）模型构建。

由于工程海域的水平尺度远大于垂向尺度，流速等水力学参数沿垂直方向的变化比沿水平方向的变化要小得多，因此采用二维水动力学基本方程进行计算。

$$\frac{\partial z}{\partial t}+\frac{\partial (hu)}{\partial x}+\frac{\partial (hv)}{\partial y}=0 \tag{6-1}$$

$$\frac{\partial u}{\partial t}+u\frac{\partial u}{\partial x}+v\frac{\partial u}{\partial y}=-g\frac{\partial z}{\partial x}+\frac{\rho_a C_w |W-U| (w_x-u)}{h\rho}+\frac{\tau_{bx}}{h\rho}+fv+T_x+\lambda\Delta u \tag{6-2}$$

$$\frac{\partial v}{\partial t}+u\frac{\partial v}{\partial x}+v\frac{\partial v}{\partial y}=-g\frac{\partial z}{\partial y}+\frac{\rho_a C_w |W-U| (w_y-v)}{h\rho}+\frac{\tau_{by}}{h\rho}-fu+T_y+\lambda\Delta v \tag{6-3}$$

$$\begin{cases} T_x=-\dfrac{1}{\rho h}\left(\dfrac{\partial S_{xx}}{\partial x}+\dfrac{\partial S_{xy}}{\partial y}\right) \\[2mm] T_y=-\dfrac{1}{\rho h}\left(\dfrac{\partial S_{yx}}{\partial x}+\dfrac{\partial S_{yy}}{\partial y}\right) \end{cases} \tag{6-4}$$

$$S_{i,j}=\begin{bmatrix} S_{xx} & S_{xy} \\ S_{yx} & S_{yy} \end{bmatrix} \tag{6-5}$$

式中，z 为水位；$h=z+z_0$，z_0 为海底面高程；u、v 分别为 x、y 方向上平均流速分量；f 为柯氏系数；g 为重力加速度；ρ 为水密度；w_x、w_y 分别为风速 W 在 x、y 方向上的分量；C_w 为风对波动水面的剪切系数，取 $C_w=2.55\times10^{-3}$；ρ_a 为空气密度；τ_{bx}、τ_{by} 分别为波浪潮流共同作用下的底部剪切应力 τ_b 在 x、y 方向上的分量，具体计算公式为

$$\begin{cases} \tau_{bx} = \dfrac{\rho g u \sqrt{u^2+v^2}}{C_s^2} + \dfrac{\pi \rho}{8} f_w \sqrt{u_w^2+v_w^2}\, u_w + \dfrac{B\rho}{\pi}\sqrt{2}\left(\dfrac{\rho}{C_s^2} f_w\right)\sqrt{u^2+v^2}\, u_w \\[4mm] \tau_{by} = \dfrac{\rho g v \sqrt{u^2+v^2}}{C_s^2} + \dfrac{\pi \rho}{8} f_w \sqrt{u_w^2+v_w^2}\, v_w + \dfrac{B\rho}{\pi}\sqrt{2}\left(\dfrac{\rho}{C_s^2} f_w\right)\sqrt{u^2+v^2}\, v_w \end{cases} \tag{6-6}$$

式中,(u_w, v_w) 为波浪质点速度,无浪时,$u_w = 0$、$v_w = 0$;C_s 为谢才系数;B 为波浪潮流相互影响系数,取 $B = 0.359$;f_w 为波浪底部摩阻系数。

平面二维水质对流扩散的基本控制方程为

$$\frac{\partial hc}{\partial t} + \frac{\partial uhc}{\partial x} + \frac{\partial vhc}{\partial y} = \frac{\partial}{\partial x}\left(hD_x \frac{\partial c}{\partial x}\right) + \frac{\partial}{\partial y}\left(hD_y \frac{\partial c}{\partial y}\right) - Fhc + s \tag{6-7}$$

式中,D_x、D_y 为 x、y 方向的扩散系数;c 为污染物浓度;F 为衰减系数,模型中 F 取值为 0;s 为污染物源强度,$s = Q_s C_s$,Q_s 为污染量,C_s 为污染浓度。

（2）模型求解。

由于在工程海域内存在个别岛屿,岸线曲折,对流场变化会产生一定的影响,因此模型计算采用任意三角形网格,重点区域网点加密,次要区域网点减少,同时考虑两者之间的渐变,既保证了计算精度,也可提高计算机的处理速度。

关于水质对流扩散模型,模拟计算重点考虑因施工增加的悬浮物输运情况,忽略岸侧泥沙流入,即初始条件设 $C(x,y)\big|_{t=0} = 0$;岸边界条件中浓度通量为零;入流开边界条件为 $C\big|_r = P_0$,Γ 为水边界,P_0 为边界浓度。所设模型仅受计算增量的影响,即假定 $P_0 = 0$;出流开边界条件为 $\dfrac{\partial C}{\partial t} + U_n \dfrac{\partial C}{\partial n^w} = 0$,$U_n$ 为边界法向流速,n 为法向。

（3）模型验证。

为了获取用于验证模型的实测数据,在工程海域设置了 2 个潮位观测点（$3^\#$、$5^\#$）和 6 个流速、流向及含沙量观测点（$1^\#$～$6^\#$）,于 2009 年 8 月 13 日 09 时～2009 年 8 月 15 日 09 时（小潮期间）及 2009 年 8 月 20 日 08 时～2009 年 8 月 22 日 08 时（大潮期间）进行了实测。以实测数据作为边界输入,将数值模拟结果与现场对应时刻的实测流速、流向数据进行对比。图 6-16 为 $3^\#$ 站位（东经 121°26′07.92″,北纬 39°09′22.80″）的潮位及 $1^\#$ 站位（东经 121°33′20.76″,北纬 39°07′36.48″）的流速、流向实测数据与对应模拟值的比较结果。经对比,数值计算结果较好地与实测数值吻合,表明所建模型的模拟结果是可信的。对于以悬浮物为模拟对象的水质模型,计算结果与实测数据的吻合也较好。

2）工程区潮流场变化

（1）离岸式布置方案。

工程水域水动力特征点布置见图 6-17。离岸式人工岛建设后工程海区流场见图 6-18。模拟得到人工岛建设前后近岸海域潮流场平均流速变化情况见图 6-19,其特征如下。

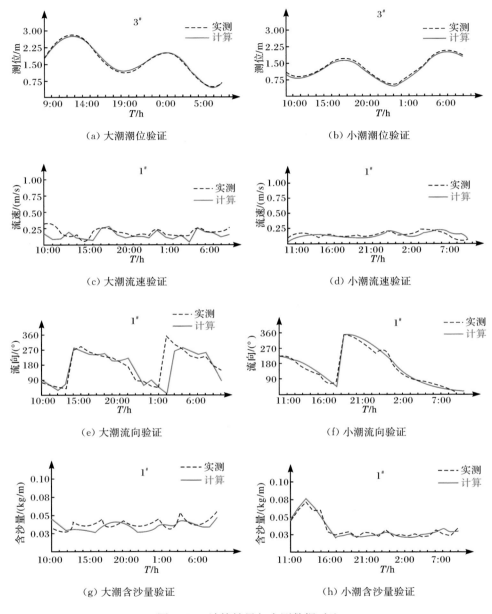

（a）大潮潮位验证　　　　　　　　　　（b）小潮潮位验证

（c）大潮流速验证　　　　　　　　　　（d）小潮流速验证

（e）大潮流向验证　　　　　　　　　　（f）小潮流向验证

（g）大潮含沙量验证　　　　　　　　　（h）小潮含沙量验证

图 6-16　计算结果与实测数据对比

① 总体上，离岸式人工岛方案对周边海域的流场形态影响较小，工程建设前后海域流场运动特征变化不大。

② 局部上，原先较为开阔的水域形成了两处人工岛与陆域之间的狭隘水道，

过水断面缩窄,流速有所增加,在 P4 点处流速平均增加 0.07m/s,P10 点处流速平均增加 0.09m/s。人工岛东侧略有阻流,局部存在缓流,平均流速有所减小,P1、P2 水动力特征点的平均流速减少 0.01～0.03m/s。各断面水流流向基本未变。

（2）连岸式人工岛布置方案。

连岸式人工岛方案占用海域的面积比离岸式人工岛方案有所增加。对潮流场进行模拟后,工程海区流场见图 6-20,潮流场平均流速的变化见图 6-21。经对比,发现具有以下特征。

① 总体上,连岸式人工岛方案使周边海域的流场形态完全改变,这是由于人工岛与陆域直接相接,改变了湾底的水流方向。

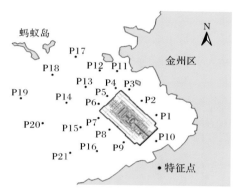

图 6-17　工程水域水动力特征点布置

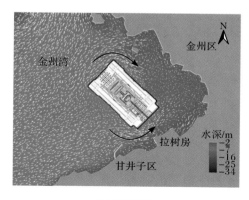

（a）涨潮时刻

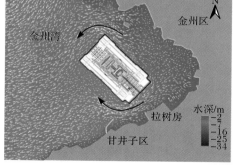

（b）落潮时刻

图 6-18　离岸式人工岛建设后工程海区流场

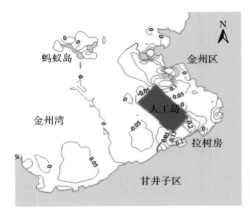

（a）涨潮时刻　　　　　　　　　　　　　　（b）落潮时刻

图 6-19　离岸式人工岛建设前后平均流速变化（单位:m/s）

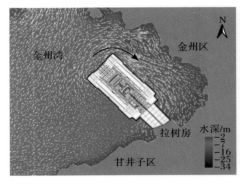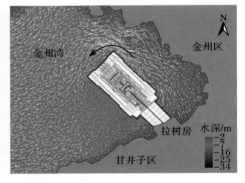

（a）涨潮时刻　　　　　　　　　　　　　　（b）落潮时刻

图 6-20　连岸式人工岛建设后工程海区流场

　　② 局部上,在原先较为开阔的水域,形成了人工岛与陆域之间的狭隘水道,过水断面缩窄,流速有所增加,如 P4 点的平均流速增加 0.1m/s 左右,大于离岸式人工岛方案。人工岛北、东两侧流速增加明显,幅度在 50% 以上,平均流速增加值为 0.05~0.15m/s,局部特征点变化更大,人工岛南侧因完全堵塞,周围水流流向完全改变。

　　3）海床冲淤变化

　　海床冲淤分析分为正常天气及大风天气两种情况。正常天气分析采用 2 年一遇波浪与潮流、泥沙组合的水动力作用为条件,同时考虑悬沙和底沙对地形的影响,模拟计算人工岛建成后一般天气下累积 3 年的海域冲淤达到平衡时的地形变化,以及在一次性大风浪 24h 作用下,采用 50 年一遇 NW 向波浪冲淤对工程区附近海域地形变化的影响。

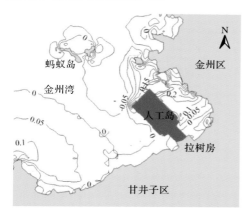
（a）涨潮时刻

（b）落潮时刻

图 6-21　连岸式人工岛建设前后海区平均流速变化(单位:m/s)

（1）离岸式人工岛方案。

① 正常天气下海床冲淤情况。计算结果显示,人工岛东北角有所冲刷 [图 6-22(a)],累积 3 年的冲刷幅度在 0.15m 左右;南侧与陆域之间的水域也出现冲刷,平均值在 0.14m 左右,最大冲刷值为 0.3m。另外,人工岛东侧会略有淤积,淤积幅度为 0.10~0.14m;西岸淤积较大,幅度为 0.04~0.18m。预计人工岛建设后第 1 年冲淤幅度完成 83%,第 2 年完成 96%,第 3 年基本达到稳定状态。人工岛建成后冲淤幅度大于 0.05m 的影响范围约为 10km×9km。

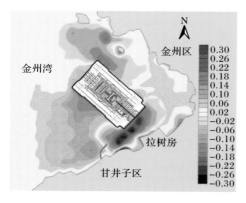

（a）正常天气下累积 3 年

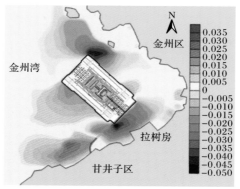
（b）大风天气下 24h

图 6-22　离岸式方案实施后海床冲淤变化(单位:m)

② 大风天气下海床冲淤。计算结果显示，人工岛正北角的滩面有所冲刷 [图 6-22(b)]，24h 的冲刷幅度为 0.01～0.05m；人工岛南侧与陆域之间的通道水域也有所冲刷，幅度为 0.02～0.05m，最大冲刷值为 0.05m；人工岛西侧淤积约 0.015m。另外，人工岛东侧近岸水域有微弱淤积，幅度为 0.005m。

（2）连岸式人工岛方案。

① 正常天气下海床冲淤。计算结果显示，人工岛东北角出现冲刷 [图 6-23(a)]，累积 3 年的冲刷幅度在 0.22m 左右，最大冲刷值为 0.4m；东侧水域冲刷幅度为 0.15m 左右；西侧附近水域出现淤积，淤积幅度为 0.06～0.4m，最大淤积厚度为 0.4m。连岸式半岛建成后冲淤幅度大于 0.05m 的影响范围约为 11km×10km，面积大于离岸式人工岛方案。

② 大风天气下海床冲淤。计算结果显示，人工岛东北角附近滩面存在冲刷 [图 6-23(b)]，24h 的冲刷幅度为 0.01～0.05m；人工岛与陆域连接处西南侧水域有所冲刷，冲刷幅度为 0.005～0.05m；西侧出现较大淤积，最大淤积厚度为 0.035m，与陆域连接处的东南侧水域有较大淤积，幅度为 0.01～0.03m。

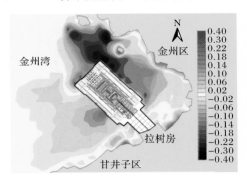 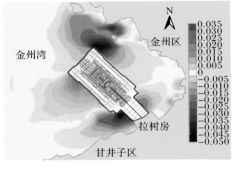

（a）正常天气下累积 3 年   （b）大风天气下 24h

图 6-23   连岸式人工岛建设后海床冲淤变化（单位：m）

4）施工期水质污染

根据施工进度要求，人工岛施工的土石方回填强度高峰时可达 10 万～20 万 m^3/d。施工中产生的悬浮物成为影响水质的主要因素，悬浮物在海洋水动力作用下扩散和沉降，形成梯度分明的浓度场。

造成水质污染的另一个来源是海底淤泥。根据设计方案，需要采取爆破挤淤工艺处理长达 20km 护岸的地基。结合人工岛建设的施工进度，推算出护岸施工时形成的污染源强度为 0.38kg/s。对于机场跑道区，则要求将淤泥彻底挖除，采用吹填方式输送至纳泥区，挖泥强度高峰时可达 10 万～20 万 m^3/d。吹填的泥浆虽经分隔围堰及多道防污屏的沉淀，仍有大量泥沙悬浮物经排污口排出，估计溢流源强度为 0.513kg/s。

（1）离岸式人工岛方案。通过计算,得到离岸式人工岛方案在护岸施工期间的超一、二类海水水质超标区面积约为 1.85km², 10mg/L 等值线与施工点的最远距离约为 1.428km,未出现超三类和超四类海水水质,水质影响范围有限。吹填施工期间超一、二类海水水质超标区面积为 2.5km², 10mg/L 等值线与施工点的最远距离约为 0.654km,在人工岛东侧出现超三类海水水质,面积约为 0.089km², 超四类海水水质面积为 0.045km²。

综合以上分析,离岸式人工岛方案施工造成的悬浮污染物扩散范围为 4.489km²,其中,超三类水质污染面积约占 2%,超四类水质污染面积约占 1%。

（2）连岸式人工岛方案。以同样的方法计算,得到连岸式人工岛方案在护岸施工期间的超一、二类海水水质的超标区面积约为 2.217km²,东侧出现一定范围的超三类及超四类海水水质,面积分别为 0.042km² 及 0.03km²。吹填施工期间超一、二类海水水质面积约为 2.994km²,东南侧出现超三类海水水质的面积为 0.123km²,超四类海水水质的面积为 0.079km²。综合分析,连岸式人工岛施工造成的悬浮污染物扩散范围为 5.486km²,其中,超三类水质污染面积约占 3%,超四类海水水质污染面积占 2%。

2. 跨海桥对海洋环境的影响

1）跨海桥结构形式

大连海上机场人工岛与后方陆域规划布置 2 条交通通道,1 条为公铁两用主通道,以大型跨海桥梁连接;另 1 条为辅助通道。对于辅助通道,有两种结构形式可以选择,即跨海桥结构[图 6-24(a)]和海堤结构[图 6-24(b)],其断面分别如图 6-24(c)和图 6-24(d)所示。2 个方案对海洋流场的影响明显不同,桥梁结构能够保持人工岛四周海水环绕,对原有流场形态的影响较小,但工程投资较大;海堤结构阻碍水流往复循环,使流场环绕的人工岛变为突入海中的半岛,迫使周边流场发生较大改变,但工程投资较小,工期短。分析这两种不同结构方案对周边海域海洋环境及生态的影响是最终确定结构选型的关键。

2）潮流场变化分析

当辅助通道采用跨海桥方式时,对海域的影响与离岸式人工岛方案基本相同。

采用海堤形式辅助通道时,由数值模拟得到工程完成后的潮流场(图 6-25), 再比较工程建设前平均流场分布得到潮流场平均流速变化(图 6-26),其基本特征如下。

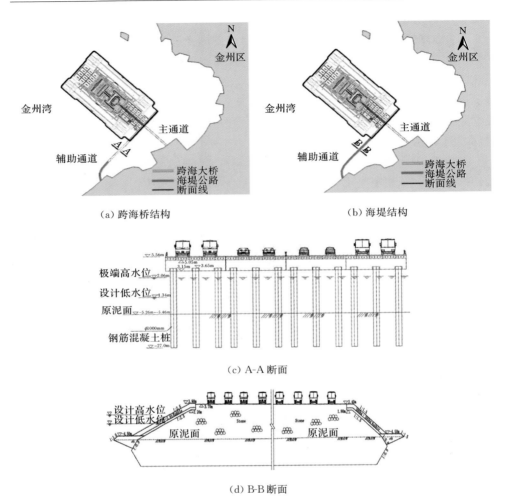

（a）跨海桥结构　　　　　　　　　　（b）海堤结构

（c）A-A 断面

（d）B-B 断面

图 6-24　辅助通道断面对比

（1）总体上，海堤建设方案完全改变了周围海域流场的运动特征，阻断了湾底的水流通道。

（2）局部上，由原先较为开阔的水域，形成了人工岛北端与陆域之间的狭隘水道，过水断面缩窄，原本循环的流场被阻断，水流流速进一步增加，平均增加0.1m/s左右。人工岛南侧水流受海堤阻挡，流速减少明显，平均流速减小0.08m/s左右。人工岛西侧流速减少更大，平均流速减小0.1m/s左右。

3）海床冲淤变化

辅助通道采用跨海桥方式时，对海床冲淤的变化与离岸式人工岛布置方案基本相同。以填筑式完成辅助通道的影响如下。

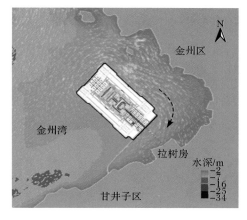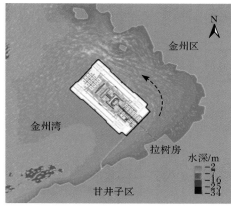

（a）涨潮时刻　　　　　　　　　　（b）落潮时刻

图 6-25　海堤建设后工程海区流场

（a）涨潮时刻　　　　　　　　　　（b）落潮时刻

图 6-26　海堤建设前后海域平均流速变化（单位：m/s）

（1）正常天气下海床冲淤。人工岛东侧与北侧附近有较大区域的冲刷［图 6-27（a）］，正常天气累积 3 年冲刷面积约达 41km²，平均幅度为 0.15m 左右，最大冲刷 0.4m。人工岛西侧淤积区域达到 25km²，最大淤积厚度为 0.4m。由于海堤阻隔，人工岛南侧附近水体流速减少显著，在湾底约 31km² 的区域里，呈现 0.06～0.1m 的淤积。预计人工岛建设后第 1 年冲淤完成 55%，第 2 年完成 74%，第 3 年完成 98%，冲淤影响范围约为 100km²。

　　（2）大风天气下海床冲淤。人工岛东北角附近滩面有较大面积冲刷[图 6-27（b）]，大风天气下 24h 冲刷面积约为 21km²，幅度为 0.01～0.045m。人工岛南侧水域有一定的淤积，面积约为 14km²，幅度为 0.01～0.035m；海堤西侧海床冲刷面积约 17km²，冲刷幅度为 0.01～0.05m。另外，人工岛东侧近岸水域有微弱淤积。

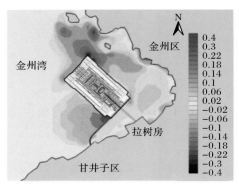
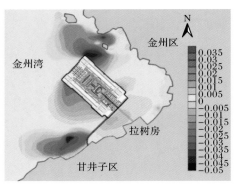

　　　　　（a）正常天气下累积 3 年　　　　　　　　　　（b）大风天气下 24h

图 6-27　海堤方案下海床冲淤变化（单位：m）

　　4）施工状态下水质污染

　　当辅助通道采用跨海桥方式时，水质污染的影响与离岸式布置方案相同。以海堤方式建设辅助通道的影响如下。

　　通过水质污染扩散数学模型计算，得到正常施工时悬浮物浓度为 10～100mg/L 的海水水质面积预计为 1.41km²，人工岛东南侧出现悬浮物浓度为 100～150mg/L 的海水水质面积约为 0.031km²。吹填施工期间，悬浮物浓度为 10～100mg/L 的海水水质面积预计为 2.498km²，人工岛东南侧出现悬浮物浓度为 100～150mg/L 的海水水质面积约为 0.049km²，浓度大于 150mg/L 的海水水质面积为 0.036km²。

　　3. 施工方法对水质污染扩散分析

　　1）护岸施工

　　通过对 13 个点的模拟[图 6-28（a）]，得到护岸施工期间超一、超二类海水水质面积为 0.0012～0.2832km²，10mg/L 等值线与施工点的最远距离为 1.428km。人工岛周围未出现超三类海水水质，护岸施工对水质的影响程度有限。

　　2）吹填施工

　　通过 H01～H08 点的模拟[图 6-28（b）]，得到超一、超二类海水水质面积为 0.0251～0.1652km²，10mg/L 等值线与施工点的最远距离为 0.654km。吹填过程未出现超四类海水水质,仅在 H02 点附近出现超三类海水水质,面积为 0.0005km²。吹填施工对海水水质的影响程度有限。

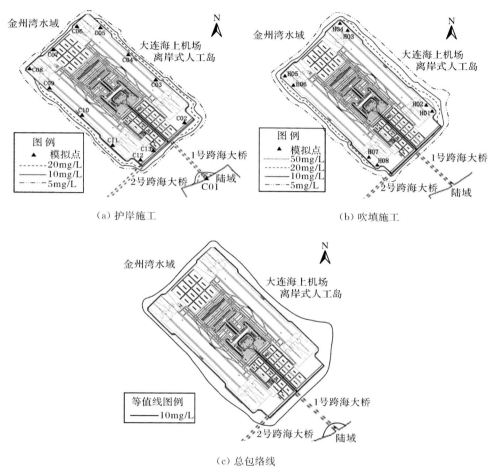

图 6-28 施工期悬浮物污染浓度模拟

综合以上分析,大连海上机场人工岛的施工将引起悬浮污染物扩散,悬浮物浓度增加,海水透明度减少,降低了浮游植物的光合作用,影响浮游动物的生长率、存活率、摄食率、丰度、生产量及群落结构。人工岛建成后,将长期占用该水域底栖生物的生存空间,导致填海范围内的底栖生物永久灭失,但由于对整个海湾的水体减少相对不大,所以对鱼类等渔业资源的影响有限。

已有实践表明,悬浮污染物对海洋生物的影响具有明显的可逆性。施工结束后,海域的水质会逐步恢复,浮游生物和游泳生物群落也将重新建立。施工结束后,通过对附近水域采取增殖和禁捕等保护性措施,会使区域海洋生态环境得到恢复,因而可以认为离岸式机场人工岛建设方案与周边的海洋生态环境是基本相适应的。

4. 对斑海豹的影响

大连新机场毗邻斑海豹自然保护区,如何减少对斑海豹的影响是优化机场选址的主要因素之一。可以说,机场选址充分考虑对生物生存的影响,从一个侧面反映了我国生态文明的进步。

1) 斑海豹的基本情况

斑海豹属于温带、寒温带沿海生活的海洋性哺乳类动物,可依靠自身的回声定位技术进行捕食与群体交流,对环境噪声反应敏感,主要分布于太平洋北部和西部海域及其沿岸和岛屿(图 6-29)。渤海辽东湾海域是斑海豹在世界上 8 个繁殖区中最南端的一个,也是我国海域唯一的繁殖区。由于人类的大量捕杀及海洋环境污染,斑海豹数量持续下降,20 世纪 80 年代初在我国沿海的种群数量已由近 8000 头下降到不足 2000 头。1988 年,斑海豹被列为我国二级濒危重点保护动物。渤海海域斑海豹数量的大体变化见图 6-30,其中 2010 年的数据是根据 2006～2007 年的结果估算而来,可能会存在一定的误差。

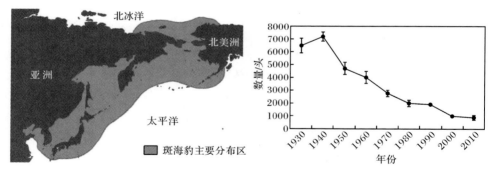

图 6-29　斑海豹在世界的分布　　　图 6-30　渤海海域斑海豹种群数量变动曲线

斑海豹喜欢在环境清静、无干扰的沼泽地边结群栖息,对环境要求苛刻。产仔时需要浮冰,换毛时需要岸滩或沼泽地,休息或晒太阳时需要岩岸,捕食和交配时则在水中进行。经长期观察,在渤海海域,除了辽东湾繁殖区外,斑海豹最重要的近岸栖息地之一是大连新机场所在的金州湾蚂蚁岛,该岛距岸约 15km,陆域面积约为 0.395km²。

对于渤海斑海豹群体的迁移规律,目前了解不多。2008 年中韩两国在辽东湾联合进行了斑海豹卫星标记跟踪试验,发现被标记的斑海豹在活动范围遍及整个渤海(图 6-31)。

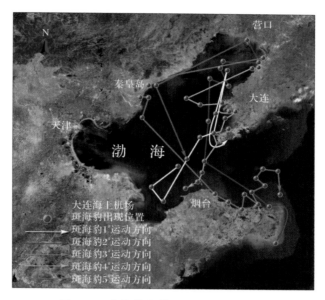

图 6-31　斑海豹在渤海活动图(2009 年)

2) 现场调查

为机场选址,曾于 2010 年和 2011 年先后两次对金州湾斑海豹的活动规律进行了调查,具体方法是乘坐调查船用高倍望远镜瞭望计数,观察范围为 200m。调查发现,2010 年 3 月蚂蚁岛岸滩的斑海豹数量最多,达 120 多头;5 月下旬后,斑海豹数量逐渐减少。2011 年调查发现可见的斑海豹数量达到了 248 头,比 2010 年增加 1 倍以上。蚂蚁岛岸滩及附近斑海豹数量统计见图 6-32 和图 6-33。蚂蚁岛上的斑海豹整个白天几乎都在海滩上。但渔民作业季节有渔船通过时(通常在上午 8 点左右),斑海豹会离开海滩,此后一整天再难见到斑海豹的踪影,说明斑海豹对人类活动十分敏感。

3) 斑海豹接收声音特性

(1) 空气中接收特性。在生理结构上,斑海豹利用耳朵接收外界声音,对空气中的噪声听觉灵敏度和人类相似。一般情况下,当频率低于 1kHz 时,斑海豹几乎

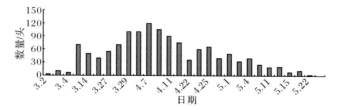

(a) 2010 年 3~5 月

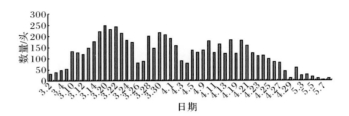

(b) 2011 年 3～5 月

图 6-32　蚂蚁岛岸滩及附近斑海豹数量统计

(a) 2010 年 4 月 8 日

(b) 2011 年 3 月 20 日

图 6-33　蚂蚁岛岸滩斑海豹情况

听不到声音。但是,研究发现,有时斑海豹可以感觉到空气中频率范围低至100Hz、声源级为 96dB 的声音。斑海豹在空气中对声音的接收频率不超过36kHz,主要敏感频率范围为 1～16kHz。在 4kHz 频点上,由于其中耳的生理结构适合于水下声波的阻抗,因此斑海豹在空气中对此频点并不敏感。图 6-34 为鳍足类动物在空气中的听阈曲线图。

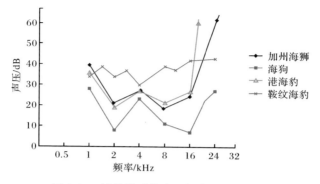

图 6-34　鳍足类动物在空气中的听阈曲线

（2）水中接收特性。图 6-35 为鳍足类动物在水下的听阈曲线图。从图中可看出斑海豹在水中的最低听阈值在 70dB 左右。

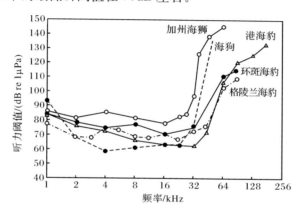

图 6-35　鳍足类动物在水下的听力阈值曲线

调查发现,斑海豹除用眼、鼻、耳等感觉器官感知外界环境外,还可以利用回声定位来感知外部世界及与同伴沟通。斑海豹能在水下发出唧唧、咆哮声,这些声音被认为是班海豹之间的彼此交流。斑海豹能够在水中感知 180kHz 的超声,并且对 32kHz 的声音最敏感,其自身也能发出 40kHz 的高频声音。断奶前的小斑海豹能发出一种频率很高的叫声,雌斑海豹正是凭着这种叫声在海洋中识别自己的幼崽。一旦斑海豹与自己的幼崽失散,重聚的希望相当小,失散的幼崽死亡率较高。

4）机场施工噪声影响

（1）空气噪声。

人工岛施工阶段的主要噪声源来自施工机械和运输车辆噪声,如打桩机、载重汽车、推土机、混凝土搅拌机、压路机等（表 6-5）。

表 6-5　施工阶段主要噪声源及噪声强度

噪声源	监测距离/m	噪声级/dB
打桩机	5	112
载重汽车	5	90
推土机	5	86
压路机	5	76~81
混凝土输送车	5	83
土石方运输车	5	81
沥青混凝土搅拌机	2	84~90

　　施工期噪声预测模式可将各噪声源简化为点声源进行处理,以点声源的球面波衰减模式估计距离声源不同距离处的噪声值,其预测模式如下:

$$L_{\mathrm{p}} = L_{\mathrm{p0}} - 20\lg \frac{r}{r_0} \tag{6-8}$$

式中,L_{p} 为距离声源 r 处的施工噪声预测值;L_{p0} 为距离声源 r_0 处的噪声参考值。

　　根据预测模式,表 6-6 列出了距离施工机械不同距离处的噪声值。由表中可见,施工中较大的噪声来自打桩机,会对斑海豹的生理和行为产生一定的影响。

表 6-6　与施工机械不同距离处的噪声数值表　　　　　（单位:dB）

施工阶段	机械名称	5m	10m	20m	40m	60m	80m	100m	150m	200m
基础施工	载重汽车	90	84	78	72	68.5	66	64	60.5	58
	推土机	86	80	74	68	64.5	62	60	56.5	54
	打桩机	112	106	100	94	90.4	88	86	82.5	80
路面施工	压路机	86	80	74	68	64.5	62	60	56.5	54
	摊铺机	87	81	75	69	65.5	63	61	57.5	55
	搅拌机	87	81	75	69	65.5	63	61	57.5	55

　　(2) 水下噪声。

　　施工期间水下噪声主要来自挖泥、打桩等水下施工活动,以及各类施工船的机械噪声。其中,水下打桩产生的噪声最大,对斑海豹的影响最明显。

　　对桩基施工的研究表明:浅海海域打桩施工的声源级在 194dB 左右、400m 距离处(声压级 134dB)网箱中的鲑鱼并未出现生理致伤或明显行为模式改变;在水深 12m 的浅海,距离打桩施工 80m[图 6-36(a)、(b)]处的声压级未超过美国国家海洋渔业机构 NMFS(2000)颁布的鲸类最大可承受声压标准。水深 6m、孔径 2.5m桩基施工在 50m 处产生的噪音。由声波传播按球面波扩展的规律,可以推算出在大于 750m 距离的声压级已低于美国国家海洋渔业局规定的海洋哺乳动物水下 180dB 的噪声阈值[图 6-36(c)]。

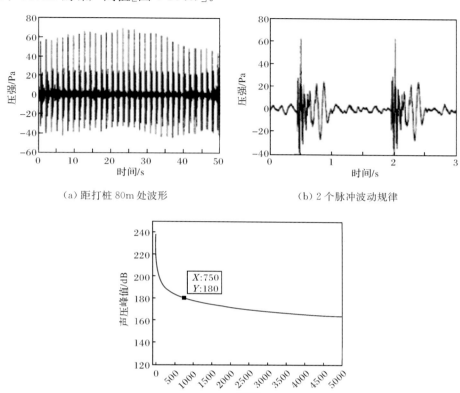

　　　　（a）距打桩 80m 处波形　　　　　　　　　　　（b）2 个脉冲波动规律

（c）打桩声压峰值分布曲线

图 6-36　打桩产生的水下声波

（3）平面位置。

由以上分析可知,斑海豹大部分活动时间是在水中度过的,仅在生殖、哺乳、休息和换毛时才爬到岸上或者冰块边缘上,施工时影响最大的打桩机噪声在 600m 以外的声压级已降到 70dB 以下。机场选址近岸方案距斑海豹聚集的蚂蚁岛约 10km,远岸方案约 5km（图 6-37）,因而影响有限。

5）机场运营期噪声影响

（1）空气噪声。

机场运营期间的空气噪声主要来自飞机起飞、降落及在地面滑行的过程。飞机飞行时传播至地面的噪声与一般的环境噪声不同,飞机噪声是间歇的,持续时间较短,频谱从高频逐渐降至低频,噪声峰值较高,频谱较宽,影响范围较广。

目前,各国对飞机噪声的评价方法不尽相同,但大多以感觉噪声级 PNL 或 A

声级为基本评价参数来评价飞机 1 个飞行过程所产生的噪声。对于长期连续的飞行过程,还要考虑飞机的飞行次数、飞行时间等因素。我国从 1988 年开始采用国际民航组织(International Civil Aviation Organization,ICAO)所推荐的计权等效连续噪声(weighted equivalent continuous perceived noise level,WECPNL)来反映飞机噪声的大小及其影响程度。

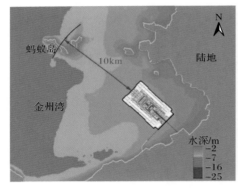

(a) 近岸布置方案距蚂蚁岛 10km　　　　　(b) 远岸布置方案距蚂蚁岛 5km

图 6-37　机场布置方案与蚂蚁岛的距离

飞机噪声的强度取决于飞机机型和到发频率。根据预测,大连机场到 2030 年平均日飞行架次约为 465 架次,年飞行架次达到 16.65 万次左右,接受机型主要有 B、C、D、E 等类型,各机型数量比例、机场跑道起降方向及架次比例等预测见表 6-7。白天、傍晚以及夜间各时段的飞行架次比例预测见表 6-8。

表 6-7　机场运行机型预测(2030 年)

区域	年起降总架次	B 类飞机		C 类飞机		D 类飞机		E 类飞机	
		架次	比例/%	架次	比例/%	架次	比例/%	架次	比例/%
国内	127413	1274	1	90463	71	26757	21	8919	7
国际及中国港澳台地区	39140	0	0	17613	45	18004	46	3523	9
合计	166553	1274	—	108076	—	44761	—	12442	—

表 6-8　机场飞机昼夜起降架次比例(2030 年)

时间段	起飞比例/%	降落比例/%
7:00~19:00	79	65
19:00~22:00	16	17
22:00~7:00	5	18

根据我国《机场周围飞机噪声环境标准》(GB 9660—1988),计权等效连续噪

声通常按下式计算：

$$\mathrm{WECPNL} = \overline{L_{\mathrm{EPN}}} + 10\lg(N_1 + 3N_2 + 10N_3) - 39.4 \qquad (6\text{-}9)$$

$$\overline{L_{\mathrm{EPN}}} = 10\lg\left(\frac{1}{N_1 + N_2 + N_3}\sum_i\sum_j 10^{L_{\mathrm{EPN}ij}/10}\right) \qquad (6\text{-}10)$$

$$L_{\mathrm{EPN}} = L_{\mathrm{Amax}} + 10\lg(T_{\mathrm{d}}/20) + 13 \qquad (6\text{-}11)$$

式中，$\overline{L_{\mathrm{EPN}}}$ 为飞机噪声平均值；N_1 为白天（7：00～19：00）飞行架次数；N_2 为傍晚（19：00～22：00）飞行架次数；N_3 为夜间（22：00～7：00）飞行架次数；L_{Amax} 和 T_{d} 分别是飞机飞过测点时的最大 A 声级和持续时间。

由上述条件，运用 INM 噪声预测软件，输入噪声预测点信息、飞机类型、飞行时段、飞行程序和飞行轨迹等参数，得到累计噪声等值线分布（图 6-38）。由图中可见，远岸布置方案的飞机噪声分布已覆盖蚂蚁岛。

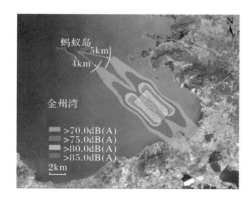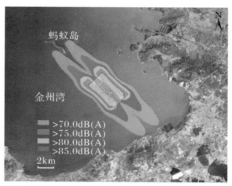

（a）近岸布置方案　　　　　　　　　　　（b）远岸布置方案

图 6-38　机场不同位置噪声等值线分布

（2）水下噪声。

运营期的水下噪声主要是飞机在空中飞行时通过空气与水界面耦合传导进入水中形成。噪声在空气/水界面的传导主要有四种方式：水面直接透射、水面直接透射后经海底反射、水面侧向流体动力学耦合及粗糙水面散射。

图 6-39 为实测的海面上方飞机噪声进入水下接收器的频率-距离分布曲线。从图中可以看到，与空气中传输的噪声类似，低频段噪声从空气噪声入水的传导中衰减较小，水下噪声明显呈现低频段特点。在评估飞机噪声对海洋哺乳动物的影响时，测得飞机在海洋表面产生的声压通常为 121.51～138.41dB（re 1μPa）的声压级。海洋哺乳动物在水下的最大可承受声压（均方根声压）级为 180dB（re 1μPa），因此，可以认为不同声源级的飞机噪声不会对水下活动的斑海豹产生影响。

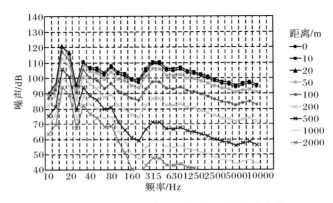

图 6-39　噪声进入水下的频率-距离分布曲线

（3）方案比较。

由预测结果可知,到 2030 年,大连机场每年飞机起降架次将达到 16.65 万次左右,机场运营产生大于 70dB 噪声的影响区域约为 24.745km²。其中,70dB 的最大影响距离是 7400～7600m(跑道两端向海洋水平方向延伸),侧向影响距离为 1300m(跑道侧向),75dB 的最远覆盖距离为 5km 左右。由于近岸布置方案距蚂蚁岛 10km,已远在 70dB 噪声影响范围之外,因而对斑海豹的影响较小;远岸布置方案大于 70dB 噪声区域覆盖了蚂蚁岛,会对斑海豹产生较强的噪声干扰。从这一角度来看,近岸布置方案较优。事实上,近岸布置方案最终被确定为大连机场人工岛的首选位置,为了与斑海豹的活动范围拉开距离是决定性的因素。

5. 山体植被

在土石方量的需求上,人工岛预计需要填筑材料约 3 亿 m³。其中,护岸部分需要土石方约 2500 万 m³,围堰部分约需 6400 万 m³,航站楼及配套工程部分需约 5500 万 m³,跑道部分需求量约为 1.6 亿 m³。无承重要求的土面区利用机场道面区挖除的 6000 万 m³ 软土填筑,因此共有 2.4 亿 m³ 的土石方需要从陆地开山或采集海砂解决。

大连市属于生态旅游城市,山林、滨海以及旅游景观区众多,野生动植物种类稀缺。因此,大规模开山取料活动与生态保护存在较大矛盾。

为了确定人工岛建设所需的土石方来源,对金州湾沿岸山体的石料储量进行了专项地质勘探。结果显示,在距人工岛施工区域 15km 的沿岸区域,有 2 座山脉可供开采,分别为大华山和黄山(图 6-40)。大华山山体主要组成为灰岩、白云岩及辉绿岩,矿体标高+7.9～+233.60m,土石方储量约 1.54 亿 m³;黄山山体主要组成为石灰岩,矿体标高+33.15～+184.3m,土石方总储量约 0.60 亿 m³,2 座山体土石方总储量约 2.14 亿 m³。石料开采后按 1.2 的松散系数计算,可形成 2.6 亿 m³ 土石方可以填海。但大华山及黄山区域植被茂盛(图 6-41),山体被开采后,其上的植被也随之灭失(图 6-42)。

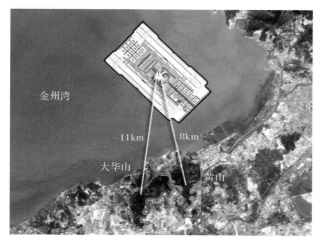

图 6-40　开山位置示意图

图 6-41　山体开采前植被情景

(a) 开山现场远眺　　　　　　　　　　　(b) 山体断面

（c）开山石装车　　　　　　　　　　　（d）汽车盘山道

图 6-42　土石方开采

　　为了分析土石方开采对山林生态环境的影响，利用 GPS 以及 GIS 对大华山和黄山地表的林木资源进行了全面调查，内容包括林种、优势树种、龄组以及胸径等。所有胸径大于或等于 5cm 的林木都进行逐一检尺，用围尺测量胸径，按上限排外法记录径阶，以一元立木材积表求算蓄积。结果显示，大华山和黄山山体的山林覆盖总面积为 455.91hm²，木材蓄积总量约为 23159m³。其中，50％面积的林木主要用于当地的生态防护（防护林），39.8％为供应生产所需的木材（用材林），3.6％用于保存当地特有物种以及用于国防、森林旅游和科学试验等目的的特殊用途林，1.6％用于生产油料、干鲜果品、工业原料、药材及其他副特产品的经济林，5％用于其他用途[图 6-43（a）]。在优势树种上，以刺槐为主，有一定量的油松、黑松及少量的侧柏[图 6-43（b）]，树龄主要以过熟林及近熟林为主，其次是中龄林及成熟林，面积最少的是幼龄林[图 6-43（c）]。调查中还发现山林中生长着少量钻天柳、核桃楸以及刺楸三种国家级重点保护野生植物。

　　大华山及黄山山体森林除了具有经济价值外，在水土保持和生态平衡中也具有一定的作用。对大华山及黄山开山取料，改变了自然形成的地形、地貌，随着植被的灭失，会部分改变当地原有的生态系统，对区域内的水源涵养、空气净化和水土保持等隐性的生态服务功能产生影响。

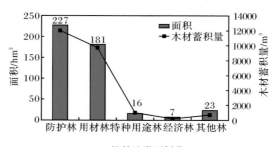

（a）按林地类型划分

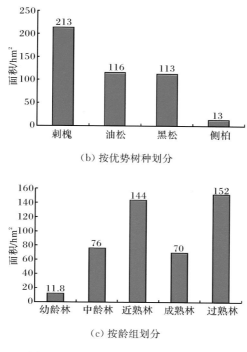

（b）按优势树种划分

（c）按龄组划分

图 6-43 土石方供应地森林资源调查

6. 对海洋生态影响

为了分析人工岛填筑对海域生态环境的影响，在工程海域设置了 15 个调查站，于 2008 年、2009 年乘坐调查船进行了海洋生物资源现状调查。对于小型底栖生物，使用面积为 $0.05m^2$ 的 HNM-1 型采泥器采集海底底质，每站采集 5 个平行样品，取样面积为 $0.25m^2$，取样深度为 $10 \sim 20cm$。对于大型底栖生物，使用网口宽 1.5m 的拖网，拖网绳长为水深 3 倍以上，拖网时间为 15min，当调查船航向稳定且航速在 2kn 左右时投网。对于鱼卵及仔稚鱼，使用网长为 145cm、网口内径为 50cm、网口面积为 $0.2m^2$、孔径为 0.507mm 的浮游生物网。每个调查站水平拖网 10min，拖速 2kn。对于其他渔业资源，使用网口宽 10m 的拖网，在各调查站水平拖网 60min，拖速 25kn，调查结果见表 6-9。

表 6-9 工程海域海洋生物密度

生物类别	调查时间	调查结果（密度）	
底栖生物	2009 年 8 月 23 日	小型	$50.57g/m^2$
		大型	$1.233g/m^2$

生物类别		调查时间	调查结果（密度）	
渔业资源	鱼卵	2008 年 7 月 20～23 日	0.0792 粒/m³	
	仔鱼		0.0308 个/m³	
	游泳生物	2008 年 5 月	鱼类资源	252.12kg/km²	350.31kg/km²
		2008 年 8 月	头足类资源	4.65kg/km²	
		2008 年 10 月	甲壳类资源	85.74kg/km²	
		2008 年 11 月	其他	7.80kg/km²	

7. 噪声对城市影响

根据 6.2.3 节中机场运营期噪声影响分析的结果，运用 INM 噪声预测软件，得到累计噪声等值线分布图（图 6-44）。为了便于对比，将图 6-38(a)一并附入。

　　（a）陆地机场　　　　　　　　　　　　（b）海上人工岛机场

图 6-44　飞机噪声分布预测

噪声预测的结果表明，如果陆地机场（即周水子机场）原地扩建，那么将有约 13.7 万人居住在噪声超标（按 75dB 标准评价）区域内。在区域内的 41 个学校、医院等敏感点中，超过 70dB 的有 31 个，超过 75dB 的有 15 个，超过 80dB 的有 4 个，超过 85dB 的有 3 个，大大超过了我国对敏感人群规定的环境标准。如果将机场迁建到海上，情况则大不相同。仍以上述各项数据进行计算，得到的海上人工岛机场飞机噪声影响结果对比见表 6-10。显然，由于机场跑道端部与岸边相距 5km，岸边居民稀少，处于 70dB 以上影响区域的人数仅为 0.4 万人，70～75dB 的影响区域内有敏感点 5 个，75dB 以上影响区域内没有敏感点，影响范围和对比结果见图 6-45。

表 6-10　陆地机场与海上人工岛机场噪声影响对比

项目	噪声等级/dB	70～75	75～80	80～85	>85	合计
陆地机场	影响范围/km²	24.75	11.68	5.28	3.69	45.40
	影响人数/人	129041	89784	38252	9028	266105
	敏感点/个	16	11	1	3	31
海上人工岛机场	影响范围/km²	1.89	0.61	0.19	0.49	3.18
	影响人数/人	3500	850	0	0	4350
	敏感点/个	5	0	0	0	5
陆上机场相比海上人工岛机场的增加值	影响范围/km²	22.86	11.07	5.09	3.20	42.22
	影响人数/人	125541	88934	38252	9028	261755
	敏感点/个	11	11	1	3	26

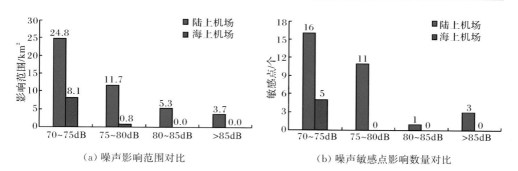

（a）噪声影响范围对比　　　　　　　（b）噪声敏感点影响数量对比

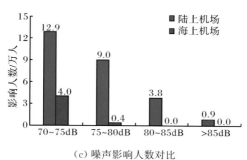

（c）噪声影响人数对比

图 6-45　陆上机场与海上人工岛机场噪声影响对比

8. 热岛效应

采用 2013 年 4 月 26 日 2：30(格林尼治标准时间)覆盖大连主城区的 Landsat-8 遥感数据进行分析。参照与中国大连市地球维度相近的日本大阪市进行对比,也同样采用 Landsat-8 遥感数据(接收时间为 2013 年 5 月 23 日 2：50),利用单窗算法反演大连主城区和日本大阪地区的地表温度,反演结果如图 6-46 所示。

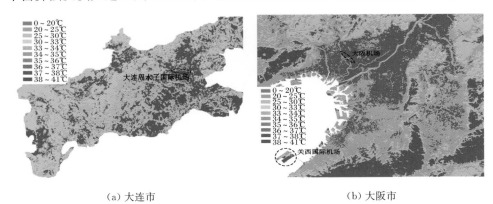

<table>
<tr><td>(a) 大连市</td><td>(b) 大阪市</td></tr>
</table>

图 6-46　地表温度反演图

为了分辨出城市市区中的高温区和低温区,采用均值-标准差法将地表热场分为 5 个等级,分级标准如表 6-11 所示。

表 6-11　地表热场等级标准

温度等级	热场划分区间
高温区	$T_s > \mu + sd$
次高温区	$\mu + 0.5sd < T_s \leqslant \mu + sd$
中温区	$\mu - 0.5sd < T_s \leqslant \mu + 0.5sd$
次中温区	$\mu - sd < T_s \leqslant \mu - 0.5sd$
低温区	$T_s \leqslant \mu - sd$

分析大连市和大阪市地表温度反演图,可得到热场地表温度参数(表 6-12)。根据划分地表热场等级的方法,得出大连市和大阪市各级热场的温度范围(表 6-13)。统计分析大连周水子机场、大阪机场和关西国际机场地表温度参数(表 6-14),可知大连周水子国际机场及大阪机场属于高温区,而关西国际机场属于次中温区。从地理位置上看,大连周水子国际机场和大阪机场都位于城市中心区的陆地,而关西国际机场位于远离城市的人工岛上。对比关西国际机场和大阪机场的地面温度发现,位于距海岸 5km 处人工岛的关西国际机场平均温度远低于位于陆地的

大阪机场,说明海上机场比陆地机场能有效减少城市热岛效应。

由以上分析可知,大连人工岛机场建成后,所产生的热岛效将远小于陆地机场,对城市生态环境显然是十分有利的。

表 6-12 大连和大阪地表温度参数统计

统计	大连(2013 年 4 月 26 日)	大阪(2013 年 5 月 23 日)
最小值/℃	17.73	4.12
最大值/℃	41.87	53.21
平均值/℃	28.88	32.80
标准偏差	2.68	5.74

表 6-13 大连和大阪地区热场分布 (单位:℃)

温度等级	大连热场划分区间	大阪热场划分区间
高温区	$T_s > 31.56$	$T_s > 38.54$
次高温区	$30.22 < T_s \leqslant 31.56$	$35.67 < T_s \leqslant 38.54$
中温区	$27.54 < T_s \leqslant 30.22$	$29.93 < T_s \leqslant 35.67$
次中温区	$26.2 < T_s \leqslant 27.54$	$27.06 < T_s \leqslant 29.93$
低温区	$T_s \leqslant 26.2$	$T_s \leqslant 27.06$

表 6-14 机场地表温度参数统计(时间同表 6-12)

统计	大连周水子国际机场	大阪机场	关西国际机场
最小值/℃	27.98	36.13	17.63
最大值/℃	36.49	46.54	33.28
平均值/℃	32.69	41.90	26.32
标准偏差	1.98	1.82	3.55

9. 文物保护

开山施工中,开始时发现路边散落有少量陶瓷碎片。后来注意到这些碎片是汽车从山顶运石方时沿途撒下的。经考证,遗物特征与 20 世纪 60 年代在大连营城子地区发现的青铜时代双坨子文化类型相同,参照双坨子文化碳 14 测年数据,遗址的绝对年代距今 3100~3600 年,应为青铜时代,因而命名为大王山遗址。2012 年 10 月 17 日,由辽宁省文物考古研究所会同大连市文物考古研究所联合组成的考古队正式进驻工地,开始对大王山遗址进行抢救性发掘工作。

该遗址地处高山之上,是大连地区已发现的海拔最高、规模最大的聚落址,面积达 6345m² ,遗址保存状况良好,属于双坨子二期和三期文化。二期文化在少数探方中发现,出土的只有遗物,房址均属于三期文化。

整个遗址石墙遍布,数量众多,长度不一,高矮不等,整体上可分为两大类:一类是大型石墙,其功用应为护坡,使陡峭的山体形成多个阶梯状平面,再在其上兴建房屋,已发现大型石墙 5 道,长约 150m;另一类是小型石墙,作为道路边墙,构成了整个聚落之间的道路网,这种石墙数量较多,共 10 道。共清理房址 55 座,出土遗物主要以陶器和石器为主,骨器、角器次之,各类遗物数量达 1800 多件。从出土遗物中占有绝对数量的石斧和石刀不难看出,当时的农业生产已经成为社会的主要经济来源,与同时期各遗址相符。此外,还有一定数量的镞、网坠、鱼卡等工具和大量的海产贝壳出土,说明渔猎生产也是当时重要的生活来源。在遗迹周边,存在多道大石墙这种防御性设施,并发现大量石剑、石矛、石镞、石钺、石棍棒头等发达兵器,表明当时对夜间出没的野兽防范是生存的首要条件。

此次遗址及大量文物的发现,为研究辽东半岛南部地区青铜时代文化提供了一批宝贵的实物资料,对大连地区乃至东北地区青铜时代文化的研究,具有较高的学术研究价值和历史价值,也为进一步探讨当地与周边地区的文化交流等相关问题提供了新的线索。古遗址现场如图 6-47 所示。部分出土文物如图 6-48 所示。

（a）开山施工被停止

（b）清理遗址现场

（c）村落布局清晰

（d）具有抵御外侵功能的人工石墙

（e）疑似用作储藏的房间

（f）屋内有生火痕迹

（g）遗址发掘时用塑料大棚罩住

（h）文物工作者在进行遗物拼接

图 6-47　古遗址现场

（a）出土石器

(b) 出土骨器

(c) 出土陶器

图 6-48　部分出土文物

第 7 章 监测与维护

7.1 基本问题

7.1.1 人工岛地基沉降监测

1. 沉降监测方法

沉降监测方法主要分为两大类:一类是常规的测量方法(大地测量方法与摄影测量方法),另一类是物理传感器方法。

常规地面沉降监测方法一般采用精密水准测量。该方法在我国有着广泛的应用,具有测量精度高、资料可靠等优点,其中普遍使用的全站仪,从野外数据采集,到各种建筑物的变形监测等都发挥了重要的作用,尤其是进行地面沉降变形监测,全站仪集水平角、垂直角、距离、高差测量功能于一体,具有数据处理、数据存储和数据通信等功能,因此地面沉降观测多采用全站仪。但此方法工作量大、效率低,受气候影响较大,不易实现连续监测和测量过程自动化,加上水准点本身布设密度较低,难以实现大范围、高分辨率监测,在精度上也难以全面揭示地面的形变规律。数字摄影测量在土体变形监测中也开始展现出应用前景,但利用三维摄影方法进行地基沉降观测的精度还有待于实践摸索和提高。

物理传感器方法主要是指应力应变计、倾斜仪等方法,这些方法的优点是能获得观测对象内部的一些信息及高精度、局部的相对变形信息,并且能实现长期连续地自动观测,缺点是只能观测有限的局部变形,费用较高。

20 世纪 90 年代初期,GPS 技术逐渐发展起来,该技术具有三维定位能力以及监测周期短、精度高、布网迅捷和经济方便等特点。采用 GPS 技术进行地面沉降变形监测,不仅可以监测地面沉降的现状,还可以在图上实现成果可视化,提供高精度的三维点位坐标,使测量精度控制在较高的范围内,而且劳动强度小、不受通视条件和距离限制,是沉降监测的重要发展方向之一。在形变监测上,GPS 可用于区域地壳形变监测以及局域滑坡、地面沉降等监测,其水平精度可达厘米级甚至毫米级。

但是,GPS 技术也存在很多不足,如易受干扰,需要接收卫星发射的信号才能完成定位,当卫星与接收机距离很远,而其干扰源与接收机的距离较近时,GPS 接收机上的信号容易被"淹没"。此外,使用 GPS 测量水平位移精度较高,而测量垂直位移精度较低(垂直方向误差一般是水平方向误差的 2～3 倍),这一特点使得在高精度地基变形测量中还难以利用 GPS 精确测量垂直位移。

审视以上所有方法,无论是水准测量还是 GPS 测量,都有一个共同点,即只能对有限离散点进行观测,无法监测连续形变,难以揭示出整体形变的规律,这一缺陷由于合成孔径雷达差分干涉技术的出现可得到根本性的改观。在海上人工岛机场地基沉降监测中,卫星雷达监测方法具有广阔的应用前景,值得深入探讨。

1) 合成孔径雷达差分干涉法

合成孔径雷达差分干涉(differential interferometric synthetic aperture radar, DInSAR)测量技术是继 GPS 之后在测绘领域又一次革命性的进步。随着一系列合成孔径雷达(synthetic aperture radar,SAR)卫星的升空,雷达遥感技术成为热点,特别是合成孔径雷达干涉(interferometric synthetic aperture radar, InSAR)测量技术及合成孔径雷达差分干涉测量技术迅速发展,能够获取大面积、全天候、高精度和高分辨率地球表面三维空间的微小变化,在地面形变监测方面显示出前所未有的优越性。

(1) DInSAR 及其改进技术。

DInSAR 技术出现于 1989 年。随着 DInSAR 技术应用的推进,尤其是在长时间序列的地面缓慢形变监测方面已显现出广阔的前景。通过对大量 SAR 图像研究发现,在广大城区及较长时间内存在相位和幅度变化稳定的点,利用这些相位特征,可以很好地解决时间去相干问题,进而实现长时间尺度的地面形变分析。目前,除常规 DInSAR 技术的应用外,基于相干目标的多基线距 DInSAR 也逐渐被采用,主要有最小二乘(least square,LS)方法、短基线(small baseline subset, SBAS)方法、永久散射体(permanent scatterer,PS)方法和角反射器(corner reflector)方法等。

① 常规 DInSAR 技术。

DInSAR 技术的核心是利用相位观测值获取目标的几何特征及变化信息。干涉图中任一像素的相位可表达为雷达与该像素间距离的变化和该目标的散射相位变化之和。若两次观测期间散射相位保持稳定,则干涉相位即反映了两次观测目标与雷达之间距离的变化,其中包含地形信息、地面形变以及大气活动引起的相位延迟等。由此,根据各分量对干涉相位贡献的大小,可分别解算出地形信息、两次观测目标沿雷达斜距方向的变化以及大气延迟等。由于干涉相位对微小形变极其敏感,毫米级形变在干涉相位中都会有所反映,因此利用重复轨道观测获取的干涉相位,通过差分干涉处理去除两次观测相位中的共有量(平地效应、地形相位和大气延迟等)后,便可以得到形变相位,进而反算出形变量,这便是 DInSAR 监测地面形变的核心思想。

② 累积干涉图法。

为了抑制大气波动对监测结果的影响,可以利用累积 SAR 图像进行干涉相位时间序列分析,其基本思想是在数据量较少的情况下,选择基线较短(一般小于300m)的干涉图像,进行短基线干涉像对组合,增大单一差分干涉图获取形变信息的时间跨度,尽可能多地得到观测值,以此求解形变速率。为了恢复形变过程,可将差分干涉相位视为观测值,以参数估计的方法求解每一相干目标的形变序列值,由此得到基于最小二乘方法的干涉序列分析方法。利用最小二乘法对不同时获取的形变量进行平差处理,获取线性形变速率和不同时刻的形变累积量。在这些方法中,以短基线集方法最为典型。该方法需要解决两方面的问题:一是空间相位解缠的可靠性和稳定性;二是解缠相位的时间序列分析。前者在于获取单个时相的形变场,后者分析单个目标发生形变的时间特征。短基线集方法首先发展了基于相位模型分解的处理方法,将形变速率进行线性和非线性分解,根据形变速率以及高程误差的变化特征,通过相位迭代解算线性形变速率和高程误差。其次,根据大气相位的时空变化特征,从残余相位中分离大气相位,得到非线性形变量。

利用累积干涉图法提取地面形变速率和形变过程信息,在很大程度上减少了大气相位对形变测量结果的影响,提高了 DInSAR 技术的实用性。由于该方法最大限度地利用了短基线干涉像对,极大地减弱了对干涉相位质量的影响,充分利用了现有的 SAR 数据,降低了对 SAR 数据数量的要求,因而能够更多地提取相干目标,即使是在数据量较少的情况下,仍可获得高精度形变场速率图和形变序列图。此外,基于相位模型,将形变信号进行分解,同时求解相干目标高程误差对线性速率回归的影响,提高了线性速率获取的精度。在数据集较小(5~10 景)时,仍可以利用若干张用不规则三角网(triangulated irregular network,TIN)解缠的相位图加权平均获取形变速率。当数据集较大(大于 10 景)时,可以利用时间域相位回归模型对形变速率和形变序列进行求解,提高长时间下的监测精度,能够很好地获取大尺度地面的形变信息,也可以对重点区域进行高精度监测,因而是工程观测中较为实用的方法之一。

由于短基线方法将不同子集的干涉相位作为恢复形变序列的观测值,因而可以对以不同传感器获取差分干涉相位的子集联立求解,不受单一数据源的限制,从而满足同一研究区长时间的连续监测,以研究形变过程的时间特征。利用累积干涉图法,可以通过若干个干涉图的解算反映非线性形变特征,在非线性特征明显的条件下,根据多个干涉图的组合凸现单个形变变化引起的形变量,进而更好地反映监测区域的形变特征。

③ PS-InSAR 技术。

PS 方法的提出将 DInSAR 技术向前推进了一大步。PS-InSAR 的核心思想是对 PS 的干涉相位进行时间序列分析,根据各相位分量的时空特征,估算大气波动、数据高程模型(digital elevation model,DEM)误差以及噪声等,并将其从差分干涉相位中逐个分离,最终获取每个 PS 点的线性和非线性形变速率、大气延迟量(atmosphere phase screen)以及 DEM 误差。经 PS 方法处理,获取的形变速率精度可以达到毫米级。与 PS-InSAR 技术类似的方法还有相干点目标方法、点目标干涉测量分析方法等。这些方法的共同点是基于大量的 SAR 数据(一般大于 20 景甚至 30 景),从中筛选出具有稳定散射特性的相干点目标,构成离散点观测网络(比常规的形变监测网密度更高),通过分析 PS 点目标相位变化获取地面的形变状况。由于将 PS 作为观测对象,降低了空间基线对相干性的影响,即使在临界基线条件下,仍然可以通过分析 PS 差分干涉相位的变化反演形变信息。

　　在处理方法上,PS-InSAR 技术一般采用线性形变模型提取点目标对应的形变量,如测量长时间下保持稳定移动速率的地面移动现象。该方法的优点是能一次性获取中尺度(约 $2000km^2$)范围内的地面形变信息。由于非线性形变可以用线性形变模型来模拟,因而一些非线性形变也可以通过线性形变测量得到。若观测对象表现出明显的非线性特征,并且形变量变化较大,则在 PS 点目标覆盖的范围内会出现不连续区域。产生不连续(空间和时间)的原因是由于形变本身超出了所采用的模型边界条件。若利用基于线性模型估算的形变速率来反演一定时间内的形变量,则必然与实际情况相差甚远。此时,可以通过两种方法来弥补线性模型模拟非线性形变的不足:一种是采用非线性形变模型;另一种是将长时间间隔分解为数个短时间段,利用函数模型模拟各个时间段内的形变量,进而求解非线性量。非线性模拟的处理过程相当复杂,因而非常耗时,限制了大面积形变测量的应用,但随着技术的进步,处理的时间会逐步缩小,处理的范围也将逐步扩大。

　　PS-InSAR 技术对数据量有较高的要求,如只有当 SAR 图像达到一定数量时才能筛选出在整个时间跨度内具有稳定信号的 PS 点。对于相干目标较多的地区(如城区),由于在地物长时间间隔下保持了很高的相干性,因而在数据量较少的情况下也可以进行处理。PS-InSAR 技术离不开离散点的相位解缠,当点的密度不能满足形变量对相位解缠的要求时,难以得到准确的结果。一般情况下,至少必须满足每 km^2 有 5 个 PS 点才能完成相位解缠。对点密度的要求是鉴于大气的空间相关距离,因而需要 PS 点间距尽可能小于 1km,以减小大气的影响。

　　与累积干涉图方法比较而言,PS-InSAR 技术可以利用长基线距的 SAR 数据进行形变参数估计,在 DEM 误差、大气相位估计以及非线性形变等的解算上均有明确阐述。此外,通过对残余相位的处理,可以进一步提高估计精度和 PS 点数量,在地面沉降监测,甚至重大基础设施的沉降监测方面发挥显著的作用。例如,日本浦安市填海造地项目利用 PS-InSAR 和累积干涉图法监测并计算了 2006～

2010 年的地表形变(图 7-1)。通过与 GPS 实测值对比,计算值与实测值吻合度较高,表明 PS-InSAR 和累积干涉图法均可以得到较高的形变测量精度。图 7-2 为东京羽田国际机场 D 跑道 2006~2010 年期间年平均沉降监测结果。

（a）PS-InSAR 技术(Alos-PALSAR-1 数据)

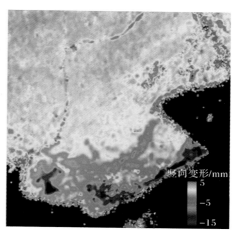

（b）累积干涉图法(Alos-PALSAR-1 数据)

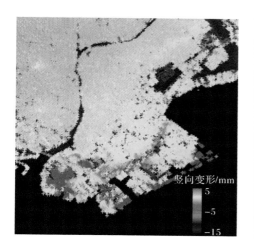

（c）PS-InSAR 技术(ENVISAT ASAR 数据)

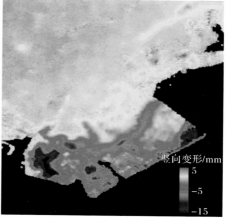

（d）累积干涉图法(ENVISAT ASAR 数据)

图 7-1　日本浦安地区 2006~2010 年年均沉降图

目前来看,PS-InSAR 仍有一定的局限性,主要是该方法需要反映地面形变特征的先验模型,如线性形变速率模型等。另外,为了提高 PS 高程的估算精度,在大气校正时有时利用大量的 SAR 数据进行统计分析才能得到较好的效果。

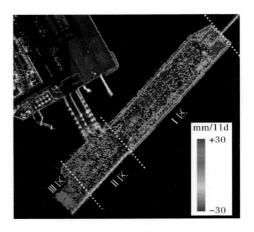

图 7-2　东京羽田国际机场 D 跑道 2006～2010 年年均沉降
（PS-InSAR 方法，ENVISAT ASAR 数据）

④ CR-InSAR 技术。

对于不存在相干目标地区或者相干目标较少、但又需要监测的形变区域，可以利用人工目标作为雷达监测对象，根据其干涉相位变化来反映形变特征，角反射器（corner reflector，CR）就是一种特制人工目标。所谓 CR，一般由 3 块相互垂直的金属三角平面板构成。安装时，CR 与雷达波的入射方向保持最佳夹角，所以其反射强度通常远大于周围物体的反射，可以看做一个点状目标的人造永久散射体。利用角反射效应将接收到的雷达波束经过几次反射后，形成很强的回波信号，在 SAR 图像中形成很亮的星状亮斑，可以在雷达图像上被准确地识别出来，如图 7-3 所示。利用此技术，可以精确地测量某一时间段内毫米级的位移，得到的形变结果弥补了传统测量手段点位稀疏的缺点，具有大面积、快速、准确的优势。

在雷达图像上，CR 不仅具有很大的反射强度，而且具有高质量的相位。很多情况下，如对山体滑坡、桥梁或其他建筑物的变形进行监测等，其空间检测范围相对较小，形变幅度又不大，满足相位解缠约束条件，则可以将人工的 CR 作为观测对象。

对于布设在形变体上 CR 所构成的监测网络，利用不规则格网相位解缠方法和时间序列分析方法均可得到较好的检测结果。当观测网中点目标距离更大时，则可以应用 PS 方法，这时 CR 即为特殊的 PS 点目标。安装时，CR 的中垂线必须严格与雷达入射方向一致，以保证较强的雷达后向散射。CR 测量中要求能明确区分雷达回波和周围地物，避免与其他地物的散射信号相干涉，因此，在建筑密度大的城区，要选择背景散射特性较低的区域安装 CR，以避免出现 CR 回波与其他地物回波信号产生干涉的现象。

对于海上机场人工岛,由于其面积通常为矩形,易于识别,因此是否采用 CR 方法,具体看实际需要而定。

　　　　（a）角反射器外形

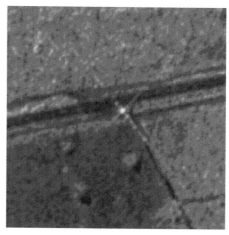
　　　　（b）角反射器在卫星图像中成为光点

图 7-3　角反射器

（2）DInSAR 技术监测形变的计算。

所谓 DInSAR 技术,是指利用同一地区的两幅干涉图像,其中一幅是形变前的干涉图像,另一幅是形变后获取的干涉图像,然后通过差分处理(除去地球曲面、地形起伏的影响)来获取地面形变的测量技术。

如图 7-4 所示,设 S_1 和 S_2 分别表示两天线的位置,天线之间的距离用基线矢量 $\boldsymbol{B}$ 表示(基线距为 B),基线与水平方向的夹角为 α,平台的高度为 H;地面一点 P 在 t_1 时刻到天线 S_1 的路径距离用 R_1 表示,其方向矢量为 l_1;P' 在 t_2 时刻到天线 S_2 的路径距离用 R_2 表示,其方向矢量为 l_2;点 P 到 P' 的距离矢量为 $\boldsymbol{D}$(大小为 D),点 P 在参考椭球面上的投影为 P_0,它们之间的距离为 h_e,地面点 P 的高程用 h 表示;θ 为第一幅天线的参考视角。

将天线 S_1 和 S_2 接收到的 SAR 信号以复数形式表示为

$$\begin{cases} S_1 = A_1 e^{i\Psi_1} \\ S_2 = A_2 e^{i\Psi_2} \end{cases} \tag{7-1}$$

式中,$A_i(i=1,2)$ 为幅度信息;$\Psi_i(i=1,2)$ 为观测相位。

将配准后的两幅图像进行复共轭相乘得到复干涉图,即

$$S_1 S_2^* = |A_1||A_2| e^{i(\Psi_1 - \Psi_2)} \tag{7-2}$$

设 φ 为干涉相位,有

$$\varphi=\Psi_1-\Psi_2=\frac{4\pi}{\lambda}(R_2-R_1)+(\Psi_{\mathrm{scat},1}-\Psi_{\mathrm{scat},2}) \tag{7-3}$$

式中，λ 为波长；Ψ_{scat} 为散射相位。

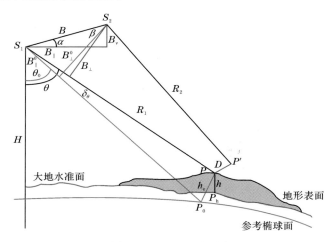

图 7-4　InSAR 原理图

假设 t_1 和 t_2 时刻的地面散射特性相同，即 $\Psi_{\mathrm{scat},1}=\Psi_{\mathrm{scat},2}$，有

$$\varphi=\frac{4\pi}{\lambda}(R_2-R_1) \tag{7-4}$$

由图 7-4 可以得到矢量关系式为

$$R_2\boldsymbol{l}_2=R_1\boldsymbol{l}_1+\boldsymbol{D}-\boldsymbol{B} \tag{7-5}$$

式（7-5）两边同时乘以方向矢量 $\boldsymbol{l}_1$，得

$$R_2\boldsymbol{l}_2\cdot\boldsymbol{l}_1=R_1\boldsymbol{l}_1\cdot\boldsymbol{l}_1+\boldsymbol{D}\cdot\boldsymbol{l}_1-\boldsymbol{B}\cdot\boldsymbol{l}_1 \tag{7-6}$$

由于 $B\ll R_1,D\ll R_1$，可得 $\boldsymbol{l}_2\cdot\boldsymbol{l}_1\approx1$，于是有

$$R_2\approx R_1+\boldsymbol{D}\cdot\boldsymbol{l}-\boldsymbol{B}\cdot\boldsymbol{l}_1 \tag{7-7}$$

将式（7-7）代入式（7-4），得

$$\varphi\approx-\frac{4\pi}{\lambda}(\boldsymbol{B}\cdot\boldsymbol{l}_1-\boldsymbol{D}\cdot\boldsymbol{l}_1)=-\frac{4\pi}{\lambda}[B\sin(\theta-\alpha)-\Delta R] \tag{7-8}$$

式中，$\Delta R=\boldsymbol{D}\cdot\boldsymbol{l}_1$，为 $\boldsymbol{D}$ 在 $\boldsymbol{l}_1$ 上的投影，即地面形变量在斜距方向的投影；将基线 $\boldsymbol{B}$ 沿雷达斜距方向进行分解，得到平行于斜距方向的分量 $B_{||}$（即 $\boldsymbol{B}\cdot\boldsymbol{l}_1$）和垂直于斜距方向的分量 $B_\perp$，于是有

$$B_{||}=B\sin(\theta-\alpha)$$
$$B_\perp=B\cos(\theta-\alpha) \tag{7-9}$$

假设点 P_0 的视角为 θ_0，令 $\beta=\theta_0-\alpha,\delta_\theta=\theta-\theta_0$，于是有

$$\sin(\theta-\alpha)=\sin(\beta+\delta_\theta)\approx\sin\beta+\delta_\theta\cos\beta \tag{7-10}$$

将式(7-9)、式(7-10)代入式(7-8)得

$$\varphi \approx -\frac{4\pi}{\lambda}(B^0_{\parallel} + B^0_{\perp}\delta_\theta - \Delta R) \tag{7-11}$$

式中,$B^0_{\parallel}$、$B^0_{\perp}$分别为基线 $\boldsymbol{B}$ 在天线 S_1 至 P_0 点方向上的平行分量和垂直分量,又有

$$\delta_\theta = \frac{h_e}{R_1} \approx \frac{h}{R_1 \sin\theta_0} \tag{7-12}$$

将式(7-12)代入式(7-11),得到 InSAR 的一般表达式为

$$\varphi \approx -\frac{4\pi}{\lambda}\left(B^0_{\parallel} + B^0_{\perp}\frac{h}{R_1\sin\theta_0} - \Delta R\right) \tag{7-13}$$

依据式(7-13),将干涉相位分解成 3 个部分,即

$$\varphi = \varphi_{ref} + \varphi_{topo} + \varphi_{defo} \tag{7-14}$$

式中,φ_{ref} 为参考相位,表示由于地区曲面所产生的干涉相位,即

$$\varphi_{ref} = -\frac{4\pi}{\lambda}B^0_{\parallel} \tag{7-15}$$

通常,去平地效应就是去除参考相位,可将去除参考相位后的剩余相位称为平地相位,即

$$\varphi_{flat} = -\frac{4\pi}{\lambda}\left(B^0_{\perp}\frac{h}{R_1\sin\theta_0} - \Delta R\right) = \varphi_{topo} + \varphi_{defo} \tag{7-16}$$

式中,φ_{topo} 为地形相位,是由参考面之上的地形所产生的干涉相位;φ_{defo} 为形变相位,是由地面形变产生的干涉相位,即

$$\varphi_{topo} = -\frac{4\pi}{\lambda}\frac{B^0_{\perp}}{R_1\sin\theta_0}h \tag{7-17}$$

$$\varphi_{defo} = \frac{4\pi}{\lambda}\Delta R \tag{7-18}$$

若已经获得观测区内的 DEM,即获取该区的高程相位 φ_{topo},则可计算地面形变,即

$$\Delta R = \frac{\lambda}{4\pi}\varphi_{defo} \tag{7-19}$$

上述过程即为 DInSAR 测量地面形变的原理和计算方法。

(3) DInSAR 技术监测形变的一般方法。

根据获取地形相位手段的不同,可将 DInSAR 监测形变量的方法分为双轨法、三轨法和四轨法。

① 双轨法。

双轨法是利用监测区内地形的表面变化前后两幅影像生成干涉条纹图,然后以事先获取的 DEM 数据模拟条纹图,从干涉条纹图中去除地形信息,就可以得到地形表面变化的信息。这种方法的优点是不需要进行相位解缠,工作量较少。缺点是对于缺少 DEM 数据的区域无法采用这种方法。另外,在引入 DEM 数据的

同时,也可能带来新的误差。

双轨法分析步骤如下:

(a) 计算干涉图像,并对干涉图像进行精确配准。

(b) 基于局部地形坡度对干涉图像进行滤波处理,然后生成干涉条纹。

(c) 计算 DEM 格网点的间隔与干涉条纹图像元间隔之间的比值,对 DEM 数据进行重采样。基于多普勒方程、斜距方程和椭球方程,利用轨道参数将 DEM 数据转换到雷达系统中,然后将 DEM 数据转换为相位值。

(d) 从干涉条纹图中减去利用 DEM 模拟的干涉条纹图。

(e) 将干涉条纹图投影到地理坐标系中。

② 三轨法。

三轨法的原理是采用 3 张雷达图像,以其中的 1 幅作为主图像,另外 2 幅作为从图像,分别生成 2 幅干涉图。其中,第 1 幅干涉图一般与主图像相隔时间很短,不包含地面形变信息,其基线长度较长。第 2 幅一般相隔时间较长,包含地面沉降信息,基线较短。由于该方法可以直接从雷达图像中提取出地表形变信息,因而被认为是差分干涉模型最经典的方法。

三轨法的核心思想主要基于 3 个假设:(a)只有第 2 幅干涉图受到形变影响;(b)在第 2 幅干涉图中,形变不影响地面高程,因而不会造成相位发生跳跃;(c)第 1 幅干涉图可以获得精确的 DEM,也就是说它可以被完整且正确地解缠。三轨法的主要优点是不需要地面信息,数据间配准比较容易实现,缺点是相位解缠质量会严重影响最终的结果。

三轨法与双轨法在获取地形形变方法上的差异是,它是利用 3 幅雷达影像实现地形表面形变监测,因而不需要其他辅助 DEM 数据的支持,这对于缺少地形数据的地区开展形变监测尤为重要。

三轨法的数据处理步骤如下:

(a) 用 2 幅干涉图像对生成干涉条纹图 1,然后进行平地效应消除处理,在干涉条纹图 1 中包含地形信息和地面形变信息。

(b) 主图像与第 3 幅图像形成干涉像对,生成干涉条纹图 2,同样进行平地效应消除处理,在干涉条纹图 2 中仅包含地形信息。

(c) 对消除平地效应后的干涉条纹图 1 和干涉条纹图 2 进行相位解缠。

(d) 计算地面形变信息。

(e) 将形变图投影至地理坐标系中。

在三轨法中,相位解缠的结果会直接影响量测的地面形变精度,并且消除平地效应的方法和精度对地面形变精度也有较大的影响。因此,实际应用中应当根据数据情况和地形特点选择合适的差分算法。图 7-5 为使用三轨法获取地面形变的技术路线图。

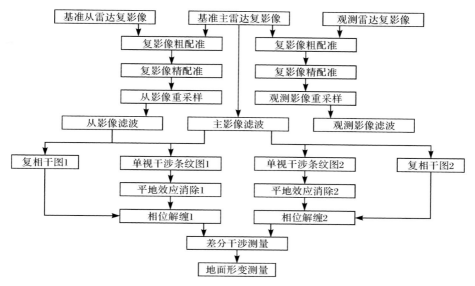

图 7-5　DInSAR 三轨法获取地面形变技术路线图

③ 四轨法。

除双轨法和三轨法外,还可采用四轨法进行差分干涉测量。四轨法是利用变形前后共计 4 幅雷达影像,分别组成干涉像对进行干涉处理,得到变形前后各 2 幅干涉相位图,并将 2 幅干涉相位图进行差分处理,得到差分相位即为形变相位,然后由形变相位计算得到地面形变。

四轨法是针对在某些情况下使用三轨法很难挑选出满足三轨模式差分干涉影像对的困难提出来的。例如,在 3 幅图像中,第 1 个干涉像对的基线可能不适合生成 DEM,第 2 个干涉像对的相关性很差,无法获得较好的形变信息。此时,选择 4 幅 SAR 图像进行差分干涉处理,即选择 2 幅生成 DEM 的 SAR 图像,2 幅做形变的 SAR 图像,其效果将明显提高。但是,四轨法有时也会碰到一定的困难,即要解决如何将 2 幅干涉影像进行配准的问题。而在三轨法中,可以将 2 幅从图像都配准到一张主图像上,但在四轨法中没有这一途径。因此,采用三轨法还是四轨法,要视具体情况而定。

2) 基于 GPS 的监测系统平台

采用 GPS 技术进行土体沉降监测时,根据需要应建立相应的 GPS 数据处理中心。这是由于高精度静态定位采用载波相位观测值作为基本观测量,一般观测时间较长(2~3h),需要通过专业软件对数据进行后期处理才能获得精确的结果。使用专门的数据处理中心处理数据(如 GPS 数据处理软件——Trimble Geomatics Office),由测得的数据拟合数据曲线,绘制人工岛地基变形图,根据变形的不同特点,模拟出内部变形情况,由所得图形及数据预测未来地基沉降。

建立 GPS 地基沉降监测系统平台要做的技术工作如下:

(1) 标准化。所有各项软件开发工具和系统开发平台应符合国际标准、我国信息产业部部颁标准、交通运输部部颁标准、海事领域相关技术规范和要求等。

(2) 容错性。提供有效的故障诊断及维护工具,具备数据错误记录预警能力;有较高的容错能力,在出错时具备自动恢复功能,保证系统正常工作不受到影响。

(3) 安全性。用户认证、授权和访问控制,支持数据库存储加密,数据交换信息包加密,数据传输通道加密,具备操作痕迹保留功能。

(4) 可靠性。出现故障能及时报警,软件系统应具备自动或手动恢复措施。数据库需要有备份、防止数据丢失功能。

(5) 易用性。应具有良好的简体中文操作界面,详细的在线帮助信息,系统参数的维护与管理通过操作界面。

(6) 易维护性。方便业务技术人员日后对系统进行自我维护或外包维护。

为了解决人工岛测量基准点远离海岸造成测量精度不够的问题,可在海域中专门建设能够基本消除地基沉降影响的海上基站,实现远距离地基变形精密监测。一般情况下,应采用静态 GPS 测量等方法与岸侧不少于 2 个基站进行联网,开发能够实现数据自动录入、数据查询、变形分析、结果统计、绘制人工岛土体变形图表的信息系统。为了解决土体变形精密观测问题,在开展全站仪、水准仪、GPS、固定式测斜仪等常规性变形监测的同时,在机场跑道等关键部位增设光纤传感监测手段,作为常规监测方法的重要补充。

2. 光纤光栅监测

1) 光纤光栅传感技术

光纤传感器是随着光纤通信技术发展出现的一种新型仪器,其基本原理是以光作为信息载体,光纤作为传递信息的媒质,能够测量应力、应变、温度、位移、加速度、电场、电流等多种物理量和化学量。由于光纤传感器具有高耐久性、体积小、重量轻、灵敏度高、抗电磁干扰、性能稳定、便于网络化集成等特点,其影响日益扩展,研究领域也从航空航天、军事领域逐渐扩展到土木工程等民用领域。采用光纤式位移传感器,可实现远程遥测,结构简单,安装方便快捷,适合在恶劣环境下长期监测建筑物、地基分层位移等变化。目前,国内外工程监测的技术和方法正在从传统的点式仪器检测向分布式、自动化、高精度、远程监测的方向发展。以往常规的传感器如钢弦式、电阻应变计式和电感式等普遍存在的抗干扰性、耐久性和长期稳定性较差等缺点,光纤传感器基本上都可以克服。

2) 光纤光栅的基本结构

光纤光栅是纤芯折射率受永久性、周期性调制的一种特殊光纤。利用其折射率周期调制特点,可以做成波长选择反射器和带阻滤波器,还可以与其他光纤器件结合构成多种性能优良的光纤器件。

3)光纤光栅传感原理

光纤布拉格光栅是最普遍的一种光纤光栅,其光栅周期与有效折射率均为常数,光栅波矢方向与光纤轴线一致,因而是一种性能优异的窄带反射滤波无源器件。光纤布拉格光栅原理与反射特性如图 7-6 和图 7-7 所示。当光波传输通过光纤布拉格光栅时,满足布拉格光栅波长条件的光波矢被反射回来,这样,入射光栅波矢就会分成透射光波矢和反射光波矢两部分。折射率分布来自光栅的特殊工艺技术,即利用外界能量改变裸光纤上的折射率,掺杂光纤的光敏性制作而成,一般是通过向 Ge 磁芯光纤照射 240nm 左右的紫外线,使外界入射的光子和纤芯内的掺杂粒子相互作用,导致纤芯折射率沿纤轴方向周期性或非周期性永久性变化,在纤芯内形成空间相位光栅。

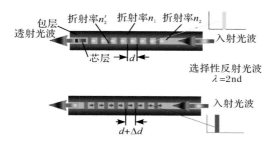

图 7-6　光纤光栅传感原理

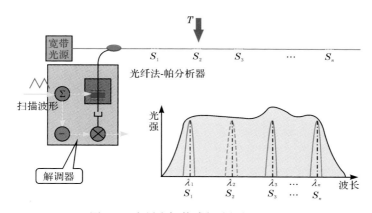

图 7-7　光纤光栅传感与波长解调系统

4)光纤光栅监测系统

地面监测系统由光纤光栅网络传感分析仪、网线和计算机组成。光纤光栅传感网络分析仪内置功能强大的嵌入式计算机,配置标准的 RS232 串行接口和 10M 以太网口,它将光纤光栅传感器反射回来的光信号通过光电转换系统转换成电信号,再通过内置数据采集系统将电信号转换成数字信号,并对数字信号进行分析,计算出每 1 个光纤光栅传感器的中心波长值。计算机设备与光纤光栅网络传感分析仪之间利用以太网线连接,通过 TCP/IP 从光纤光栅网络传感分析仪中实时采集数据,并进行分析处理。光纤光栅监测系统如图 7-8 所示。

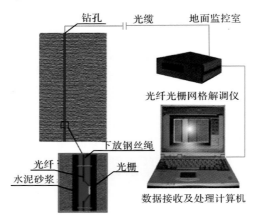

图 7-8　光纤光栅监测系统示意图

5) 光纤监测方案设计

(1) 斜坡护岸地基深层位移监测。地基深层位移监测可采用测斜仪法,其设计、安装图和主要技术指标见图 7-9 和表 7-1。斜管埋深根据土层确定,在护岸有代表性断面处布置测斜管测孔。具体监测方法为:利用堤身检测钻孔埋设测斜管,待测斜管周围土体回填稳定后,以底部为假定不动点,自下而上每 1m 设置一

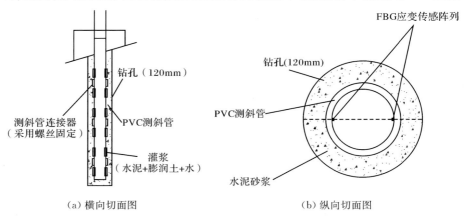

(a) 横向切面图　　　　　　　　　　(b) 纵向切面图

图 7-9　光纤光栅原位测斜仪设计、安装图

个观测点进行地基深层位移测量。根据光纤布拉格光栅波长变化与应变之间的线性关系求得原位测斜仪各测点的应变，然后通过梁的弯曲理论公式和差分算法，由测点应变计算出原位测斜仪各点的位移。该原位测斜仪克服了传统原位测斜仪精度低、耐久性差、操作烦琐等缺点。

表 7-1　光纤光栅原位测斜仪主要技术指标

型号	BGK-FBG-6160
光栅类型	切趾光栅
内置温补光栅	有
标准量程	±10°
精度	0.5% F. S.
灵敏度	0.1% F. S.
使用温度	−30～+80℃（−40～+80℃）
安装方式	螺栓固定
光缆类型	单端 1.2m 铠装光缆

注：F. S. 表示满量程（full scale）。

（2）水平位移和沉降监测。水平位移和沉降监测的方法为：选择代表性断面，在护岸坡顶附近通过钻孔方式埋设光纤光栅原位测斜仪和光纤光栅多点位移计，利用光纤光栅原位测斜仪监测斜坡护岸坡顶及不同深度处的水平位移，以光纤光栅多点位移计监测坡顶以及护岸下方地基不同深度处土体沉降，其技术指标和设计及安装图见表 7-2 和图 7-10。

表 7-2　光纤光栅多点位移计技术指标

型号	BGK-FBG-A6
测量范围	300mm
精度	±0.3% F. S.
分辨率	0.1% F. S.
温度范围	−30～80℃
耐水压	2MPa
传递杆	不锈钢测杆
最大点数	6
钻孔尺寸	≥75mm（单点/50mm）

埋设光纤光栅多点位移计时，预先通过钻孔方式将光纤位移计埋入土层的不同深度处，每一代表性土层埋设一个光纤位移计。由于有的光纤光栅位移计的最大量程是 30cm，当土体沉降超过 30cm 时，需重新钻孔布设新的光纤位移传感器

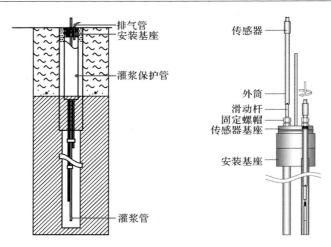

图 7-10　光纤光栅位移计设计及安装

继续监测,这是此法的一大缺陷,对于监测较大地基沉降时有一定的困难。

6) 超孔隙水压力监测

在地基预定深度土层埋设光纤光栅渗压计进行超孔隙水压力监测。渗压计(图 7-11)中设有灵敏的不锈钢膜片,膜片连接光栅。使用时,膜片上压力的变化引起膜片移动,这一微小位移量可用光纤光栅元件来测量,并传输到光纤光栅解调仪上,从而得知压力的变化情况。渗压计埋设方案见图 7-12。光纤光栅渗压计技术指标见表 7-3。

各种监测技术的优缺点汇总见表 7-4。

图 7-11　光纤光栅渗压计

表 7-3　光纤光栅渗压计技术指标

型号	BGK-FBG-4500S
标准量程	0.35MPa、0.7MPa、1MPa、2MPa、3MPa、5MPa、7MPa、10MPa
精度	0.3%F.S.
分辨率	0.05%F.S.
使用温度	$-30 \sim 80℃$
外形尺寸	$\varphi 19mm \times 115mm$

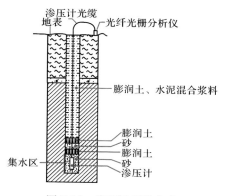

图 7-12　渗压计埋设方案

表 7-4　各种监测技术的优缺点汇总

监测技术（仪器）			优点	缺点	适用范围
空间监测技术	GPS 监测技术		不要求点与点通视,多点快速测量,监测效率高,精度高,三维实时测量,全天候作业	短基线时误差大,面状测量成本高	地面沉降变形监测
	InSAR 技术与 GPS 技术的融合		高精度定位,高时间分辨率,高空间分辨率	工作量大	地面沉降变形监测
	GPS 一机多天线变形监测		简单、经济、自动化,能连续监测变形	费用高,要求通视	滑坡监测
	CR-InSAR 技术		相关性很弱或失相关地区实时监测、长期监测,监测范围可大可小,监测精度高	大气效应误差,角反射器点相位解缠问题	矿区、公路、建筑物等沉降变形监测
常规监测技术	全站仪测量技术		测距侧角精度高,测量范围大,测量仪器应用范围广且易操作	接触测量,测量时间长,点与点之间有通视要求,面状测量困难,处理时间长	地面沉降变形监测
	数字摄影测量		机动性好,现场效率高,非接触测量	密林测量难,能见度差时测量难,处理时间长	形变监测,专项制图
	光纤应变监测技术	BOTDR	进行面式高精度监测,适用长距离分布式监测,稳定性好,监测精度高,分辨率可达 1m	监测实时性能差,光纤性能影响监测	堤防工程、隧道工程、库岸边坡及大型露天矿边坡
		FBG	点式高速高精度监测,大变形边坡监测	监测距离及点数与光源强度有关	特别适合监测开挖期边坡,或者中小型边坡监测
	三维激光扫描仪	地上型三维激光扫描仪	高密度三维数据,非接触测量,短间隔夜间监测及自动监测	一次测量范围有限,数据处理需要专门知识	滑坡监测应用广泛
		飞机搭载型三维激光扫描仪	大范围面状测量,非接触测量	受天气影响,数据量大,处理时间长,垂直或陡立边坡测量不准	滑坡监测应用广泛

7.1.2 海域污染数值模拟与遥感监测

如前所述,大规模的海上施工,必然会污染海洋环境,其中,影响最大的是施工时搅起的大量悬浮物。这些悬浮物在海流的带动下逐渐扩散,影响范围不断扩大,对海洋生物的生存构成了严重的威胁。研究海上悬浮物扩散的监测方法是海洋环境保护的一项重要内容。

目前,对海洋悬浮物扩散的监测主要依靠现场水质取样进行评估,这一方法简单直观,结果也较为准确,但费时费力,得到的水质样本数量和范围相对有限,尤其是当海上施工规模较大、监测水域的范围较广时,采用水质取样的方法便有很大的局限性,有时甚至需要多艘高速船才可能在 1 个潮汐期间完成多点取样工作。利用卫星遥感技术可以克服现场取样方法的局限性,能够实现对研究区悬浮物浓度大范围多时相的跟踪监测,不过遥感技术受限于天气条件以及卫星数据本身的分辨率,无法得到任意时刻悬浮物的扩散情况。采用计算机数值模拟海洋动力的方法能够预测悬浮物的运行状态,但是否符合海域流场的实际情景仍难以判定。以上方法各有短处,如果将其长处结合起来,便可扬长避短,发挥各自的优势,实现对大范围海洋污染的有效监控。

理论上,已有部分学者尝试将遥感技术与数值模拟相结合的做法,以遥感技术得到的悬浮物浓度作为数值模拟初始参数,或通过遥感技术来验证数值模拟结果,但此类研究目前还只限于对无人工干预的环境监测,对于大规模海上施工造成悬浮物污染开展数值模拟与遥感协同监测的有关工作还很少。实际中,由于海上施工造成的悬浮物扩散具有突发性的特点,随潮汐扩散快,变化形态不断逆转,因而利用遥感技术跟踪监测并不容易。

针对以上问题,采取以计算机模拟方法预测悬浮物扩散状态、利用卫星数据如中国环境与灾害监测预报小卫星(HJ-1A/1B)获取遥感信息,并结合现场水质取样调查数据建立反演模型,能够实现对大范围、任意时刻悬浮物扩散状态的有效监测,经实践验证这是一个可行的方法,值得开发推广。

1. 污染扩散数值模拟

数值模拟是一项在流体力学连续性方程和水流运动方程基础上通过数值计算求解水动力要素、综合流体力学、泥沙力学和计算数学等多学科的模拟技术。一般结合具体工程,通过采用相应的数学模型来模拟某种物理现象,并利用数值计算进行近似求解以复演某种自然或人工过程。

通常,在自然环境条件下,波浪、潮汐和径流等是海岸带主要的动力环境因素。对于以人工岛为构筑物的填海工程而言,不仅要考虑风、浪、潮流等动力要素的相互作用,还需要兼顾到各个海洋环境动力要素与水上建筑物之间的相互作用,以及竣工后对海岸和海床的影响。一般来说,物理模型试验和数值模拟是预测悬浮泥沙运动范围和浓度的常见方法。

数值模拟由理论模型、数值方法和计算结果处理及图形显示等三部分组成。其中,理论模型是描述一系列物理现象的微分方程和其初边值条件,不仅要求模型要正确反映物理问题的本质,而且要求存在唯一解,即满足数学上的适定性。数值计算方法是数学模型应用于工程实践的逻辑过程,有效的计算方法不仅能够节省时间,也能得到较为合理的结果。计算处理结果和图形显示也是数值模拟必不可少的部分,适当处理和图形显示可展示出大量的计算结果,更容易直观地表现出来。

2. 卫星遥感监测

建立空中和水面立体监控系统监测工程水域在海洋潮汐作用下悬浮物扩散的范围和程度,是一种更为有效的途径。以遥感方法直观观测填海过程中悬浮物扩散的路径、方向和范围并不困难。然而,对于污染水体中的大多数物质,仅用遥感技术还无法测定其浓度和含量。因此,应用遥感方法跟踪污染水体,或通过遥感技术跟踪水团、海湾环流、悬浮固体的运动获得影像信息的同时,还需要结合水面船只在多个观测站取水样测定悬浮物的含量,将所得数据输入计算机处理,利用数字模型结合遥感影像信息进行运算,进而得到水体污染程度的等级。

实际上,由于流系和水团的不同,在可见光遥感影像中海面会显示不同的水色。海面水色的差异,是由于海水水体中物质的组成不同而产生的。航空和航天传感器所接收到的海面信息,取决于海水对辐射的吸收和散射。试验表明,这些吸收和散射信息与海水的物质组成如悬浮泥沙、浮游植物、可溶性有机质(黄色物质)、污染物质、海面污油等密切相关。在进入海水的阳光中,由于海水的后向散射,有一部分返回水-气界面,经此界面作用又返回并穿透大气层被传感器接收。这部分水体后向散射包含丰富的海洋信息,几乎是海洋水体可见光波段遥感唯一的信息源。在海面水体中,上述不同物质在海洋水色各波段影像中会有不同程度的显示:富含浮游生物的水团可在 $0.45 \sim 0.7\,\mu m$ 波段显示出来;悬浮泥沙含量较高的浑浊水体可在 $0.5 \sim 0.8\,\mu m$ 中得到反映。不同的可见光传感器影像通过目视、光电方法解译判读,或以各种不同的模式通过计算机图像处理,可进一步获得海面悬浮泥沙、浮游植物(叶绿素)、可溶性有机物、海面油膜和污染水团等海洋水色的有关信息。

1) 技术途径

(1) 监测手段:以卫星遥感监测为主要手段,充分发挥卫星遥感技术的特点,结合现场取样,实现监测目的。

(2) 控制点测量:采用 GPS 技术获取图像精校正控制点,保证提取信息的精度。

（3）地物光谱测量：利用光谱测量技术获取陆地、水面和水中提取目标的光谱信息，扩大遥感提取目标的种类范围，提升遥感信息的提取精度。

（4）图像预处理：采用辐射校正、几何校正、信息增强、多源数据融合等图像处理手段实现遥感数据的预处理。

（5）大气校正：采用大气光谱测量技术，开展图像大气校正，提高影像质量。

（6）信息提取：以计算机分析为主，目视解译为辅，提取专项信息。

2）质量要求

（1）对传感器数据源的要求：根据遥感监测目标（水面、水下等）、信息提取的类型、内容、目的，选用可获取所需目标物属性信息并满足要求精度的传感器（全色、多光谱和 SAR 等）作为数据源。

（2）对空间分辨率的要求：在选择遥感影像空间分辨率时，要考虑目标物的最小尺寸及成图比例尺等因素。

（3）对时间分辨率的要求：根据提取的内容、目的，选择最佳图像，以能够分辨监测目标物属性信息的变化为基准。

（4）对图像质量要求：图像云覆盖不超过 10％，相邻图像之间应有不小于图像宽度 4％的重叠。

总之，利用卫星遥感监测施工过程中悬浮泥沙的扩散分布和部分生物含量的变化，与海上定点监测相辅相成。通过遥感设备获取高精度数据，利用相应的数据及图像处理系统对信息进行分析，结合定点水样的化验结果，总结扩散规律，全面了解工程建设对海洋环境及生态环境的影响程度，有利于及早制定合理的施工方案及治理措施，防止悬浮物进一步扩散。

3）反演模型

为了评估反演模型的优劣，需计算均方根误差（RMSE）和相对误差（RE）等统计指标，具体应用详见 7.2.5 节中所述案例，RMSE 和 RE 的具体表达式为

$$\text{RMSE} = \sqrt{\frac{\sum\limits_{i=1}^{n}(x_{\text{mod},i} - x_{\text{obs},i})^2}{n}} \qquad (7\text{-}20)$$

$$\text{RE} = \left| \frac{x_{\text{mod},i} - x_{\text{obs},i}}{x_{\text{obs},i}} \right| \times 100\% \qquad (7\text{-}21)$$

式中，$x_{\text{mod},i}$ 为第 i 个实测站点的计算值；$x_{\text{obs},i}$ 为第 i 个实测站点的实测值；n 表示实测站点个数。

7.1.3 安全管理

1. 安全水域

关于人工岛机场安全水域范围（图 7-13）目前没有明确的规定，各国根据航空

净空及海事管理的要求自行确定。经初步测算和调研,禁航区的水域边界一般距人工岛 500~1000m,跑道延伸线的安全边界需要更长一些。

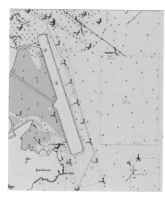

(a) 中国澳门国际机场

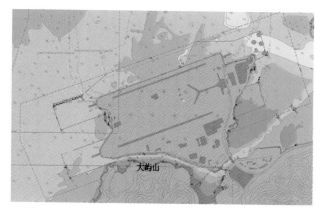

(b) 中国香港国际机场

图 7-13　人工岛机场安全水域范围

2. 围网及巡边道

人工岛机场周边是否要设置围网,与当地的治安状况有关,观念上也在不断改变。早期的日本人工岛机场大都设置了严密的围网,同时布设巡边道,安排警车定时巡逻(图 7-14)。但也有的机场未设任何显性安全设施,如中国香港国际机场等。

(a) 高墙安全围网(关西国际机场)　　　　　(b) 警车在巡边道上巡逻(关西国际机场)

（c）与跑道平行的围网（中部国际机场）　　　（d）配有激光发射装置（中部国际机场）

（e）高墙加围网（中部国际机场）　　　（f）跑道端部围网（东京羽田国际机场）

图 7-14　围网及巡边道设计

7.2　案　例　评　述

7.2.1　日本关西国际机场

1. 土体沉降监测

1）沉降监测系统设置

为了监测人工岛地基沉降，在填海现场安装了各种沉降测量板、磁力水压计等，其中，二期人工岛在回填区设置磁力水压计 37 处、挡浪墙 7 处；在挡浪墙设沉降观测点 36 处，回填区设洪积层观测平台 2 处。地基沉降监测系统见图 7-15。

2）土体沉降监测结果

（1）一期人工岛沉降监测结果。

一期人工岛共设置土体沉降监测点 17 个，主要监测冲积层和洪积层的沉降变形。监测表明,人工岛填筑 1 年后,冲积层的沉降变形已基本结束。由此初步判断,人工岛后期出现的沉降主要是由洪积层变形引起的。不同土层的沉降状况见图 7-16。而且,这一变形由上而下逐步发展,从图 7-17 可以清楚地看到这一点。

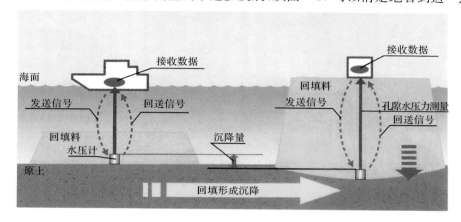

(a) 地基沉降监测系统布置示意图

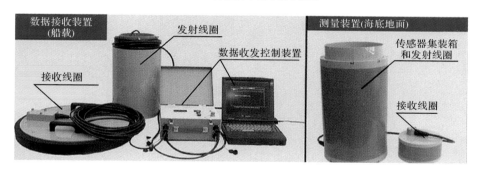

(b) 水压计等监测仪器

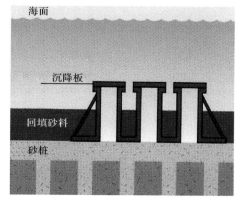

(c) 沉降板结构型式

(d) 沉降板安装现场

（e）锚杆式沉降仪

（f）分层观测仪

（g）孔隙水压计

（h）安装沉降监测仪器

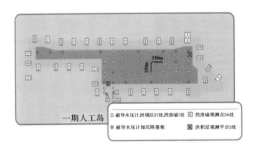

（i）二期人工岛沉降监测装置布置

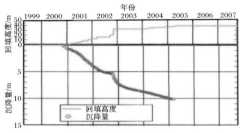

（j）沉降监测图

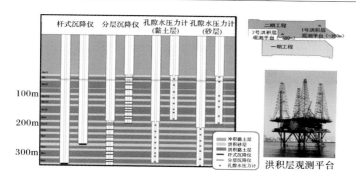

（k）二期人工岛土体沉降观测设备的安装

图 7-15　地基沉降监测系统

　　进一步的分析表明，土体沉降量与黏土层厚度及上部回填材料的重量密切相关。截止到 2015 年 12 月，在一期人工岛记录到的 13.12m 地基平均累计沉降中，机场运营之前沉降了 9.82m，机场运营之后沉降了 3.30m。随着时间的推移，地基沉降量总体呈逐年减少的趋势，由机场运营之初的年均沉降 39cm，减为 7cm 左右（图 7-18），这表明地基沉降趋于平稳，但如果认为地基沉降结束还为时尚早，预计还会持续较长一段时间。

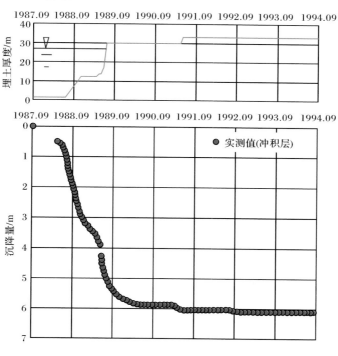

（a）冲积层

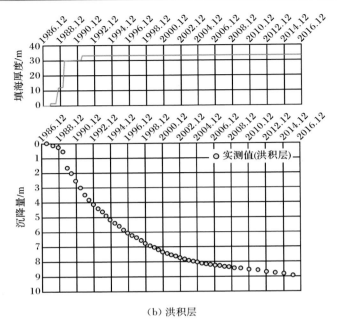

(b) 洪积层

图 7-16　不同土层沉降状况

表 7-5 列出了各监测点历年沉降值统计。部分监测点逐年沉降变化率、逐年沉降曲线和累计沉降曲线见图 7-19。从图中可以看到，各监测点逐年沉降的变化率在不断变化，沉降变形似乎时快时慢，各点的累计沉降曲线也不一致，有高有低，显现出较大差异。研究后认为，沉降速度发生变化是上部荷载变化引起的，这

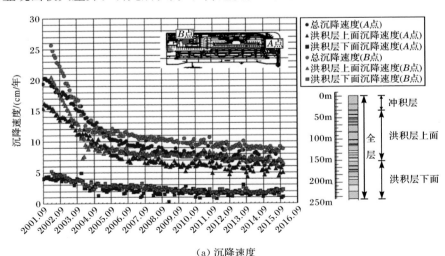

(a) 沉降速度

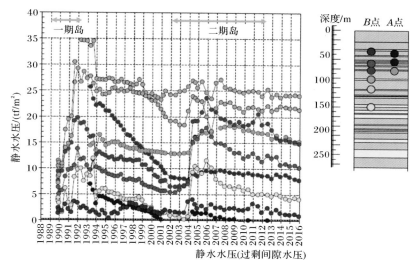

（b）沙层水压力

图 7-17　洪积层深处观测结果

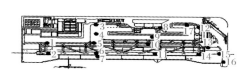

（a）沉降监测点布置图

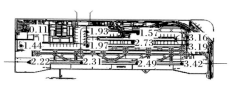

（b）地表高程（截止到 2015 年 12 月，单位：m）

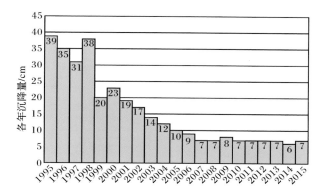

（c）历年平均沉降量变化曲线

图 7-18　一期人工岛沉降状况

一变化发生在 2001～2004 年。当时机场相关部门为了改造排水系统,在人工岛四周打设隔水墙,引起地下水位下降约 1m,这等于使地基土体增加了 1t 的荷载,水位变化最明显的在 B 点,因而此点的地基沉降在此时间迅速增加[图 7-17(a)]。改造的原因详见 7.2.1 节。

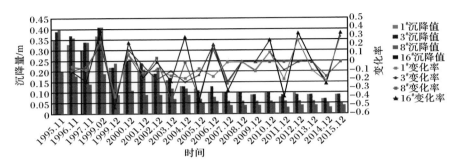

(a) 部分监测点逐年沉降变化率

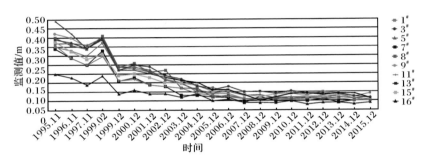

(b) 部分监测点逐年沉降曲线

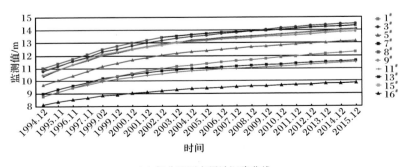

(c) 部分监测点累计沉降曲线

图 7-19　一期人工岛沉降量统计

表 7-5　一期人工岛各监测点逐年沉降量统计

（单位：m）

监测时间	监测点 1	2	3	4	5	6	7	8	9	10	11	12	13	14	15	16	17	平均	累计沉降
1994.12	8.76	7.88	10.78	10.31	9.69	8.82	9.00	10.98	10.46	9.86	8.79	10.50	10.38	9.96	10.82	8.13	11.87	9.82	0.00
1995.11	9.11	8.25	11.17	10.71	10.06	9.22	9.34	11.38	10.88	10.22	9.15	10.95	10.87	10.47	11.20	8.33	12.32	10.21	0.39
1996.11	9.44	8.59	11.54	11.09	10.43	9.59	9.63	11.74	11.28	10.55	9.44	11.35	11.29	10.91	11.52	8.51	12.70	10.56	0.74
1997.11	9.74	8.87	11.88	11.43	10.79	9.89	9.88	12.08	11.63	10.86	9.69	11.71	11.63	11.26	11.80	8.65	13.10	10.87	1.05
1999.02	10.11	9.23	12.29	11.85	11.19	10.28	10.21	12.49	12.02	11.20	9.99	12.14	12.04	11.66	12.11	8.84	13.53	11.25	1.43
1999.12	10.33	9.44	12.51	12.08	11.43	10.49	10.37	12.73	12.26	11.40	10.15	12.39	12.26	11.89	12.30	8.93	13.78	11.45	1.63
2000.12	10.57	9.67	12.76	12.33	11.67	10.71	10.55	12.99	12.49	11.60	10.32	12.65	12.48	12.13	12.50	9.04	14.06	11.68	1.86
2001.12	10.78	9.87	13.00	12.57	11.89	10.89	10.69	13.20	12.70	11.79	10.46	12.89	12.68	12.34	12.68	9.13	14.28	11.87	2.05
2002.12	10.97	10.04	13.19	12.77	12.06	11.04	10.82	13.42	12.87	11.94	10.59	13.07	12.86	12.52	12.83	9.22	14.46	12.04	2.22
2003.12	11.13	10.19	13.36	12.91	12.21	11.17	10.90	13.54	13.02	12.08	10.71	13.25	13.02	12.69	12.98	9.29	14.64	12.18	2.36
2004.12	11.26	10.30	13.49	13.04	12.32	11.27	10.98	13.66	13.12	12.18	10.80	13.40	13.17	12.84	13.12	9.38	14.78	12.30	2.48
2005.12	11.38	10.41	13.60	13.14	12.42	11.35	11.05	13.73	13.21	12.28	10.88	13.50	13.28	12.97	13.22	9.43	14.87	12.40	2.58
2006.12	11.48	10.50	13.73	13.26	12.51	11.42	11.12	13.81	13.30	12.36	10.95	13.59	13.39	13.08	13.33	9.49	14.96	12.49	2.67
2007.12	11.58	10.59	13.83	13.34	12.59	11.49	11.16	13.87	13.36	12.44	11.01	13.67	13.47	13.19	13.41	9.53	15.04	12.56	2.74
2008.12	11.68	10.68	13.93	13.43	12.67	11.55	11.23	13.93	13.42	12.50	11.06	13.74	13.52	13.26	13.48	9.57	15.10	12.63	2.81
2009.12	11.77	10.76	14.02	13.52	12.74	11.62	11.28	13.99	13.49	12.57	11.12	13.81	13.59	13.35	13.56	9.61	15.17	12.71	2.89
2010.12	11.87	10.84	14.12	13.60	12.81	11.69	11.33	14.05	13.55	12.64	11.18	13.87	13.68	13.45	13.65	9.66	15.24	12.78	2.96
2011.12	11.95	10.90	14.21	13.68	12.88	11.75	11.38	14.11	13.62	12.71	11.24	13.94	13.77	13.54	13.72	9.69	15.31	12.85	3.03
2012.12	12.05	10.98	14.30	13.77	12.96	11.82	11.44	14.17	13.68	12.79	11.31	14.01	13.85	13.64	13.79	9.73	15.38	12.92	3.10
2013.12	12.14	11.04	14.39	13.84	13.03	11.88	11.48	14.23	13.76	12.86	11.37	14.08	13.94	13.72	13.87	9.77	15.44	12.99	3.17
2014.12	12.21	11.10	14.46	13.91	13.09	11.94	11.53	14.28	13.82	12.93	11.42	14.14	14.03	13.80	13.94	9.80	15.50	13.05	3.23
2015.12	12.30	11.17	14.55	13.98	13.16	12.00	11.58	14.33	13.87	13.00	11.48	14.20	14.09	13.88	14.00	9.84	15.57	13.12	3.30

（2）二期人工岛沉降监测结果。

二期人工岛共设沉降监测点 54 个，具体布置见图 7-20(a)。截至 2015 年 12 月，二期人工岛沉降最大值为 17.66m(47# 监测点)，平均为 15.24m；工后地基沉降最大为 3.88m(47# 监测点)，平均为 3.53m，目前每年沉降约 34cm(图 7-20 和表 7-6)。值得注意的是，二期人工岛比一期人工岛完工要迟 13 年，但工后地基沉降量已超过一期人工岛，目前二期人工岛每年下降的速度是一期的 5 倍。预计地基总沉降将达到 18m，最大值可能会超过 20m，工后地基平均沉降超过一期人工岛 2m，可能会达到 5～6m，沉降的持续时间尚难预料。

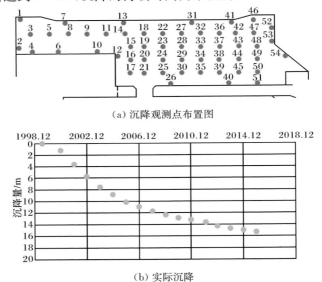

图 7-20　二期人工岛地基沉降量统计

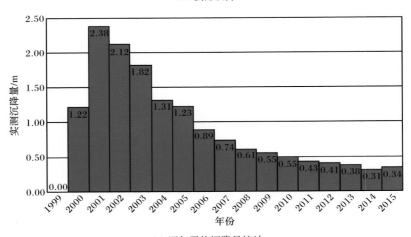

表 7-6　二期人工岛沉降量统计表　　　　　　　　　　（单位：m）

测点编号	1	2	3	4	5	6	7	8	9	10	11
1999.07	0	0	0	0	0	0	0	0	0	0	0
2000.12	2.78	3.54	0.62	1.78	0.68	2	2.48	0.72	0.8	2.11	0.65
2001.12	5.48	5.11	3.45	4.82	3.16	5.09	4.75	3.05	3.28	4.83	3.13
2002.12	7.64	5.91	5.9	5.63	5.64	6.04	6.79	5.67	5.68	5.64	6.29
2003.12	8.85	7.76	9.12	7.55	8.69	7.69	7.76	8.5	8.66	5.97	8.58
2004.12	9.76	8.39	10.56	8.24	10.05	8.52	8.92	9.75	10.06	8.03	9.92
2005.12	10.68	9.17	11.75	9.01	11.15	9.5	10.09	10.85	11.25	8.96	11.13
2006.12	11.45	9.7	12.71	9.47	12.05	10.13	10.89	11.71	12.18	9.68	12.07
2007.12	11.96	10.25	13.47	10	12.79	10.72	11.48	12.41	12.91	10.31	12.85
2008.12	12.35	10.64	14.07	10.4	13.39	11.19	11.94	12.99	13.51	10.81	13.48
2009.12	12.7	11.02	14.62	10.78	13.93	11.59	12.38	13.55	14.09	11.22	14.06
2010.12	13.02	11.38	15.12	11.14	14.44	11.98	12.79	14.07	14.62	11.61	14.63
2011.12	13.27	11.68	15.53	11.46	14.90	12.34	13.14	14.51	15.03	11.92	15.09
2012.12	13.48	12.11	15.87	11.86	15.35	12.66	13.46	14.99	15.47	12.28	15.57
2013.12	13.74	12.40	16.23	12.24	15.67	12.95	13.79	15.39	15.87	12.67	15.99
2014.12	13.86	12.57	16.49	12.48	16.01	13.20	14.05	15.75	16.23	12.93	16.36
2015.12	14.09	12.83	16.82	12.75	16.36	13.46	14.33	16.11	16.61	13.26	16.77

测点编号	12	13	14	15	16	17	18	19	20	21	22
1999.07	0	0	0	0	0	0	0	0	0	0	0
2000.12	2.9	4.11	0.53	0.71	0.73	0.69	0.35	0.62	0.36	0.4	0.39
2001.12	4.92	5.46	3.1	3.03	3.38	2.83	3.37	3.06	3.02	2.67	3.39
2002.12	5.77	7.59	6	5.02	5.42	7.01	6.48	5.22	5.07	6.47	5.92
2003.12	7.53	8.9	8.55	8.18	8.3	8.29	8.65	8.21	7.75	7.82	8.42
2004.12	8.13	10.24	9.87	9.77	9.64	9.26	9.82	9.64	8.99	8.65	9.78
2005.12	8.74	11.64	11.13	10.75	10.79	10.23	11	10.83	10.26	9.63	10.85
2006.12	9.33	12.47	12.08	11.52	11.55	10.93	11.9	11.75	11.15	10.36	11.74
2007.12	10.35	13.1	12.82	12.22	12.21	11.53	12.56	12.46	11.83	10.96	12.5
2008.12	11	13.59	13.45	12.79	12.8	12.05	13.16	13.06	12.4	11.46	13.12
2009.12	11.57	14.07	13.99	13.33	13.37	12.56	13.68	13.56	12.92	11.89	13.69
2010.12	12.04	14.47	14.49	13.84	13.89	13.04	14.03	14.07	13.37	12.33	14.21
2011.12	12.45	14.83	14.94	14.28	14.33	13.4	14.48	14.51	13.83	12.73	14.66
2012.12	12.84	15.16	15.38	14.71	14.80	13.83	14.88	14.91	14.24	13.07	15.07
2013.12	13.23	15.50	15.80	15.05*	15.19	14.16	15.27	15.25	14.59	13.38	15.46
2014.12	13.52	15.74	16.14	15.45	15.59	14.50	15.60	15.61	14.95	13.69	15.79
2015.12	13.87	16.02	16.54	15.81	15.97	14.85	15.96	15.96	15.29	14.01	16.14

续表

测点编号	23	24	25	26	27	28	29	30	31	32	33
1999.07	0	0	0	0	0	0	0	0	0	0	0
2000.12	0.64	0.73	0.61	1.18	0.53	0.53	0.66	0.62	2.73	0.47	0.79
2001.12	3.25	3.06	3.05	4.19	3.5	2.94	3.1	2.91	5.17	3.23	2.82
2002.12	4.97	5.05	6.17	6.69	6.1	5.02	4.98	5.75	7.24	6.1	5.04
2003.12	7.62	7.71	7.86	7.42	8.32	7.2	6.17	7.59	8.27	8.62	7.86
2004.12	9.31	9.48	9.02	7.84	9.62	8.75	8.52	8.22	9.49	10.13	9.21
2005.12	10.37	10.56	9.92	8.43	10.68	9.89	9.91	9.6	10.61	11.24	10.47
2006.12	11.18	11.45	10.79	8.88	11.54	10.72	10.77	10.44	11.37	12.11	11.34
2007.12	11.9	12.24	11.59	9.55	12.25	11.46	11.52	11.19	11.96	12.82	12.11
2008.12	12.52	12.88	12.22	10.08	12.83	12.08	12.15	11.83	12.41	13.4	12.75
2009.12	13.04	13.45	12.77	10.49	13.41	12.66	12.73	12.4	12.86	13.96	13.35
2010.12	13.55	13.98	13.27	10.87	13.92	13.19	13.27	12.91	13.26	14.47	13.9
2011.12	14.00*	14.43	13.69	11.19	14.38	13.65	13.73	13.34	13.58	14.92	14.36
2012.12	14.44*	14.88*	14.14*	11.48*	14.79	14.15	14.17	13.73	13.93	15.36	14.82
2013.12	14.80	15.27	14.46	11.76	15.18	14.49	14.60	14.09	14.23	15.76	15.30
2014.12	15.16	15.63	14.79	12.00	15.51	14.81	14.90	14.41	14.50	16.08	15.60
2015.12	15.53	16.03	15.11	12.26	15.88	15.25	15.26	14.73	14.77	16.47	15.95
测点编号	34	35	36	37	38	39	40	41	42	43	44
1999.07	0	0	0	0	0	0	0	0	0	0	0
2000.12	0.54	0.59	0.76	0.71	0.25	0.64	1.31	3.42	0.78	0.64	0.74
2001.12	2.71	2.64	3.14	2.88	2.42	2.6	3.93	5.41	3.12	2.97	2.54
2002.12	4.7	4.55	5.76	5.02	4.6	4.67	5.27	7.24	5.97	5.01	4.81
2003.12	4.97	6.52	8.98	7.84	4.84	4.95	6.56	8.37	9.04	7.9	5.14
2004.12	8.06	8.01	10.57	9.18	7.35	8.01	7.08	9.43	10.83	9.13	5.44
2005.12	9.58	9.1	11.76	10.63	9.22	9.12	7.66	10.99	12.15	10.71	9.08
2006.12	10.48	9.88	12.66	11.63	10.56	10.34	8.37	11.89	13.12	11.72	10.48
2007.12	11.24	10.58	13.38	12.5	11.52	11.34	9.01	12.51	13.87	12.59	11.43
2008.12	11.88	11.18	13.97	13.2	12.25	12.07	9.65	13.01	14.47	13.28	12.16
2009.12	12.46	11.72	14.52	13.83	12.89	12.71	10.78	13.45	15.03	13.9	12.81
2010.12	13	12.22	15.03	14.39	13.47	13.29	11.37	13.86	15.54	14.46	13.4
2011.12	13.46	12.64	15.47	14.89	13.97	13.78	11.87	14.21	15.98	14.95	13.91
2012.12	13.88	13.06	15.88	15.32	14.48	14.27	12.38	14.56	16.38	15.40	14.39
2013.12	14.33	13.45	16.27	15.77	14.93	14.70	12.73	14.87	16.76	15.81	14.85
2014.12	14.63	13.75	16.61	16.07	15.23	15.02	12.99	15.13	17.10	16.14	15.19
2015.12	14.98	14.07	16.95	16.44	15.60	15.38	13.30	15.41	17.47	16.54	15.57

测点编号	45	46	47	48	49	50	51	52	53	54	平均
1999.07	0	0	0	0	0	0	0	0	0	0	0
2000.12	0.58	2.81	0.85	0.66	0.68	0.62	1.31	2.69	3.12	2.66	1.22
2001.12	2.67	5.1	2.77	2.92	2.62	2.62	4.28	5.36	5.36	4.87	3.6
2002.12	4.65	7.13	5.48	5.02	4.82	4.76	5.21	7.08	6.11	5.29	5.72
2003.12	4.85	8.34	8.76	7.62	5.08	5.04	6.22	8.44	7.89	5.49	7.54
2004.12	7.35	9.25	10.59	9.08	5.24	7.37	7.02	9.23	8.68	5.56	8.85
2005.12	8.53	10.96	11.96	10.71	8.38	8.4	7.45	10.45	9.69	6.74	10.08
2006.12	9.82	11.9	12.95	11.71	10.24	9.63	8.39	11.33	10.41	7.62	10.97
2007.12	10.88	12.57	13.78	12.6	11.32	10.66	8.86	11.91	11.1	8.4	11.71
2008.12	11.67	13.1	14.43	13.32	12.08	11.38	9.35	12.41	11.64	10.11	12.32
2009.12	13.35	13.54	15	13.96	12.74	12.02	9.93	12.82	12.12	10.93	12.87
2010.12	12.98	13.97	15.56	14.55	13.35	12.59	10.49	13.18	12.57	11.55	13.37
2011.12	13.5	14.33	16.05	15.06	13.88	13.08	10.94	13.55	12.96	12.02	13.79
2012.12	13.99	14.69	16.49	15.56	14.41	13.57	11.31	13.89	13.34	12.47	14.21
2013.12	14.48	14.97	16.90	16.03	14.86	13.99	11.66	14.20	13.64	12.90	14.59
2014.12	14.85	15.25	17.28	16.40	15.24	14.36	11.91	14.44	13.96	13.24	14.90
2015.12	15.24	15.52	17.66	16.79	15.65	14.73	12.21	14.75	14.27	13.59	15.24

注：*为作者估计值。

对于上述地基沉降监测结果，值得思考的问题如下。

（1）需注意人工岛地基沉降的性质是属于整体沉降还是局部沉降，尤其是在地基沉降接近尾声时更应予以区分，由此预测不均匀沉降的发展趋势。

（2）深厚软基人工岛具有以往尚不了解的面积效应，在概念上人们已意识到，人工岛面积过大，下部土体固结的排水距离将会增加，因此可能会出现所谓的水枕现象（图 7-21）。一期人工岛和二期人工岛相距并不远，各自的土体固结排水通道可能会产生阻碍作用，其影响程度还不清楚。两个相隔一定距离的 $5km^2$ 人工岛尚且如此，我国正在建设人工岛机场是否存在同类问题也不能忽视。

（3）更新世黏土层的沉降应予以重视，尤其是其长期影响，这在以前通常被忽略，但实践证明问题并不是那样简单。

2. 环境监测

或许是机场选址时曾遭到当地渔民强烈反对的原因，日本地方政府在建设过程中对涉及海洋环境问题格外慎重，海洋环境监测结果透明化是与社会沟通的重要方式。根据环境保护预案，如果发现当天观测到的数据显示施工对环境有不利的影响，便立即采取相应的控制污染措施；如果全年观测数据的评估结果显示施工对环境有不良后果，则要采取相应的补救措施，改变施工工艺或进度。监测结果经评估后编制出年度报告，按时报送环境监测工作会议，并向大众公开，在各种场合公示环境监测结果。

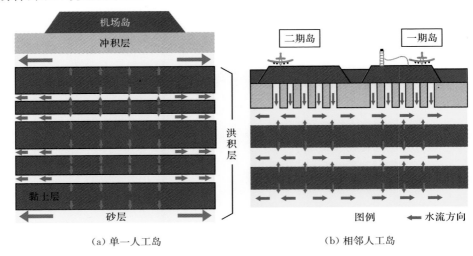

(a) 单一人工岛　　　　　　　　　　　(b) 相邻人工岛

图 7-21　面积过大时产生的软土固结排水水枕现象

　　实践表明,人工岛建设引起的环境问题基本上是可以解决的,机场人工岛周边的生态迅速恢复就是很好的证明。仅仅经过几年,在灯光效应、人工种植海藻以及禁渔等因素作用下,机场周边海域成为了水产最丰富的地方,这是环保组织和机场建设反对者所始料未及的。

　　1) 水质监测

　　当地政府在人工岛周围海域持续进行的调查项目大约有 20 个,包括水质污染、固体悬浮物和化学需氧量(chemical oxygen demand,COD),对海水混浊度实行每天报告制,对挥发性悬浮固体和综合指标水质调查一般每月进行一次。水质调查船作业时的场面见图 7-22。

图 7-22　水质调查船作业

2）混浊度监测

为了确认海水混浊是否是由施工作业导致的，在距施工区 1000m 和 4000m 处分别设置了多个监测点进行海水浑浊度分析。工程进展到护岸合拢阶段，建设方对排出的浊水设定了悬浮物警戒值。监测结果表明，填海施工引起的海水混浊度一直保持在设定的警戒值以内（图 7-23）。

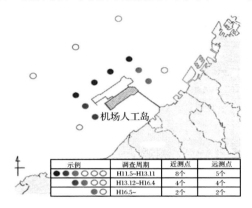
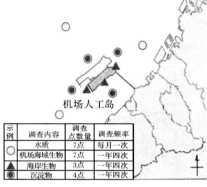

（a）海水浑浊度观测点　　　　　　（b）水质及海洋生物监测点

图 7-23　施工期间海洋环境观测点布置

3）噪声监测

为了掌握飞机噪声对环境的影响，机场当局在沿岸地区设置有噪声观测站。其中，有 11 个监测站全天候监测，另有 20 个监测站每年监测 4 次，每次连续监测 7 天，通过有线传输收集各项数据并及时进行数据处理。

3. 技术改造

1）排水系统改造

按照原有设计，人工岛地表水依靠重力经排水管道自流入海。为了实现雨水自流，排水管需要以一定的坡角铺设（通常为 $0.1\% \sim 0.3\%$），其排水口必须高出低潮时的海面。随着人工岛地面逐步下降，地下管网与海面的高差不断减少，以至于机场运营几年后雨水已无法实现自排。这种情况对于以软基为基础的人工岛最有可能发生，其后果最为严重，在机场上部设施完成后也最难改造。

关西国际机场的排水系统就面临这一危机，机场运营后不得不重新对排水管网进行改造。因雨水已无法自流，只能通过水泵机械排出，经计算排水泵需要具有能够处理降水强度达 55mm/h 的能力才能解决排水问题。

但是问题远不是如此简单。我们知道，人工岛地下水位与其地基结构是密切相关的。人工岛由开山石填充，基本上是直径不等的碎石，海水可以很容易地在其间流进流出,即属于所谓透水结构。因此,人工岛地下实际上与外海是相通的,地下水位随着海面上下起伏,企图通过水泵排掉地下水显然是妄想。解决这一问题的唯一方法,是在人工岛周边打设地下隔水墙,阻止海水渗入至人工岛下部,降低地下水位,然后使用水泵排水。可以说,此项改造从根本上改变了人工岛原有的排水设计思想,为此需要付出巨大的经济代价。由于地面跑道和地下设施已无法改变,所以不这样做也没有其他可行的办法。

　　根据地质情况,要使地下隔水墙达到止水效果,需要将混凝土桩成排打入全新世黏土层,深度超过 30m,横向围墙总长达 11km。对于航站楼等重点位置,还进行了双层围墙保护。这一改造项目自 2001 年开始施工,2005 年完成,历时 4 年。一期人工岛排水系统改造见图 7-24。经观测,地下隔水墙打设后,地下水位明显下降(图 7-25),效果明显。

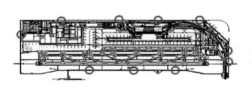

(a) 排水泵布置图

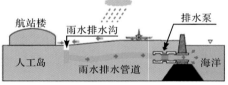

(b) 排水泵排水原理

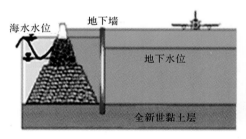

(c) 地下隔水墙设计断面

(d) 地下隔水墙施工图示

(e) 安装大型排水泵

(f) 排水系统改造现场

（g）打设地下隔水墙　　　　　　　　　（h）地下隔水墙施工现场

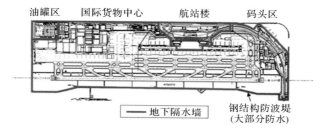

油罐区　　国际货物中心　　航站楼　　码头区

地下隔水墙
钢结构防波堤
（大部分防水）

（i）地下隔水墙布置图

图 7-24　一期人工岛排水系统改造

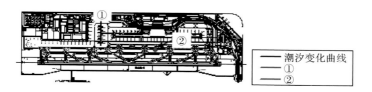

（a）观测位置

潮汐变化曲线
①
②

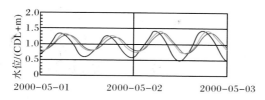

水位/(CDL+m)

2.0
1.5
1.0
0.5

2000-05-01　　2000-05-02　　2000-05-03

（b）打设地下隔水墙前

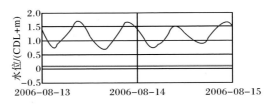

（c）打设地下隔水墙后

图 7-25　地下水位变化

2）挡浪墙加高

由于地基下沉超过预期,导致原设计的挡浪墙高度也低于预期,抵御风浪的能力明显下降。2004 年,一场强台风袭击大阪,关西国际机场遭受了有史以来最汹涌的海浪,海水越过挡浪墙涌入人工岛。台风过后,机场当局决定对挡浪墙进行加高(图 7-26)。同时,对以往认为浪高影响不大的人工岛内侧也增建了挡浪墙(图 7-27)。

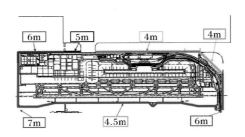

（a）挡浪墙高度设计

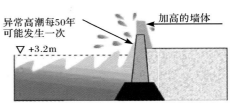

（b）挡浪墙再次加高

（c）施工现场

（d）挡浪墙明显高出地面

图 7-26　挡浪墙改造

（a）搅拌船水上供应混凝土　　　　　　　　　　（b）现场浇筑

图 7-27　人工岛内侧增建挡浪墙

7.2.2　日本中部国际机场

　　日本中部国际机场在建设时便建立了监测大气和水质的环境质量监测系统。该系统由数据收集子系统和信息发布子系统组成,所有收集到的数据都被自动储存在服务器中,分析结果以月度和年度报告方式对外发布。

　　此外,机场人工岛大部分护岸的水下护坦部位（水深 4m）安放了适宜海藻生长的人工礁,具体见图 7-28。

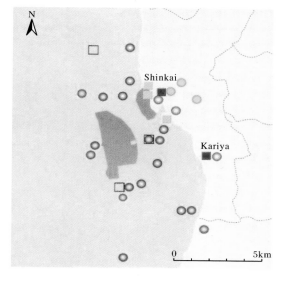

鱼类调查站
水质监测站(每天/周)
海洋观测站
空气质量连续监测站
四季空气质量监测站
烟尘观测站
空气质量、公路交通噪音及振动监测站
施工噪音、振动机械废气监测站
水质监测站(每月),调查海洋生物
（浮游生物、鱼卵、幼虫、幼鱼、海底生物）

（a）环境监测站点布设

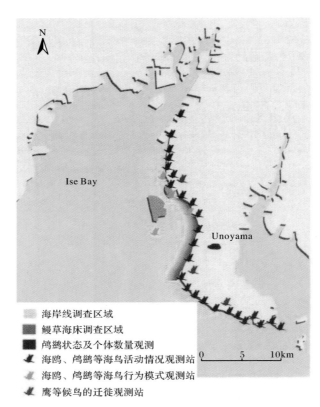

（b）鸟类监测站布设

（c）海上监测站

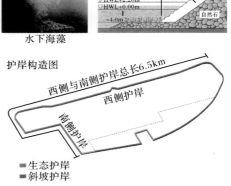

（d）护岸生态结构（人工礁）布设

图 7-28　环境监测及生态恢复设施

7.2.3　中国澳门国际机场

1. 地基沉降监测内容

1）技术要求

地基沉降监测的内容主要有孔隙水压力、土体分层沉降量、深层土体侧向位移、面层沉降及护岸位移等，详见表 7-7。

表 7-7　观测项目内容及仪器设备

观测项目内容	仪器设备	目的
孔隙水压力	设置 4 个断面共 12 条线，南面 6 点/线、北面 4 点/线	监测土体固结状态
深层土体位移	设 4 个断面，南、北及两端护岸各 1 个断面，每个断面 2 个孔	监测护岸、跑道、滑行道两侧深层土体水平位移
土体分层沉降	设置 4 个断面，总计 12 处，共 64 点，采用磁环式测点，共 12 个孔	监测跑道、滑道区、土面区地基土压缩量
面层沉降监测	布置在跑道、滑行道两侧和护岸胸墙顶，纵向间距 100～200m，采用 ϕ15～20mm、长 7cm 的不锈钢圆钉制成。跑道滑行道基槽底设沉降板 6 个，底标高为 −5m	监测各区沉降量
面层位移监测	施工期监测点纵向间距 100m，用 ϕ15～25cm、长约 10m 的圆木或钢桩制成	监测护岸水平位移

2）监测方案

根据人工岛建设从南北两端同时向中部推进的施工顺序，土工测试仪器重点布置在南北两端及中间地带，以尽早得到南北两端的监测数据来指导后面的施工。具体做法是：当人工岛抛填至 +3.5m 形成陆地时，开始安放表层沉降盘。此时，虽然原地基已有部分荷载，但由于还未插设排水板，地基沉降较小，因而后续监测可认为是完整的沉降结果。

排水板插设完成后，将孔隙水压力计、磁环式分层沉降计、测斜导管等仪器埋设到地下预定部位。护岸位移观测于护岸抛石至 +4.0m 后开始。在护岸内外坡肩处各设置 1 块 0.5m³ 的混凝土观测块体，间隔 100m 沿护岸设置。跑道、滑行道的地基沉降是监测重点，在这一区域的中点和两侧布设沉降盘，测试仪器数量见表 7-8。

表 7-8 人工岛南端测试仪器数量

序号	项目	数量
1	跑道区(含滑行道)孔隙水压力计	15 个
2	安全区孔隙水压力计	18 个
3	跑道区(含滑行道)分层沉降计	10 组
4	安全区分层沉降计	7 组
5	深层土体侧向位移测斜管	2 组
6	跑道区(含滑行道)沉降盘	74 个
7	安全区沉降盘	25 个
8	护岸观测块体(沉降、位移测点)	72 块
9	护岸胸墙永久沉降点	36 个
10	跑道区(含滑行道)两侧永久沉降点	34 个

3）测试仪器

土工测试仪器的具体参数详见表 7-9。

表 7-9 测试仪器设备表

项目	仪器名称	产地	型号及主要技术特性
孔隙水压力	气动式孔隙水压力计	英国	PP3 型，最大量程为 1000kPa，精度 1kPa
分层沉降	磁性分层沉降仪	英国	IT240 型，精度 1mm
深层土侧向位移	双轴式测斜仪	英国	IT380 型，精度 0～1mm
测量仪器	全站型电子速测仪	瑞士	TC2002 型，精度 1mm+1ppm
	水准仪	德国	NT005A 型

4）监测频度

监测频度分为加载期和静压期两个阶段，具体频度见表 7-10。

表 7-10 监测频度表

监测项目	监测仪器	监测频度
孔隙水压力	气压式孔隙水压力计	加载期 1 次/d，静压期 1 次/(7～14d)
分层沉降	磁性分层沉降计	
表层沉降盘	水准仪	
护岸监测块体及永久沉降点	水准仪	1 次/(7～14d)
护岸水平位移	全站型电子测速仪	
深层土体侧向位移	双轴式测斜仪	

5）机场运营后监测布置

机场运营后监测内容及数量见表 7-11。

表 7-11　监测内容及数量

工程部位	监测项目	数量	备注
护岸工程	位移沉降点/个	146	
	挡浪墙永久沉降点/个	73	
土面区	埋设孔隙水压力仪/套	42	打设排水板后
	测斜仪/组	6	打设排水板后
	土体分层沉降仪/组	14	打设排水板后
	大沉降盘/个	34	吹填到 0.0m 时
	小沉降盘/个	14	吹填到 0.0m 时
	水上十字板检验/个	9	吹填前进行
	深层沉降仪/套	9	打设排水板后
跑道、滑行道	孔隙水压力仪/套	22	
	土体分层沉降仪/组	15	
	大沉降盘/个	45	吹填到 0.0m 时
	小沉降盘/个	68	吹填到 0.0m 时
	永久沉降点/个	127	浇筑完道面

2. 沉降监测结果

1）跑道区沉降

经测量，在机场竣工后 1.5～3.5 年（1996 年 10 月至 1998 年 9 月），地基平均沉降 144.2mm，最大沉降为 223mm。

2）滑行道区沉降

1995 年 3 月竣工后至 1996 年 10 月，各测点平均沉降 97mm，至 1998 年 2 月，3 年间地基平均沉降 139mm。

后续的监测表明，人工岛地基沉降随着时间的推移仍在继续发展，机场运营后的地基沉降已达 52cm，超过了原预测的工后沉降 25cm。

7.2.4　中国香港国际机场

1. 地基沉降监测

香港国际机场坐落在两个岛屿之间，基岩较浅，但地基仍有少量沉降。现场布置倾斜仪、感应探针伸张仪、磁性伸张仪以及孔隙水压力仪等设备，监测工作由人工完成。土体沉降监测具体见图 7-29。测量结果显示，第 1 年地基沉降为 2～5cm。

2. 卫星雷达监测

在现场监测的同时,香港理工大学尝试使用卫星雷达差分干涉技术监测了人工岛地基沉降。他们以机场刚开始运营不久的 1998 年 12 月 29 日卫星雷达数据为基础(空间分辨率为 20m),通过对卫星数据差分干涉的处理,得到 1 年期地基累积沉降分布。结果显示,使用卫星雷达差分干涉技术得到的地基沉降值与现场实测的误差平均为 20％～30％(表 7-12),能够较好地达到监测的目的,尤其是可得到地基沉降的平面分布,这一成果表明卫星雷达技术可作为今后人工岛地基沉降监测的重要方法之一。

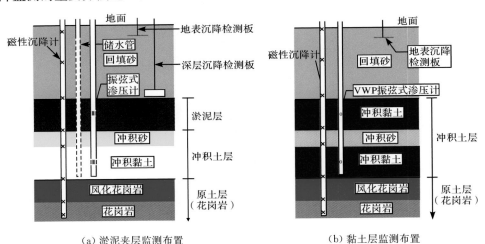

（a）淤泥夹层监测布置　　　　　　　（b）黏土层监测布置

（c）沉降监测台正面和俯视图

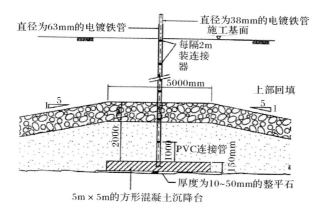

（d）沉降监测台侧面图

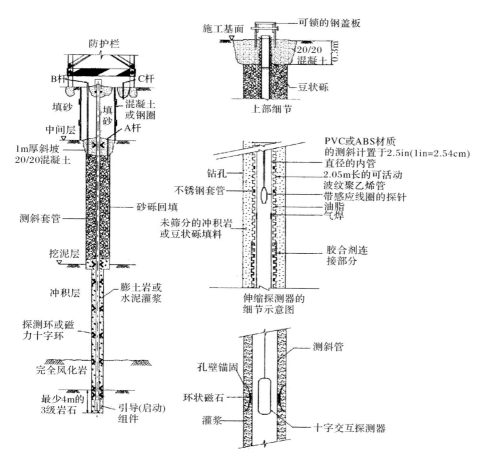

（e）磁力伸缩计测量示意图

（f）测斜仪测量操作现场

（g）沉降观测台外观

（h）预设沉降板

（i）沉降观测台现场

图 7-29　土体沉降监测

表 7-12　卫星与水准监测结果差异比较

点号	水准监测/mm	卫星监测/mm	误差/mm	误差比例/%
1	−20.0	−15.1	−4.9	−24.5
2	−10.0	−10.3	+0.3	+3.0
3	−32.0	−22.4	−9.6	−30.0
4	−36.0	−24.2	−11.8	−32.8
5	−5.0	−3.2	−1.8	−36.0
6	−5.0	−1.8	−3.2	−64.0
7	−3.0	−0.4	−2.6	−86.7
8	−15.0	−11.0	−4.0	−26.7
9	−55.0	−37.4	−17.6	−32.0
10	−32.0	−36.1	+4.1	+12.8

续表

点号	水准监测/mm	卫星监测/mm	误差/mm	误差比例/%
11	−20.0	−26.0	+6.0	+30.0
12	−21.0	−22.1	+1.1	+5.2
13	−13.0	−10.1	−2.9	−22.3
14	−1.0	−0.8	−0.2	−20.0
15	−27.0	−15.3	−11.7	−43.3
16	−1.0	−4.6	+3.6	+360.0
17	−32.0	−25.0	−7.0	−21.9
18	−6.0	−8.5	+2.5	+41.7
19	−23.0	−13.0	−10.0	−43.5
20	−26.0	−19.4	−6.6	−25.4
21	−30.0	−19.2	−10.8	−36.0
22	−17.0	−18.5	+1.5	+8.8
23	−20.0	−13.1	−6.9	−34.5
24	−11.0	−8.7	−2.3	−20.9
25	−3.0	−3.0	0.0	0.0
26	−10.0	−10.8	+0.8	+8.0
27	−9.0	−10.1	+1.1	+12.2
28	−6.0	−2.5	−3.5	−58.3

注：误差比例一栏中“−”号表示减少，“+”号表示增加。

7.2.5　中国大连国际机场

1. 地基沉降监测

1）工作基准点布设及校核

由设计方案，在人工岛上布设 3 个工作基准点，位于距护岸约 100m 的位置，采用钻孔灌注桩基础，桩径不小于 1.2m，桩底深入基岩的中风化岩层内。

（1）工作基准点平面位移校核。

由于工作基点位于变形区域，因此需要对工作基准点进行定期校核。施工初期每半个月校核一次，3 个月后根据情况每个月校核一次，6 个月后每 3 个月校核一次。校核采取 GPS 静态方法，通过岸上永久基准点与工作基准点进行联测。

（2）工作基准点垂直位移校核。

以基准点高程为已知高程点，按三等水准点标准，采取往返测方法联测出离基准点最近的工作基准点高程，再以这个工作基准点作为已知高程点，采取闭合水准或往返测方法联测出其他工作基准点高程。

根据现场地质特点，上述工作基准点设置有可能会存在问题。将工作基准点设在距护岸较近处,此处位于人工岛边缘,尽管工作基准点采用桩基打到基岩内,但单桩结构只适于抵御轴向变形,不能阻止侧向变形,因而工作基准点可能会不稳定,在侧向土压力作用下,会产生水平位移。以不稳定点作为基准点,每次测量时都要校核一次,再将结果与最初坐标进行换算,这实际上失去了工作基准点的作用。这一问题在开始的几年可能并不明显,但随着人工岛下部深层土体蠕变缓慢增加,便可能会逐渐暴露出来,给实际测量带来一定的困难。

2) 斜坡护岸位移监测

位移监测点布置于斜坡护岸定位轴线或坡肩位置,间距 200m,东、南、西、北护岸共设 93 个。其中,各护岸分别设 3 组土体深层水平位移监测点群,每 2m 间隔固定 1 个测点,共 10 个。

(1) 施工期平面位移监测。

① 监测方案。施工初期直接采用静态模式进行监测。随着护岸施工的进展,当工作基准点数目达到 2 个时,采用实时动态差分测量(real-time kine-matic,RTK)模式进行位移监测。

② 初始值采集。每埋好 1 个监测点,立即通过工作基站采用静态模式联测出坐标数据作为初始值,保证每个监测点都以静态模式的联测坐标作为初始值。

③ 位移监测。施工初期工作基准点尚未建立时,采用静态模式测坐标。当沿护岸方向两侧都有工作基点时,采用 RTK 测坐标,即对工作基准点与岸上基准点构成 GPS 网能覆盖的监测点采用 RTK 模式,根据监测值及初始值计算位移值。

(2) 斜坡式护岸监测。

机场运营后只进行地表层沉降监测,不再进行平面位移和深层沉降监测。以200m 间距布置沉降监测点,共计 93 个。监测点布置在护岸处挡浪墙上。

3) 跑道区沉降监测

每 9 万 m² 面积设置 1 个沉降监测点,监测点底部设于相对稳定的持力层。采用闭合水准方式联测出各监测点高程,然后根据其高程值、初始高程值求得垂直位移。

2. 水环境卫星遥感监测

1) 数据获取

(1) 卫星遥感数据。

使用中国环境与灾害监测预报小卫星(HJ-1A/1B 卫星)的遥感数据,地刈幅宽度为 700km,地面像元分辨率为 30m,以 4 个谱段推扫成像,其中,HJ-1A 卫星和 HJ-1B 卫星的轨道完全相同,相位相差 180°,两台 CCD 相机重访周期各为 4天,具体参数见表 7-13。数据来自我国资源卫星应用中心(http://www.cresda.com)和环境保护部卫星环境应用中心(http://www.secmep.cn)。

表 7-13　卫星主要参数

波段	光谱范围/nm	中心波长/nm	空间分辨率/m
1	430～520	475	30
2	520～600	560	30
3	630～690	660	30
4	760～900	830	30

为了去除大气影响，利用 FLAASH 模型对 HJ-1A/1B 遥感数据进行大气校正，主要基于传感器处单个像素点接收到的太阳波谱范围内（不包括热辐射）平面朗伯体（或近似平面朗伯体）反射的光谱辐射亮度，其计算公式如下：

$$L = \frac{A\rho}{1 - \rho_e S} + \frac{B\rho_e}{1 - \rho_e S} + L_a \qquad (7-22)$$

式中，L 为传感器处单个像素点接收到的辐射亮度；ρ 为该像素点的地表反射率；ρ_e 为该像素点及其周边区域的平均地表反射率；S 为大气球面反照率；L_a 为大气后散射的辐射亮度；A、B 分别为基于大气和几何条件的系数，与地表反射率无关。

为了得到水体中不同浓度悬浮物的光学特征，采用水面以上测量法测量光谱数据。试验仪器为便携式双通道可见光-近红外光谱辐射计，方位角为 135°，水体观测天底角和天空光观测天顶角为 40°。遥感反射率光谱见图 7-30。

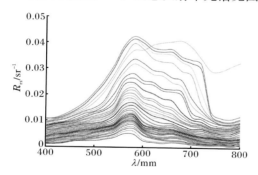

图 7-30　遥感反射率光谱

遥感反射率 $R_{rs}(\lambda)$ 的计算公式如下：

$$R_{rs} = [L_{sw}(\lambda) - \gamma L_{sk}(\lambda)]\rho_p(\lambda) / [\pi L_p(\lambda)] \qquad (7-23)$$

式中，λ 为波长；$L_{sw}(\lambda)$、$L_{sk}(\lambda)$、$L_p(\lambda)$ 分别表示测量的水体、天空和标准板辐射亮度；γ 为海气界面反射率，对于平静海面取 0.026；$\rho_p(\lambda)$ 为标准板反射率。

（2）施工水域水样实测。

随着填海施工进程，分别选择与卫星遥感数据采集相同的时间进行现场水样采集，水样采集点见图 7-31。由称重法得到水样悬浮物质量，换算后的结果见表 7-14。

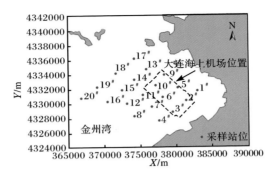

图 7-31　现场获取水样站点分布图

表 7-14　悬浮物浓度现场取样换算结果

站点	悬浮物浓度/(mg/L)			
	2011 年 11 月 16 日	2012 年 8 月 14 日	2013 年 8 月 22 日	2014 年 4 月 24 日
1#	4.6	8.9	6.1	16.5
2#	18	8.8	7.9	15.2
3#	6.6	6	4.7	—
4#	2.5	5.8	4.9	3.6
5#	5.3	5.8	10.4	8.5
6#	6	5.5	7.4	—
7#	4.5	5.7	8.7	—
8#	4.3	5.7	2.8	3.9
9#	4.5	5.9	5.3	6.4
10#	4	5.9	2.2	—
11#	3.7	5.7	1.8	—
12#	2.7	5.5	4.9	5.9
13#	6.7	5.5	5.5	4.4
14#	6.1	5.8	0.5	3.7
15#	6.5	5.3	1.3	2.4
16#	5.9	5.5	6.5	5.0
17#	17.9	5.7	1.1	3.5
18#	4.1	5.4	4.4	9.5
19#	9.6	5.6	0.6	2.7
20#	8.7	5.7	9.7	5.4

注："—"表示此点随工程进展已被填海覆盖。

2) 反演模型的构建

水体光谱特征测量结果表明,遥感反射率 $R_{rs}(\lambda)$ 随着悬浮物浓度的增加而增加,且波长在 550～650nm 时增加幅度最为显著。由于反射率的差异反映了悬浮物浓度的变化,因此选择 HJ-1A/1B 第二波段(520～600nm)和第三波段(630～690nm)遥感反射率,分别与前 3 次现场水样的悬浮物浓度进行回归分析,将线性模型、指数模型和幂函数模型分别与实测数据进行比较,发现第三波段拟合效果均好于第二波段(表 7-15)。由表 7-15 可见,在参与比较的 3 个模型中,线性模型的 RMSE 和 RE 最小,同时相关系数(R^2)最大。为了验证反演模型的精度,将第 4 次实测得到的 8 个站点悬浮物浓度数据分别代入前面构建的线性、指数和幂函数模型,其反演值散点图如图 7-32 所示。由图 7-32 可见,反演相对误差波动基本控制在 30% 以内,以线性模型平均误差最小,为 12.9%。各模型相对误差统计见表 7-16。

表 7-15　第二与第三波段不同模型评价结果对比表

模型	第二波段			第三波段		
	RMSE/(mg/L)	RE/%	R^2	RMSE/(mg/L)	RE/%	R^2
线性模型	0.963	21.3	0.75	0.512	10.1	0.95
指数模型	1.203	22.9	0.69	0.585	13.5	0.90
幂函数模型	1.021	23.7	0.64	0.635	15.8	0.85

表 7-16　不同模型验证误差

模型	最大相对误差/%	最小相对误差/%	平均误差/%
线性模型	52.7	0.7	12.9
指数模型	55.4	7.6	16.5
幂函数模型	56.6	0.7	21.6

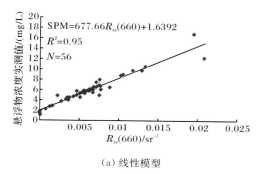

(a) 线性模型　　　　　　　　(b) 指数函数模型

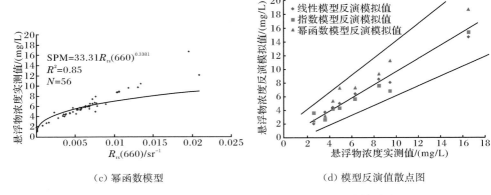

（c）幂函数模型　　　　　　　　（d）模型反演值散点图

图 7-32　悬浮物含量实测值与第三波段模型反演值分布

3）海洋流场数值模拟与遥感反演结果比较

（1）水动力模拟。

为了掌握金州湾海域的海流和潮汐运行规律，分别于 2009 年 8 月 13 日 09 时～2009 年 8 月 15 日 09 时（小潮期间）及 2009 年 8 月 20 日 08 时～2009 年 8 月 22 日 08 时（大潮期间）进行海流观测。实测表明：涨潮时，潮水自渤海水域由西偏北方向进入金州湾，湾内最大流速为 0.15m/s，平均流速为 0.075m/s；落潮时，湾内最大流速为 0.20m/s，平均流速为 0.10m/s。

（2）流场数值模拟与遥感反演结果对比。

采用 HJ-1A/1B 卫星第三波段遥感数据和前面建立的反演模型，利用 ENVI 5.0 软件进行反演运算，分别得到涨潮和落潮时悬浮物的分布图像（图 7-33），与工程海域潮流场数值模拟进行对比，可以看到人工岛施工期间流场走向与遥感影像中悬浮物分布具有较高的相似性，表明水动力模型模拟的结果基本是可信的。

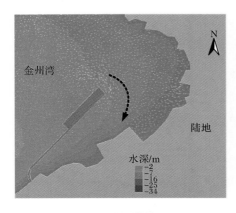

（a）涨潮时刻数值模拟图　　　　（b）涨潮时刻悬浮物遥感影像反演图（2012 年 3 月 27 日）

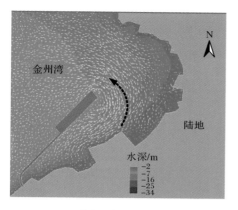

（c）落潮时刻数值模拟图

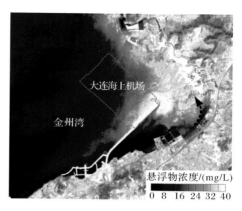

（d）落潮时刻悬浮物遥感影像反演图（2012 年 4 月 4 日）

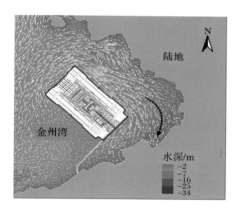

（e）涨潮时刻数值模拟图

（f）涨潮时刻悬浮物遥感影像反演图（2014 年 4 月 24 日）

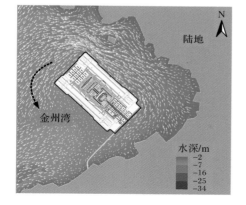

（g）落潮时刻数值模拟图

（h）落潮时刻悬浮物遥感影像反演图（2014 年 5 月 26 日）

图 7-33　不同时段潮流场数值模拟与悬浮物浓度遥感影像反演对比

　　通过以上分析结果我们又得到了一个十分重要的组合预测方法,即在因天气等原因不能保证卫星图像质量、无法随时掌握施工海域悬浮物流动状态时,可以借助水动力模型推演出任意时刻工程水域的流场,进而实现对悬浮物污染的运行方向和状态的总体判断。

　　4)悬浮物污染监测

　　(1)悬浮物产生过程。

　　与日本机场人工岛的施工方法不同,大连国际机场人工岛采用爆破挤淤施工工艺解决护岸的稳定性问题,即利用专用机械设备将炸药埋于淤泥中(图7-34),将炸药引爆后,淤泥层受到爆破的冲击被向外挤压,其上部石料随即落下,达到挤走淤泥的目的。以此方法,将长达20km护岸下部10余米厚的淤泥基本挤出,总量约2000万 m³。实践证明,爆破挤淤的确可加快施工进度,缺点是会瞬间形成较高浓度的悬浮物,对海洋环境污染较大。

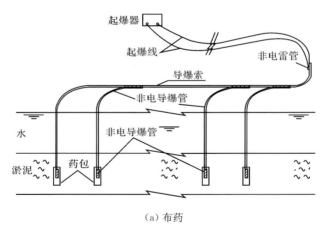

(a)布药

(b)起爆

图 7-34　爆破挤淤施工

（2）悬浮物扩散强度和范围预测。

开展施工期悬浮物污染强度和范围预测是一项十分重要的工作。当发现问题较为严重时,可通过调整施工方案,增加相应措施,以减少对环境的影响和损失。分析时,对悬浮物的扩散分为涨潮和落潮两种情况进行,选取多特征点反映悬浮物的扩散分布特点及范围。模拟特征点分布见图 7-35,爆破挤淤产生的悬浮物扩散浓度总包络见图 7-36。模拟结果显示,爆破挤淤方式产生的悬浮物扩散范围可达 105.15km²,其中,悬浮物浓度为 10～20mg/L 的水质污染区域占 63%,面积约为 66.80km²;悬浮物浓度为 20～30mg/L 的水质污染区域占 17%,面积约为17.36km²;浓度大于 30mg/L 的水质污染区域占 20%,面积约为20.99km²。涨潮时,工程施工水域潮流主要为北偏东方向,悬浮物在此潮流作用下运动扩散,逐渐输移扩散到爆破点附近较大范围的海域;落潮时,工程施工水域潮流主要为西偏南方向,爆破挤淤产生的悬浮物在潮流作用下运动扩散(图 7-37)。

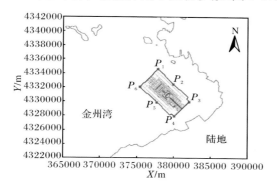

图 7-35　模拟分析特征点位置

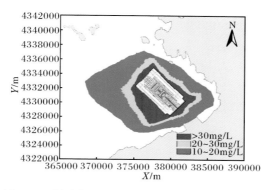

图 7-36　爆破挤淤产生的悬浮物扩散浓度总包络图

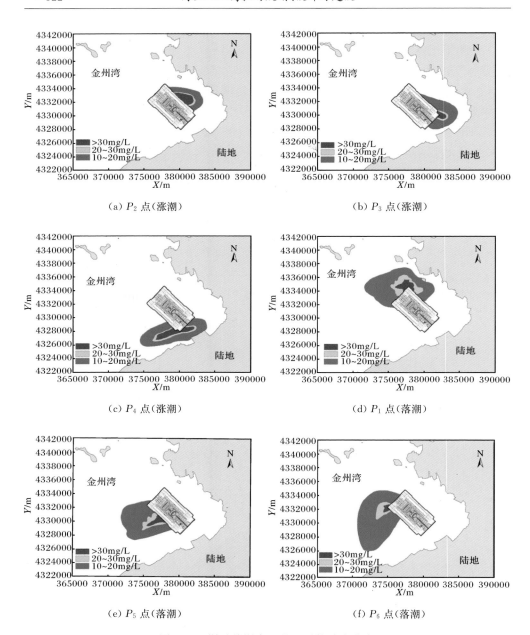

(a) P_2 点(涨潮)

(b) P_3 点(涨潮)

(c) P_4 点(涨潮)

(d) P_1 点(落潮)

(e) P_5 点(落潮)

(f) P_6 点(落潮)

图 7-37　爆破挤淤产生的悬浮物浓度分布

（3）悬浮物扩散数值模拟与遥感反演对比。

通过构建的悬浮物反演模型，利用 ENVI 5.0 软件对 2014 年 4 月 24 日 2：40
（格林尼治时间）与 2014 年 5 月 26 日 2：34（格林尼治时间）的卫星数据进行悬浮

物浓度反演处理,结果见图 7-38(b)和图 7-39(b),由数值模拟得到的爆破挤淤施
工后悬浮物浓度扩散见图 7-38(a)和图 7-39(a)。经对比可以看到,在涨潮状态
下,遥感反演图显示在人工岛东侧出现了大范围高浓度悬浮物场,并呈顺时针运
动形态扩散[图 7-38(b)],与数值模拟的水质污染扩散形态基本一致[图 7-38
(a)]。遥感反演图中浓度高于 10mg/L 的悬浮物面积为 11.82km²,数值模拟中悬
浮物面积为 12.58km²,两者相差 6.2%;在落潮状态下,遥感反演图显示人工岛西
北角出现大范围高浓度悬浮物场,并呈逆时针运动形态扩散[图 7-39(b)],与模拟
的 P_6 点水质污染扩散形态基本一致[图 7-39(a)]。遥感反演图中悬浮物浓度高于
10mg/L 的悬浮物面积为 23.84km²,数值模拟中悬浮物面积约为 24.95km²,两者
相差4.6%,具体见表 7-17。

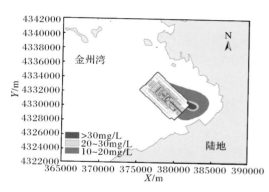

(a) P_3 点水质污染模拟图

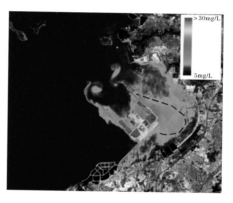

(b)悬浮物反演图(2014 年 4 月 24 日)

图 7-38   涨潮状态下水质污染模拟与悬浮物浓度反演对比

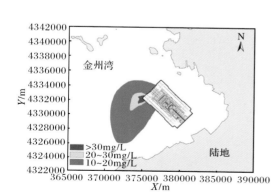

(a) P_6 点水质污染模拟图

(b)悬浮物反演图(2014 年 5 月 26 日)

图 7-39   落潮状态下水质污染模拟与悬浮物浓度反演对比

表 7-17　数值模拟与遥感反演悬浮物扩散面积对比

特征点	数值模拟/km²	遥感反演/km²	相对误差/%
P_3	12.58	11.82	6.2
P_6	24.95	23.84	4.6

综上分析,在涨、落潮状态下,通过对工程海域悬浮物的扩散形态及扩散面积等指标进行对比,遥感反演的结果与数值模拟的结果基本吻合,表明悬浮物扩散数值模拟结果基本可信。

5)结论与启示

基于以上分析,可以得到这样的认识:利用卫星遥感技术跟踪监测海洋环境状况,能够克服传统的单纯依靠调查船现场取样的时空限制,使得大型海洋工程施工时监测大范围多时相环境污染成为可能。利用 HJ-1A/1B 卫星第三波段的数据建立线性模型具有较高的精度,能客观地揭示施工中海洋悬浮物浓度分布及其变化特征,有效克服现场采集样本有限和代表性不足等缺点,结合计算机数值模拟的海域水流模拟图和污染扩散预测后,可实现多时相跟踪施工污染对海域环境的影响,预测出悬浮物污染的运行方向和状态,因而是一种十分有前途的监测方法。

第 8 章 问题与展望

8.1 人工岛地基沉降机理

8.1.1 地基沉降的系统效应

人工岛机场项目与以往建设项目最大的区别是存在因工程面积超大而产生的系统效应问题。地基沉降变形的大小是否与人工岛面积的大小存在一定的关系,这一点目前还没有相应的研究,我们倾向于存在,而且是不可忽略的级别。试想,当人工岛面积大幅度增加时,小面积的边缘荷载将变为多个等面积荷载的叠加,尽管土体正面受到的压强未变,但土体变形限制引起的效应却大不相同。另外,正如前面已讨论过的,面积过大会出现水枕现象。从人工岛机场的建设实践来看,除香港国际机场依托 2 个天然岛屿、基岩较浅、土体沉降变形主要为回填土外,大部分人工岛机场都坐落于深厚软土之上,人工岛面积大多为 $1\sim5\mathrm{km}^2$。除水深条件和填海物料厚度不同外,人工岛面积的差异很可能会对土体沉降变形幅度产生一定的影响。我国目前规划建设的几个人工岛机场地质条件与澳门国际机场、关西国际机场等大致相同,但面积均达到 $20\mathrm{km}^2$ 以上,这种系统效应会引发一系列新问题。例如,为了保证排水流畅,需要保持一定的地面坡度,即使取最低下限(一般为 $1‰\sim3‰$),人工岛中间部位也将因此抬高数米,这就使得人工岛的上部荷载大大增加,此时再加上超大面积形成的应力叠加效应,势必会导致更大的地基沉降变形,形成恶性循环。这些深层次问题有待于将来进一步探索。

机场设施本身对地基沉降变形的敏感性,使得我们从未像现在这样对土体次固结问题投入如此多的关注。国外已建的海上人工岛机场如日本关西国际机场等已经历了较长的使用期,随着时间的推移,软土蠕变的累积效应逐渐清晰地显现出来。尤其是此前未予重视的次固结沉降累积量已超过创纪录的 2m,不仅影响到机场上部建筑的正常使用,还威胁到人工岛结构的安全。实践告诉我们,在对机场人工岛进行沉降预测时,必须对软土蠕变的累积效应进行重点考虑,利用最新的理论和监测成果以及最先进的科学手段进行论证。

除沉降变形之外,人工岛临海区及水工结构物的水平侧向位移可能也是需要关注的问题之一。当海底软土层极其深厚时,其应力路径不断向下传递,其侧向位移可能不会明显;但如果海底软土层下部存在基岩,人工又无力将软土完全挖除，上部荷载的应力向下传递到基岩后便会向周边扩散，进而产生后发侧向挤压效应。这时，土体变形还会继续发展，而且会长时间延续，人工岛地面建筑物，尤其是位于边缘地带的水工结构物（主要为护岸）将会受到侧向土压力的作用，因而会出现一定程度的侧移，而此现象在人工岛建成较长时间后才能出现。大连海上人工岛机场就可能会出现这种情况。

8.1.2　土体变形的内在规律

迄今，人们对土体变形的内在规律实际上并没有真正掌握，需要面对的主要问题有：

（1）如何基于常规试验分析软土地基的沉降变形特性，建立一个能反映软土应力-应变-时间三者之间关系的本构模型。

（2）如何基于微细观试验分析软土地基沉降变形特性的机理，建立一个能描述土体微细观组构及其变化特性的微细观本构模型。

（3）如何将以上认识融入海洋环境下深厚软土地基沉降变形的计算公式，建立新的更为复杂的加载和边界条件的有限元数值求解方法。

（4）如何基于对软土地基及机场跑道的长期监测结果，做出合理的解释和评估。

显然，我们还有很多工作需要去做，尽管前面已试图回答这些问题，但还很不够，需要继续不断努力探索，这些需要研究的内容包括但不限于：

（1）软土地基沉降变形的常规试验与本构行为研究。海洋沉积表现为深厚层欠固结的松软沉积，多呈软塑和流塑状态。在外部荷载的作用下，其变形除了由固结引起外，还明显与"流变性"有关。为了建立能够合理描述和反映软土沉降变形特点的土体本构行为，需开展软土固结及流变试验，在提炼试验成果及充分总结分析前人研究的基础上，建立软土应力-应变-时间三者之间关系的动态本构模型。

（2）软土地基沉降变形的微细观试验与机理研究。为了深入探讨软土沉降变形特性的机理，应推进利用光学显微镜、扫描电镜等先进仪器对土体微细观结构开展研究，同时应用计算机图像处理系统对土体微细观结构进行定量分析，采用细观力学方法分析细粒土的变形特性，深入探究土体的微细观组构对土体宏观变形的影响以及土体变形过程中其内部微细观组构的动态变化情况。

（3）深厚软土地基沉降变形的计算方法研究。以所建的本构模型，发展深厚软土地基沉降变形的解析和数值求解方法。对于大面积堆载的情况，在一定条件下简化为一维问题，探索沉降变形的解析解，在对求解结果进行适当修正的基础上，提出软土地基沉降变形计算的经验公式。对于三维问题，建立考虑土体应力-应变-时间本构关系及复杂的加载与边界条件在内的有限元数值模型，研究相应的空间-时间域的数值求解方法,以及通过现场测试、解析和数值模拟等技术手段,建立基于人工岛荷载的深厚软土地基沉降变形数值求解方法。

8.1.3　地质勘探方法及成果的不确定性问题

有关岩土测试的方法很多,原理不一,同一指标用不同的方法测试结果也不尽相同。由于海上勘察受水上风浪、水深等条件的限制,陆域常规的静载试验、静力触探、旁压等原位测试,在海上很难进行,开展原位测试十分困难。由于软基上人工岛建设的敏感性,陆域建筑地质勘探所要求的深度对于人工岛建设并不满足,在试验方法上存在缺陷。由于我国内地还没有建设海上人工岛机场的经验,对地质勘探方法及技术要求的特殊性缺乏足够的认识,实践中极易忽视参数的不确定性,因而其勘探成果是否准确、是否具有代表性实际上存在诸多疑点。

前面已经提到,为了认清这一问题,我们曾专门在大连海上人工岛机场的地质勘探中进行了对比试验。当时以同一土样同时请 3 家国内甲级的勘察单位分别在各自的现场实验室进行试验,并聘请监理公司全程监督。这一试验先后共进行了 3 次,前 2 次试验得到的数据差异较大。经检查,发现勘探单位存在个别试验用仪器计量不准、试验方法不规范等问题。第 3 次对比试验时力求纠正前 2 次存在的问题,逐一检查了所有试验设备,并由各实验室对试验设备进行相互核对,制定了统一的土样制作程序,再次将相同土样送达 3 家单位的土工实验室(距离不超过 1h 车程)。在监理现场监督下,严格按照国家标准程序完成试验。试验结果汇总后发现,对于相同的土样,不同勘探单位给出的试验数据仍有较大差异,有的指标相差了 1～6 倍,甚至对土样颜色的描述也完全不同(图 8-1)。为了解释试验结果不一致的原因,我们又委托第 4 家勘察单位分析研判,最后因难以合理解释而结束。由此,使得我们不得不回到原点重新考虑问题:在一系列如此不稳定、不确定的土样性质指标基础上,即使所开展的地基沉降预测再严谨、细致,也只不过仅揭示了一种可能的变化区间而已,不可能是确切的结果,对此,我们还真得要有清醒的认识。

问题还不止这些,我们还发现,实际上,获取土样的方法就有较多需要改进的地方。在国外,为了提高海洋地质勘探的取样质量,对取土方法以及取土器的形式、结构、壁厚、材质、刃角、内间隙比等方面不断在改进,目前采用匀速压入法取土,对土样扰动较小,加之取土器壁薄、样管直径小,加工光洁,贯入阻力也小,因而取样合格率高、取芯长。我国常用的取土器为厚壁敞口形式,多数工程钻机没有压入和反力装置,普遍采用轻锤多击法取样,因而对采集的土样扰动较大,导致分析结果失真。到目前,我国还没有切实可行的鉴定土样扰动程度的方法和手段。

（a）地质勘探院一

（b）地质勘探院二

（c）地质勘探院三

图 8-1　3 个勘察院对同一试样进行对比试验现场

　　近年来,海洋工程开始重视通过原位测试技术确定土工参数,并对测试成果的分析应用有了新的认识。由于通用测试新技术的开发,各种电阻应变式、振弦式、电水平式、电感式、光敏式、热敏式、声敏式的传感器不断改进,岩土工程原位测试技术也得以相应发展。但由于海上地质勘察受作业环境限制,海上原位测试技术发展缓慢,除标准贯入、十字板等被广泛使用外,大多数原位测试方法因经验少、实施困难、代价较高而较少采用,因而缺乏实际效果验证,在这方面还有一些工作要做。

8.1.4　土工模型试验方法问题

如前所述,土工模型试验主要分为土工离心物理模型试验和土工数值模型试验两类。其中,物理模型试验主要研究重要结构(如跑道、滑行道、护岸等)的软土地基在施工期和使用期的沉降问题,为数值模型试验提供参考依据。数值模型试验主要研究机场主场区的整体沉降问题,重点对物理模型试验难以解决的二维及三维土工问题展开研究,以实现对物理模型试验的补充和拓展,这些在我国已有一些工程案例可供借鉴。

但是,对于陆相、海陆交替及海相等交叉重叠的深厚软土层,其孔隙水压力及土体分层沉降的变化规律相当复杂,甚至可能永远不存在结构化的解析解。而且,由于机场跑道等构筑物为长条形基础,当下部软土层厚度相差较大时,会出现明显的不均匀沉降。因此,除预测总体沉降量的量值外,还应以软土地基的差异沉降为主要研究内容,设计相应的试验工况加以重点研究。此外,采用离心机试验的方法探究深厚多土层的变形规律,在实践中还存在较大误差。在试验设备的选型上,从机场超大平面的角度,鼓型离心机可为首选,考虑到臂式离心机试验历史较长、经验丰富的特点,有条件的应同时开展对比试验,但对其试验成果如何解读,目前还缺乏工程案例。

总之,坚持将理论分析与室内试验、现场试验和数值模拟相结合,通过对人工岛机场建设的应用示范,不断对理论、方法、技术等研究成果进行检验和完善,既保证研究成果能够及时用于实践,又能通过实践促进理论、方法的完善和技术水平的全面提高,是今后相当长一段时间的重要任务。

8.2　交通设施与组织

8.2.1　桥梁建设

到目前,我国内地还没有建成海上人工岛机场的案例,缺乏交通规划的实际经验,在进行交通组织设计时如何综合考虑多方面的因素还缺少清晰的认识,这是我们需面对的问题。离岸式海上人工岛机场主要通过桥梁与后方陆域相连,出于桥梁安全要求和工程造价的考虑,有两种类型可以选择:①并排布置 2 座独立的公路桥和铁路桥,两桥基本平行,如日本中部国际机场和中国香港国际机场等采用这一方式;②单独跨海桥,设置为双层,上层为公路,下层为轻轨,如关西国际机场采用这一方式。从抵御风险角度来看,单座双层桥显然不如平行的单层双座桥,但从桥下通航的便利和安全,以及减少工程投资的角度,单座双层桥较优。在不同的具体情况下孰优孰劣,需要详细论证。

8.2.2　综合交通

目前,将城市轻轨引入人工岛机场已是业界的共识。但是否引入高铁,则难有定论。近年来,我国民航机场与高铁联姻共同组成综合交通枢纽已显现出优势,因历史原因没有连接的也在想办法弥补。但就地理特征而言,人工岛机场远离交通网络核心,属于交通末端,地域空间狭小,交通流向单一,在人工岛设高铁不仅使其地下空间布置更为复杂,而且乘客始发量有可能不足,因而高铁是否进岛还有待研究。

8.3　技术规范与风险辨识

当前,人工岛机场建设的技术规范缺失是一系列问题的焦点。由以上大量案例可以看到,几乎所有技术问题都没有统一的认识,或者工程投资采取保守的做法加大浪费,或者留有大量未解难题和安全隐患让将来解答和买单。

在规划和环境保护上,虽然我国的澳门、香港以及日本等地已有可供参考的工程实例,但由于所处海域环境和工程特点不同,以及机场人工岛建设涉及影响因素甚多,尚未形成系统的海上环境保护及有关生态影响、综合交通组织、机场运行及乘客安全可靠性等评价准则和方法。

在人工岛选址方面,以方便建设、满足功能使用要求、减少建设投资及对工程海域、陆域生态影响较小为目标,如何进行各主要影响因素综合分析,最终选取自然条件更为有利、灾害更不易发生、能与周边环境更好结合、综合交通枢纽布置更为合理的工程区域,还缺少适用的评价准则,因而难免存在较大的盲目性。

在人工岛平面造型及结构设计方面,针对机场功能需要和具体工程尺度,结合波浪、潮流、泥沙运动等条件,设计出具有消浪、抗震、适应地基沉降、抗冲刷等护岸结构,以此为基础进行平面形态优化,尽可能减少对人工岛本身、拟建工程区海洋动力以及地形地貌的影响,在这方面显然还有大量工作要做。

最为紧迫的是,在我国大规模建设海上人工岛机场的当下,还没有形成专门针对此类工程的设计和质量检验的规范及标准。尽管在设计和建设时可参考国内外相关行业的规范和标准,通过对比分析和论证来确定,但有些专业问题明显存在本质上的不同。为了确保海上人工岛建设的安全、合理、经济,必须对各种自然条件下的设计标准、沉降标准、抗震标准和工程质量检验标准进行重点研究,形成适合我国国情的一系列有关设计标准,填补这一领域的空白。这些亟须完成的技术标准主要有:①海上人工岛民航机场选址的原则和技术标准;②海上人工岛民航机场水工结构的波浪、潮流等设计标准;③海上人工岛民航机场的地震设防标准;④海上人工岛民航机场建设的技术标准;⑤海上人工岛民航机场交通组织技术标准等。

既然海上人工岛机场在我国属于新生事物,因而建设中必然存在诸多前所未有的挑战。归纳起来,这些风险主要有法律风险、技术风险和投资、工期风险。

所谓法律风险,即超越基建程序需承担的法律风险及相应的责任风险,这在任何国家都存在,包括日本。对于陆地机场,建设用地是自然存在的,所以机场立项后,只需进行土地整理即可。而对于海上建设则不同,机场立项后,选址的地点还是一片汪洋,填海形成陆域比机场设施本身的工程量更大,用时更长,其本身也存在复杂的立项审批过程。因此,为了缩短工期,人工岛的建设无不是在机场选址初步形成意向时便已开始。由以往的经验看,民航、海洋、国土、军方、环保、安全监督等部门超程序审批的可能性非常有限,如何适应这一新的建设项目需要足够的政治魄力,也要承担一定的法律风险,最终需要通过体制创新予以逐步解决。

所谓技术风险,前面已多有讨论。机场人工岛的填海性质不同于一般的项目用海,飞行区占地面积大,航站楼单体体量大,塔台建筑高度高,飞机的场道不允许有过大的不均匀沉降以及对排水的特殊要求等。各项设计施工在技术上一定要搭接有序,相互协调,前面工序要满足后面工序的质量要求,完成这些前所未有的庞大工程需要有足够的创新能力,同时,出现各种问题并造成较大损失的可能性也急剧增加。

所谓投资、工期风险,即在相关条件尚不确定的情况下启动填海施工,其机场建设方案本身的合理性可能存在很大问题,出现顾此失彼、误工误时,工程投资可能会不断增加,成为日后机场运营的沉重负担。工程施工经验不足,工期推迟已是常态,工程预算和建设资金周转不断面临调整。

另外,机场总平面的不断修改又直接影响填海工程、地基处理、地面地下设计一系列后续工作。由于各阶段工作目标及要求的不断变化,必然造成机场平面规划一直处在动态优化的过程中,每个阶段都会有新的调整,答案或许不是唯一的。为应对上述各工序的复杂性和挑战性,要尽量把可能出现的问题提前考虑到,如填料问题、地基处理问题、地面标高问题、管线问题、排水问题、不均匀沉降问题、环境影响问题、动迁补偿问题等。其他机场人工岛的建设经验可能无法复制,但前车之鉴,后事之师,尽量避免重蹈覆辙,是我们在酝酿建设海上人工岛机场时首先应该采取的切实行动。

　　总之,在我国当前海上机场建设如火如荼之际,还有相当多的理论和实践问题需要一一解决,可谓任重道远。

参 考 文 献

白石修章,伊藤弘樹,小山善明,等.2000.関西国際空港における土運船等による濁りの発生量の定量把握.海岸工学論文集,47:1271-1275.

蔡艳君,谢世楞.1989.人工岛周围的不规则波浪绕射计算.港工技术,(4):1-9.

曹学明,王喜富.2009.机场乘客进出场交通方式选择的双层规划模型.北京交通大学学报,33(3):11-16.

车宏宇.2006.营口港扩建工程悬浮物对海域环境影响分析.气象与环境学报,22(2):48-50.

陈吉余,李道季,金文华.2011.浦东国际机场东移与九段沙生态工程.中国工程科学,3(4):1-8.

陈文召,李光明,徐竟成,等.2008.水环境遥感监测技术的应用研究进展.中国环境监测,24(3):6-10.

陈晓玲,袁中智,李毓湘,等.2005.基于遥感反演结果的悬浮泥沙时空动态规律研究——以珠江河口及邻近海域为例.武汉大学学报(信息科学版),30(08):677-681.

陈晓玲,赵红梅,田礼乔.2008.环境遥感模型与应用.武汉:武汉大学出版社:88,91,10-110,129,130.

崔廷伟,张杰,马毅,等.2009.渤海悬浮物分布的遥感研究.海洋学报(中文版),31(05):10-18.

大连大学土木工程技术研究与开发中心、国家海洋局第一海洋研究所青岛海洋工程勘察设计研究院.大连临空产业园工程地震地质灾害论证与工程区域海底地质断层调查分析报告.2012.

大连大学土木工程技术研究与开发中心.大连临空产业园工程土体微观结构与宏观物理力学性质分析报告.2012.

大连理工大学海岸及近海工程国家重点实验室.大连临空产业园填海造地工程波浪、潮流、泥沙数学模型试验研究报告.2011.

大连理工大学海岸及近海工程国家重点实验室.大连临空产业园填海造地工程波浪数值计算报告.2011.

大连理工大学岩土工程研究所.大连临空产业园填海造地工程土体数值模拟及模型试验技术报告.2014.

丁冬梅.2006.香港机场"航天城(SKY CITY)"发展规划与策略.空运商务,12:42,43.

杜东,刘宏伟,秦雅飞,等.2012.河北省曹妃甸近岸海域悬浮泥沙含量分布特征研究.地质调查与研究,3:189-194.

范期锦,柴长清.1994.海上深层水泥拌和法加固软土地基技术的开发与应用.港口工程,(2):3-15.

冯振,殷跃平.2011.我国土工离心模型试验技术发展综述.工程地质学报,19(3):324-331.

高志义,张宁.2006.某人工岛护岸滑坡成因分析与修复.中国港湾建设,(3):13-15,50.

顾向荣.2001.汉城仁川国际机场的规划建设.北京规划建设,06:72-74.

光洁,韦玉春,黄家柱,等.2007.分季节的太湖悬浮物遥感估测模型研究.湖泊科学,19(03):241-249.

国家海洋环境监测中心.大连临空产业园(新机场)区域建设用海总体规划海域使用论证报告书.2011.

国家海洋局第三海洋研究所.三亚新机场人工岛工程海洋环境影响报告书.2017.

国家林业局调查规划设计院.大连空港综合物流及配套产业园工程使用林地可行性报告.2013.

郭琳,陈植华.2007.椒江口——台州湾悬浮泥沙分布特征遥感研究.武汉理工大学学报,29(05):49-52.

侯建国,初禹.2014.差分干涉雷达测量与地面沉降监测.北京:测绘出版社.

季荣耀,徐群,莫思平,等.2012.港珠澳大桥人工岛对水沙动力环境的影响.水科学进展,23(6):829-836.

贾鹏,刘瑞菊,杨忠振.2013.基于陆域和空域运输系统的空港可达性评价方法研究.经济地理,33(6):91-97.

匡华,匡良.2008.ECOMSED数学模型研究悬浮物对海洋环境影响.四川理工学院学报(自然科学版),21(2):47-51.

蓝洋.2015.厦门新机场大小嶝造地纳泥区软基处理施工技术探析.中国水运,15(8):304,305.

李蓓.2003.疏浚土吹填泥沙输移扩散数值模拟研究及应用.中国港湾建设,(02):17-20.

李朝阳,张临辉.2010.香港国际机场交通设计简析及启示.城市发展研究,17(8):110-115.

李家前,张建良,张继承,等.浦东机场五跑道一阶段水域堆载体结构工程监测技术//第十四届华东六省一市测绘学会学术交流会,杭州:31-37.

李明捷,石荣.2011.基于突变理论的机场选址评价研究.中国民航大学学报,29(6):35-37,54.

李莘莘,陈良富,陶金花,等.2011.基于HJ-1-CCD数据的地表反射率反演与验证.光谱学与光谱分析,31(02):516-520.

李胜,徐涵秋,王琳.2005.环厦门岛水域悬浮物的遥感监测研究.国土资源遥感,(04):60-64.

李仕涛,王诺,张源凌,等.2013.30a来渤海填海造地对海洋生态环境的影响.海洋环境科学,6:926-929.

李陶.2004.重复轨道星载SAR差分干涉监测地表形变研究[博士学位论文].武汉:武汉大学.

李婷婷,高金华.2008.基于模糊多属性群决策方法的机场选址问题.交通与计算机,26(5):26-29.

李婉晖,徐涵秋.2009.基于生物光学模型的晋江悬浮物遥感估算.环境科学学报,29(05):1113-1120.

李云梅,黄家柱,陆皖宁,等.2006.基于分析模型的太湖悬浮物浓度遥感监测.海洋与湖沼,37(02):171-177.

李云梅,黄家柱,韦玉春,等.2006.用分析模型方法反演水体叶绿素的浓度.遥感学报,10(02):169-175.

廖明生,林晖.2003.雷达干涉测量原理与信号处理基础.北京:测绘出版社.

廖勇,朱新平.2016.基于随机规划的机场选址模型研究.科学技术与工程,16(18):294-298.

瞭望周刊资料室.1991.中英关于香港新机场问题会谈大事表.瞭望,28:46.

林晖.2014.厦门新机场试验段吹填泥地基处理方案研究.铁道建筑,(07):118-120.

林一平.1998.美国专家设计论证超级海上机场.海洋信息,02:21.

刘国祥,丁晓利,陈永奇,等.2001.使用卫星雷达差分干涉技术测量香港赤腊角机场沉降场.科学通告,(14):1224-1228.

刘海东.2014.不同规模民用机场项目主要环境影响对比分析.中国环境管理,6(6):31-35.

刘良民.2005.卫星海洋遥感导论.武汉:武汉大学出版社:117,121,206-209,221,222.

刘姝,陆伟.2015.中日韩三国沿海城市填海造地战略研究.国际城市规划,30(5):136-143.

刘艳菊,宋立志,赵亮,等.2012.生态优先模式下的三亚临空经济区填海规划研究.规划师,(12):82-85.

刘扬.2011.海水监测的质量保证和质量控制.环境保护与循环经济,(07):66-69.

楼永高.1995.25m深层振冲挤密砂基加固跑道地基的施工与试验.水运工程,(9):32-37.

栾维新,张旭,赵冰茹,等.2012.高速铁路竞争影响下机场选址优化研究.大连海事大学学报,38(3):77-79,104.

罗昭俊,武卫,邓毅凌.2000.机场规划中的生态和环境问题.江苏航空,02:8-10.

马荣华,唐军武.2006.湖泊水色遥感参数获取与算法分析.水科学进展,17(05):720-726.

马玉麟,孙永明,王帅军.2012.水池造波技术及发展概况.工程技术,(10):55.

毛克彪,唐华俊,周清波,等.2008.实用劈窗算法的改进及大气水汽含量对精度影响评价.武汉大学学报(信息科学版),02:116-119.

齐彦博,王翠,夏玉斌.2012.某人工岛机场成层土地基沉降分析.水运工程,(8):166-171.

钱少华,崔叙,钟平,等.2002.浦东国际机场地面综合交通规划.交通与运输,04:4,5.

邱毅平.1999.澳门海上机场人工岛设计简介.上海水利,(3):28-33.

任美愕,张忍顺.1993.最近80年来中国的相对海平面变化.海洋学报,15(5):87-97.

任奕.2014.浦东机场四跑道西平滑软土地基堆载预压沉降监测研究.城市道桥与防洪,(5):50-52.

施坤,李云梅,刘忠华,等.2011.基于半分析方法的内陆湖泊水体总悬浮物浓度遥感估算研究.环境科学,32(06):1571-1580.

史跃亚.2014.民用机场综合赋权模糊选址评价.南昌航空大学学报:自然科学版,28(4):87-92.

宋花玉.2015.AHP机场选址判断矩阵的一种构造方法.航空计算技术,45(2):68-71.

宋南奇,王诺,魏了,等.2013.基于系统动力学方法的渤海海洋资源可持续利用状态研究.海洋湖沼通报,4:154-162.

隋立春.2009.主动式雷达遥感.北京:测绘出版社.

孙柏涛,徐博,王忠涛,等.2014.深厚软黏土地基沉降的离心模型实验研究.水利与建筑工程学报,12(5):73-78,97.

谈至民,赵鸿铎,张兰芳.2010.机场规划与设计.北京:人民交通出版社.

唐军武,田国良,汪小勇,等.2004.水体光谱测量与分析Ⅰ:水面以上测量法.遥感学报,8(1):37-44.

天津港湾工程质量检测中心有限公司、中国铁道科学研究院深圳研究设计院.大连临空产业园填海造地工程清淤换填区强夯地基处理试验区监测报告.2016.

田瑞丽,李洪波,冯海波,等.2014.机场飞机噪声环境指标分析及规划选址分析.价值工程,24:313,314.

王超,张红,刘智.2002.星载合成孔径雷达干涉测量.北京:科学出版社.

王广德,韩黎明,柴震林,等.2012.上海浦东机场一跑道地基沉降规律.工程地质学报,20(1):132-137.

王诺,陈爽,杨春霞,等.2011.离岸式海上机场水运交通规划与布置.中国港湾建设,1:74-79.

王诺,许雪青,吴暖,等.2015.渤海污染风险与生态系统功能价值评价研究.海洋湖沼通报,1:167-174.

王诺,颜华锟,左书华,等.2012.大连海上机场人工岛建设对区域水动力及海床冲淤影响分析.水运工程,(04):5-11.

王诺,郁斟兰,吴暖,等.2015a.大连海上机场人工岛护岸结构整体波浪物理模型试验研究.水运工程,(4):19-23.

王诺,郁斟兰,吴暖,等.2015b.大连海上机场人工岛越浪量物模试验.水运工程,(5):1-7.

王诺,赵冰,杨春霞.2009.海上机场的建设实践与启示.国际航空,(10):47,48.

汪小钦,陈崇成.2000.遥感在近岸海洋环境监测中的应用.海洋环境科学,19(04):72-76.

王艳,李军世.2009.真空预压处理机场软基的实验研究.地基基础工程,(10):42-46.

吴炳毅.2011.国内机场快速轨道交通规划与建设特征分析.都市快轨交通,24(5):18-20.

吴小根.1997.近40a来海南岛南岸的相对海平面变化.海洋科学,(1):56-60.

吴兴春,徐华.2000.上海浦东国际机场跑道承载力及沉降分析.岩土工程技术,(3):162-165.

吴修广,季大闰,史英标.2006.港池和航道疏浚过程中悬浮泥沙扩散输移的数值模拟.水运工程,(08):87-91.

吴修广,杨润伟,史英标.2008.外海抛泥过程中悬浮泥沙扩散输移的数值模拟.海洋环境科学,27(03):236-241.

伍志华.2015.军民融合战备机场网规划建设初探.国防,08:26-28.

夏叡,李云梅,吴传庆,等.2011.基于 HJ-1 号卫星数据的太湖悬浮物浓度空间分布和变异研究.地理科学,31(02):197-203.

肖艳芳,赵文吉,朱琳.2012.近海水体悬浮物 HJ-1 号小卫星 CCD 定量反演研究.海洋科学,36(08):59-63.

谢世楞.1988.关于人工岛设计中的几个问题.港口工程,(5):7-11.

谢世楞.1995.人工岛设计的进展.海岸工程,14(1):1-7.

熊朝,关羽.2012.关于全国民用机场布局规划调整的思考.中国民用航空,138:24-27.

徐博.2012.深厚软黏土地基沉降离心模拟实验研究[硕士学位论文].大连:大连理工大学.

徐树华.1994.土地测试技术在澳门国际机场地基处理工程中的应用.港口工程,(3):65-70.

徐兆礼,陈华.2008.海洋工程环境评价中渔业资源价值损失的估算方法.中国水产科学,15(6):970-975.

徐志胜,吴军,韩鹏.2007.大型国际机场规划中飞机噪声影响分析.声学技术,26(4):692-695.

杨联正,廖权懋,刘翼熊.2001.在海域开敞的软基地区建设澳门国际机场人工岛.水运工程,(1):44-50.

尹军.1997.日本关西国际机场给排水设计特色.中国给水排水,13(5):30-32.

尹球,祝善友,巩彩兰.2009.城市白天地面亮温与下垫面类型关系的遥感分析——以上海为例.

红外与毫米波学报,02:133-136.

犹爽,张宁川.2014.大连海上机场施工通道开口宽度对水环境影响的数值研究.水道港口, 35(1):19-25.

曾群,赵越,田礼乔,等.2013.HJ-1A/1B卫星CCD影像水环境遥感大气校正方法评价研究—— 以鄱阳湖为例.光谱学与光谱分析,33(05):1320-1326.

郁斠兰,王诺.2015.大型填海工程悬浮物污染监测方法.大连海事大学学报,41(2):103-110.

郁斠兰,王诺,刘忠波,等.2015.自净作用下渤海海域COD环境容量研究.中国环境科学, 35(5):1579-1585.

张春桂,张星,陈敏艳,等.2008.福建近岸海域悬浮泥沙浓度遥感定量监测研究.自然资源学报, 23(01):150-160.

张明,蒋瑞波,樊金,等.2015.大规模填海造地工程试验段地基处理方案优选.河南工程学院学 报(自然科学版),27(4):30-34.

张佩良.1994.澳门国际机场斜坡护岸的抛填施工.港口工程,(3):6-18.

赵东远.2015a.厦门翔安新机场填海造地工程海砂开采工艺研究.江西建材,(19):75,76.

赵东远.2015b.厦门翔安新机场填海造地工程人工岛护岸防洪防潮标准研究.创新科技,(24): 16,17.

赵杰,邓林艳,刘道勇.2015.某填海工程海上通道固结变形及沉降监测分析.辽宁工程技术大学 学报:自然科学版,34(1):37-42.

赵素霞,杜文,李鹏林,等.2013.民用机场建设与城市发展适应性评价研究.交通运输工程与信 息学报,11(3):52-57.

赵晓硕.2012.机场轨道交通规划设计研究.现代商业,07:276.

赵迎春,王海棠.2013.悬浮物对海洋环境影响的研究——以董家口港油品码头建设工程为例. 海洋开发与管理,(04):67-71.

赵振东.1992.日本关西海上机场的建设及其海底地基处理.世界地震工程,01:37-40,44.

郑大瑞,蔡秀兰.1991.机场周围飞机噪声评价方法的研究.声学学报,16(3):218-229.

郑志华,徐碧华.2008.航道疏浚中悬浮泥沙对海水水质和海洋生物影响的数值研究.上海船舶 运输科学研究所学报,31(2):105-110.

中国民航机场建设集团公司.大连新机场选址报告.2011.

中国民航机场建设集团公司.厦门新机场选址报告.2014.

中国铁道科学研究院深圳研究设计院.厦门新机场吹填造地地基处理试验段一期工程岩土工程 勘察报告[R].2012.

中国铁道科学研究院深圳研究设计院.厦门新机场吹填造地地基处理试验段一期工程研究总报 告[R].2013.

中交水运规划设计院有限公司.大连临空产业园(新机场)填海造地工程(飞行道槽区)地基原位 测试与变形专项研究报告.2012.

中交水运规划设计院有限公司.大连临空产业园填海造地工程初步设计.2014.

中交水运规划设计院有限公司.大连临空产业园填海造地工程建设标准研究专题报告.2015.

Akai K,Tanaka Y. 2005. Ex-Post-Facto estimate of performance at the offshore reclamation of airport Osaka/KIA. Proceedings of the 16th International Conference on Soil Mechanics and Geotechnical Engineering,2:1011-1014.

Allan J. 2006. A heuristic risk assessment technique for bird strike management at airports. Risk Analysis,26（3）:723-729.

Allen S G,Ainley D G,Page G W,et al. 1984. The effect of disturbance on harbor seal haul out patterns at Bolinas Lagoon California. Fishery Bulletin,82:493-500.

Bentes F M,Heleno T A,Slama J G. 2013. Analysis of airport noise exposure around Viracopos International Airport using geographic information systems. Journal of Air Transport Management,31:15-17.

Berardino P,Fornaro G,Lanari R,et al. 2002. A new algorithm for surface deformation monitoring based on small baseline differential SAR interferograms. IEEE Transactions on Geosci Remote Sensing,40（11）:2375-2383.

Bergin T M,Best L B,Freemark K E,et al. 2000. Effects of landscape structure on nest predation in roadsides of a midwestern agroecosystem: A multiscale analysis. Landscape Ecology,15（2）,131-143.

Bish D R,Sherali H D. 2013. Aggregate-level demand management in evacuation planning. European Journal of Operational Research,224(1):79-92.

Blackwell B F,De Vault T L,Fernández-Juricic E,et al. 2009. Wildlife collisions with aircraft: A missing component of land-use planning for airports. Landscape and Urban Planning,93(1):1-9.

Blackwell S B,Greene C R,Richardson W J. 2004. Drilling and operational sounds from an oil production island in the ice-covered Beaufort Sea. Journal of the Acoustical Society of America,116(5):3199-3211.

Boness D J,Bowen W D,Iverson S J. 1995. Does male harassment of females contribute to reproductive synchrony in the gray seal by affecting maternal performance. Behavioral Ecology and Sociobiology,36:1-10.

Brown K M,Erwin R M,Richmond M E,et al. 2001. Managing birds and controlling aircraft in the kennedy airport-jamaica bay wildlife refuge complex,the need for hard data and soft opinions. Environmental Management,28(2):207-224.

Chan A L S. 2011. Developing a modified typical meteorological year weather file for Hong Kong taking into account the urban heat island effect. Building and Environment,46:2434-2441.

Chen J,Cui T W,Qiu Z F,et al. 2014 . A three-band semi-analytical model for deriving total suspended sediment concentration from HJ-1A/CCD data in turbid coastal waters. Journal of Photogrammetry and Remote Sensing,(93):1-13.

Chen X L,Zhao H M,Li P X,et al. 2006. Remote sensing image-based analysis of the relationship between urban heat island and land use/cover changes. Remote Sensing of Environment,104:133-146.

Chow C K W,Fung M K Y. 2012. Estimating indices of airport productivity in greater China.

Journal of Air Transport Management,24:12-17.

Chow W K,Candy M Y. 2008. Waiting time in emergency evacuation of crowded public transport terminals. Safety Science,46(5):844-857.

Dai X Y,Zhang L Q,Guo Z Y,et al. 2009. Mechanism of formation of urban heat island effect and its spatial pattern in Shanghai. Acta Ecologica Sinica,29(7):3995-4004.

Dodd N. 1998. A numerical model of wave run-up overtopping and regeneration. Journal of Waterway,Port,Coastal,and Ocean Engineering,124(2):73-81.

Dolbeer R A. 2006. Height distribution of birds recorded by collisions with civil aircraft. The Journal of Wildlife Management,70(5):1345-1350.

Ferretti A,Pratic C,Rocca F. 2001. Permanent scatterers in SAR interferometry. IEEE TGARs,39(1):8-20.

Fu Q,Wang N,Shen M Q,et al. 2016. A study of the site selection of a civil airport based on the risk of birdstrikes:The case of Dalian,China. Journal of Air Transport Management,54:17-30.

Fukuda N,Uno T,Irie I. 1974. Field observations of wave overtopping of wave absorbing revetment . Coastal Engineering in Japan,17:117-128.

Giannaros T M,Melas D. 2012. Study of the urban heat island in a coastal Mediterranean City,The case study of Thessaloniki,Greece. Atmospheric Research,118:103-120.

Goda Y. 1977. Estimation of the rate of irregular overtopping of seawalls. Coastal Engineering,(1):221-241.

Hartono W. 1997. A floating tied system for an offshore airport. Ocean Engineering,25(7):591-596.

Hesse G,Rea R V,Booth A L. 2010. Wildlife management practices at western Canadian airports. Journal of Air Transport Management,16(4):185-190.

Hu K,Mingham C G,Causon D M. 2000. Numerical simulation of wave overtopping of coastal structures using the nonlinear shallow water equations. Coastal Engineering,41:433-465.

Hu L Q,Brunsell N A. 2013. The impact of temporal aggregation of land surface temperature data for surface urban heat island(SUHI) monitoring. Remote Sensing of Environment,13:4162-4174.

Hulsewé D. 1999. Moving out to sea—international legal implications of building an offshore airport outside territorial waters[PhD dissertation]. Montreal:McGill University.

Jiang C S,Li W,Hu C,et al. 2009. Emergency evacuation in places for public entertainment in Mainland China. Building and Environment,44(1):169-176.

Johnson A,Acevedo-Gutierrez A. 2007. Regulation compliance by vessels and disturbance of harbour seals (Phoca Vitulina). Canadian Journal of Zoology,85:290-294.

Johnson C W. 2008. Using evacuation simulations for contingency planning to enhance the security and safety of the 2012 Olympic venues. Safety Science,46(2):302-322.

Kansai International Airport 2nd Phase Construction. Kansai International Airport Co. ,

Ltd. ,2005.

Kitowski I,Grzywaczewski G,Cwiklak J,et al. 2011. Falconer activities as a bird dispersal tool at Deblin Airfield (E Poland). Transportation Research Part D,16(1):82-86.

Kölzsch A, Blasius B. 2008. Theoretical approaches to bird migration. The European Physical Journal Special Topics,57:191-208.

Li J J,Wang X R,Wang X J,et al. 2009. Remote sensing evaluation of urban heat island and its spatial pattern of the Shanghai metropolitan area,China. Ecological Complexity,6:413-420.

Li J X, Song C H,Cao L, et al. 2011. Impacts of landscape structure on surface urban heat islands,A case study of Shanghai,China. Remote Sensing of Environment,115:3249-3263.

Lin W N,Wang N,Song N Q,et al. 2016. Centralization and decentralization:Evaluation of marine and coastal management models and performance in the Northwest Pacific Region. Journal of Ocean & Coastal Management,130:30-42.

Lynett P J,Wu T R,Liu P L F. 2002. Modeling wave run up with depth-integrated equations. Coastal Engineering,46:89-107.

Mackey C W,Lee X H,Smith R B. 2012. Remotely sensing the cooling effects of city scale efforts to reduce urban heat island. Building and Environment,49:348-358.

Martin R E,Seli J J,Powell G W,et al. 1989. Closure of"concrete pile design in tidewater Virginia". Journal of Geotechnical Engineering,111(6):568-585.

Masato A,Makoto S. 2014. Performance of railway bridges during the 2011 Tohoku earthquake. Journal of Performance of Constructed Facilities,28(1):13-23.

MeaCrthy M J,Schmelts E J,Bonasia J. 1994. 人工岛设计中的海洋工程技术. 海岸工程,13(2/3): 91-99.

Miyoshi T, Nakayasu H, Ueno Y, et al. 2012. An emergency aircraft evacuation simulation considering passenger emotions. Computers & Industrial Engineering,62(3):746-754.

Nijkamp P,Yim H. 2001. Critical success factors for offshore airports-a comparative evaluation. Journal of Air Transport Management,(7):181-188.

Ning H, Wang J, Chen W. 2013. Levy flight-based real-time bird strike risk assessment for airports. Journal of Risk Research,16(5):513-521.

Palm J,Tornqvist E. 2008. Governing the sea rescue service in Sweden,communicating in networks. Journal of Risk Research,11(1/2):269-280.

Pandey P,Kumar D,Prakash A,et al. 2012. A study of urban heat island and its association with particulate matter during winter months over Delhi. Science of the Total Environment,414: 494-507.

Perry E A,Boness D J,Insley S J. 2002. Effects of sonic booms on breeding gray seals and harbor seal son Sable Island,Canada. Journal of the Acoustical Society of America,111 (1): 598-609.

Plant G W,Covil C S,Hughes R A. 1998. Site Preparation for The New Hong Kong International Airport. London:Thomas Telford Publishing Ltd.

Pursals S C,Garzon F G. 2009 . Optimal building evacuation time considering evacuation routes. European Journal of Operational Research,192(2):692-699.

Puzrin A M,Alonso E E,Pinyol N M. 2010. Unexpected Excessive Settlements:Kansai International Airport,Japan. Springer Netherlands.

Reniers G L L,Pauwels N,Audenaert A,et al. 2007. Management of evacuation in case of fire accidents in chemical industrial areas. Journal of Hazardous Materials,147(1/2):478-487.

Schecklman S,Houser D,Cross M,et al. 2011. Comparison of methods used for computing the impact of sound on the marine environment. Marine Environmental Research,71:342-350.

Sieges M L,Smolinsky J A,Baldwin M J,et al. Assessment of bird response to the migratory bird Habitat initiative using weather-surveillance radar. Southeastern Naturalist,2014,13(1), G36-G65.

Smith R J,Moore F R. Arrival fat and reproductive performance in a long-distance passerine migrant. Oecologia,2003,134(3):325-331.

Song N Q,Wang N,Lu Y,et al. 2016. Temporal and spatial characteristics of harmful algal blooms in the Bohai Sea during1952—2014. Journal of Continental Shelf Research,122:77-84.

Song N Q, Wang N,Lin W N,et al. 2017. Use of pollution risk and ecosystem service values in marine management strategies in Bohai Sea,China. Human and Ecological Risk Assessment,23(5):1041-1055.

Stettler M E J,Eastham S,Barrett S R H. 2011. Air quality and public health impacts of UK airports,Part I,Emissions. Atmospheric Environment,45:5415-5424.

Tam Y K,Ni I H,Yau C,et al. 2013. Tracking the changes of a fish community following a mega scale reclamation and ensuing mitigation measures. ICES Journal of Marine Science,70(6):1206-1219.

Tedrow C. 1999. Bird strike risk assessment for United States air force airfields and aircraft.

Terzaghi K. 1943. Theory of Consolidation. New York:John & wiley Sons.

Tong S Q,Wang N, Song N Q. 2017. Emergency evacuation capability evaluation and optimization for an offshore airport:The case of Dalian Offshore Airport,Dalian,China. Safety Science,92:128-137.

Tsui W H K,Balli H O,Gilbey A,et al. 2014. Forecasting of Hong Kong airport's passenger throughput . Tourism Management,42:62-76.

Tuan T Q,Oumeraci H. 2010. A numerical model of wave overtopping on sea dikes. Coastal Engineering,5:757-772.

Vanem E,Skjong R. 2006. Designing for safety in passenger ships utilizing advanced evacuation analyses—a risk based approach. Safety Science,44(2):111-135.

Velazquez-Lozada A,Gonzalez J E,Winter A. 2006. Urban heat island effect analysis for San Juan,Puerto Rico. Atmospheric Environment,40:1731-1741.

Wang J W,Wang H F,Zhang W J,et al. 2013. Evacuation planning based on the contraflow technique with consideration of evacuation priorities and traffic setup time. Transaction son Intelligent Transportation Systems,14(1):480-485.

Wang N,Yan H K,Liu Z B,et al. 2013. Effects of different layout schemes on the marine environment of the Dalian offshore reclaimed airport island. Journal of Environmental Engineering,139:438-449.

Wibisono H. 1996. An alternative structural system for an offshore airport. Ocean Engineering, 23(6):545-550.

Williamson E B,Winget D G. 2005. Risk management and design of critical bridges for terrorist attacks. Journal of Bridge Engineering,10(1):96-106.

Yan H K,Wang N,Wei L,et al. 2013. Comparing aircraft noise pollution and cost-risk effects of inland and offshore airports,The case of Dalian International Airport,Dalian,China. Transportation Research Part D:Transport and Environment,24:37-43.

Yan H K,Wang N,Yu T L,et al. 2014. Simulation of different sea-crossing traffic route structures' effects on the marine environment for the Dalian large-scale offshore airport island. Journal of Hydraulic Research,52:583-599.

Yan H K,Wang N,Yu T L,et al. 2015. Hydrodynamic behavior and water pollution effects from Dalian's large-scale offshore airport island in Jinzhou Bay, China. Journal of Waterway, Port,Coastal,and Ocean Engineering,1:1-11.

Yan H K,Wang N,Yu T L,et al. 2013. Comparing effects of land reclamation techniques on water pollution and fishery loss for a large-scale offshore airport island in Jinzhou Bay,Bohai Sea,China. Marine Pollution Bulletin,71:29-40.

Yan H K,Wang N,Wu N,et al. 2017. Estimating environmental value losses from earth materials excavation and infilling for large-scale airport construction:a case of Dalian Offshore Airport, Dalian, China. Environmental Science and Pollution Research, 24 (26): 21168-21179.

Yan H K,Wang N,Wu N,et al. 2018. Habitat conditions and conservation of the largha seal (Phoca largha) during the past half century in the Bohai Sea,China. Mammal Study,43:1-9.

Yan H K,Wang N,Wu N,et al. 2018. Maritime construction site selection from the perspective of ecological protection:The relationship between the Dalian offshore airport and spotted seals(Phoca largha)in China based on the noise pollution. Ocean & Coastal Management, 152:145-153.

后 记

本书的撰写始于 2009 年,2012 年完成第一稿。开始时构思较为简单,只打算汇集和总结国外海上人工岛机场在选址和建设上的经验和教训,为我国在进行类似工程建设时提供一些借鉴。但交付出版时,发现我国也有大量的工程实例可供研讨,于是决定以建设项目为主线,新增国内同类工程分析,于 2014 年形成第二稿。随着认识的深入,又感到单纯以建设项目及案例为主阐述人工岛机场建设中的经验还远远不够,应按照专业领域的逻辑关系系统地挖掘深层次问题,因此下决心将书稿全部推倒,按专业分类,并增添了理论前沿和新技术探讨,重排章节,再成第三稿。如此调整修改,前后用时竟达 10 年。

然而,虽经反复斟酌,还是感到仍有诸多不尽如人意之处,有些表述和认识不到位,还不够深入和系统。可以说,研究越是深入,就越感到自己对机场人工岛的认知太过肤浅。同时,也更深切地意识到,如果机场建设者缺乏必要的专业知识和远见,对未来几十年后可能出现的技术风险没有足够的认识,便很可能会留下一系列工程隐患,其中有的失误甚至无法挽回,从这一角度考虑,就越发感到推出本书十分必要。尽管本书研究的问题可能还不够全面,作者对这些问题的认识有的还不够确切,但如果能够给读者些许启迪,并能循迹深入思考,解决一两个实际问题,便已达到本书的目的,不枉作者的初衷。

在呈上这些研究成果时,除参考文献中列出的作者外,还要特别向参与研究、提供科研成果并对本书提出宝贵意见的诸多学者和科研人员致以诚挚的谢意,他们是:

日本港湾空港技术研究所:渡部要一研究员。

日本京都大学:三村卫教授。

大连理工大学:张宁川教授、张日向教授、栾茂田教授、王忠涛副教授、张金利副教授。

大连大学:王桂萱教授、赵杰博士。

中国地震局工程力学研究所:赵振东研究员。

中国科学院武汉岩土力学研究所:汪稔研究员。

南京水利科学研究院:徐光明研究员。

同济大学:蒋明镜教授。

中交水运规划设计院有限公司:刘连生教授级高工、夏玉斌教授级高工、钱立明教授级高工、马德堂教授级高工。

　　大连海事大学：刘忠波副教授，佟士祺副教授，杨春霞博士，颜华锟博士，郁斢兰博士，博士研究生吴暖、吴迪、宋南奇、付蔷以及毕业的硕士研究生姜涛、柯伟等。

　　另外，书中的图片除了作者本人拍摄外，部分是由日本东京羽田国际机场、日本关西国际机场、日本中部国际机场等在作者访问和技术交流时盛情提供，有的是从相关网站上选取，在此一并致谢。

作　者